星図

Illustration : ©Milenioscuro

北半球

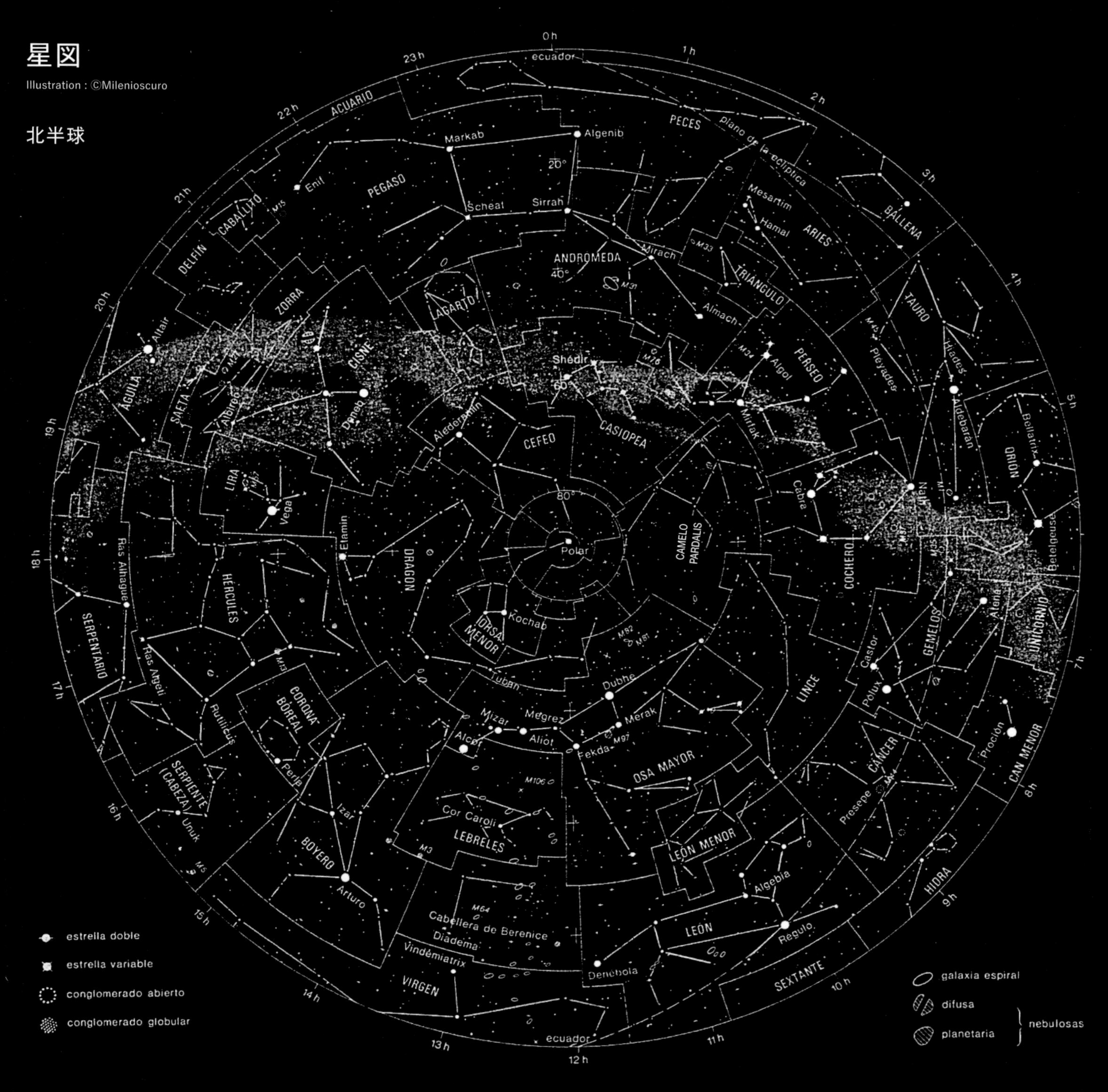

図上の表記(スペイン語など)	位置	星座名
ACUARIO	北/南22h	みずがめ座
AGUILA	北/南19h	わし座
ALTAR	南17h	さいだん座
ANDROMEDA	北0h	アンドロメダ座
ARIES	北2h	おひつじ座
AVE DEL PARAISO	南15h	ふうちょう座
BALANZA	南15h	てんびん座
BALLENA	北3h/南1h	くじら座
BOYERO	北15h	うしかい座
BRUJULA	南9h	らしんばん座
CABALLITO	北21h	こうま座
Cabellera de Berenice	北13h	かみのけ座
CAMALEON	南10h	カメレオン座
CAMELOPARDALIS	北6h	きりん座
CAN MAYOR	南7h	おおいぬ座

図上の表記(スペイン語など)	位置	星座名
CAN MENOR	北8h	こいぬ座
CANCER	北8h	かに座
CAPRICORNIO	南21h	やぎ座
CASIOPEA	北1h	カシオペヤ座
CEFEO	北23h	ケフェウス座
CENTAURO	南12h	ケンタウルス座
CINCEL	南4h	ちょうこくぐ座
CIRCINUS	南14h	コンパス座
CISNE	北20h	はくちょう座
COCHERO	北6h	ぎょしゃ座
COPA	南11h	コップ座
CORONA AUSTRAL	南18h	みなみのかんむり座
CORONA BOREAL	北16h	かんむり座
CRUZ	南12h	みなみじゅうじ座
CUERVO	南12h	からす座

図上の表記(スペイン語など)	位置	星座名
DELFIN	北20h	いるか座
DORADA	南5h	かじき座
DRAGON	北17h	りゅう座
ERIDANO	南4h	エリダヌス座
ESCORPION	南17h	さそり座
ESCUADRA	南16h	じょうぎ座
ESCUDO	南18h	たて座
ESCULTOR	南0h	ちょうこくしつ座
FENIX	南0h	ほうおう座
GEMELOS	北7h	ふたご座
GRULLA	南22h	つる座
HERCULES	北17h	ヘルクレス座
HIDRA	北/南9h	うみへび座
HIDRA MACHO	南4h	みずへび座
HORNO	南3h	ろ座

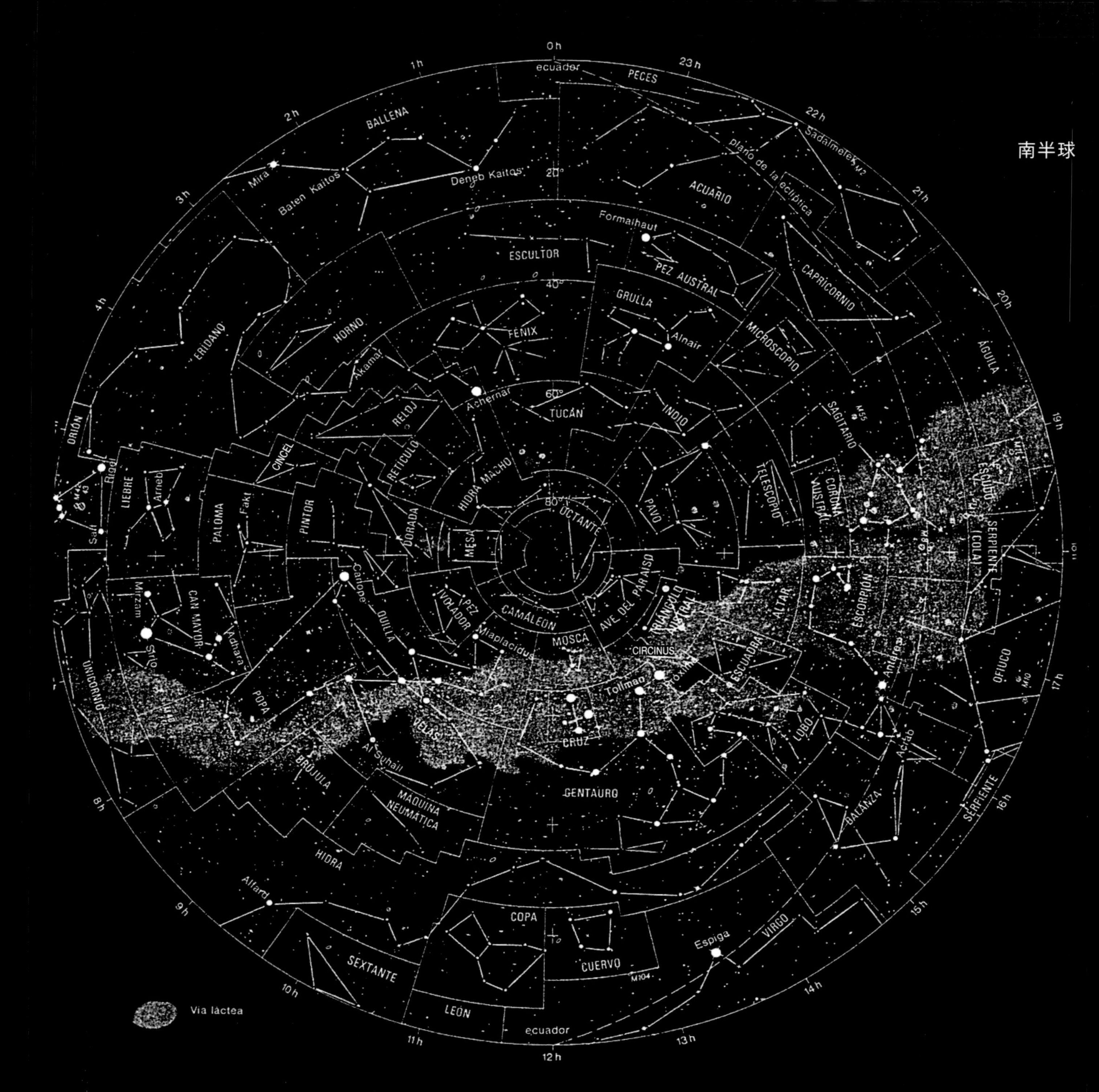

図上の表記(スペイン語など)	位置	星座名
INDIO	南21h	インディアン座
LAGARTO	北22h	とかげ座
LEBRELES	北13h	りょうけん座
LEON	北/南11h	しし座
LEON MENTOR	北10h	こじし座
LIEBRE	南5h	うさぎ座
LINCE	北8h	やまねこ座
LIRA	北18h	こと座
LOBO	南15h	おおかみ座
MAQUINA NEUMATICA	南10h	ポンプ座
MESA	南5h	テーブルさん座
MICROSCOPIO	南21h	けんびきょう座
MOSCA	南12h	はえ座
OCTANTE	南22h	はちぶんぎ座
OFIUCO	南17h	へびつかい座

図上の表記(スペイン語など)	位置	星座名
ORION	北/南5h	オリオン座
OSA MAYOR	北10h	おおぐま座
PALOMA	南6h	はと座
PAVO	南19h	くじゃく座
PECES	北1h/南23h	うお座
PEGASO	北22h	ペガスス座
PERSEO	北3h	ペルセウス座
PEZ AUSTRAL	南22h	みなみのうお座
PEZ VOLADOR	南8h	とびうお座
PINTOR	南5h	がか座
POPA	南8h	とも座
QUILLA	南7h	りゅうこつ座
RELOJ	南3h	とけい座
RETICULO	南4h	レチクル座
SAETA	北19h	や座

図上の表記(スペイン語など)	位置	星座名
SAGITARIO	南19h	いて座
SERPENTARIO	北17h	へびつかい座
SERPIENTE	北/南16h	へび座
SEXTANTE	北/南10h	ろくぶんぎ座
TAURO	北3h	おうし座
TELESCOPIO	南19h	ぼうえんきょう座
TRIANGULO	北2h	さんかく座
TRIANGULO AUSTRAL	南16h	みなみのさんかく座
TUCAN	南0h	きょしちょう座
UNICORNIO	北/南7h	いっかくじゅう座
URSA MINOR	北15h	こぐま座
VELAS	南9h	ほ座
VIRGEN / VIRGO	北13h / 南14h	おとめ座
ZORRA	北20h	こぎつね座

宇宙望遠鏡と驚異の大宇宙

縣 秀彦（国立天文台）監修
鈴木喜生 著

CHRONICLE of SPACE TELESCOPE & AMAZING ASTRONOMY

Hubble Space Telescope, HST /
James Webb Space Telescope,JWST
Detailed introduction of
77 space telescopes

1960年代以降、
数多くの宇宙望遠鏡や天文観測衛星が
さまざまな軌道上に打ち上げられてきました。
そこで取得された膨大な画像やデータは
かつて私たち人類が目にしたことのない
驚異的な宇宙の姿を映し出しています。
知られざる天文現象や新たな天体の発見は
私たちを魅了し続け、宇宙の謎をひとつずつ
解明しようとしています。

こうした天文観測の進歩によって
いま私たちは、
「どのように地球が生まれたのか」
「なぜ宇宙は誕生したのか」
「どこから私たちは来たのか」さえ
知ろうとしています。

ハッブル宇宙望遠鏡(p.050)はスペースシャトル「ディスカバリー号」(STS-31)に搭載され、1990年4月24日、ネディ宇宙センターのLC-39A発射から打ち上げられた。2.6km離れたLC39B(左)には、その後に打ち上げられるコロンビア号(STS-35)が見える。
©NASA/KSC

CONTENTS

CHRONICLE of
SPACE TELESCOPE &
AMAZING ASTRONOMY

Chapter 1 JAMES WEBB SPACE TELESCOPE
ジェイムズ・ウェッブ宇宙望遠鏡
ファーストスターを探す

Chapter 2 THE BASIC GUIDANCE for STELLAR EVOLUTION
宇宙と恒星の超基本

Chapter 3 HUBBLE SPACE TELESCOPE
ハッブル宇宙望遠鏡
人類がはじめて見た宇宙

Chapter 4 CHRONICLE of SPACE TELESCOPE 1961-1999
宇宙望遠鏡の軌跡 1961-1999

Chapter 5 THE BASIC GUIDANCE for SPACE TELESCOPE
宇宙望遠鏡の超基本

Chapter 6 CHRONICLE of SPACE TELESCOPE 2000-2040s
宇宙望遠鏡の軌跡 2000-2040s

Chapter 7 SPACE TELESCOPE MISSION LIST 1961-2040s
宇宙望遠鏡ミッションリスト 1961-2040s

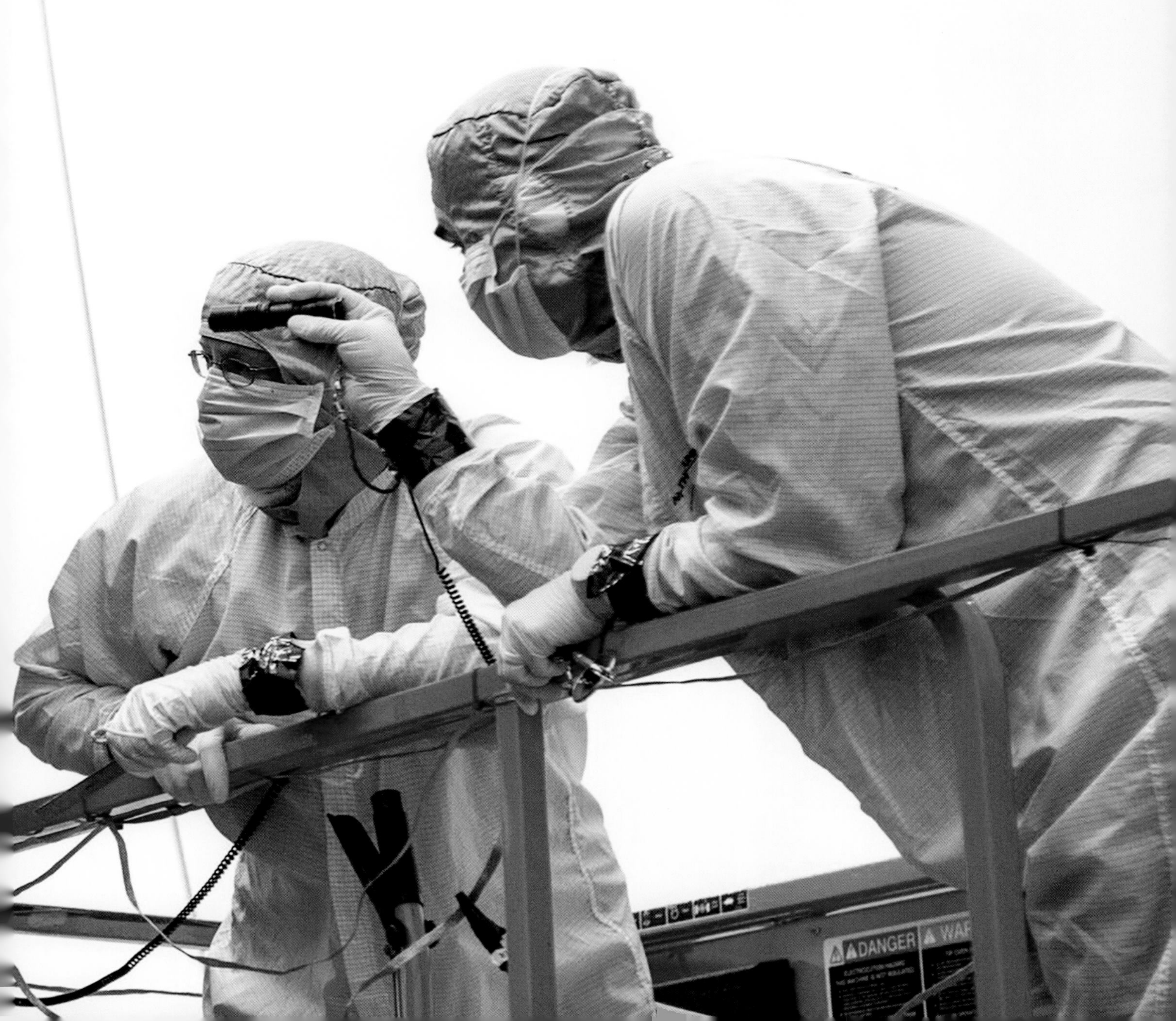

ノースロップ・グラマン社のクリーンルーム内で、同社スタッフがジェイムズ・ウェッブ宇宙望遠鏡(p.006)の副鏡の最後の検査を行う。次に副鏡が展開されるのは、地球から150万km離れたラグランジュ点L2に向かう軌道上においてとなる。
ⒸNorthrop Grumman

Chapter 1

JAMES WEB
SPACE TELE

Basic Guidance for JWTS
Astronomy Images by JWTS

ジェイムズ・ウェッブ宇宙望遠鏡
ファーストスターを探す

2021年12月25日、NASAとESA（欧州宇宙機関）、CSA（カナダ宇宙庁）の協力によって、
過去最高のスペックを持つ宇宙望遠鏡『ジェイムズ・ウェッブ宇宙望遠鏡』が
フランス領ギアナにあるギアナ宇宙センターから打ち上げられました。
ハッブル宇宙望遠鏡の後継機となるこの機体は、赤外線カメラと分光器を搭載。
かつてない精度・解像度で宇宙を観測し、いまだ解明されていない宇宙の謎に迫ります。
この章ではその特殊な機構と軌道を解説しつつ、同機が撮影した初期の画像を紹介します。

©NASA / ESA / J. Heste（Arizona State University）

Contents

ジェイムズ・ウェッブの超基本
008 01「ファーストスターを探す」とは？
010 02 JWSTの構造とミッション機器
012 03 JWSTの軌道と展開

ジェイムズ・ウェッブ天体画像
014 カリーナ星雲「宇宙の絶壁」
016 散開星団NGC 346
017 渦巻銀河NGC 7496
018 タランチュラ星雲
020 カメレオン座分子雲
022 南のリング星雲NGC 3132
023 ウルフ・ランドマーク・メロッテ
024 わし星雲「創造の柱」
026 原始星L1527 IRS
027 車輪銀河ESO350-40
028 銀河団SMACS 0723
029 ステファンの五つ子銀河
030 渦巻銀河NGC 1300
031 渦巻銀河IC5332
032 木星のオーロラ

ジェイムズ・ウェッブの超基本

01「ファーストスターを探す」とは?

JAMES WEBB SPACE TELESCOPE *part1*

ジェイムズ・ウェッブ宇宙望遠鏡(以下、JWST)は、過去最高の性能を持つ宇宙望遠鏡です。反射鏡の主鏡の口径は6.5mと巨大であり、それはハッブルの約2.7倍、面積比では約7倍にもなります。この大きな主鏡の集光能力は極めて高く、かすかな光までをキャッチすることが可能です。また、その画像解像度はすさまじく、40km先にある1セント硬貨(直径19.05mm)、または550km先のサッカーボールを識別することができるほどです。

ハッブルは、主にヒトの目で見ることができる可視光線で宇宙を観測してきたのに対し、JWSTは赤外線宇宙望遠鏡です。赤外線そのものはヒトの目で見ることができませんが、JWSTがとらえたデータを加工し、画像変換(イメージング処理)することで、我々が目視できるようになります。

なぜ赤外線を利用するのでしょう? 宇宙にはガスや塵がたくさん漂っています。可視光線で観測した場合には、その向こう側を見ることができません。しかし、赤外線では見ることができます。これは赤外線の波長が、可視光線よりも長いことによって起こる現象(p.136参照)です。

こうした赤外線のメリットを活かしつつ、JWSTは2022年4月以降、地球に向けて続々とデータを送り続けています。JWSTの利用目的は多岐にわたり、多くの使命を担っていますが、そのうちのひとつが「ファーストスター」の発見です。ファーストスターとは、ビッグバンの発生後、最初に宇宙空間に光を放った星や銀河のことです。JWSTはそれを史上はじめて観測しようとしているのです。

いまから約138億年まえにビッグバンが発生しました。その直後の宇宙はとても熱く、電子と原子核がバラバラの状態で飛び回っていたため光が直進できません。宇宙の温度が3,000度まで冷えたとき、やっと電子と原子核が結合して分子となり、光が直進できる環境が生まれました。ビッグバンから約38万年後のこの現象を「宇宙の晴れ上がり」といいます。

しかし、この時点でもまだ星はなく、宇宙は暗黒な空間でしかありません。やがて水素やヘリウムはガスとなって集積しはじめ、ビッグバンから1億年から2億5000万年が経過したころ、やっと「ファーストスター」が誕生したと推察されています。

約136億年の昔、136億光年の遠方で発せられた最初の光は、約136億年かけて地球に向けて飛び続け、いまやっと地球に到達しています。ただし、その間に宇宙は膨張し続けているため、その空間を飛び続けた光の波長も引き伸ばされ、現在の地球周辺では赤外線として観測できるはずです。この赤外線の光こそがJWSTのターゲットなのです。

©Ball Aerospace

JWSTの主鏡は18枚に分割されていて、それらが宇宙空間で展開することで、1枚のミラーとして機能する。これはロケットの最頂部に搭載するための工夫。

運用Data

打上日/2021年12月25日
12時 20 分(UTC)
射場/ギアナ宇宙センター
(フランス領ギアナ)
ロケット/アリアン5
運用目標/5〜10年

主鏡Data

タイプ/セグメント化された放物面反射鏡
寸法・面積・質量/全幅6.6m、25㎡、705kg
焦点距離/131.4m
解像度/0.07秒角(0.0317秒角ピクセル)
加工素材/薄くコーティングされたベリリウム
ミラー数/18セグメント
(対角1.3mの六角形のセグメント)

Movie

『JWST打ち上げハイライト』

JWSTの輸送シーンにはじまり、クリーンルームでの機体検査、アリアン5ロケットのフェアリング内への搭載、打ち上げ、その第2段から軌道上にリリースまでをコンパクトにまとめたアピール動画。

時間/01:57
言語/曲のみ
©ESA

\Check!/

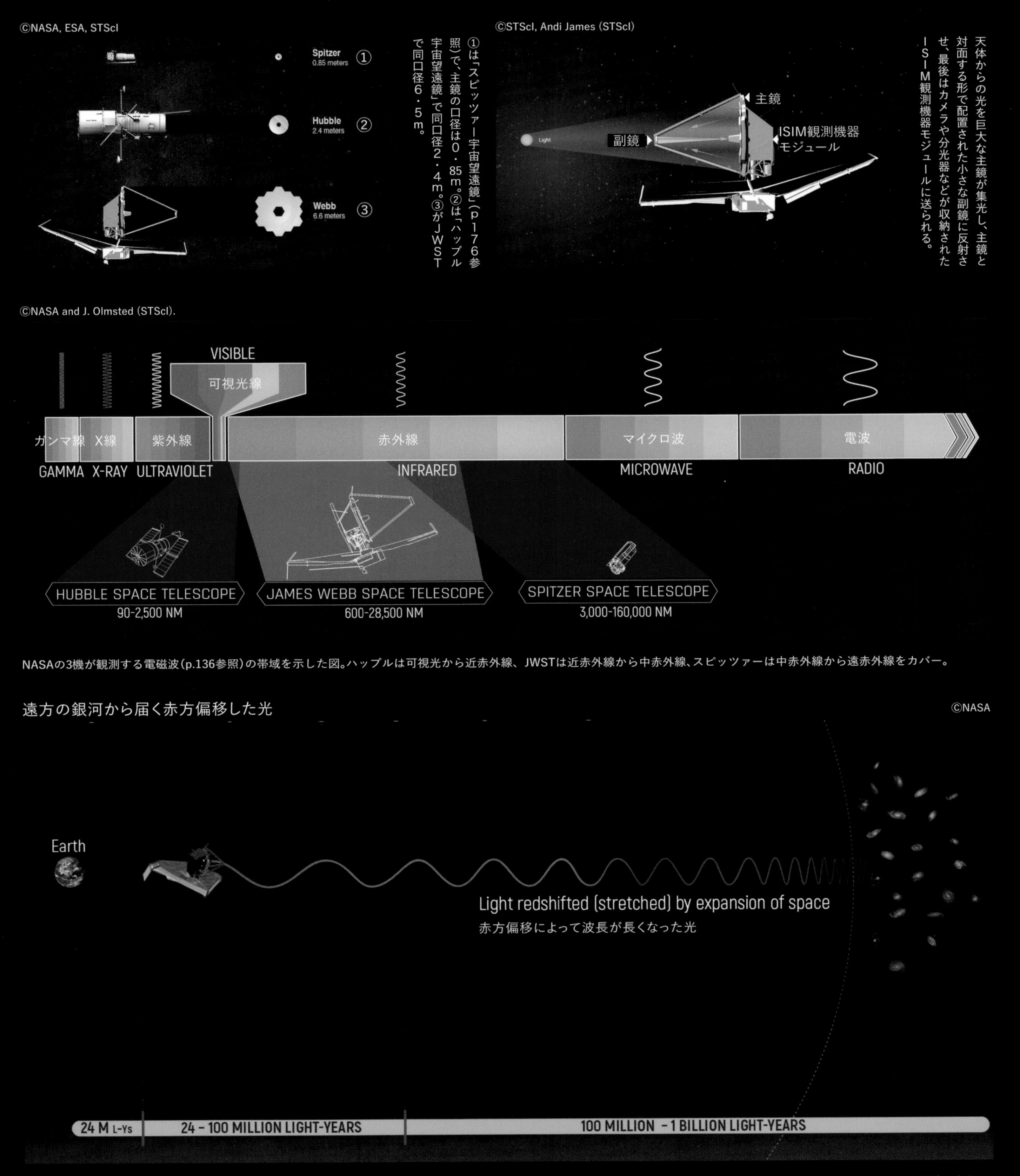

①は「スピッツァー宇宙望遠鏡」(p176参照)で、主鏡の口径は0・85m。②は「ハッブル宇宙望遠鏡」で同口径2・4m。③がJWSTで同口径6・5m。

天体からの光を巨大な主鏡が集光し、主鏡と対面する形で配置された小さな副鏡に反射させ、最後はカメラや分光器などが収納されたISIM観測機器モジュールに送られる。

NASAの3機が観測する電磁波(p.136参照)の帯域を示した図。ハッブルは可視光から近赤外線、JWSTは近赤外線から中赤外線、スピッツァーは中赤外線から遠赤外線をカバー。

ビッグバンから間もなく誕生した古くて遠い星々の光は、はじめはヒトの目でも見えたはず。しかし宇宙は膨張し続けているため、その空間を飛翔する光の波長は伸び、赤外線に変化する。

ジェイムズ・ウェッブの超基本

02 JWSTの構造とミッション機器

JAMES WEBB SPACE TELESCOPE *part2*

JWSTの機体はとても大きく、特殊な形をしています。魔法の絨毯のようなサンシールド(日よけ)は長さ21m、幅14m、つまりテニスコートとほぼ同じサイズです。なぜJWSTはこんな特殊な形に設計されたのでしょう?

JWSTは、遠方の星が発したかすかな光(赤外線)をキャッチします。しかし、赤外線は星だけでなく、太陽や地球、月の熱からも放射されています。星々からの微弱な赤外線を精度高くとらえるには、これらの熱を徹底して排除する必要があり、そのためJWSTは巨大なサンシールドをいつも太陽、地球、月の方向へ向けています。

太陽光などにさらされる機体底部「ホットサイド」の温度は125度まで上昇しますが、サンシールドは多層構造になっているため、その熱は、望遠鏡や観測機器が搭載されている機体上部まで届きません。一方、「コールドサイド」である機体上部は、極寒の宇宙空間ではマイナス233度まで下がります。JWSTの観測機器は、この超冷温の環境下でも確実に働くよう設計されていて、なかでも中赤外線を捕捉する観測機器「MIRI」は、絶対零度(マイナス273度)

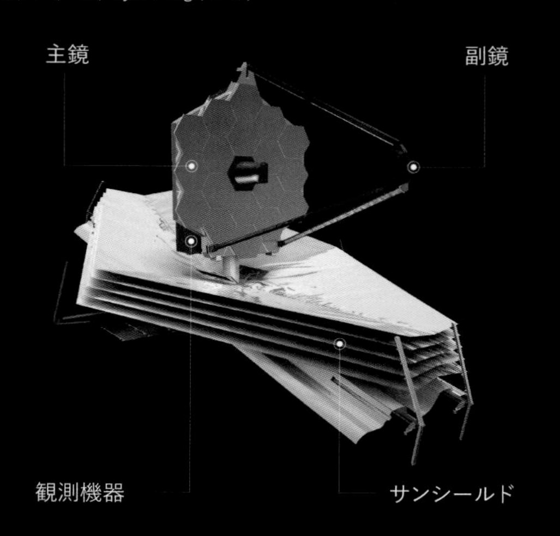

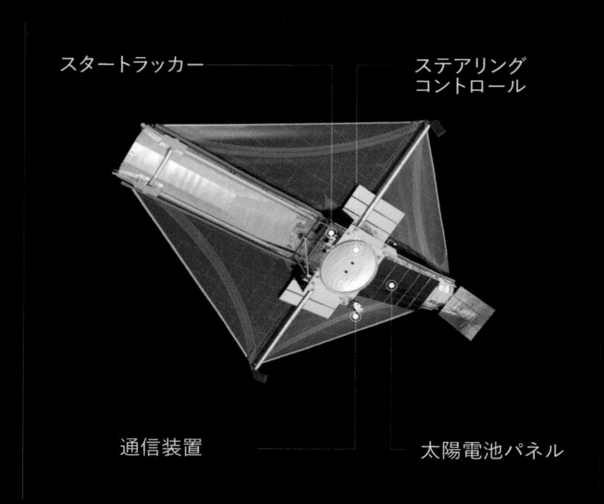

過去の赤外線宇宙望遠鏡には冷却装置が搭載されていたが、JWSTはそれを搭載しない初の宇宙望遠鏡。巨大なサンシールドによって太陽や地球からの光をさえぎり、その上部に搭載されたミラーと観測機器を熱から守る。一方、温度が上がる機体下部には、姿勢制御装置、通信機器などが配置されている。

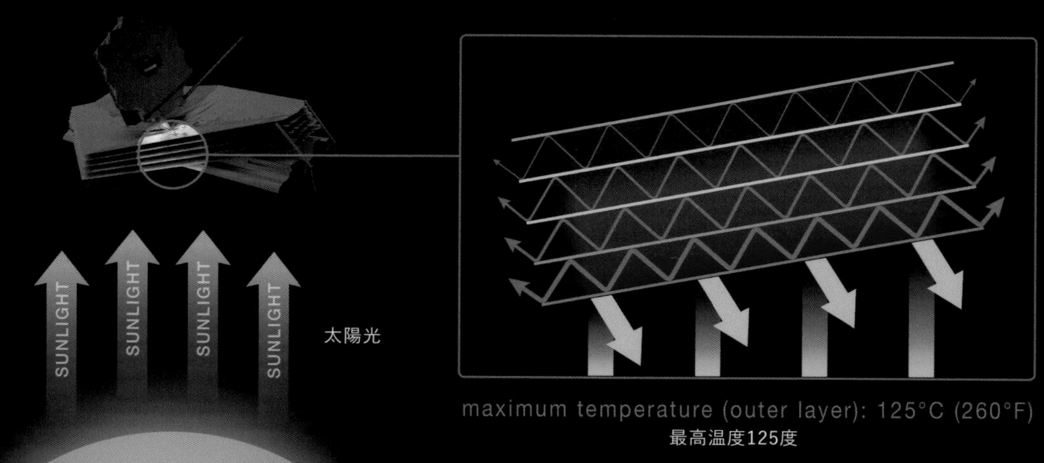

JWSTのサンシールドは多層構造とされ、太陽などからの光を反射し、熱を段階的に吸収する。宇宙空間で機体下部の「ホットサイド」は高温状態になるが、ミラーや観測機器が搭載された機体上部「コールドサイド」はマイナス233度まで下がる。赤外線による観測では、この低温状態が高い精度を生む。

に近い、マイナス266度でも動作します。こうした低温の環境が、遠方の星が放つ、微細な赤外線をキャッチするためには必要なのです。

JWSTの軌道を調整するための装置や、通信機器が収まるバス部(p.146参照)からも熱は発生しますが、それらはすべて機体下部に配置され、観測機器には影響をおよぼさない設計になっています。

私たちの目には見えない赤外線を撮像するためには特殊なカメラが必要です。また、望遠鏡がとらえた光から、特定の波長の光だけを取り出すための「分光器」も不可欠です。14ページ以降ではJWSTがとらえた天体画像を紹介していますが、それらは主に近赤外線カメラ「NIRCam」と、中間赤外線装置「MIRI」によって撮像されたものです。

機体Data

動作温度／−235度以上
機体質量／約6,200kg
サンシールド寸法／21.2×14.2m
太陽電池アレイ発電力／2,000W
最大データレート／毎秒28メガビット
(DSN深宇宙ネットワーク経由)

観測機器Data

望遠鏡／カセグレン式反射望遠鏡
観測波長範囲／0.6～28.5μm
ミッション機器／
・「NIRCam」近赤外線カメラ(0.6-5μm)
・「NIRSpec」近赤外分光器(0.6-5μm)
・「MIRI」中間赤外線装置(4.9-28.5μm)
・「NIRISS」近赤外線撮像&分光器(0.6-5μm)
・「FGS」高精度ガイドセンサー

Movie

\ Check! /

『天体観測の新技法』

JWSTの機体構造や運用目的などを科学者が解説。ハッブルとの違いのほか、搭載された分光器「MIRI」や、近赤外分光器「NIRSpec」などのスケルトン3D動画も収録。

時間／04:17
言語／英語、日本語翻訳可
©ESA

NIRSpec

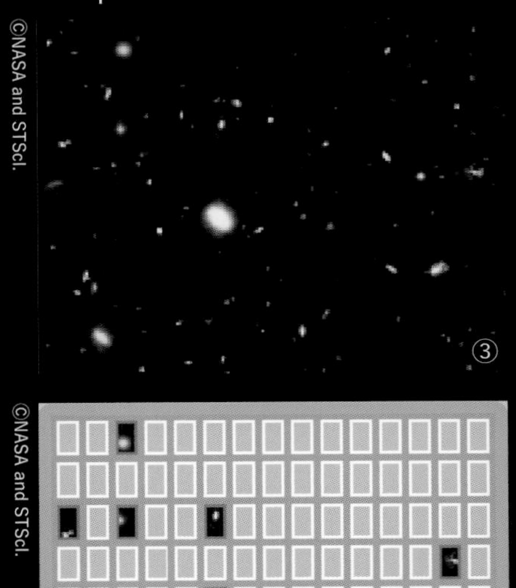

©NASA and STScI.

©NASA

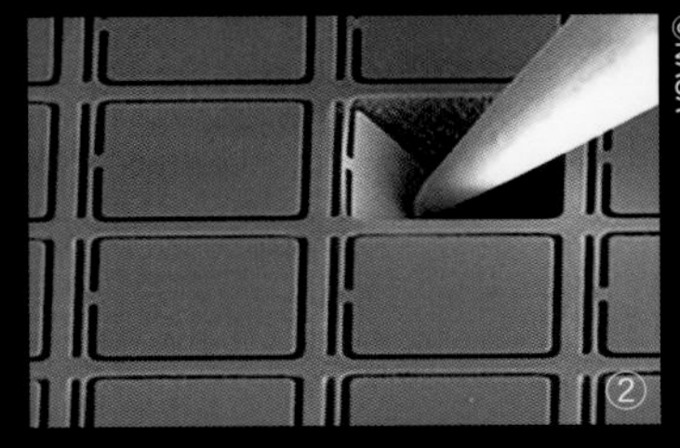

©NASA

①は近赤外分光器「NIRSpec」。切手サイズの表面に、髪の毛ほどの幅のマイクロシャッターが数多く並んでいる(②)。これによって科学者は、カメラの同一画角内にある特定の天体(③④)だけを選別し、最適な露出でその天体を撮像することができる。

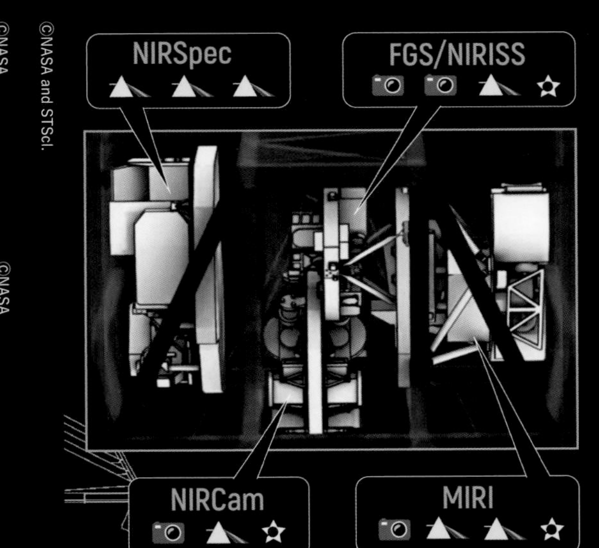

©NASA and STScI.

主鏡の背後に搭載された観測機器モジュール「ISIM」には、JWSTの主要観測機器がこのように配列されている。近赤外線、中間赤外線など、波長の違いによってそれをキャッチする機器も違う。

NIRcom

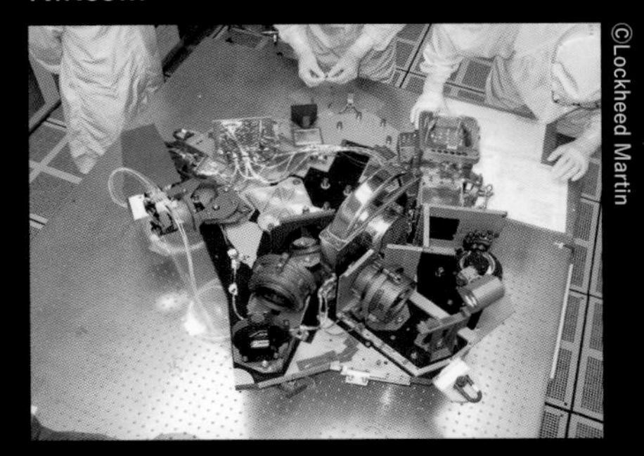

©Lockheed Martin

JWSTにおけるもっとも主要な観測装置。近赤外線(5μm)までのスペクトルをカバーする赤外線カメラのユニット。アリゾナ大学が開発、ロッキード社が製造。

MIRI

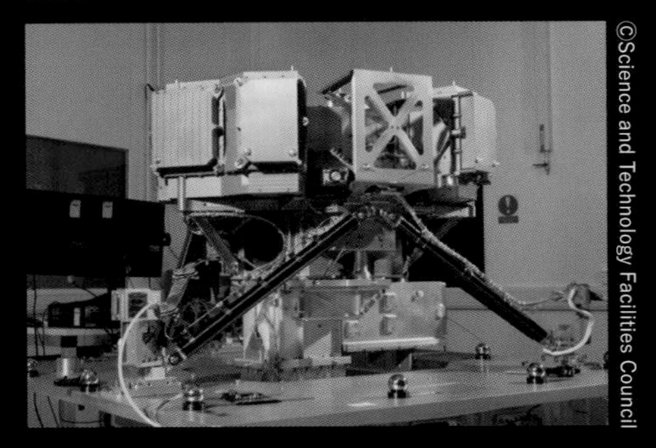

©Science and Technology Facilities Council

中間赤外線から遠赤外線を測定する装置。大型レンズによって集光した赤外線を、さらに細かい波長に分ける分光計と、その光をデータ化するカメラが一体となっている。

FGS / NIRISS

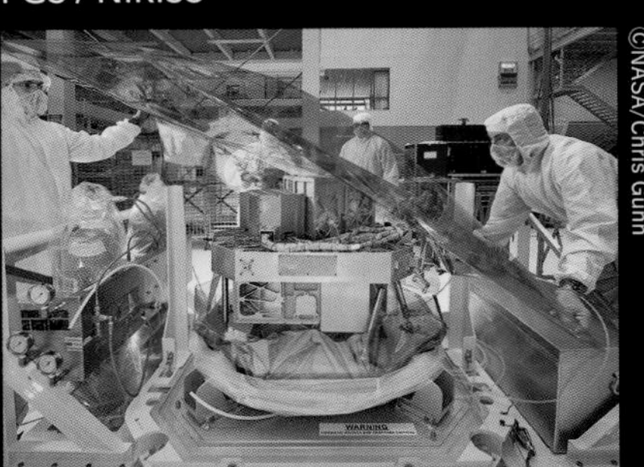

©NASA/Chris Gunn

観測対象に機体自体を向け、また望遠鏡(ミラー)の向きを微調整するためのガイドセンサーが「FGS」。この装置に分光器「NIRISS」が一体となっている。

ジェイムズ・ウェッブの超基本

03 JWSTの軌道と展開

JAMES WEBB SPACE TELESCOPE *part3*

巨大すぎるJWSTの機体は、そのままの状態ではロケットに格納できません。そのためサンシールドはコンパクトに折りたたまれ、大きな主鏡は18枚のミラーに分割された状態で、ロケットの最頂部（フェアリング）に収納されます。ロケットの第2段から軌道上にリリースされると、JWSTは太陽電池パネルを開き、通信用アンテナを伸ばし、サンシールドを広げて、最後に主鏡を展開。その行程が完了するまでに2週間ほどかかります。

これだけ巨大な機体でありながら、JWSTは6.2トンと超軽量であり、その質量はハッブル（11.1トン）の56%しかありません。開発を主導したのはNASAですが、機体の主要部分はノースロップ・グラマン社が製造、アリゾナ大学が観測機器などを提供しています。

この計画にはESA（欧州宇宙機関）とCSA（カナダ宇宙庁）も参画しています。打ち上げはESAが担当したため、JWSTは欧州の「アリアン5」によって、南米大陸のフランス領ギアナにある「ギアナ宇宙センター」からローンチされました。

JWSTを打ち上げたアリアン5ロケットのスケルトン図。JWSTはコンパクトにたたまれた状態で、その最頂部であるフェアリング内に収納されている。©ArianeSpace.com

ハッブルは、地球を周回する軌道上（高度540km）にありますが、JWSTは地球周回軌道ではなく、太陽と地球の重力が生み出す「ラグランジュ点L2」という特殊な領域へ投入されています。この領域に配置された宇宙機は、地球から太陽の反対側へ150万km離れたこの領域に、ずっと留まることができます。つまりJWSTには、太陽と地球の重力と、地球が公転する力が作用して、その位置関係を維持したまま、地球に寄り添うように伴走しつつ、太陽を公転するのです。

ちなみに太陽と地球におけるラグランジュ点は、L1からL5の5ポイントがあり、どの領域においてもL2同様、その領域に留まることが可能です。また、正確にはこのポイントの1点に留まるわけではなく、ここに配される宇宙機は、そのポイントを周回しながら留まります。その周回方法にも複数の種類がありますが、JWSTにおいては「ハロー軌道」が採用されています。つまりJWSTの軌道は正しくは、「太陽と地球のラグランジュ点L2におけるハロー軌道」となります。地球から月までは4日ほどしか掛かりませんが、JWSTがラグランジュ点L2に到達するには約30日間かかります。

なぜJWSTは、この特殊な軌道に投入されたのでしょう？ それはJWSTが赤外線望遠鏡だからです。赤外線望遠鏡にとって、太陽や地球の熱が弊害となることは前述しましたが、観測に邪魔な赤外線を放射する太陽、地球、月から遠ざかり、寒くて暗い宇宙空間を漂うことで、JWSTは星々が放つ微かな光をキャッチするのです。JWSTの設計寿命は約10年。それまでの間、JWSTは未知の宇宙を観測し続けます。

©ESA/CNES/Arianespace

JWSTはNASAとESAなどの共同プロジェクトであり、ESAは主に打ち上げをサポート。その結果、ロケットは欧州のアリアン5を使用。フランスが管理するギアナ宇宙センターから打ち上げられた。

軌道Data

軌道／太陽-地球ラグランジュ点L2
L2ポイントを回るハロー軌道
（直径100万km、周期6ヵ月）
（太陽周回軌道）
地球からの距離／150万km
（打ち上げから約1ヶ月に到達）

Movie

『ラグランジュ点L2へ』

JWSTがどのような軌道を飛んでいるのかが理解できる3D動画。ラグランジュ点L2における機体挙動や、天体を観測する際の機体姿勢などが、3D動画によって簡潔に解説されている。

時間／01:59
言語／英語字幕、日本語翻訳可
©ESA / JWST

\Check!/

©NASA, ESA

「アリアン5」ロケットの第２段からリリースされた直後のJWST。この数秒後には太陽電池パネルを展開した。

©NASA, STScI

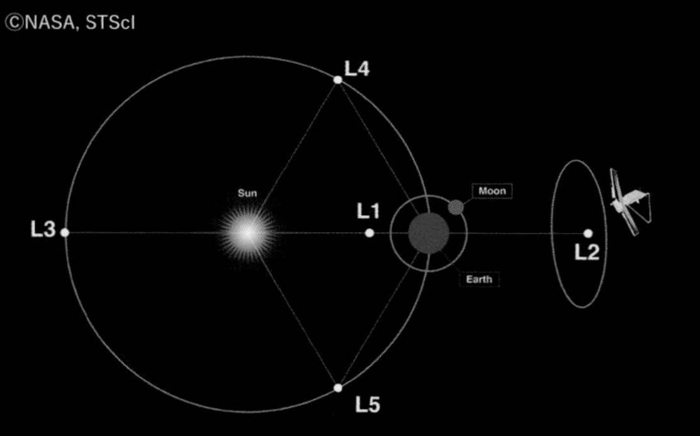

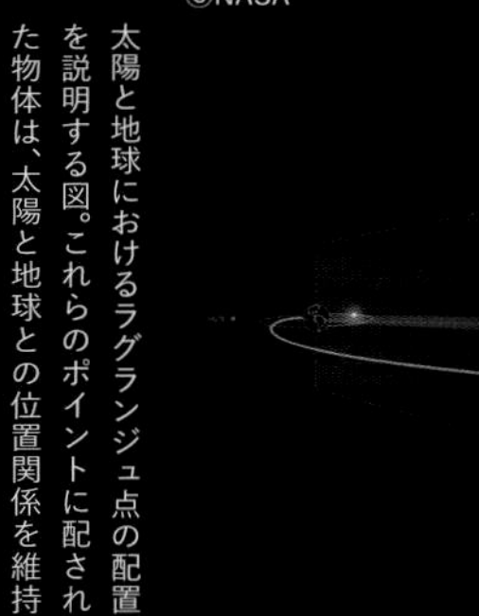

太陽と地球におけるラグランジュ点の配置を説明する図。これらのポイントに配された物体は、太陽と地球との位置関係を維持したまま太陽を周回する。

©NASA

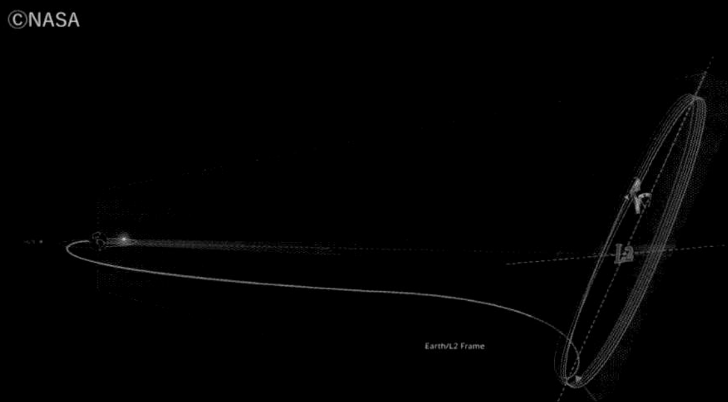
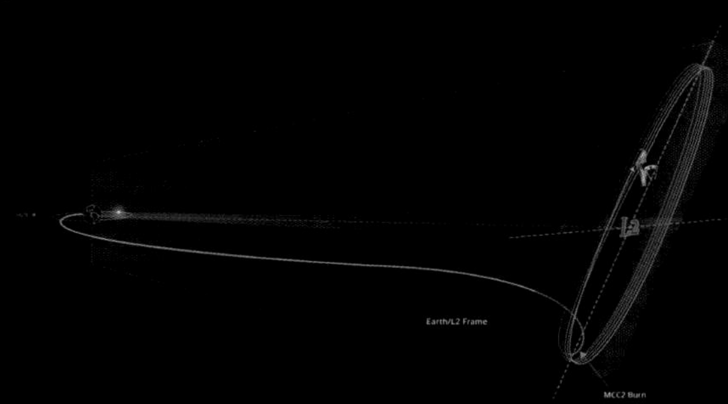

左が地球、右中心がＬ２ポイント、それを周回するのがハロー軌道。黄色線はＪＷＳＴの軌道を表す。地球からＬ２までは１５０万㎞、ハロー軌道は直径１００万㎞。

©NASA, ESA, CSA, Joyce Kang (STScI)

JWSTの展開行程

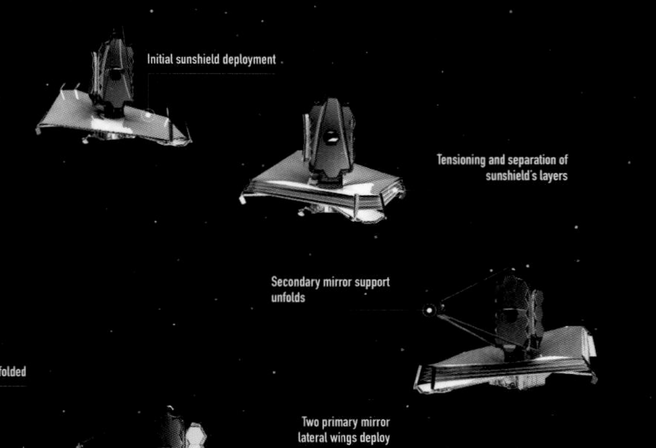

ＪＷＳＴの機体展開のシーケンス図。Ｌ2ポイントへ向かう途中、約２週間かけて展開。216ページで紹介する動画では、その詳細な工程が経過時間とともに確認できる。

Cosmic Cliffs in the Carina Nebula
カリーナ星雲「宇宙の絶壁」

天体Data
カタログ名／NGC3324
分類／星雲
星座／りゅうこつ座
赤経・赤緯／10:36:59・-58:37:00
距離／7,600光年(2,300パーセク)
画像寸法／7.3分角(16光年)

撮影Data
撮影機器／NIRCam
フィルター／
F444W（赤）、F335M（オレンジ）、
F470N（黄）、F200W（緑）、
F187N（シアン）、F090W（青）
合成画像／個別露出の合成画像

「宇宙の絶壁」(コズミック・クリフ)と呼ばれるこの領域は、若い星が形成される星雲「NGC 3324」の端に位置する。画像中央の海綿状のガスは、高温な星からの強い紫外線放射と恒星風によって星雲から切り離されようとしている。

Open Cluster NGC 346
散開星団NGC 346

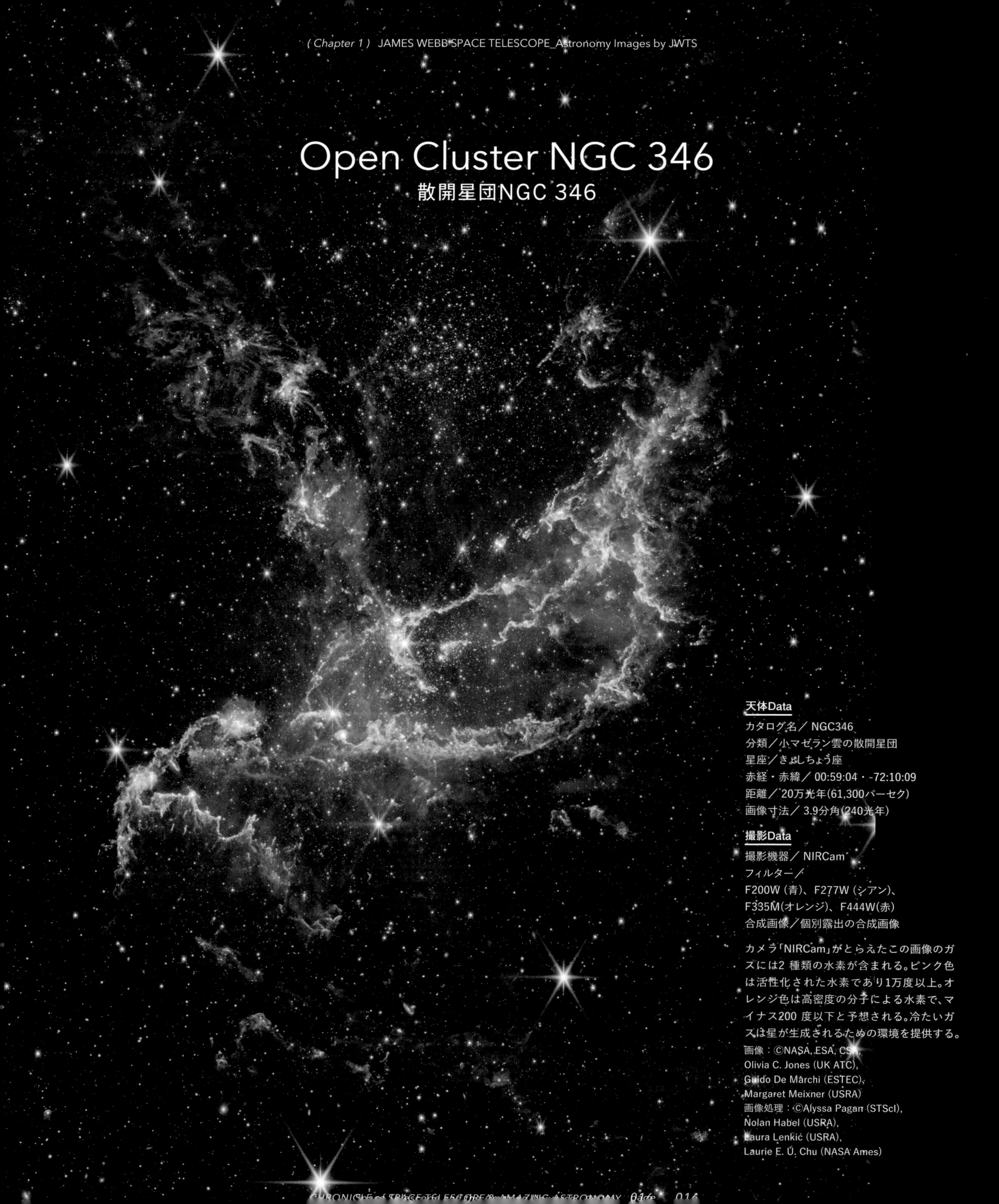

天体Data

カタログ名／ NGC346
分類／小マゼラン雲の散開星団
星座／きょしちょう座
赤経・赤緯／ 00:59:04・-72:10:09
距離／ 20万光年(61,300パーセク)
画像寸法／ 3.9分角(240光年)

撮影Data

撮影機器／ NIRCam
フィルター／
F200W (青)、F277W (シアン)、
F335M(オレンジ)、F444W(赤)
合成画像／個別露出の合成画像

カメラ「NIRCam」がとらえたこの画像のガスには2 種類の水素が含まれる。ピンク色は活性化された水素であり1万度以上。オレンジ色は高密度の分子による水素で、マイナス200 度以下と予想される。冷たいガスは星が生成されるための環境を提供する。

画像：©NASA, ESA, CSA,
Olivia C. Jones (UK ATC),
Guido De Marchi (ESTEC),
Margaret Meixner (USRA)
画像処理：©Alyssa Pagan (STScI),
Nolan Habel (USRA),
Laura Lenkić (USRA),
Laurie E. Ú. Chu (NASA Ames)

Spiral Galaxy NGC 7496
渦巻銀河NGC 7496

銀河「NGC 7496」の中心にある若い活動銀河核（AGN）がジェットを放出し、星間物質のガスと塵を吹き飛ばしてフィラメント（細長い帯状の領域）を形成している。JWSTのカメラ「MIRI」は、同天体を過去最高の解像度で撮像した。

画像：©NASA, ESA, CSA, Janice Lee（NOIRLab）
画像処理：©Joseph DePasquale（STScl）

天体Data

カタログ名／NGC7496
分類／渦巻銀河
星座／つる座
赤経・赤緯／23:09:47・-43:25:41
距離／2,400万光年（7358,000パーセク）
画像寸法／ー

撮影Data

撮影機器／MIRI
フィルター／F770W（青）、F1000W+F1130W（緑）、F2100W（赤）
合成画像／個別露出の合成画像

Tarantula Nebula
タランチュラ星雲

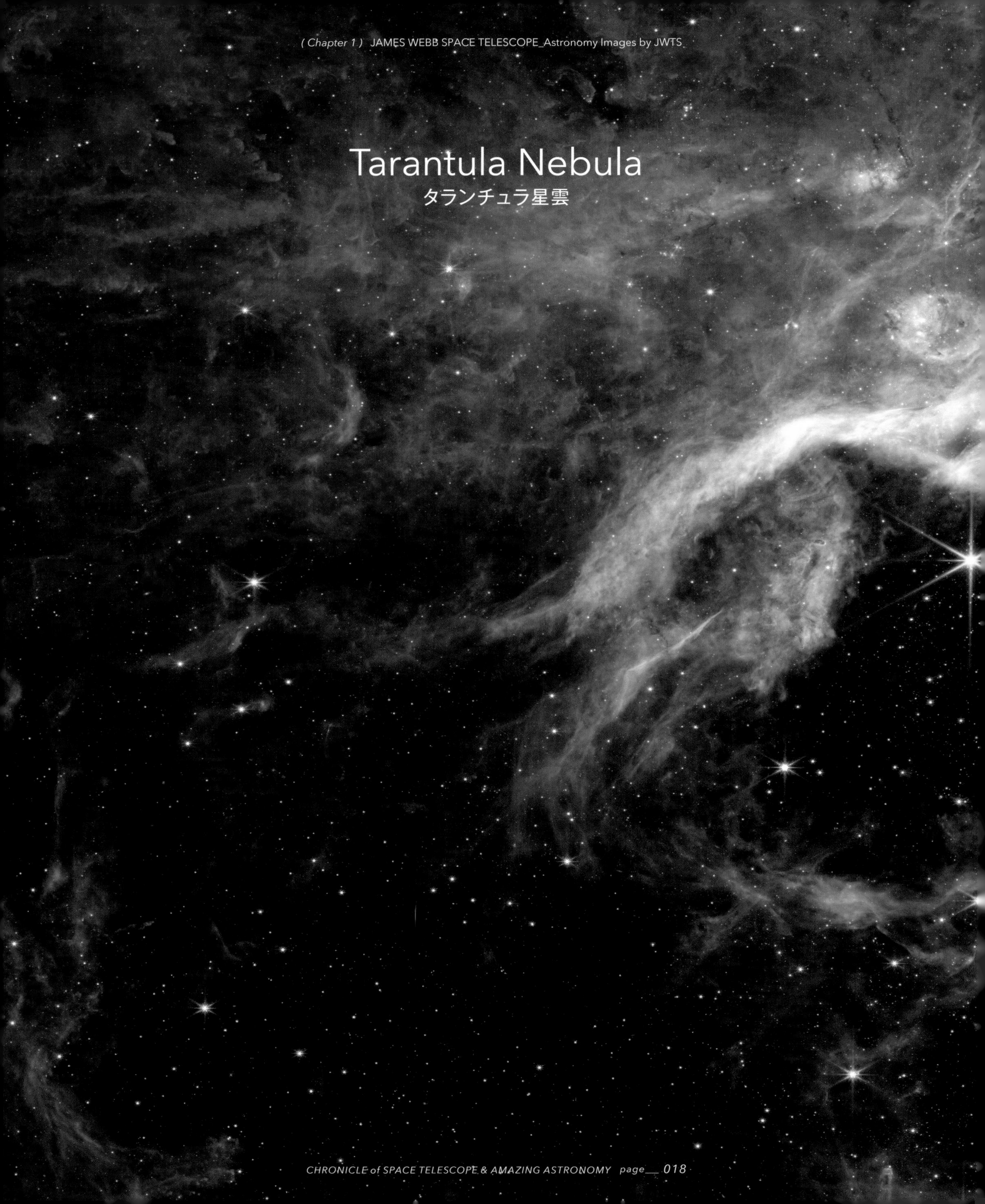

天体Data

カタログ名／ NGC2070
分類／大マゼラン雲の輝線星雲
星座／かじき座
赤経・赤緯／ 05:38:42・-69:06:03
距離／ 17万光年(52,000パーセク)
画像寸法／差し渡し7.24分角(約360光年)

撮影Data

撮影機器／ NIRCam
フィルター／
F090W (青)、F200W (緑)、
F335M (オレンジ)、F444W (赤)
合成画像／個別露出の合成画像

タランチュラ星雲の星形成領域を映したこの画像の幅は約360光年。人類がはじめて観る何万もの若い星が含まれている。中央の青白い部分は、もっとも高温で活発な領域。錆びた色に見えるのは炭化水素を豊富に含んだ低温のガスであり、この濃密なガスが未来の星を形成する材料となる。

Chamaeleon I Molecular Cloud
カメレオン座分子雲

中央の青い領域は冷たいガスと塵。それらの物質が原始星「Ced 110 IRS 4」（左上のオレンジ）によって赤外線で照らされている。オレンジ色に輝く多数の星を観測した天文学者は、その光を吸収する氷を、この分子雲の領域に発見した。

画像：©NASA, ESA, CSA
画像処理：©M. Zamani (ESA/Webb)

天体Data

カタログ名／ー
分類／分子雲
星座／カメレオン座
赤経・赤緯／ 11:06:46・-77:22:33
距離／ 630光年（193パーセク）
画像寸法／ー

撮影Data

撮影機器／ NIRCam
フィルター／
F150W（オレンジ）、F410M（青）
合成画像／個別露出の合成画像

Southern Ring Nebula NGC 3132
南のリング星雲 NGC 3132

天体Data

カタログ名／ 8の字星雲
符号／ NGC3132
分類／惑星状星雲
星座／ほ座(ベラ)
赤経・赤緯／ 10:06:59・-40:26:00
距離／ 2,000光年(590パーセク)
画像寸法／ 2.4分角(1.4光年)

撮影Data

撮影機器／ NIRCam、MIRI
フィルター／
・MIRI：F770W (赤)
・NIRCam：F212N (青)、F470N (緑)
合成画像／個別露出の合成画像

質量が太陽の8倍以下の恒星が、超新星爆発を起こさずに終焉を迎える前の姿が惑星状星雲。この「NGC 3132」の場合、共通の重心を周回する複数の伴星を巻き込みつつ、非常に複雑な過程を経て、このような姿になったと考えられている。

画像：ⒸNASA, CSA, ESA, STScI, Orsola De Marco (Macquarie University)
画像処理：ⒸJoseph DePasquale (STScI)

Wolf Lundmark Melotte, WLM
ウルフ・ランドマーク・メロッテ（WLM）

矮小銀河「WLM」の一部。他の恒星系から孤立し、相互作用が比較的少ないため、銀河の進化過程の研究に適している。そのガスが初期宇宙の銀河を構成していたガスに類似、つまり重い元素が少ないことから注目を集めている。

画像：©NASA, ESA, CSA, Kristen McQuinn (RU)
画像処理：©Zolt G. Levay (STScI)

天体Data

カタログ名／ WLM、DDO221、PGC143
分類／矮小銀河
星座／くじら座
赤経・赤緯／ 00:01:57・-15:28:52
距離／ 300万光年（919,800パーセク）
画像寸法／ 2分角（1,700光年）

撮影Data

撮影機器／ NIRCam
フィルター／
F090W（青）、F150W（シアン）、F250M（黄）、F430M（赤）
合成画像／個別露出の合成画像

Pillars of Creation
わし星雲「創造の柱」

天体Data

カタログ名／ M16、NGC6611
分類／輝線星雲
星座／へび座
赤経・赤緯／ 18:18:48・-13:48:26
距離／ 6,500光年(2,000パーセク)
画像寸法／ 8光年

撮影Data

撮影機器／ NIRCam
フィルター／
F090W(紫)、F187N (青)、F200W (シアン)、F335M (黄)、F444W (オレンジ)、F470N (赤)
合成画像／個別露出の合成画像

ハッブルが観測したことで一躍有名になった「創造の柱」(p.058参照)。JWSTの「NIRCam」による画像はその姿をより明瞭に映し出す。柱部分は半透明のガスや塵で満たされ、変化し続けている。この領域で若い星が形成される。

L1527 & Protostar
原始星L1527 IRS

天体Data

カタログ名／ L1527 IRS（IRAS04368+2557）
分類／若い恒星天体
星座／おうし座
赤経・赤緯／ 04:39:54・+26:03:05
距離／ 460光年（141パーセク）
画像寸法／差し渡し2.2分角（約0.3光年）

撮影Data

撮影機器／ NIRCam
フィルター／
F200W（青）、F335M（緑）、
F444W（赤）、F470N（オレンジ）
合成画像／個別露出の合成画像

暗黒星雲「L1527」の中央には星を成長させる物質が豊富にあり、生まれたばかりの原始星が埋もれていると考えられる。恒星から放出された物質が水素分子と衝突してフィラメントを形成。赤外線ではオレンジ色と青色に輝いて見える。

画像：ⒸNASA, ESA, CSA, STScI
画像処理：ⒸJoseph DePasquale (STScI), Alyssa Pagan (STScI), Anton M. Koekemoer (STScI)

4億年前、2つの銀河が衝突してこのような形態に。大きいな渦巻銀河のアームは衝突後も残り、それが車輪のスポークのように見える。この銀河と左上にある伴銀河が赤外線で赤く見えるのは、炭化水素を多く含んだ塵によるもの。衝突した小さい銀河は画像の外にある。

天体Data

カタログ名／ ESO350-40、AM0035-335
分類／相互作用銀河
星座／ちょうこくしつ座
赤経・赤緯／ 00:37:41・-33:42:59
距離／ 5億光年(150Mパーセク)
画像寸法／差し渡し2.34分角(約340,000光年)

撮影Data

撮影機器／ NIRCam、MIRI
フィルター／
・NIRCam(青)：F090W、F150W
・NIRCam(緑)：F200W
・NIRCam(黄)：F277W
・NIRCam (赤)：F356W、F444W
・MIRI(オレンジ)：F770W、F1000W、F1280W、F1800W
合成画像／ー

Cartwheel Galaxy ESO 350-40
車輪銀河ESO350-40

SMACS 0723
銀河団SMACS 0723

天体Data

カタログ名／ SMACS0723-73
SMACSJ0723.3-7327
1RXS J072319.7-732735
分類／銀河団
星座／とびうお座
赤経・赤緯／ 07:23:20・-73:27:16
距離／星団は46億光年
画像寸法／差し渡しは約2.4分角

撮影Data

撮影機器／ NIRCam
フィルター／ F444W（赤）
F356W（オレンジ）、F200W + F277W（緑）
F090W + F150W（青）
合成画像／個別露出の合成画像

カメラ「NIRCam」を使用し、数週間かけて撮影された深宇宙。この銀河団「SMACS 0723」の質量が重力レンズとして働き、背後にあるさらに遠い銀河を拡大。その遠方の銀河には、人類がはじめて目にする天体が多く含まれている。

この銀河のグループは「クインテット」(五つ子)と呼ばれるが、接近しているのは4つ。孤立する左端の銀河「NGC 7320」は他よりかなり手前にあり、地球からの距離4,000万光年。他の4つは地球から2億9,000万光年の距離にある。

天体Data

カタログ名／ HCG92、NGC7318A、NGC7318B、NGC7319、NGC7320
分類／相互作用銀河群
星座／ペガスス座
赤経・赤緯／ 22:35:57・33:57:36
距離／ 2億9,000万光年(8,900万パーセク)
画像寸法／ 7.4分角(約620,000光年)

撮影Data

撮影機器／ NIRCam、MIRI
フィルター／
・NIRCam：F090W＋F150W(青)、F200W (緑)、F277W (黄)、F365W＋F444W (赤)
・MIRI：F770W (黄)、F1000W (オレンジ)
合成画像／個別露出の合成画像

Stephan's Quintet
ステファンの五つ子銀河

天体Data

カタログ名／ NGC1300
分類／棒渦巻銀河
星座／エリダヌス座
赤経・赤緯／ー
距離／ 6,900万光年(2,100万パーセク)
画像寸法／ 2.9分角(約59,000光年)

撮影Data

撮影機器／ NIRCam、MIRI
フィルター(ウェッブ以外) ／
・アルマ望遠鏡：1.2cm (黄)
・VLT(MUSE)：F475W (青)、F625W (緑)、F656N+F775W (赤)
・ハッブル(WFC3)：F435W (青)、F555W (緑)、F658N+F814W (赤)
合成画像／アルマ望遠鏡、VLT、ハッブル、

JWSTの赤外線は、塵の背後で星が形成されている場所を特定する。そこに合成されるハッブルの可視光画像は塵を金色、若い星を青色で強調。VLT(チリ)のデータはガスをマゼンタ、アルマ望遠鏡の電波は冷たい分子ガスを黄色で表現。

画像：©NASA, ESA, ESO-Chile, ALMA, NAOJ, NRAO
画像処理：©Alyssa Pagan

Spiral Galaxy NGC 1300

渦巻銀河NGC 1300

渦巻銀河「IC 5332」は、地球に対してほぼ完全に正面を向いていることから研究者に注目されている。過去にはハッブルも撮影しているが、JWSTの赤外線は塵の多い領域を明確に映し出し、アームの構造を見事に視覚化している。

天体Data

カタログ名／ IC5332
分類／渦巻銀河
星座／ちょうこくしつ座
赤経・赤緯／ー
距離／ 3,000万光年(9200,000パーセク)
画像寸法／ 2.55×2.12分角

撮影Data

撮影機器／ MIRI
フィルター／
7.7μm (シアン)、10μm (緑)
11μm (黄)、21μm (赤)
合成画像／個別露出の合成画像

Spiral Galaxy IC5332
渦巻銀河IC5332

Jupiter's Auroras
木星のオーロラ

天体Data

カタログ名／歳星
分類／外惑星、巨大ガス惑星
太陽からの平均距離／ 5.2au

撮影Data

撮影機器／ NIRCam
フィルター／
F360M(赤)、F212N(黄・緑)、F150W2(シアン)
合成画像／個別露出の合成画像

カメラ「NIRCam」に2種のフィルターを使用して撮像された木星とそのオーロラ。天体自体の100万分の1しか光度がない環も見え、そのリング上には複数の衛星も確認できる。JWSTの撮像データは一般に公開され、誰もが入手可能。この画像は若き女性市民科学者ジュディ・シュミットさんが画像処理したもの。

Chapter 2

THE BASIC GUI
STELLAR EVOL

宇宙と恒星の超基本

宇宙にはさまざまな天体があり、さまざまな天文現象が発生していますが、
それにはいくつかのパターンがあり、天体の種類が大別できます。
それを理解すると、宇宙がぐっと身近に感じられ、天文の世界が面白くなるはずです。
我々の地球は「惑星」であり、その周りを回る月が「衛星」です。
惑星は「恒星」である太陽の周りを公転しています。夜空を見上げたとき
キラキラと輝く星々の多くは「恒星」であり、恒星は星空の主役といえます。

DANCE for
UTION

The Milky Way Galaxy ©NASA/JPL-Caltech/R. Hurt (SSC/Caltech)

Contents

036 01 恒星が生まれてから死ぬまで

038 02 恒星が生まれる場所
分子雲と暗黒星雲

039 03 誕生した星が集う
散開星団とは?

040 04 見かけの等級と絶対等級
恒星の種類と主系列星を知る

042 05 膨張して死にゆく恒星
超巨星の内部でおこる核融合

043 06 はかなくも美しい
超新星爆発

044 07 ブラックホールの誕生
クエーサーと降着円盤

045 08 極度に重くて直径10数km、
中性子星の誕生とマグネター

046 09 太陽の最期の姿
惑星状星雲と白色矮星

047 10 最小の恒星、赤色矮星と
恒星になれない褐色矮星

048 11 インフレーションにはじまる
宇宙の誕生とビッグバン

049 12 ダークマターと
ダークエネルギーとは?

01
恒星が生まれてから死ぬまで

Keyword: 恒星、赤色巨星、白色矮星、大質量星、赤色超巨星、超新星

このイラストでは、恒星が生まれてから、その姿がどのように変容していくかを説明しています。中央のモヤモヤした領域は、星が生まれる場所「分子雲」(p.038参照)を表しています。左は「太陽と比べてその質量(重さ)が8倍未満」の恒星の場合、右は「太陽と比べてその質量が8倍以上」の恒星の場合です。つまり、恒星はその質量の大小によって、たどる運命が違うのです。

左のサークルは、我々の太陽と同じ質量の恒星を例としています。分子雲から生まれた若い恒星「原始星」は、重力によって周囲のガスを集めて巨大化し、その自重によって内部の温度と圧力が増します。やがて核融合が起こり、燃えはじめたとき、原始星は主系列星(p.040)となります。つまり我々の太陽と同じ状態になります。

この場合の核融合の燃料は水素です。水素が核融合すると、重いヘリウムに変化します。すると、ヘリウムより軽い水素は天体の中心にある中心核の外側で燃えはじめます。同時にこの恒星は膨張しはじめ、「赤色巨星」(せきしょく・きょせい)に進化します。

やがて赤色巨星の外層は周囲に拡散され、温度の高い中心の星がそれらを照らし出すと「惑星状星雲」として観測されます。その後、中心の星は「白色矮星」(はくしょく・わいせい)となり、その温度が下がると、光を出さない黒色矮星(こくしょく・わいせい)となります。

右のサークルは、太陽より8倍以上重い恒星「大質量星」がたどる道です。大質量星の内部では水素による核融合が行われていますが、水素が枯渇すると膨張して温度が下がり、「赤色超巨星」になります。ただし、核融合によって水素がヘリウムになると、そのヘリウムが天体の大質量によって押しつぶされ、さらに重い炭素へ核融合され、さらにネオンへ……というように、内部物質はどんどん重い元素に融合していき(p.042)、太陽質量の10倍以上の恒星では、最後は鉄になります。

鉄はとても安定した元素なのでそれ以上核融合しません。この超巨星は、核融合によって外側に押し出す力と、自重によって中心に向かう力の均衡により成り立っていましたが、核融合が停止するとそのバランスが崩れ、一瞬のうちにつぶれて爆発し、「超新星」として明るく輝きます(この場合は重力崩壊型の超新星)。また、吹き飛ばされた外側は「超新星残骸」として周囲に拡散されます。超新星爆発の発生に際して、非常に重い「中性子星」や「ブラックホール」などが生まれると考えられています。

「太陽」と「大質量星」のライフサイクル

我々の「太陽」や、それよりも8倍以上の質量を持つ「大質量星」のライフサイクル。太陽のトータルの寿命はおよそ100億年と予想されている。

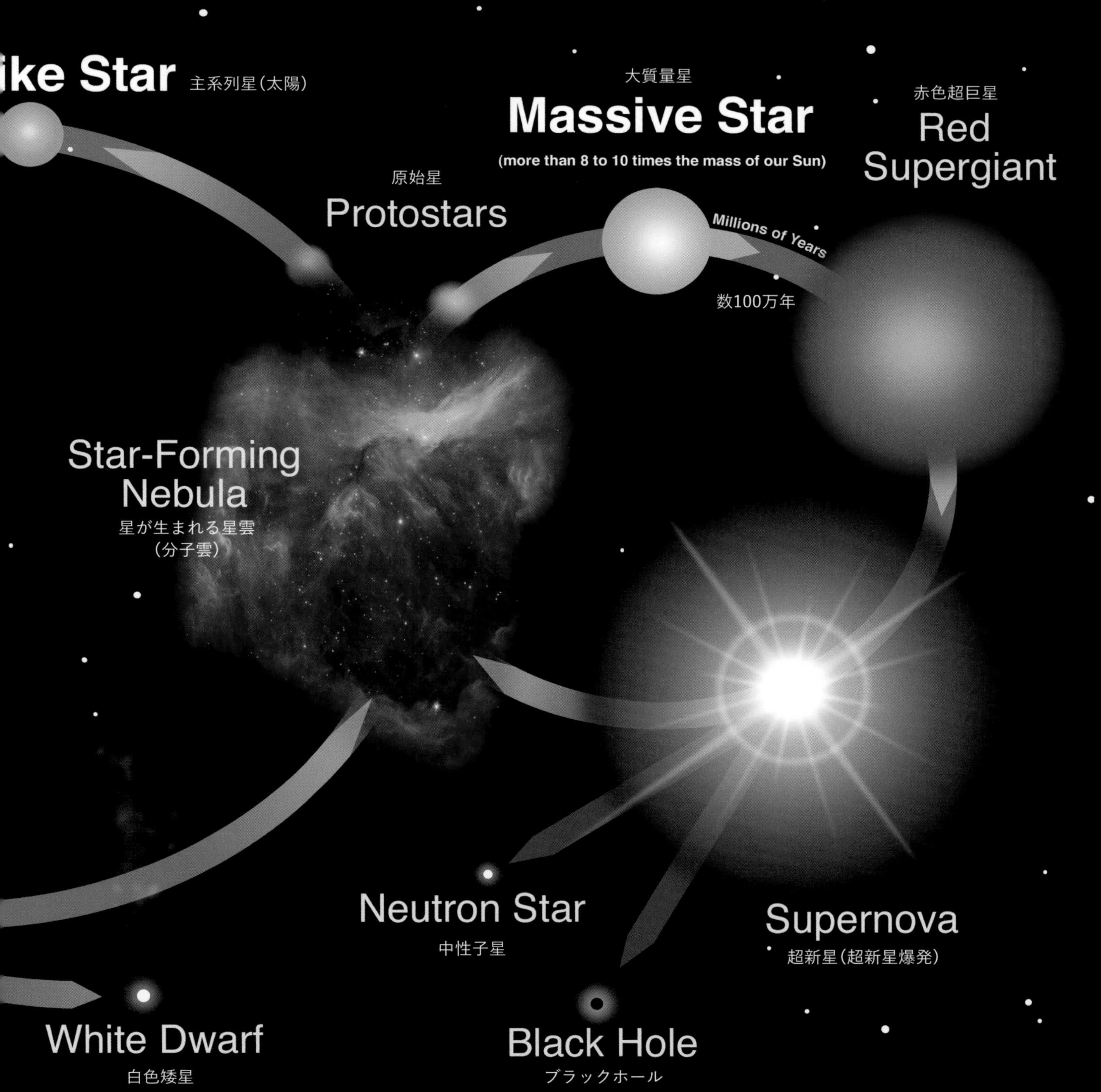

ike Star 主系列星（太陽）

大質量星
Massive Star
(more than 8 to 10 times the mass of our Sun)

赤色超巨星
Red Supergiant

原始星
Protostars

Millions of Years
数100万年

Star-Forming Nebula
星が生まれる星雲
（分子雲）

Neutron Star
中性子星

Supernova
超新星（超新星爆発）

White Dwarf
白色矮星

Black Hole
ブラックホール

02
恒星が生まれる場所 分子雲と暗黒星雲

Keyword: 星間ガス、ガス星雲、暗黒星雲、水素分子、分子雲、分子雲コア

宇宙空間に漂うガスが、密度高く集まった場所で恒星は生まれます。

恒星と恒星の間に拡がる領域は「星間空間」(せいかん・くうかん)と呼ばれ、そこには「星間ガス」が存在しています。そのガスの濃度がとくに濃い領域を「星雲」、または「ガス星雲」といいます。星雲という名前がついていますが、その主要成分はガスであり、星の集合体ではありません。星の集合体は星団といいます。

ガス星雲の主な成分は「水素」です。その水素は主に電離した状態、つまり陽イオンと陰イオンに分かれた状態で存在していますが、ガスの密度が高くなるとそれらが結合し、「水素分子」となります。こうした水素分子を含む星雲を「分子雲」(ぶんしうん)といいます。

そして恒星は、この分子雲の密度がもっとも高い場所「分子雲コア」で誕生します。そのため分子雲の研究は、星の誕生過程の解明につながります。

分子雲の形態のひとつとして「暗黒星雲」(あんこく・せいうん)があります。暗黒星雲は地球から観測した場合、背後にある星々の光が見えないほど黒々としています。その領域内は温度が20ケルビン(摂氏マイナス253度)以下で、1cm角(角砂糖1個程度)のなかに水素原子が500個ほど存在しています。

ハッブルが撮像した「創造の柱」(p.058)は「わし星雲」にあり、それは光って見えるガス星雲「散光星雲」(さんこうせいうん)に分類されますが、その一部、黒々とした柱の領域は暗黒星雲であり、ここでは多くの恒星が誕生しています。

ハッブルは「創造の柱」を主に可視光線で撮影しましたが、赤外線によってはじめてその姿が浮かび上がる「赤外線暗黒星雲」という天体も存在します。これは1996年、ESA(欧州宇宙機関)の赤外線宇宙天文台「ISO」(p.118)がはじめて発見しました。

また、分子雲の他の形態として「反射星雲」(はんしゃ・せいうん)があります。近くにある星の光を反射することで光るため、こう呼称されています。この領域でも若い星が生まれます。

反射星雲は輝いて見えるため、散光星雲の仲間に含まれます。また、みずから発光している「輝線星雲」(きせん・せいうん)も散光星雲に含まれますが、こちらは主要成分である水素が電離することによって輝いているため、分子雲には含まれません。

「馬頭星雲」
もっとも有名な暗黒星雲のひとつ。ESO(ヨーロッパ南天天文台)のパラナル天文台(チリ)、8.2m VLT望遠鏡によって撮影された画像。

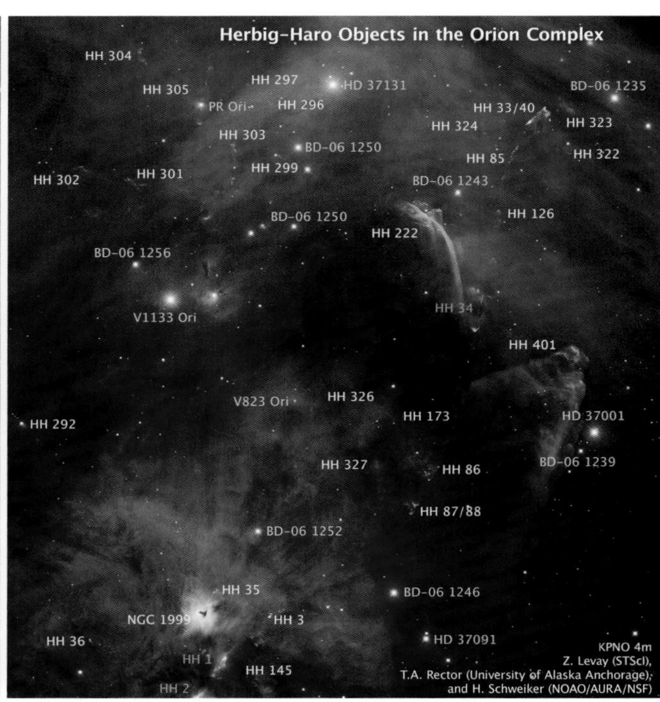

「オリオン座」のハービッグ・ハロー天体たち
生まれたての恒星が物質を放出して星雲状の小領域「ハービッグ・ハロー」(HH)を形成。その位置が多数プロットされている。

03
誕生した星が集う散開星団とは?

Keyword: 球状星団、散開星団、種族、ビッグバン元素合成

お互いの重力によってまとまった星の集団を「星団」といいます。我々が属する天の川銀河のなかには、星々の小グループである星団が数多く存在しています。

星団には2タイプあり、星と星との空間的な密度が高く、ほぼ球状の構造をしているものを「球状星団」といい、星の数が少なく、比較的まばらな集団は「散開星団」と呼ばれます。

球状星団は、それを構成する星の数が数十万個に達し、中心に行くほど急速に星の密度が高くなり、それらの星々はお互いが重力によって強く束縛しています。その星々は銀河形成の初期に生まれたものと考えられ、なかには100億歳を超す星も含まれています。

一方、散開星団には、「分子雲」(p.038)のなかで生まれた若い星が多く含まれています。その年齢は数十億歳未満と考えられ、天の川銀河においては中心部ではなく、円盤部に多く分布。若い星は地球から観測すると、青白く見えるのが特徴です。

星は「種族」によっても大別されます。

●「種族Ⅰ」重元素を多く含む星、円盤を構成する、太陽も含む
●「種族Ⅱ」重元素が少ない星、球状星団を構成する、古い星
●「種族Ⅲ」重元素をまったく含まない星、もっとも古い星

つまり種族とは、主には星に含まれる重元素の量の違いであり、その含有量が少ないと古い星、多いと若い星と判断されます。

ビッグバンの発生から約10分間の間に、水素、その同位体である重水素、三重水素(トリチウム)、ヘリウムのほか、ほんのわずかなリチウムとベリリウムなどが生まれました。こうした元素が生まれた行程を「ビッグバン元素合成」といいます。宇宙に星がまだ誕生していない、もっとも初期の段階では、こうした軽い元素だけが生まれたのです。

宇宙の初期に生まれた星々は、これらの軽い成分だけを材料にして生まれました。そのためその星の成分にはホウ素以上の重い成分が含まれていません。これが種族Ⅲに該当します。つまり、重元素を含まない星は、宇宙の初期に生まれた星なので、お年寄りの星です。ただし、実際には種族Ⅲの星はまだ見つかっていません。

その後、星々の内部で核融合が行われ、その熱と圧力で重い元素が生まれます。その星が死ぬときには、重元素が宇宙空間に拡散され、次に生まれる星々はその重い元素も取り込みながら誕生します。これが数世代にわたって繰り返されてきた結果、重元素を多く含む星のほうが若い星であることがわかります。

散開星団「HD 97950」
「NGC 3603星雲」の領域内にある星団の一部。7,500 個を超える星が確認され、天の川銀河でもっとも密度の高い星団のひとつとされる。ハッブル宇宙望遠鏡の画像。
©NASA, ESA, R. O'Connell (University of Virginia), F. Paresce (National Institute for Astrophysics, Bologna, Italy), E. Young (Universities Space Research Association/Ames Research Center), the WFC3 Science Oversight Committee, and the Hubble Heritage Team (STScI/AURA)

散開星団「NGC 290」
ハッブル宇宙望遠鏡が2006年に撮像した散開星団「NGC 290」。太陽から20万光年離れた小マゼラン雲にある。直径65光年の領域に数多くの若い星が集合している。
©HST/ NASA / ESA

04
見かけの等級と絶対等級 恒星の種類と主系列星を知る

Keyword: **見かけの等級、絶対等級、HR図、主系列星**

夜空に輝く星の明るさを示す基準として「等級」があります。明るい恒星は1等星などと呼ばれますが、この数字が小さいほど明るく、大きいほど暗い星です。つまり、等級がマイナスで表される星は、非常に明るい星を意味します。

私たちが星々を見たときの星の明るさは「見かけの等級」といいます(右ページの上図)。ただし、星はそれぞれ地球からの距離が異なります。そこで、もしその天体が、地球から均一な距離にあったら、どのくらいの明るさになるか、という基準で考えるのが「絶対等級」です。宇宙の距離を表す単位に「パーセク」があります。絶対等級では、星が「10 パーセク(pc) ＝ 32.6光年」の距離にあるとした場合の等級で表されます。ちなみに、見かけの等級に似たものとして「実視等級」というものがありますが、こちらは光の波長に関連した尺度であり、両者の数値は異なります。

次に、下の「HR図」を説明します。この正式名称は「ヘルツシュプルング-ラッセル図」であり、この図を考案したふたりの人物から命名されています。この図上に並ぶのは恒星です(褐色矮星を除く)。図のタテ軸は、恒星の明るさ「光度」(一般的には絶対等級)、ヨコ軸はスペクトル型(または恒星の表面温度)を示します。

タテ軸の光度は、グラフの上に位置するほど明るく、下のほうが暗くなります。私たちの太陽を基準とし、その光度が「1」となります。また、ヨコ軸の表面温度は、左に位置するほど高く、右に位置するほど低くなります。天体の表面温度は、天体が放つ光の「スペクトル」(p.136参照)を分析することで知ることができます。

恒星は、生まれてから死ぬまでの間に光度や表面温度が変化します。また、光度や表面温度は、その恒星が持つ質量によってもまったく違ってきます。つまり、特定の星の絶対等級とスペクトル型(表面温度)を観測し、このHR図に当てはめることで、その恒星の質量や年齢、さらにはどんな進化過程にあるのかが推測できるのです。

図を見ると、左上から右下にかけて、大きな分布が描かれています。この領域は標準的な恒星がたどる道であり、「主系列」と呼ばれます。また、この領域をたどる星は「主系列星」(しゅけいれつせい)と呼ばれます。

分子雲(p.038)のなかで「原始星」が生まれると、HR図において上のほうに配置されます。原始星の内部ではまだ核融合が起きていませんが、周囲のガスを集めることで重力が増し、その重力エネルギーを解放することで輝きます。

原始星が恒星へと進化すると図の下方、または左下へ移動します。こうした過程を経るのが主系列星であり、我々の太陽もこの主系列の上にあります。

主系列の途中から右上のほうに分離した分布がありますが、これは、恒星の中心部にある水素が枯渇し、膨張しはじめた「巨星」(p.036の左のサークル)のグループです。

また、図の右上は、質量がとくに大きい「超巨星」(p.037の右のサークル、p.042参照)の分布であり、これらの星が「超新星爆発」(p.043)を起こすと、その後に中性子星やブラックホールが出現する可能性があります。

主系列の下にある独立した分布は、主系列星と比較すると、同じ表面温度において光度が低い、暗い星々のグループです。それは直径が小さな「矮星」のグループである「白色矮星」(はくしょく・わいせい)です。つまり、すでに核融合反応が停止し、もうすぐ一生を終える星々です。

このHR図のヨコ軸は、恒星の表面温度の尺度となっていますが、スペクトル型で表記されることもあります。その場合、スペクトルは一定の帯域ごとにグループ化され、図の左からアルファベットでW、O、B、A、F、G、K、M、L、Tの順番で表記されます。右下の表は超巨星、巨星、矮星を細分化してまとめていますが、その項目「スペクトル型」は、このアルファベットで表されています。

HR図

恒星の光度(絶対等級)と表面温度(スペクトル)の分布図。 縦軸が星の明るさ、横軸は星の表面温度を表す。 左上から右下に流れる領域が主系列。

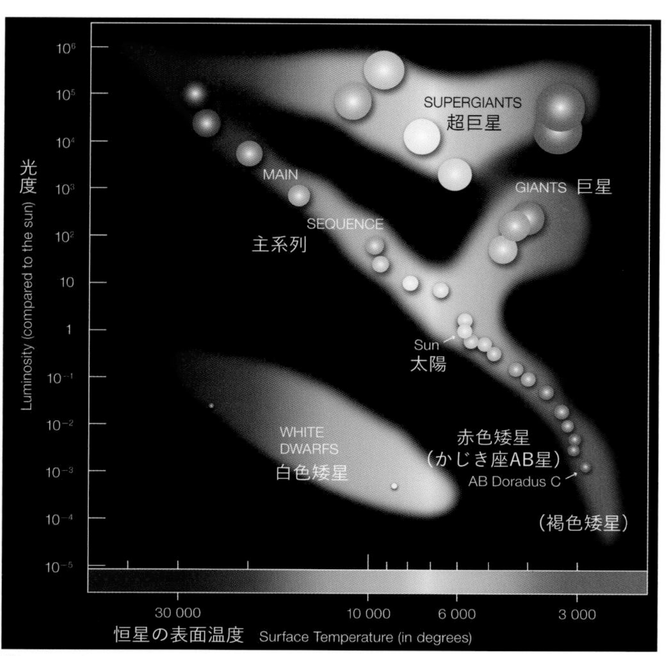

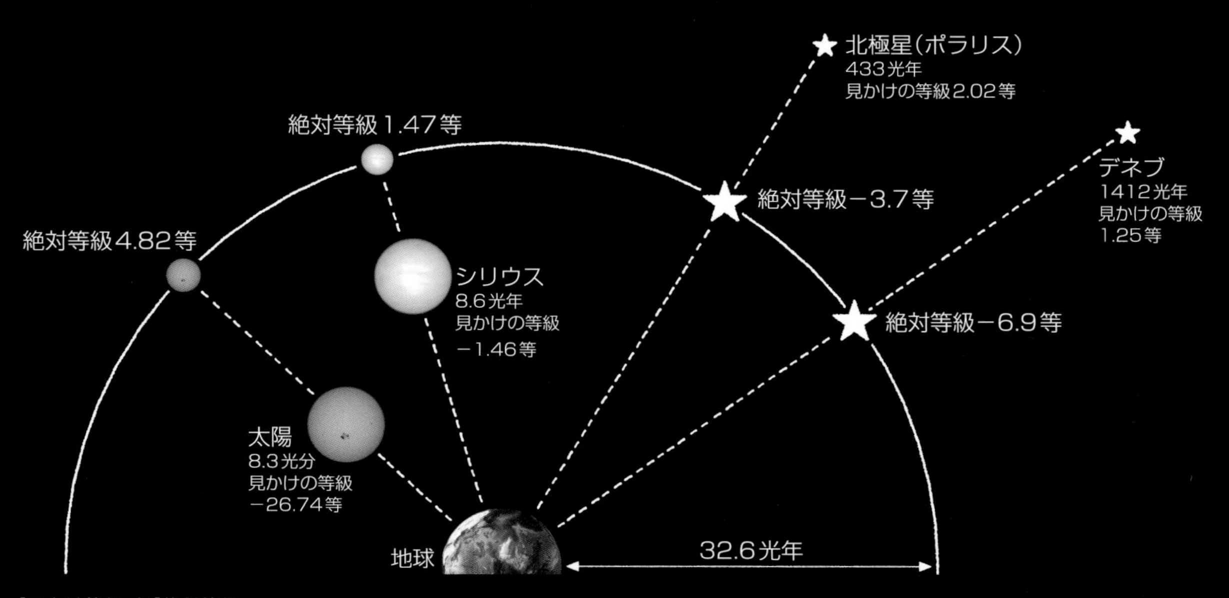

「見かけ等級」と「絶対等級」

「見かけ等級」と「絶対等級」の違いを表した図。太陽やシリウスなど、地球からの距離が32.6光年（10パーセク）未満の場合は、絶対等級のほうが暗くなる。

恒星の種類

光度階級	分類			スペクトル型	太陽との質量比の目安	太陽との光度比の目安	表面温度（K：ケルビン）
0	極超巨星 Hypergiant			–	100～265倍	数百万倍	3,500Kから35,000K
I型	超巨星 Supergiant	超巨星 Supergiant	高光度青色変光星 Luminous Blue Variable, LBV	B型	100倍前後	30万～300万倍	10,000～25,000K
			青色超巨星 Blue Supergiant, BSG（OB超巨星）	O型、B型	10～300倍	10,000～100万倍	10,000～50,000K
			赤色超巨星 Red Supergiant, RSG	K型、M型	10倍以上	数千倍	～4,100K
II型	巨星 Giant	輝巨星 Bright Giant	青色巨星 Blue Giant	O型、B型	2倍以上	数千～数万倍	10,000K～
III型		巨星 Giant Star	赤色巨星 Red Giant	K型、M型（G型）	約0.3～8倍	3,000倍	3,000～4,000K
IV型		準巨星 Subgiant Star		A～M型	–	–	–
V型	矮星 Dwarf	主系列星 Main Sequence Star		O型主系列星	15～90倍	4万～100万倍	30,000～52,000 K
				B型主系列星	2～16倍	–	10,000～30,000 K
				A型主系列星	1.4～2.1倍	–	7,600～10,000 K
				F型主系列星	1～1.4倍		6,000～7,600 K
				G型主系列星	0.8～1.15倍	1倍	5,300～6,000 K
				K型主系列星	0.5～0.8倍		3,900～5,200 K
				赤色矮星 M型主系列星	0.08～0.5倍		4,000以下
				褐色矮星 M、L、T、Y型	0.08倍未満 木星の13～80倍以下	–	–
VI型		準矮星 Subdwarf Star		G型、K型、M型	–	–	–
VII型		白色矮星 White Dwarf		–	–	–	–

05
膨張して死にゆく恒星
超巨星の内部でおこる核融合

Keyword: 大質量星、超巨星、恒星内元素合成、ビッグバン元素合成

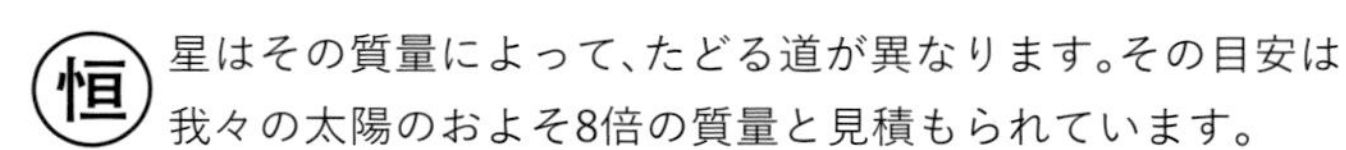

恒星はその質量によって、たどる道が異なります。その目安は我々の太陽のおよそ8倍の質量と見積もられています。

恒星の中心では核融合が起こります。その燃料は、まずは水素(H)です。恒星内部の高い温度と重力によって、水素が恒星の中心で核融合反応を起こすと、ヘリウム(He)が生み出されます。このように、恒星の内部で水素から重い元素が生成される核反応を「水素の核融合反応」といいます。ヘリウムが合成されると、軽い水素は恒星の中心から押し出され、恒星の中心核の表面へと移動し、そこで燃えはじめます。

その質量が太陽の8倍未満の場合、この段階で膨張しはじめ、「赤色巨星」になります。我々の太陽が膨張した場合には、地球の公転軌道あたりまで大きくなると考えられています。やがてその外層は周囲に拡散し、中心部分だけが「白色矮星」として残り、さらに温度と光度が下がると、光を発しない「黒色矮星」になります。

一方、太陽の8倍以上の質量を持つ恒星の場合には、その圧倒的な熱と重力によってヘリウムが核融合を起こし、さらに重い元素である炭素(C)が合成されます。ヘリウムも燃やし尽くすと、こんどは炭素による核融合反応がはじまり、さらに重い元素であるネオン(Ne)へと合成されます。そのネオンは酸素(O)へ、さらにシリコン(Si)へと合成され、こうした過程においてこの天体は「赤色超巨星」などへ発展し、太陽よりも10倍以上重たい恒星の場合は、最後は鉄(Fe)が生成されます。

すべての元素のなかで、鉄はもっともその原子核が安定しています。そのためそれ以上、核融合反応が起こりません。つまりこの段階で、恒星の内部で続いてきた核融合がストップします。

大質量星においては、その莫大な自重によって、天体の中央へ落ち込む力が働いています。その力を外側に押し出していたのは、核融合で発生するエネルギーです。しかし、核融合が停止するとそのバランスが崩れ、その恒星は一瞬のうちにつぶれ、その反動によって大爆発を起こします。これが「超新星爆発」です。宇宙の彼方で超新星爆発が発生すると、ある日突然、明るく光る星「超新星」が出現します。また、星の外側は爆発によって吹き飛ばされ、「超新星残骸」として周囲に拡散されます。超新星が生まれると、その跡には「中性子星」や「ブラックホール」などが生まれる場合があると考えられています。これらの天体は非常に重く、中性子星の直径は十数km程度、その質量は太陽と同程度だと考えられています。

ビッグバンによって生まれた元素は、水素、ヘリウムが主です。その生成過程を「ビッグバン元素合成」といいますが、それらは軽い元素ばかりです。それよりも重い元素は、恒星内での元素合成などによって生まれた元素です。

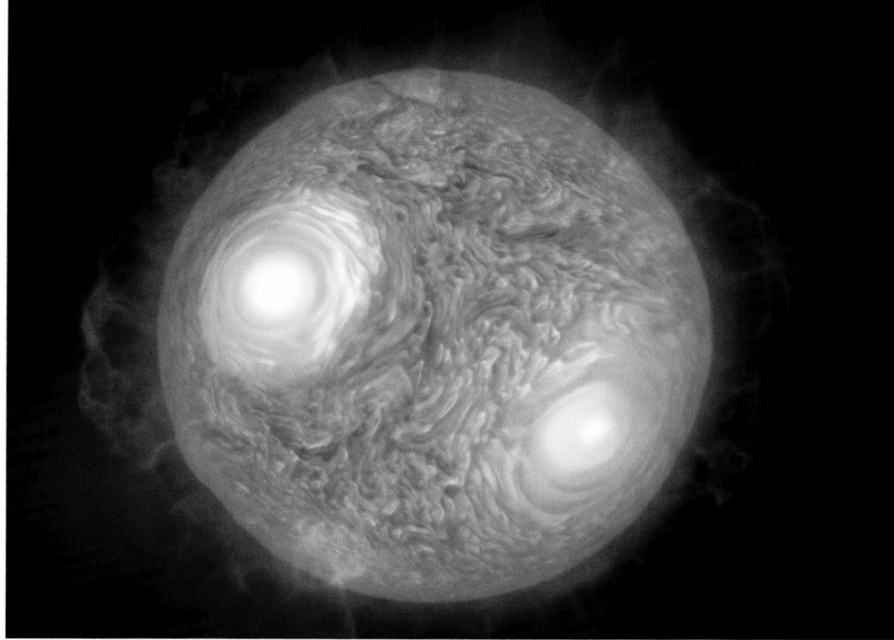

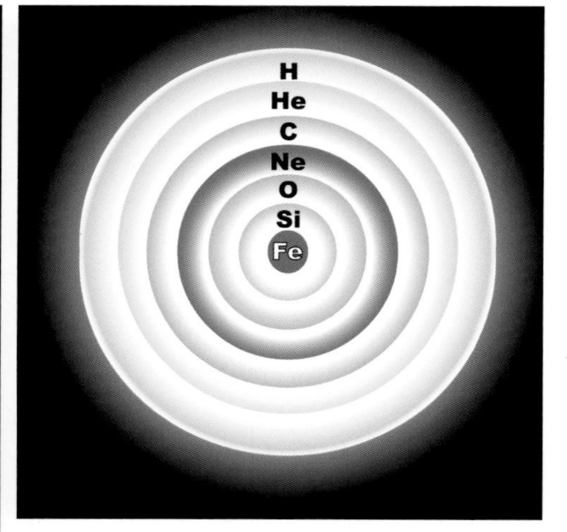

「赤色超巨星」と大質量星の内部

左は赤色超巨星「アンタレス」の想像図。上は大質量星の内部での核融合反応によって合成された元素の模式図。中心に鉄(Fe)ができるとともに恒星の崩壊が始める

06
はかなくも美しい超新星爆発

Keyword: 超新星、超新星残骸、Ia型超新星、近接連星

夜空に突然出現する明るい星を「新星」といい、とくに明るいものは「超新星」(ちょうしんせい)(p.037参照)と呼ばれます。これは「大質量星」や「近接連星」(きんせつれんせい)の爆発によって発生する現象です。近接連星とは、重力的に相互に作用する2つの恒星が、大きく影響しあうほど接近した連星を意味します。また、これらの爆発を「超新星爆発」といい、その爆発で拡散する残骸が「超新星残骸」(ちょうしんせい・ざんがい)です。超新星の出現は、ひとつの銀河につき50年から100年に1回程度といわれていますが、観測技術が発達した昨今では、遠方までの銀河を多数モニターすることによって、年間500件ほど観測されています。

超新星は、爆発したあとに分光観測することによって、以下の2種類に大別できます。

- Ⅰ型/水素なし、ケイ素あり
- Ⅱ型/水素あり

さらにⅠ型超新星は、ケイ素の吸収線の強さや、ヘリウムの吸収線の有無によって、以下の3種に分類されます。

- Ⅰa型/水素なし、ケイ素が強い
- Ⅰb型/水素なし、ケイ素が弱い、ヘリウムあり
- Ⅰc型/水素なし、ケイ素が弱い、ヘリウムなし

これら超新星の4種のうち「Ⅰa型」以外はすべて、大質量星が自重で収縮する「重力崩壊」を起こした結果、爆発します。「Ⅰc型」の超新星爆発は、閃光が2秒以上続く「ロングガンマ線バースト」の発生原因にもなると考えられています(p.150)。

「Ⅰa型」だけは他と違い、「近接連星」において爆発が起こります。このタイプの天体では2つの恒星が互いに引き合っていますが、明るい星を「主星」、暗い星を「伴星」(ばんせい)といいます。主星と伴星がともに「白色矮星」(p.046)の場合、それらが合体してひとつになった後、その白色矮星の質量が限界を超えると爆発します。

また、Ia型の他のケースとして、白色矮星である主星が、「巨星」である伴星からガスを吸い寄せ(質量降着)、主星の質量が限界を超えた場合にも爆発を起こします。白色矮星が爆発にいたるこの質量は「チャンドラセカール限界質量」と呼ばれ、太陽の質量の1.46倍とされています。

Ia型超新星の近接連星のイメージ図
へびつかい座RS星という連星。右に描かれた赤色巨星の水素ガスを白色矮星が取り込み、その表面で熱核爆発が発生。白色矮星の周囲には降着円盤が形成されている。

Ⅱ型超新星
水素の吸収線が観測されるⅡ型の超新星爆発のイメージ図。大質量星が赤色超巨星に進化したのちに、重力崩壊によって爆発する。

ガンマ線バースト
水素、ヘリウムが検出されないⅠc型の超新星爆発のイメージ。残光が2秒以上続く「ロングガンマ線バースト」の発生原因にもなると考えられる。

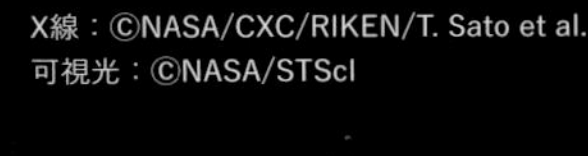

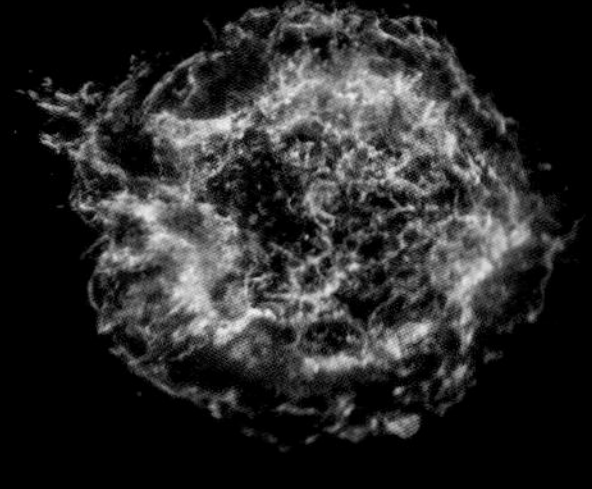

超新星残骸
X線観測機「チャンドラ」によって撮像された超新星残骸「カシオペヤ座A」。その中心に中性子星の存在が確認され、2019年8月、NASAが公表。

07
ブラックホールの誕生 クェーサーと降着円盤

Keyword: ブラックホール、クェーサー、ジェット

圧倒的な質量によって、いちどその領域に入ると光でさえも脱出できないのが「ブラックホール」です。その境界線は「事象の地平線」(イベント・ホライズン)と呼ばれ、その境界線の内側がブラックホールの領域、その表面が事象の地平線とされています。

周囲のガスがブラックホールに落ちる場合、ガスはその中心に真っすぐ向かわず、ブラックホールの周囲を高速で回転し、円盤を形成します。この円盤を「降着円盤」といいます。ガスの速度は降着円盤の内側にいくほど速く、その運動エネルギーは熱エネルギーに転じて、熱せられたガスは電磁波(p.136)を発生します。

数多く存在する銀河の中には、その中心部のごく狭い領域から強い電磁波を放射するものがあります。こうした銀河における中心領域は「活動銀河核」(AGN)と呼ばれ、それを持つ銀河を「活動銀河」といいます。活動銀河核の中心からは波長の短い「ガンマ線」や「X線」から、波長の長い「電波」まで、幅広い帯域の電磁波が観測され、それは活動銀河核の中心に存在する大質量のブラックホールの降着円盤から発せられるものだと考えられています。

また、もっとも明るい光を放つ活動銀河核は「クェーサー」と呼ばれます。地球から観測すると恒星のように見えますが、それは活動銀河核という領域を意味する言葉であり、「準星」や「準恒星状天体」と訳されることもありました。昨今では可視光線で明るく観測される活動銀河核(絶対等級が－23等以下などの条件がある)は、すべてクェーサーと呼ばれています。

天文現象のひとつとして「ジェット」(宇宙ジェット)があります。これは中心の天体から、細く絞り込まれたガスが双方向、または一方向に噴出される現象ですが、これを発生する天体としては「原始星」(p.040)、「中性子星」(p.045)のほか、活動銀河核、ブラックホールなどが挙げられます。

ブラックホールは光さえ脱出できず、反射さえしないため、目で見ることができず、電磁波で検出することもできません。しかし、2019年4月10日、ブラックホールの影(シャドー)が世界ではじめて撮像されました。これは「イベント・ホライズン・テレスコープ」(EHT)と呼ばれ、世界に点在する7台の電波望遠鏡によって同じ領域を同時期に観測し、地球サイズの電波望遠鏡を仮想的に創出することによって成し遂げられました。

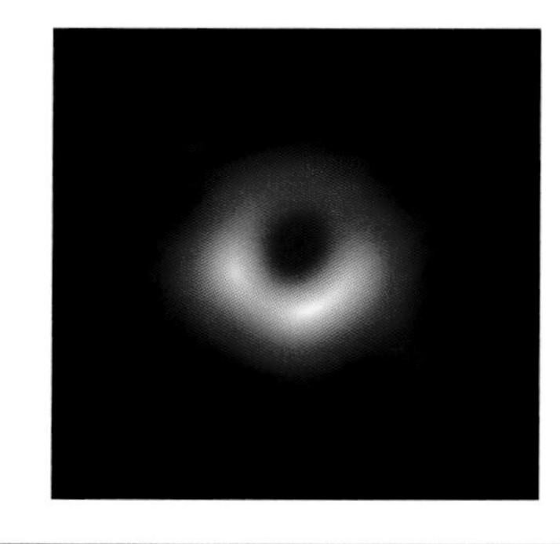

「ブラックホール・シャドー」
EHTプロジェクトによって撮影された銀河「M87」の中心にあるブラックホールの影。周りの明るい部分がシャドー。

「クェーサー」から放出されるジェットのイメージ図
クェーサーの中心にあるブラックホールから大量のエネルギーがジェットとして放出。その速度は光の速度の数分の1に達する。

08
極度に重くて直径10数km、中性子星の誕生とマグネター

Keyword: 中性子星、パルサー、マグネター

太陽の8倍以上の質量を持つ大質量星の場合、やがて「赤色超巨星」に発展し、最後に「超新星爆発」を起こします(p.036)。その際、天体のコアなどがコンパクトに圧縮される結果、「中性子星」が生まれる場合があります。爆発によってその領域には「超新星残骸」が形成されますが、中性子星はその中心に位置します。

通常の恒星は、原子からできています。一方、中性子星はその名の通り、中性子を主な成分としています。この天体は非常に小さく、しかし非常に大きな質量を持ち、直径24kmほどの中性子星の場合、太陽の1.4倍の質量を持つと算出されています。

連星とは、2つの恒星が共通の重心の周りを回る天体のことを意味しますが、その天体がともに中性子星の場合があります。こうした「二重中性子星連星」が合体する際には、閃光が2秒未満のショートガンマ線バーストが発生する場合があります。

中性子星が強い磁場を持ち、高速で回転する場合、その天体は「パルサー」と呼ばれます。連続して発する電気信号などを「パルス」といいますが、パルサーが周期的な電磁波を放射することから、その名が付けられました。また、「宇宙の灯台」とも呼ばれます。

天体の自転軸は、その天体の磁場の軸(磁軸)とは、必ずしも一致しません。パルサーの場合、自転軸に対して磁軸が傾いているため、その自転に同期して周期的な電磁波が放射されます。それは電波からガンマ線に至る、幅広い波長帯域で観測されます。

中性子星はいわば強力な発電機であり、強い磁場が高速回転することによって、非常に大きな電力が発生(起電)しています。この起電力によってパルサーの周囲のプラズマが加速して、電磁気圏を形成。その一部は「パルサー風」となり、光速に近い速度で放出されています。その電磁波の放射が、パルサーの自転と同期したパルスとして観測される場合には、この天体のエネルギー源が自転にあると考えられ、「回転駆動型パルサー」に分類されます。

一方、連星系をなす中性子星では、伴星(連星における暗いほう)から物質が降着するケースがあります。この場合には、降着する物質の重力をエネルギー源として輝き、磁極へ質量が降着することでパルス放射が観測されるため、「降着駆動型パルサー」に分類されます。この場合は主にX線が放射されます。

また、極度に強い磁場を持つパルサーのうち、その磁場をエネルギー源とするものは、「磁気駆動型パルサー」、もしくは「マグネター」と呼ばれ、このタイプのものはX線やガンマ線を放射します。

合体する「中性子星」のイメージ図
中性子星と中性子星が連星を成し、そのふたつの天体が合体する際には、ショートガンマ線バーストが観測される場合がある。

「マグネター」のイメージ図
マグネターは、一般的なパルサーの数百倍から数千倍も強力な磁場を持つ。図は2009年に発見された「SGR 0418+5729」のイメージ。

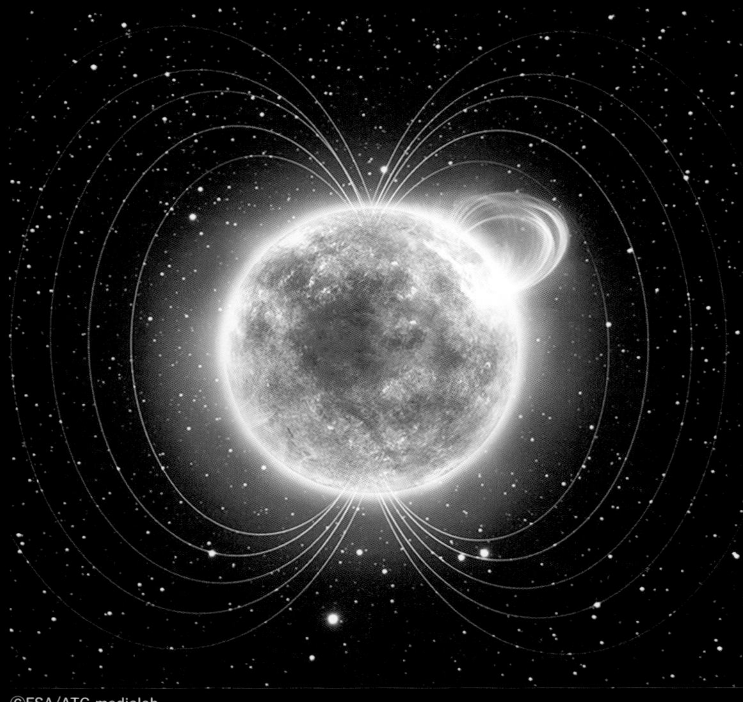

09
太陽の最期の姿 惑星状星雲と白色矮星

Keyword: 赤色巨星、中心星、惑星状星雲、白色矮星

大質量星と区別して、それより質量が小さい恒星は中小質量星などといわれます。我々の太陽もこれに含まれます。単独で超新星爆発を起こすほどの質量を持たないという意味においては、その理論値は太陽質量の8倍未満であり、それ以上は大質量星、それ未満が中小質量星といえます。

中小質量星の内部でも核融合が行われ、軽い水素が、それよりも重いヘリウムに合成されます。その結果、水素は中心核の表面近くで燃えはじめます。同時に、この恒星は膨張しはじめて、「赤色巨星」に進化します。

大質量星の場合は、ヘリウムをさらに核融合して炭素へ、炭素をネオンへ、ネオンを酸素へと、次々に合成していきますが、中小質量星の場合、それを行うには質量が小さすぎるため、圧力と熱が上がらず、ヘリウムによる核融合以上の反応を天体内部で起こせません。そのため赤色巨星は、やがて水素が豊富な外層を質量放出によって吹き出し、周囲に拡散して、温度の高い中心核(コア)だけからなる天体に変容します。

また、赤色巨星から噴き出した外層が、高温の中心星からの放射エネルギーによって電離されて輝くと、それは「惑星状星雲」(わくせいじょう・せいうん)として観測されます。惑星状星雲のもっとも明るい場合の光度がほぼ一定であることから、惑星状星雲の光度を調べることによって、それが属する銀河までのおおよその距離を推定することも可能です。

中心星は、やがて「白色矮星」(はくしょく・わいせい)になります。典型的な白色矮星の場合、その直径は地球ほどで、質量は太陽の0.6倍程度。もっとも大きいものでも太陽の1.46倍であり、それより重いと「重力崩壊」を起こします。白色矮星の内部では、もはや核融合は行われず、新たなエネルギーが生み出されないため、時間とともに低温になり、やがてその光度も下がり、黒色矮星として一生が終了します。

ただし、この白色矮星が連星系からなり、伴星をともなう場合には、伴星から流入(降着)する物質によって質量が増す可能性があります。その降着物質により、質量が太陽の1.46倍を超えると、その高まった密度によって低温でも様々な核反応が発生。白色矮星の内部で炭素の核融合がはじまります。これを「炭素フラッシュ」といいます。

こうした過程を経た白色矮星は、「Ⅰa型超新星」(p.043)となります。また、炭素がなく、その成分が酸素、ネオン、マグネシウムなどの場合には、その白色矮星は崩壊し、中性子星へと変容します。

惑星状星雲「NGC 3132」
「南のリング星雲」としても知られる。中央には2つの恒星があり、暗いほうは白色矮星。ほ座の方角にあり、地球からの距離は2,000光年。

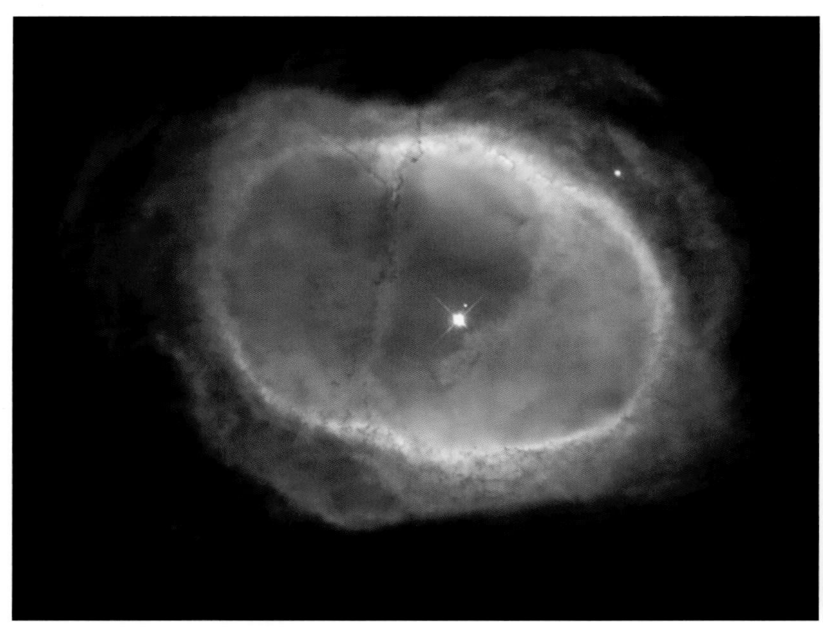

「白色矮星」のアーティスト画
アーティストによるイメージ図。有名な白色矮星としては、連星系シリウスの伴星であるシリウスBが挙げられる。地球から8.6光年と近い。

10
最小の恒星、赤色矮星と恒星になれない褐色矮星

Keyword: 赤色矮星、褐色矮星、主系列星

矮(わい)という漢字は普段あまり使用されませんが、この漢字には「低い」「小さい」という意味があります。つまり「矮星」とは、小さな星を意味します。

40ページで「主系列星」を紹介しました。そのなかでもっとも暗く、もっとも質量が軽い恒星を「赤色矮星」(せきしょく・わいせい)といいます。つまりそれは、みずから光を放つ恒星(太陽)としてはもっとも小さい天体を意味します。

天の川銀河のなかで、我々の太陽系の近くにある恒星としては、この赤色矮星の数がもっとも多く、その4分の3を占めるとする研究もあります。赤色矮星は光が弱いため、肉眼ではほぼ観測できません。「プロキシマ・ケンタウリ」は赤色矮星であり、その見かけの等級(p.041)は11等。太陽からもっとも近い恒星として有名ですが、その光はやはり見えません。

赤色矮星の質量は、我々の太陽の8 〜 50%くらいです。では、その質量が8%より小さくなると、どうなるでしょう?

赤色矮星より軽い天体、太陽の8%未満の質量しか持たない天体を「褐色矮星」(かっしょく・わいせい)といいます。褐色矮星は質量が軽すぎるため、内部の圧力と温度が十分に上がらず、水素による核融合が起こりません。しかし、水素よりも低温で核融合反応が起こる「重水素」や「リチウム」などの核融合は発生します。ただ、それらの物質の含入量は水素と比べて少ないため、短期間で核融合は停止し、時間とともに冷えて光を失います。

褐色矮星は、恒星になりきれなかった天体ともいえます。

もし木星が、現在の13倍以上の質量を持っていたら、その内部では重水素による核融合が発生し、褐色矮星になっていたと考えられます。そのため褐色矮星の定義を、木星の13倍以上の質量を持つ天体、とする場合もあります。

また、木星の質量は、太陽の約0.1%です。太陽質量の8%以上あれば赤色矮星になると考えれば、木星が赤色矮星になるには、現在の質量の80倍が必要だということになります。木星の主成分は水素であり、その組成は太陽に似ています。つまり木星が褐色矮星や赤色矮星になるために足りなかったのは、主に質量だったといえるのです。下の図では、それら天体のサイズ比を可視化しています。

恒星は通常、恒星系の中心に位置し、その周りを惑星が周回します。しかし、褐色矮星のなかには、他の恒星の周りを惑星のように周回するものもあります。

「矮星」のサイズ比較

実際の比率で描かれた天体サイズの比較のイラスト。左から太陽、赤色矮星などの小質量星、褐色矮星、木星、そして地球。

太陽と低質量星:NASA/SDO 褐矮星:©NASA/ESA/JPL-Caltech 木星:©NASA/ESA/ /A. Simon (NASA/GSFC) 地球:©NASA インフォグラフィック:NASA/E. Wheatley (STScI).

11
インフレーションにはじまる宇宙の誕生とビッグバン

Keyword: インフレーション、ビッグバン、宇宙の晴れ上がり

ビッグバンとは、宇宙の進化に関する理論です。アメリカの理論物理学者ジョージ・ガモフ（1904 - 1968年、p.154参照）らによって、1946年から48年に発表されました。この理論においてガモフらは、もっとも初期の真空の宇宙にもエネルギーは存在し、それが急速に膨張した結果、宇宙が生まれた、と説明しました。

ESA（欧州宇宙機関）は2013年、ビッグバンの発生は137億7,000万年前（誤差0.5%）だと発表し、それが宇宙の年齢であるとしました。これはESAの探査機「プランク」（p.195）が観測した「宇宙マイクロ波背景放射」（p.154）のデータから判断されたものです。

ビッグバン理論はその発表後、多くの学者によって検証され、新たな解釈が加えられていますが、昨今語られている概要を簡単にまとめると、以下のようになります。

極めて小さな領域に、非常に低エネルギーな真空があるとします。この場を「インフラトン」と仮定します。その真空の場で、量子が「ゆらぎ」を起こします。それは、エネルギーの密度が不均一になったことにより、量子が相互作用したことを意味します。すると、ゆらぎの発生から「10のマイナス36乗秒」後から「10のマイナス34乗秒」後の間に、インフラトンに保持されていた真空のエネルギーによって、急膨張し、指数関数的（いわゆる倍々）に急増します。この宇宙誕生における最初の過程が、「インフレーション仮説」です。ちなみに「10のマイナス34乗秒」とは、「1兆分の1秒」×「1兆分の1秒」×「100億分の1秒」と同じです。インフレーション仮説は1981年、佐藤勝彦氏（1945年生）と、アメリカのアラン・グース（1947年生）によって、それぞれ独自に提唱されました。

インフレーションによって膨張した空間は、極度に温度が高い火の玉となって拡散します。この真空のエネルギーが熱エネルギーに相転移することを「ビッグバン」といいます。

ビッグバン直後の宇宙は極めて温度が高く、原子核と電子が結合できず、プラズマの状態で飛び交うため光が直進できません。やがて宇宙の温度が3,000度くらいまで下がると、やっと原子核と電子が結合して原子となり、その空間を光（光子）が直進しはじめます。ビッグバンから38万年後のこの現象を「宇宙の晴れ上がり」といいます。

しかし、その宇宙に星はまだありません。宇宙に漂うガスや塵が集まり、星が形成され、内部で核融合が発生して、はじめて星が輝きます。その宇宙に誕生した最初の星が光を発したのは、ビッグバンから2 ～ 3億年後ではないかと推察されています。この光は「ファーストスター」（初代星）と呼ばれ、現在、「ジェイムズ・ウェッブ宇宙望遠鏡」（p.216）が、その観測を試みています。

宇宙が膨張していることは、1929年、エドウィン・ハッブルらによって発見されていました。ただし、一般的な物理的法則からすれば、その膨張の度合いは減速するはずです。しかし1998年から99年にかけて、その膨張が加速していることが判明します。これを「宇宙の加速膨張」といいます。その現象には「ダークエネルギー」が深く関与していると予想されています。

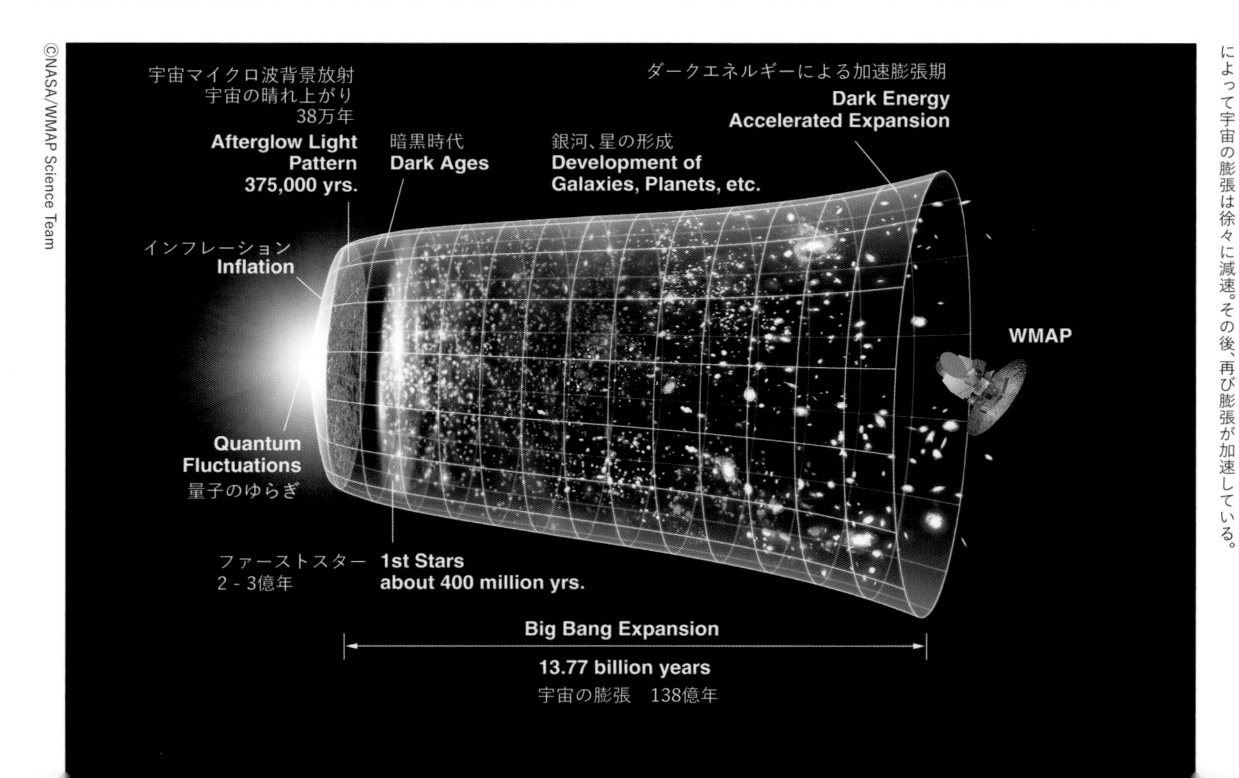

宇宙のタイムライン
約138億年にわたる宇宙の進化。左がビッグバン。続く数十億年は、物質の重力によって宇宙の膨張は徐々に減速。その後、再び膨張が加速している。

マターと
エネルギーとは?

マター、ダークエネルギー、 Ia型超新星

|宇宙機関)が打ち上げた「プランク」(p.195)の調査
:、全宇宙を構成するもののうち、私たちが観測でき
質はわずか4.9%でしかなく、その他の26.8%は「ダ
暗黒物質)、68.3%は「ダークエネルギー」(暗黒エネ
れています。電磁波にはいっさい反応(相互作用)し
ターとダークエネルギーが、いったいどんなものな
解明されていません。
は銀河の中心に対して星々が公転しています。その
重力が銀河全体を引きつけるため成立します。しか
量を算出してみたところ、もっと質量がないとその
立せず、銀河がバラバラになってしまうことがわか
、銀河の周りを公転する天体の公転速度は、外側よ
うが速くなると一般的には考えられますが、実際に
りません。こうした現象にはダークマターが関わ
れます。
クマターの候補は複数あります。そのひとつはまだ
シオン」という素粒子であり、電子の10億分の1の
ないと予想されています。「WIMP」(ウィンプ)とい
子も候補のひとつで、こちらは電子の100万倍の質
量を持つと予想されています。どちらも重力
が、電磁波では検出できません。

ダークマターとともに、その存在がいまだ
がダークエネルギーです。宇宙が膨張してい
・ハッブルらによって1929年に発見されま
速度は減速するはずだと考えられていました
99年にかけて、「Ia型超新星」(p.043)の観測に
膨張」していることが判明します。Ia型超新
1.46倍で爆発することが判明しているため、
発してもその光度がほぼ一定です。その光を
の天体までの距離を推定できるのです。この
2011年にノーベル物理学賞が贈られています

宇宙が加速膨張しているからには、その空
何かがあるはずです。それがダークエネルギ
れていませんが、それは引力の逆の力である
です。宇宙が膨張するときに空間が広がり、
力によって、膨張が加速すると考えられていま

「一般相対性理論」を唱えたアルバート
(1879 - 1955年)は、その数式のままでは宇宙
ってしまうため、重力の引力に対抗する斥力
ダ」(Λ)を加え、宇宙が静的なものになるよう
てしまいました。しかし、1929年にエドウィ
膨張を発見すると、アインシュタインは宇宙
からラムダを取り除きました。しかし、このラ
ネルギーを意味するのではないかとする説
100年近くたったいま、あらためて注目を集め

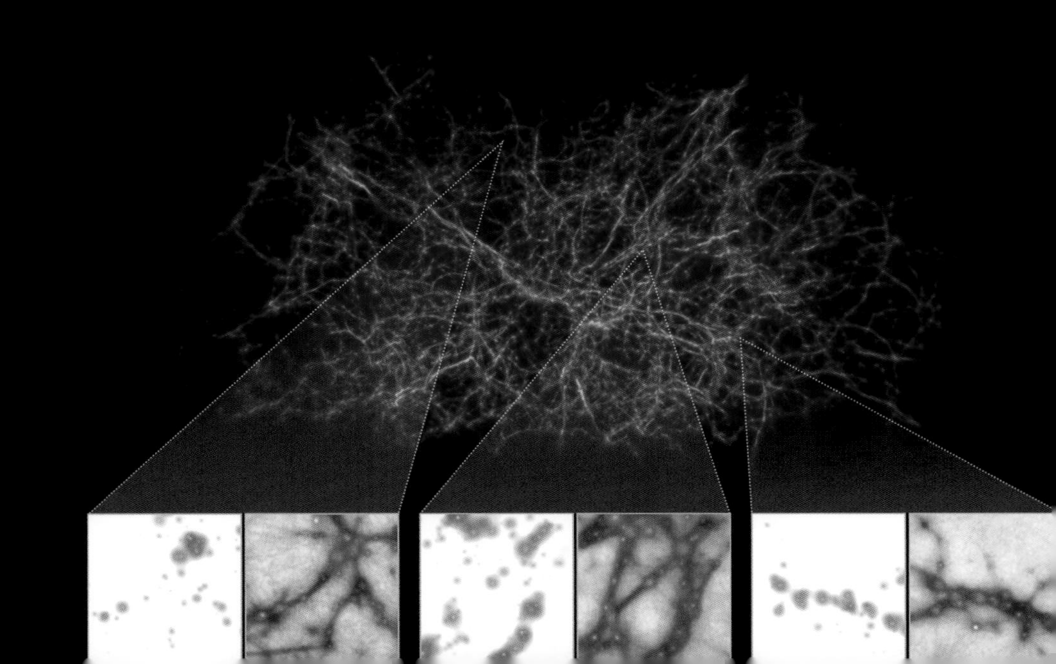

Chapter 3

HUBBLE SPACE TELE

Basic Guidance for HTS Astronomy Images by HST

ハッブル宇宙望遠鏡 人類がはじめて見た宇宙

これまでに打ち上げられた宇宙望遠鏡のなかで、もっとも成果を残したといわれるのが
ハッブル宇宙望遠鏡です。1990年4月に打ち上げられて以降、
設計寿命である15年をはるかに超えて運用され、人類がかつて見たことのない
さまざまな宇宙を撮像し、その謎の解明に貢献してきました。
幾度となく機材トラブルに見舞われましたが、スペースシャトルのクルーによる
船外活動などによって修理され、2023年時点において、いまも宇宙を観測し続けています。

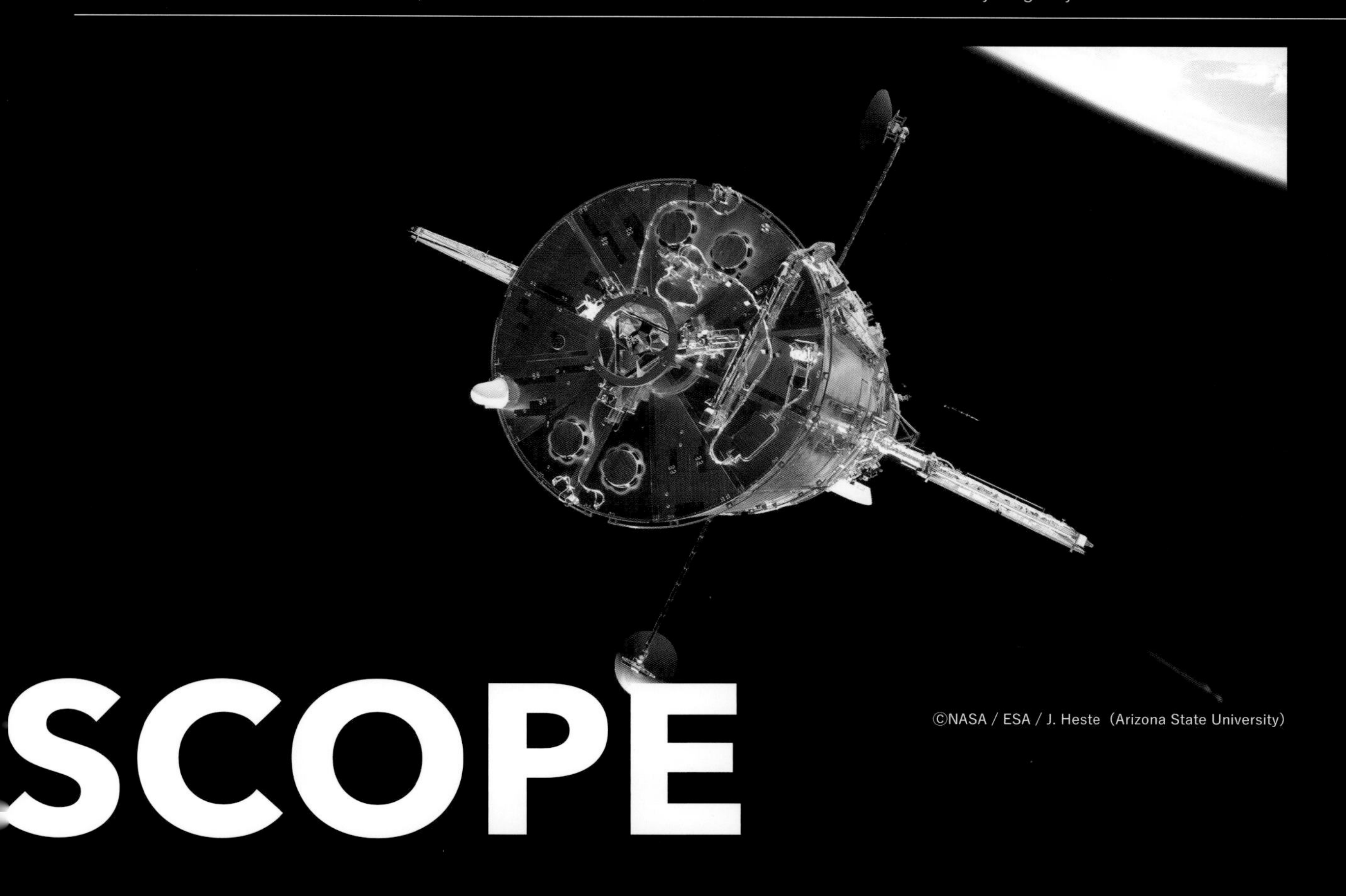

©NASA / ESA / J. Heste（Arizona State University）

Contents

ハッブルの超基本
052　01 歴史を変えた宇宙望遠鏡
054　02 HSTの望遠鏡と機体構造
056　03 HSTのミッション機器

ハッブル天体画像
058　創造の柱 / わし星雲
060　ベール星雲 NGC 6960
062　バタフライ星雲 NGC 6302
063　ラグーン星雲 NGC 6530
064　バブル星雲 NGC 7635
065　かに星雲 M1
066　ハービッグ・ハロー HH45
067　触覚銀河 Arp244
068　散開星団「ヴェスタールンド2」
070　超新星残骸 SNR 0509-67.5
071　暗黒星雲 CB 130-3
072　相互作用銀河 Arp 86
073　ソンブレロ銀河 M104
074　ハービッグ・ハロー HH1 / HH2
075　反射星雲 NGC 1999
076　渦巻銀河 M106

ハッブルの超基本

01 歴史を変えた宇宙望遠鏡

HUBBLE SPACE TELESCOPE *part1*

ハッブル宇宙望遠鏡は、NASAの天文観測計画「グレート・オブザバトリー計画」(p.056参照)の一環として、1990年4月24日、スペースシャトル「ディスカバリー号」(STS-31)によって打ち上げられました。ディスカバリー号のカーゴ(貨物室)に搭載された同機は、シャトルのロボットアームによって高度約560kmの地球周回軌道上にリリースされ、その後30年以上にわたって秒速7.5kmの速度で飛び続けています。近年では約550kmの高度にあり、地球を約95分で1周しています。

グレート・オブザバトリー計画では、観測する電磁波の帯域が違う4機の宇宙望遠鏡が打ち上げられましたが、ハッブルは同計画における最初の１機であり、主に私たちの目で見ることができる可視光線(p.056・136参照)で宇宙を観測しています。また、可視光線以外にも紫外線、近赤外線をとらえる機器も搭載しています。

機体の全長は13.1m。そのサイズはスクールバスに例えられます。機体質量は11トン、主鏡は口径2.4mであり、当時としてはもっとも巨大で、もっともハイスペックな宇宙望遠鏡でした。

しかし、打ち上げられた直後、ハッブルには大きな欠陥があることが判明します。主鏡のわずか0.002mmの歪みによって、捕捉した画像に歪みが発生。期待された画質(分解能)が得られなかったのです。これは「球面収差」と呼ばれ、球面であるレンズが集めた光が1点に集まらずにバラつく状態を意味します。レンズを製造したメーカーが、その表面を検査する際、検査機の取り付け方が誤っていたために起こった事故でした。

NASAは当初、この画像の歪みをコンピュータで補正することで対応。観測に耐え得るレベルまで改善します。そして不具合の判明から2年半後の1993年12月には、スペースシャトル「エンデバー号」(STS-61)による最初の「サービスミッション」(SM-1)が実施されました。

当時、ISS(国際宇宙ステーション)はまだ軌道上にはありませんでしたが、その高度は約420km。しかし、ハッブルの軌道ははるかに高い約560kmです。シャトルはその高い高度まで上昇すると、ロボットアームでハッブルを捕捉し、カーゴに連結。シャトル搭乗員がEVA(船外活動)によってメンテナンス作業を行いました。その結果、レンズの歪みを補正する「COSTAR」と呼ばれる光学機器が新たに取り付けられ、抜本的な改修が行われました。また、このミッションでは5日間で計5回のEVAが実施されましたが、その間にハッブルの主要な観測装置である広視野惑星カメラ「WFPC」を新型の「WFPC2」に変更。その他、ジャイロスコープ、ヒューズ プラグ、電子制御ユニット、太陽電池パネルなども交換されました。

本来のスペックが発揮されるようになったハッブルは、1997年には銀河「M84」の中心にある超大質量ブラックホールの痕跡を発見。2007年にはダークマターの空間分布を明らかにする観測を行い、2022年には観測史上もっとも遠方の天体「エアレンデル」を発見するなど、重要な観測を数多く成し遂げ、鮮明な宇宙の姿を地球に送り続けています。

©NASA

1993年に行われた「エンデバー号」による最初のサービスミッション「SM-1」。ハッブルはシャトルのカーゴ部後方にドッキングされ、EVAによってメンテナンスが行われた。

運用・航行Data

打上／ 1990年4月24日
軌道／ 地球周回軌道
軌道高度／ 近586km、遠610km
軌道周期／ 約95分
傾斜角／ 28.48度
軌道速度／ 時速2万7,300km
(秒速7.58km)

©NASA

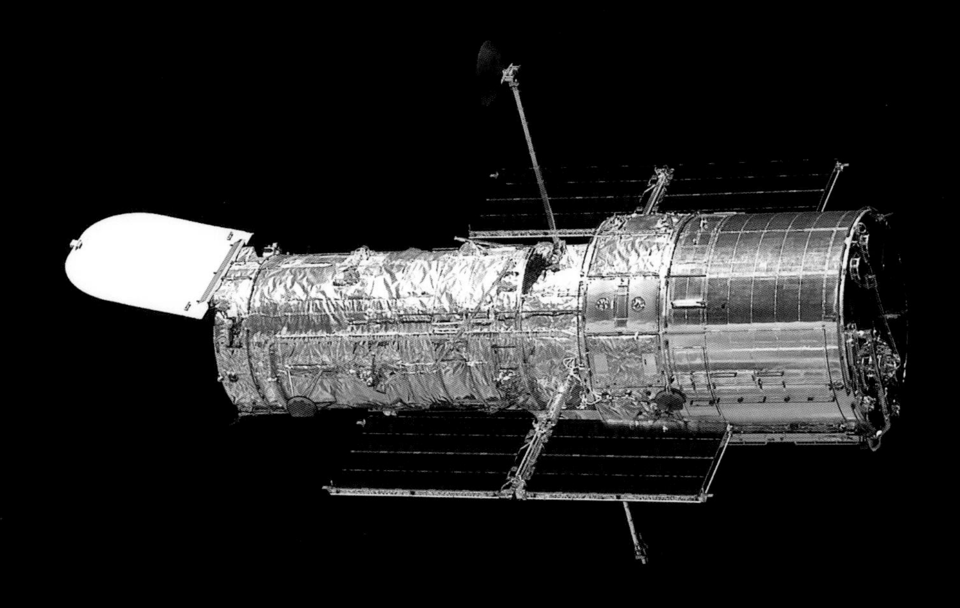

軌道上に浮かぶ大型宇宙望遠鏡ハッブル。右のドアを開いて星々の光を取り入れる。

©NASA, ESA, and STScI

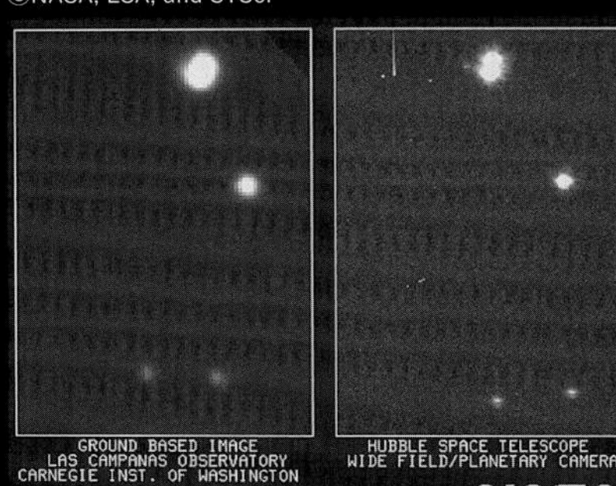

右はハッブルの広視野惑星カメラ「WFPC」で最初に撮影された画像。望遠鏡の焦点を合わせるためのもの。地上の天文台の画像より解像度が高いことがわかる。

©NASA

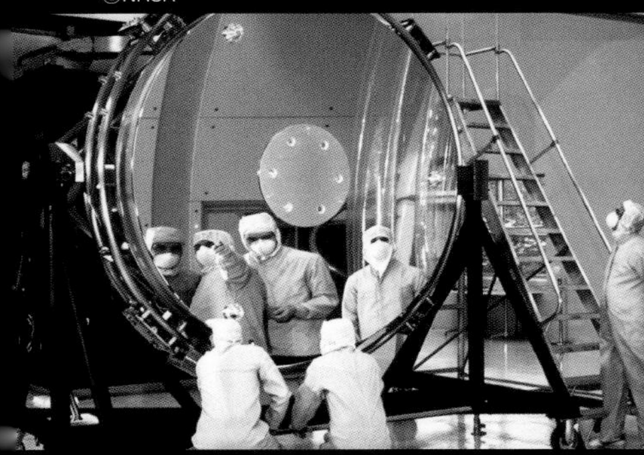

米国のパーキンエルマー社によって製造されたハッブルの主鏡。直径2.4m。副鏡から折り返してくる光は、主鏡の中央にある0.6mの穴を経て観測機器に到達する。

©NASA

1990年4月24日、ハッブルを搭載したディスカバリー号は、米フロリダ州にあるケネディ宇宙センターから打ち上げられた。ハッブルの計画は1970年後半から進められていた。

History of HUBBLE SPACE TELESCOPE

HSTのミッション経過

○1990年4月24日～25日
打ち上げ・展開
○1990年5月20日
「ファースト・ライト」撮影
○1990年6月
主鏡の欠陥が判明
○1990年8月29日
画像の歪みをコンピュータで補正
超新星1987Aを撮影
○1991年5月17日
木星をはじめて撮影
○1993年1月7日
銀河「マルカリアン315」に二重核を発見
○1993年6月9日
銀河M81までの正確な距離を測定
○1993年12月2-13日
1回目のサービスミッション（SM-1）
○1994年5月25日
超大質量ブラックホールの存在を確認
○1994年7月16日
シューメーカー・レヴィ第9彗星の木星衝突を撮影
○1994年12月21日
土星を観測
○1995年
「創造の柱」をはじめて撮影
○1995年6月14日
海王星を観測
○1996年1月15日
「ハッブル・ディープ・フィールド」を撮影

Continued P55 ⟶

ハッブルの超基本

02 HSTの望遠鏡と機体構造

HUBBLE SPACE TELESCOPE *part2*

ハッブルは、天体望遠鏡がそのまま宇宙に浮かんでいるような形状をしています。その望遠鏡はリッチー・クレチアン式と呼ばれるタイプの反射望遠鏡であり、集められた光は主鏡の中央後部で1点に集まります。このため、ハッブルのカメラや分光器などの観測機器は、機体のいちばん後ろに配置されています。

機首の開閉ドアを開くと、星々が放つ光が機体内に取り込まれ、その光は口径2.4mの主鏡によって集光されます(右ページの中図)。主鏡が集めた光は、その前方に配置された副鏡に反射し、さらにその光は主鏡の中央の穴を通って、機体後部にあるカメラ、分光器などの観測機器に取り込まれます。

主鏡の表面は、料理で使うボウルのような、内側に湾曲した球面であり、逆に副鏡の表面は、外側に湾曲したドーム型になっています。この2枚のミラーを経て、1点に集光された光は、分光器によって波長ごとに分けられ、カメラなどによりデータ化されます。

ハッブルは燃料を積んでいません。すべては8枚の太陽電池パネルによって発電される電力で稼働しています。発電された電力は、ニッケル水素バッテリー6台に充電されますが、それは一般的な自動車用バッテリー22個分に相当します。ハッブルが消費する電力は、平均すると2,100ワット。それは昨今の冷蔵庫の約8台分に相当します。

観測する天体に望遠鏡を正確に向けるため、ハッブルにはスタートラッカー、姿勢制御用のジャイロスコープ、リアクションホイールなどを搭載していますが、これらもすべて電力で稼働します。スタートラッカーとは光検出器であり、特定の恒星の位置を測定することで、機体の現在位置と、機体がどの方向を向いているのかを検出します。また、ジャイロでは、機体がどのような姿勢にあるのか、機体を回転させたときにはどのくらい回転したかを検出し、それらの情報をコンピュータに送ります。観測対象が決定され、地上局からコマンドが送信されると、円盤状のリアクションホイールが回転し、その反動力によって機体が回転、望遠鏡がその方向に向けられます。

また、ハッブルの「ファイン・ガイダンス・センサー」(FGS)は、天体を観測する際の照準器として使用され、ガイドとなる星をロックし、機体をその方向に固定。天体の撮像は長時間におよぶため、いわゆる長時間露光における追尾エラー防止に貢献します。同時にFGSは、星々の位置を観測(位置天文観測)するためにも使用されています。

しかしハッブルは、これまでに幾度となく故障に見舞われてきました。1999年には6基あるジャイロスコープのうち4基が故障して観測不能に陥り、2006、2007年には掃天観測用高性能カメラ「ACS」が故障、これは現在新しいものに交換されています。また、2018年までに6基あるジャイロスコープのうち3基が故障し、一時的にセーフモードへと移行。2021年にはコンピュータの不具合によって、観測機器が一時的にセーフモードに入っています。

トラブルが発生すると、過去においてはシャトルによるメンテナンスが行われてきましたが、シャトルは2011年に退役。もはやハッブルの修理は難しく、現在は慎重な運用が続けられています。

©NASA

2002年、「コロンビア号」(STS-109)によって4回目のサービスミッションを実施。このミッションでは太陽電池パネルを交換。シャトルは高度578km(遠地点)まで上昇した。

望遠鏡

リッチー・クレチアン式望遠鏡
主鏡/直径2.4m(焦点距離57.6m)
副鏡/直径30.5cm
太陽電池Data
発電量(最高) / ~5,500W
消費電力(平均) / ~2,100W
バッテリー/ ニッケル水素×6
電池容量/ 乗用車のバッテリー約22個分

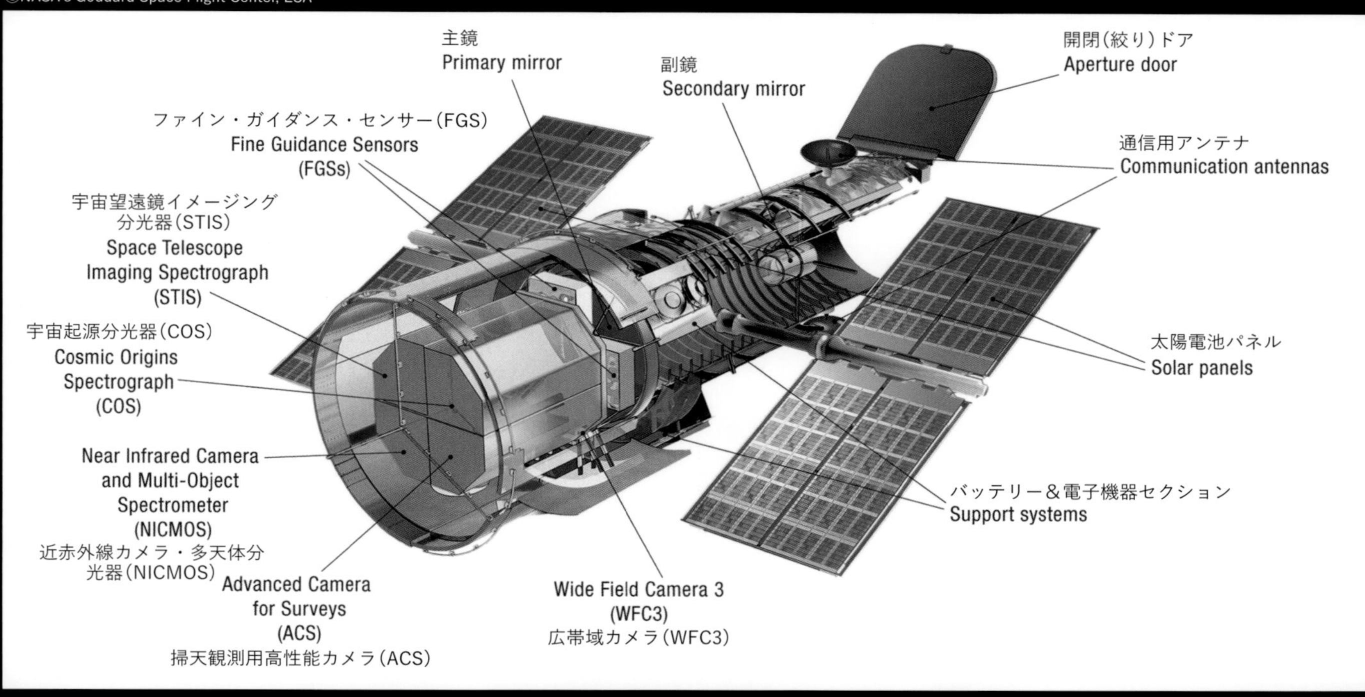

ハッブル宇宙望遠鏡の基本構造図。図の右側が機首。カメラや分光器などの観測機器はすべて機体後部に集約されている。

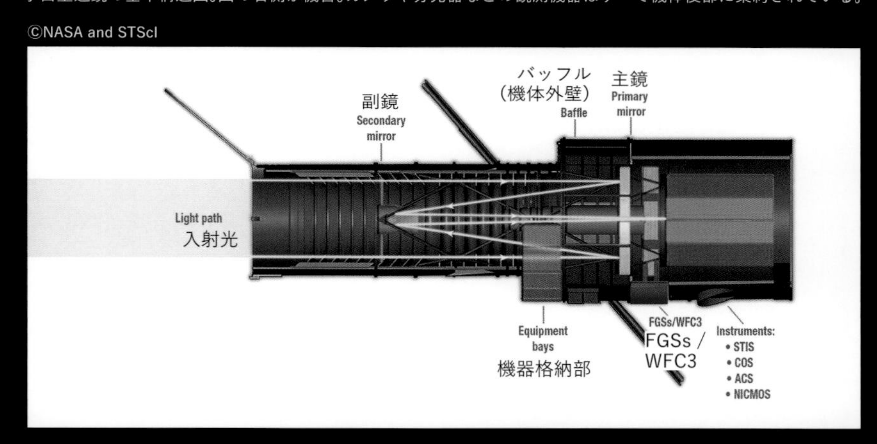

ミラーは超低膨張ガラス。反りを避けるため温度がマイナス20度に保たれている。反射面は純アルミニウムとフッ化マグネシウムでコーティングされ、紫外線に対する反射性も向上。

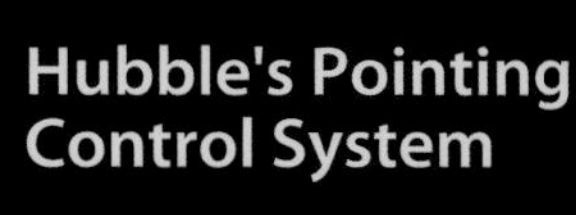

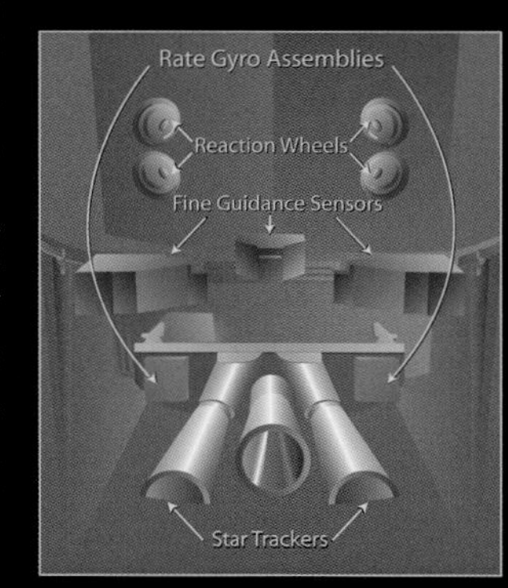

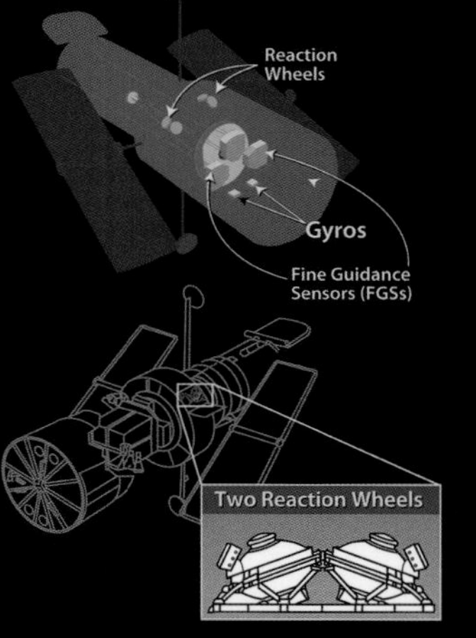

スタートラッカー、ジャイロ、リアクションホイールの搭載位置を示したイラスト。連動して働くこれらの機器は「HSTポインティング制御システム」とも呼ばれている。

History of HUBBLE SPACE TELESCOPE

○1996年3月7日
冥王星を撮影
○1997年2月11日～ 21日
2回目のサービスミッション（SM-2）
近赤外線での観測が可能に
○1997年9月16日
ガンマ線バーストの残光を観測
○1998年1月7日
土星のオーロラを観測
○1999年1月6日
リング星雲M57の鮮明な画像を撮影
○1999年5月
宇宙の膨張率を測定
○1999年12月19日～ 27日
3回目のサービスミッション（SM-3a）
CPU速度が20倍、メモリが10倍に
○2000年5月3日
宇宙空間においてはじめて水素を発見
○2001年
太陽系外惑星の大気をはじめて直接測定
○2001年4月24日
馬頭星雲を観測
○2002年3月1日～ 12日
4回目のサービスミッション（SM-3b）
ACSカメラを搭載
○2002年12月3日
系外惑星「グリーゼ876b」の質量を測定
○2005年12月1日
かに星雲を撮影

Continued P57 ⟶

ハッブルの超基本

03 HSTのミッション機器

HUBBLE SPACE TELESCOPE *part3*

天体を観測するとは、宇宙から降り注ぐ光をキャッチすることを意味します。天文学における光とは、我々の目に見える可視光線のほか、X線やガンマ線、紫外線、赤外線などのことを意味します。また、電波にはマイクロ波や、我々が生活で使用しているあらゆる帯域の電波が含まれます。そして、これらはすべて「電磁波」(p.136参照)と呼ばれ、同じ仲間に属します。

宇宙からやってくる可視光線は地上に届きますが、赤外線、紫外線、X線やガンマ線などの電磁波は、大気に吸収されて届きません(p.139)。また、地上から星々を観測する場合には天候に左右されてしまいます。こうした弊害を排除し、天体をクリアに観測するために、宇宙望遠鏡は打ち上げられます。

1990年代、NASAは「グレート・オブザバトリー計画」を開始しました。この天文観測計画ではハッブル(1990年)のほか、ガンマ線を観測する「コンプトンガンマ線観測衛星」(1991年、p.112)、X線の「チャンドラ」(1999年、p.126)、赤外線の「スピッツァー」(2003年、p.176)が順次打ち上げられ、それぞれ違う電磁波の帯域によって宇宙を観測してきました。それぞれの電磁波を観測するには専用の機器が必要で、それによって見えるものも変わります。

ただし、違う電磁波を撮像するための原理は、基本的には同じです。望遠鏡は光を集めるのが役目ですが、それを特定の波長ごとに分けるのが「分光器」(スペクトロメータ)です。ガラス製のプリズムに太陽光を当てると、光が虹色に分かれますが、分光計はそれと同じ原理で働きます。星々が放つ光を波長ごとに分けることで、その天体がどんな波長の光を出しているのか、さらには、その天体がどんな物質からできているのか、などのほか、その天体の表面温度と視線速度(私たちから見たときの奥行の移動速度)などもわかります。

また、光や放射線を撮像し、デジタルデータに変換して記録するのが「カメラ」です。ただし、ハッブルが搭載するカメラは、一般的なデジカメと違います。冷却CCDカメラによって画像をグレースケール・ピクセルとして取り込み、フィルターを掛けることで波長ごとに分けられた画像を撮像。それぞれの波長の画像を異なる色で表現します。これらのデータは地上に送られてから専門家によって合成される場合が多く、他の波長、違う露出、他の機体が撮影した画像と合成することによって、観測した天体の全体像を明らかにします。

実際には、ハッブルは紫外線、可視光、赤外線をまとめて観測します。その光に対してそれぞれの機器は、担当する特定の波長に対して働きます。なかにはカメラと分光器が一体となった機器もあります。

広視野カメラ「WFC 3」はハッブルの主力カメラともいえ、紫外線、可視光、赤外線を撮像します。また、掃天観測用高性能カメラ「ACS」は、主に可視光画像を担当します。宇宙起源分光器「COS」は紫外線用の分光器。宇宙望遠鏡イメージング分光器「STIS」は、カメラと分光器が一体となった機器で、天体の温度、化学組成、密度、視線速度を観測しますが、一時期その運用は停止されていました。近赤外線カメラと分光器が一体となった「NICMOS」は、2008年以降使用されていません。

1990年、ディスカバリー号からはじめてリリースされるときの様子。近年では軌道高度が落ちているため、他の宇宙機に連結して高度を上げるプランも検討中。

ミッション機器　※(　)内は搭載年

観測帯域／紫外線・可視光・近赤外線(115 ～ 1700nm)

- WFC 3：広視野カメラ3(2009)
- ACS：掃天観測用高性能カメラ(2002)
- STIS：宇宙望遠鏡イメージング分光器(1997)
- COS：宇宙起源分光器(紫外線、2009)
- NICMOS：近赤外線カメラ・多天体分光器(1997、運用停止)
- FGS：ファイン・ガイダンス・センサー(1990)

過去のミッション機器

- WFPC：広視野惑星カメラ(1990–1993)
- FOC：微光天体カメラ(1990–2002)
- FOS：微光天体分光器(1990–1997)
- GHRS：ゴダード高分解能分光器(1990–1997)
- HSP：高速光度計(1990–1993)
- WFPC2：広視野惑星カメラ2(1993–2009)
- COSTAR：球面収差修正装置(1993–2009)

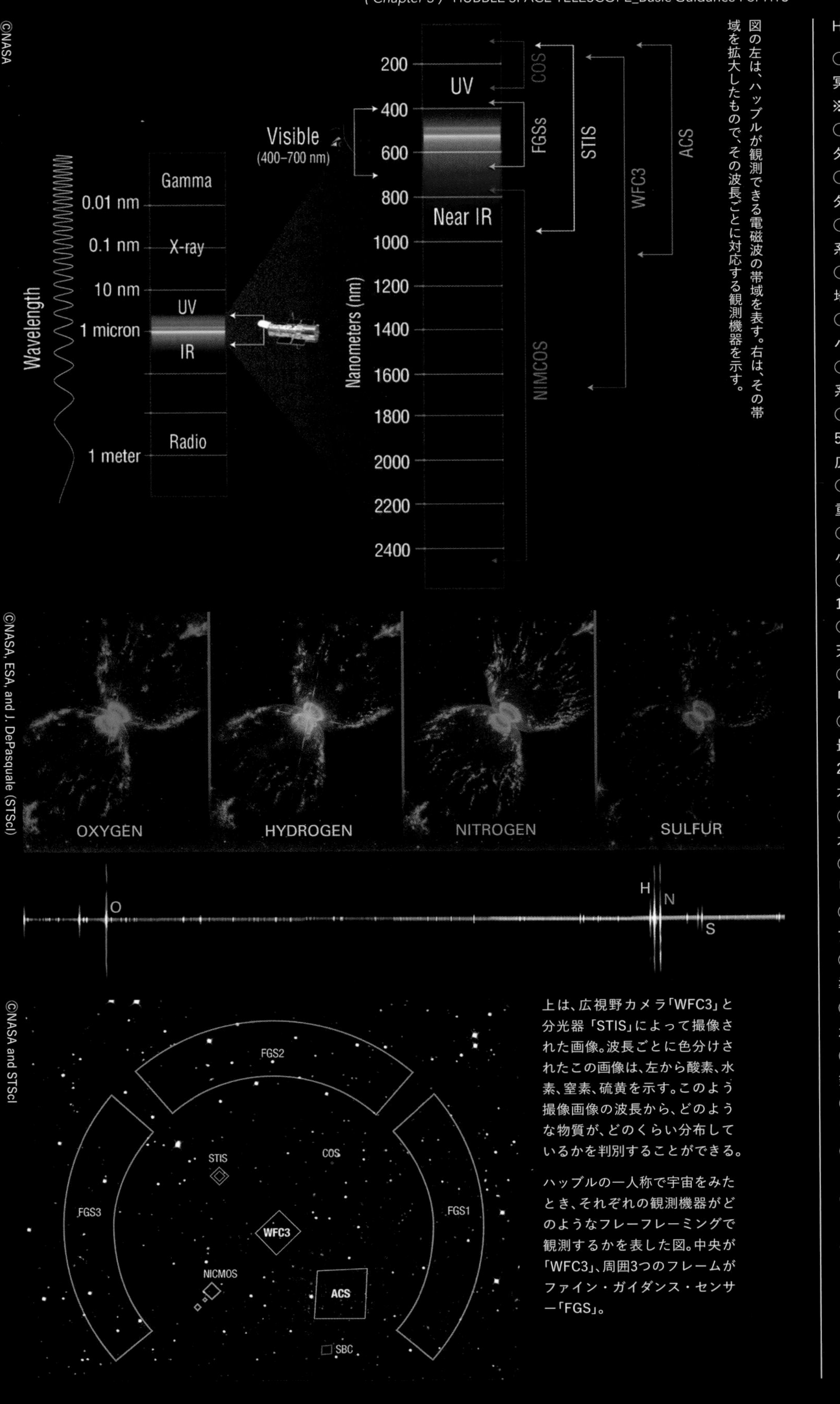

図の左は、ハッブルが観測できる電磁波の帯域を表す。右は、その帯域を拡大したもので、その波長ごとに対応する観測機器を示す。

上は、広視野カメラ「WFC3」と分光器「STIS」によって撮像された画像。波長ごとに色分けされたこの画像は、左から酸素、水素、窒素、硫黄を示す。このよう撮像画像の波長から、どのような物質が、どのくらい分布しているかを判別することができる。

ハッブルの一人称で宇宙をみたとき、それぞれの観測機器がどのようなフレーフレーミングで観測するかを表した図。中央が「WFC3」、周囲3つのフレームがファイン・ガイダンス・センサー「FGS」。

History of HUBBLE SPACE TELESCOPE

○2006年4月11日
冥王星より大きい天体「エリス」を撮影
※当時、冥王星はまだ惑星として認定
○2007年1月7日
ダークマターの3Dマップを作成
○2007年5月15日
ダークマターのリング発見
○2008年3月19日
系外惑星の大気中にメタンを初検出
○2008年8月11日
地球10万周回を達成
○2008年9月27日
ハッブル故障、セーフモードへ
○2008年12月9日
系外惑星に二酸化炭素を発見
○2009年5月11日～24日
5回目のサービスミッション(SM-4)
広視野カメラ「WFC3」を搭載
○2009年9月9日
重力レンズ効果で銀河団Abell 370を撮影
○2010年2月25日～28日
小惑星ベスタを観測
○2011年7月4日
100万回の科学観測を達成
○2012年5月31日
天の川銀河とアンドロメダ銀河の衝突を確信
○2012年9月25日
「エクストリーム・ディープ・フィールド」を撮影
○2012年11月15日
最遠の銀河「MACS0647-JD」を観測(133億光年)
2013年12月12日
木星の衛星エウロパの水蒸気プルームを観測
○2014年5月15日
木星の大赤斑が縮小していることを確認
○2015年1月5日
「創造の柱」を再撮影
○2015年1月5日
アンドロメダ銀河を過去最大のパノラマで撮影
○2016年4月26日
準惑星マケマケの衛星を発見
○2016年9月26日
木星の衛星エウロパの水蒸気プルームを発見
○2017年5月15日
銀河団「Cl0024+17」のリングを観測
○2018年10月3日
巨大系外惑星「ケプラー 1625b」に月を発見
○2018年10月6日
ジャイロスコープ故障、セーフモードへ
○2019年9月13日
ハビタブルゾーン系外惑星の水蒸気を初観測
○2020年3月31日
「中間質量」のブラックホールを観測
○2021年3月7日
ソフトウェアエラーのためセーフモードへ
○2021年10月14日
木星の衛星エウロパに永続的な水蒸気を観測

PILLARS OF CREATION / Eagle Nebula

創造の柱 / わし星雲

天体Data

カタログ名／ M16、NGC 6611
分類／散光星雲
星座／へび座
赤経・赤緯／ 18:18:48・-13:48:26
距離／ 6,500 光年 (2,000 パーセク)
画像寸法／ー

撮影Data

撮影機器／ WFC3/UVIS（紫外線＆可視光）
フィルター／ F502N (O III、青)、
F657N (Hα線+N II、緑)、F673N (S II、オレンジ)

ハッブルは1995年、はじめて「創造の柱」を撮像して世に大きな衝撃を与えた。この画像は2015年の撮像画像。そびえ立つ柱の高さは約 5 光年。カラーは元素ごとに分けられ、青色は酸素、オレンジは硫黄、緑は水素と窒素を表している。

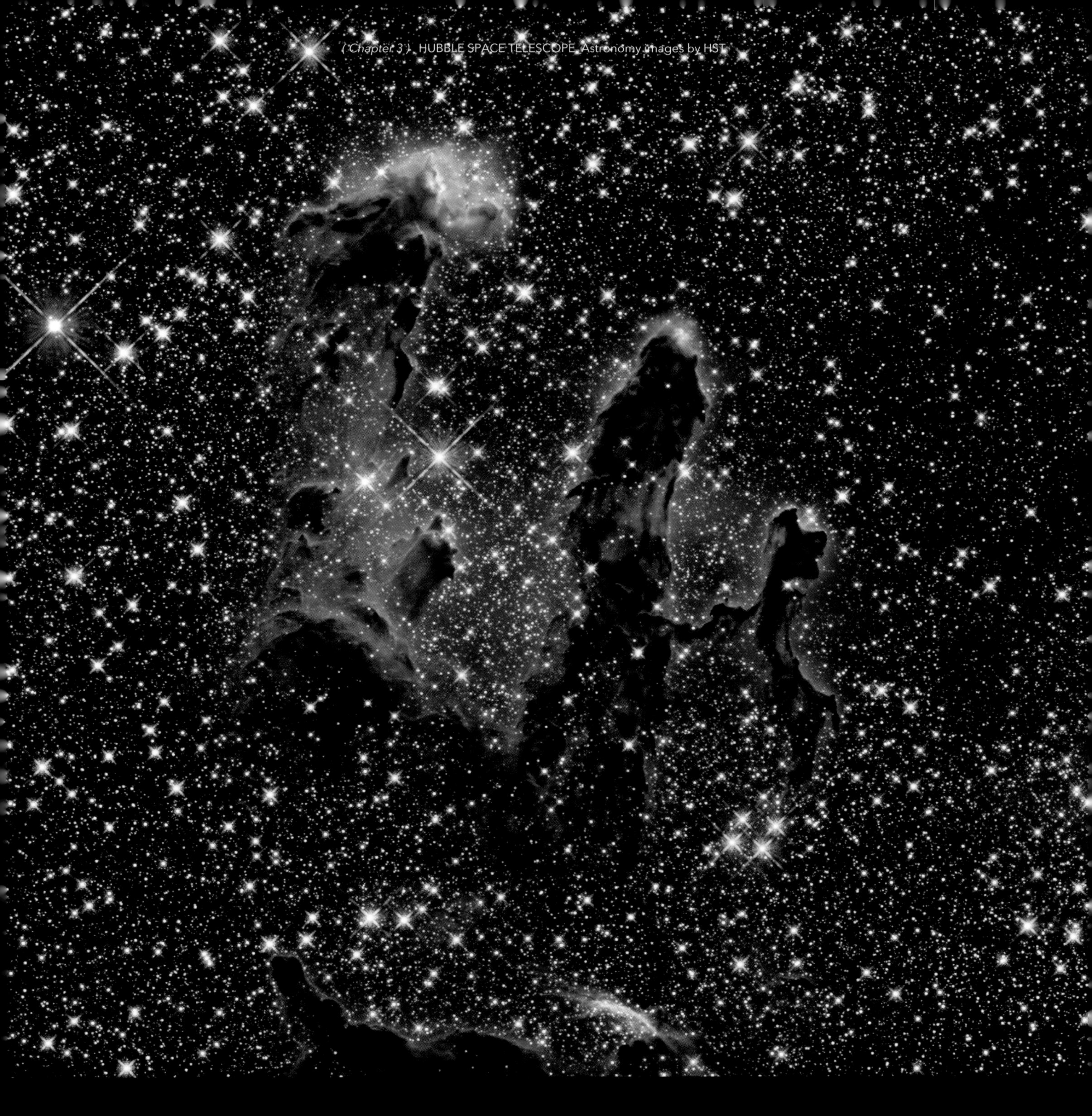

左ページは可視光、上は近赤外線による画像。赤外線は透過性が高く、ガスや塵の背後にある星々を明確に映し出す。どちらも広視野カメラ「WFC 3」によって撮像。同カメラはIR(赤外線)とUVIS(紫外線＆可視光)のモードに切り替えることが可能。

撮影Data

撮影機器／ WFC3/IR(赤外線)

フィルター／ F110W(YJ・青)、F160W(H、黄)

Veil Nebula NGC 6960
ベール星雲NGC 6960

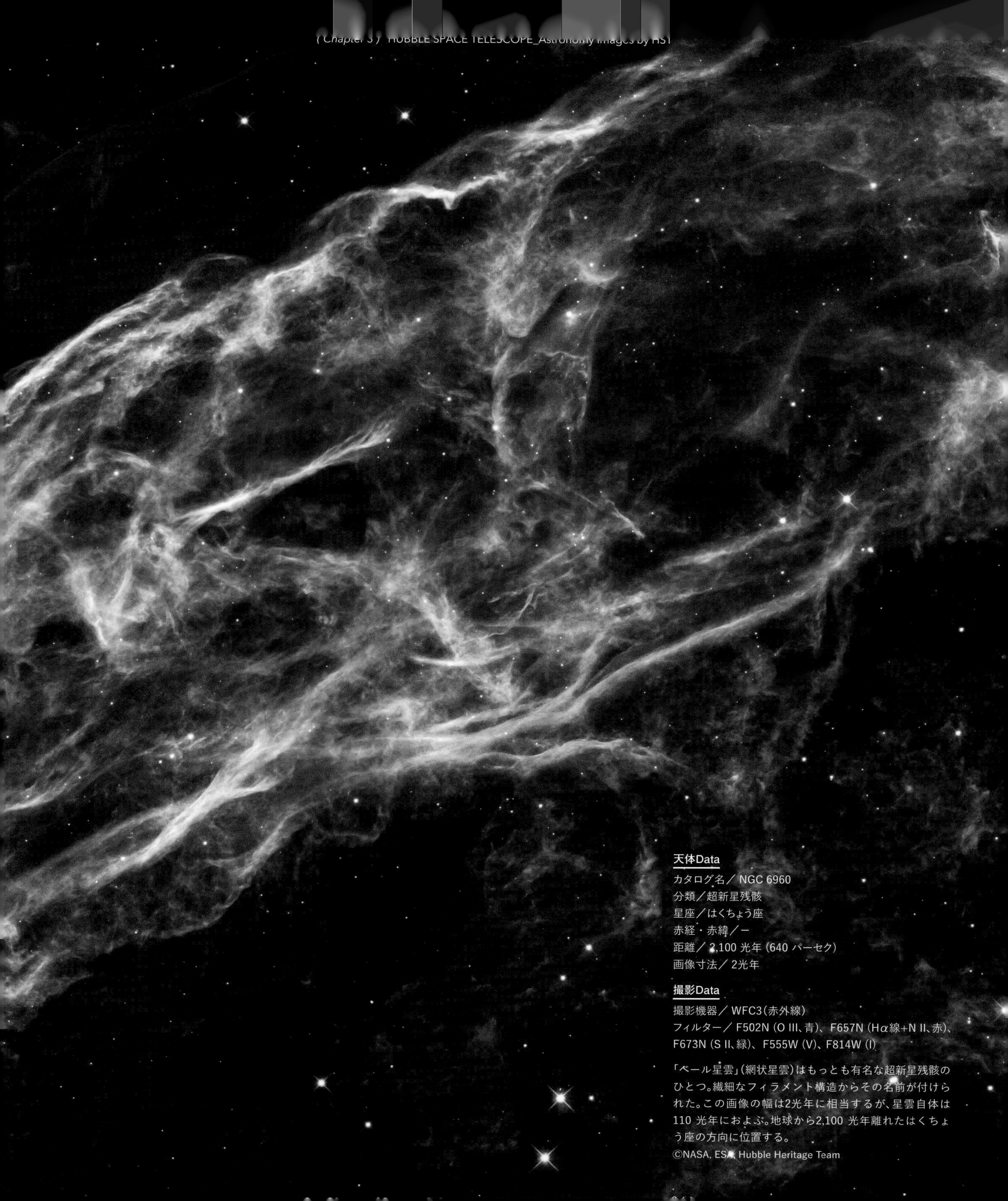

天体Data

カタログ名／ NGC 6960
分類／超新星残骸
星座／はくちょう座
赤経・赤緯／ー
距離／ 2,100 光年（640 パーセク）
画像寸法／ 2光年

撮影Data

撮影機器／ WFC3（赤外線）
フィルター／ F502N（O III、青）、F657N（Hα線+N II、赤）、F673N（S II、緑）、F555W（V）、F814W（I）

「ベール星雲」（網状星雲）はもっとも有名な超新星残骸のひとつ。繊細なフィラメント構造からその名前が付けられた。この画像の幅は2光年に相当するが、星雲自体は110 光年におよぶ。地球から2,100 光年離れたはくちょう座の方向に位置する。

Butterfly Nebula NGC 6302
バタフライ星雲 NGC 6302

天体Data
カタログ名／ NGC 6302
分類／惑星状星雲
星座／さそり座
赤経・赤緯／ 17:13:44・-37:06:16
距離／ 3,400光年(1042パーセク)
画像寸法／ 2.25分角 (2光年)

撮影Data
撮影機器／ WFC3(紫外線・赤外線)
フィルター／ F502N(紫)、F656N(光度)、F658N(緑)、F110W(シアン)、F164N(オレンジ)

近紫外線から近赤外線までの広い波長帯域で撮像。左下から右上に向かって、イオン化鉄の放出する近赤外線がS字型に伸びている。「翼」の領域は、2万度以上に加熱されたガスの領域であり、時速100万kmの速度で左右に拡散、引き裂かれている。

Lagoon Nebula
ラグーン星雲 NGC 6530

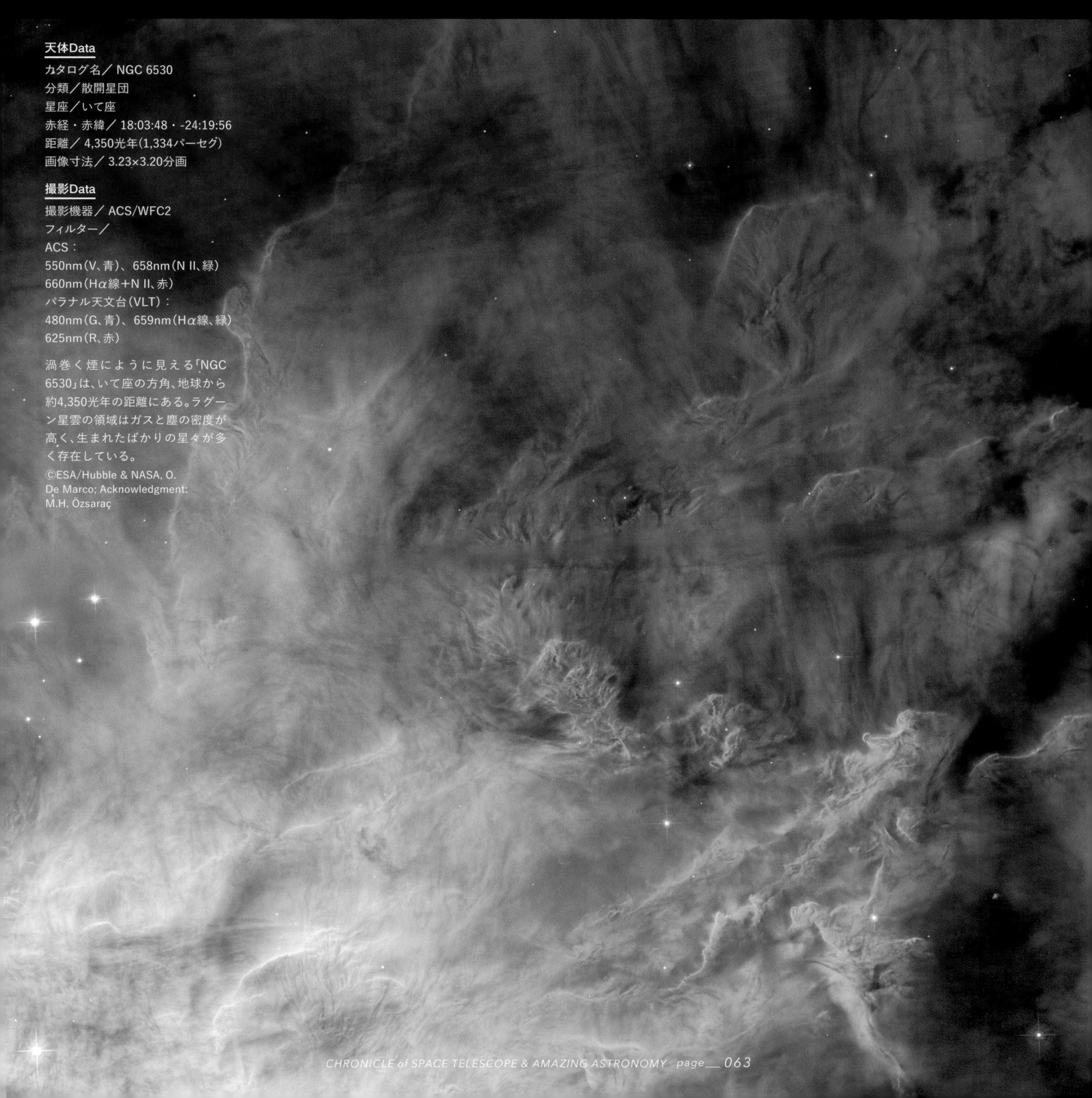

天体Data

カタログ名／ NGC 6530
分類／散開星団
星座／いて座
赤経・赤緯／ 18:03:48・-24:19:56
距離／ 4,350光年(1,334パーセグ)
画像寸法／ 3.23×3.20分画

撮影Data

撮影機器／ ACS/WFC2
フィルター／
ACS：
550nm(V、青)、658nm(N II、緑)
660nm(Hα線+N II、赤)
パラナル天文台(VLT)：
480nm(G、青)、659nm(Hα線、緑)
625nm(R、赤)

渦巻く煙にように見える「NGC 6530」は、いて座の方角、地球から約4,350光年の距離にある。ラグーン星雲の領域はガスと塵の密度が高く、生まれたばかりの星々が多く存在している。

Bubble Nebula NGC 7635
バブル星雲NGC 7635

天体Data

カタログ名／ NGC 7635
分類／輝線星雲
星座／カシオペヤ座
赤経・赤緯／ 23:20:48・61:12:06
距離／
画像寸法／

撮影Data

撮影機器／ WFC3/UVIS（紫外線、可視光）
フィルター／ F502N (O III、青)、
F656N (Hα線、緑)、F658N (N II、赤)

バブル星雲の幅は7光年。中心には太陽の45 倍の質量を持つ恒星があり、周囲のガスは高温に熱せられて時速640万km以上の「恒星風」として拡散。周囲の冷たい星間ガスを一掃し、泡の外側の縁色の部分を形成している。
©NASA, ESA, and the Hubble Heritage Team (STScI/AURA)

Crab Nebula M1
かに星雲 M1

「チャンドラ」のX線（青）、ハッブルの可視光（黄色）、「スピッツァー」の赤外線（赤）による合成画像。黄色い可視光は紫外線とX線によって加熱された酸素。中心にはパルサーとなった中性子星があり、毎秒30回転している。

天体Data

カタログ名／ Crab Nebula, M1, NGC 1952
分類／超新星残骸
星座／おうし座
赤経・赤緯／ 05:34:32・+22:00:52
距離／ 6,500光年（2,000パーセク）
画像寸法／ 7分角（13光年）

撮影Data

撮影機器／
スピッツァー（赤外線・赤）
ハッブル宇宙望遠鏡（可視光・黄）
チャンドラ（X線・青）
フィルター／ー

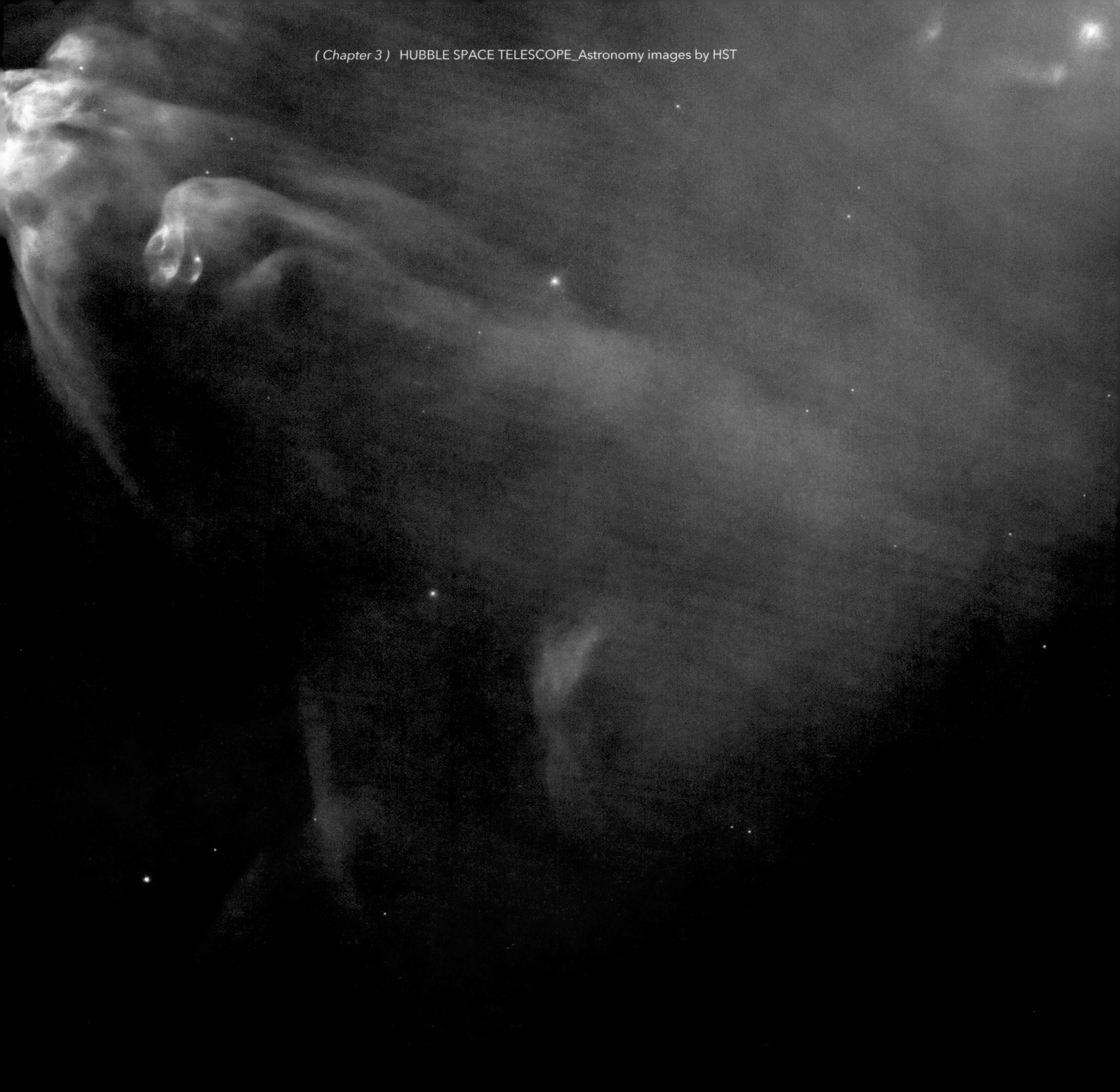

Herbig-Haro HH45
ハービッグ・ハロー HH45

天体Data

タログ名／ HH45、NGC 1977
類／ハービッグ・ハロー天体
星座／オリオン座
赤経・赤緯／ 05:35:16・–04:47:07
距離／ 1,500光年
画像寸法／ー

撮影Data

撮影機器／ー
フィルター／ー

「ランニングマン」として知られる「HH 45」。ガスと塵の雲が毎秒数百kmの速度で拡散し、衝撃波が発生した部分が明るく輝いている。この画像では、青はイオン化した酸素（O II）、紫はイオン化したマグネシウム（Mg II）を示す。

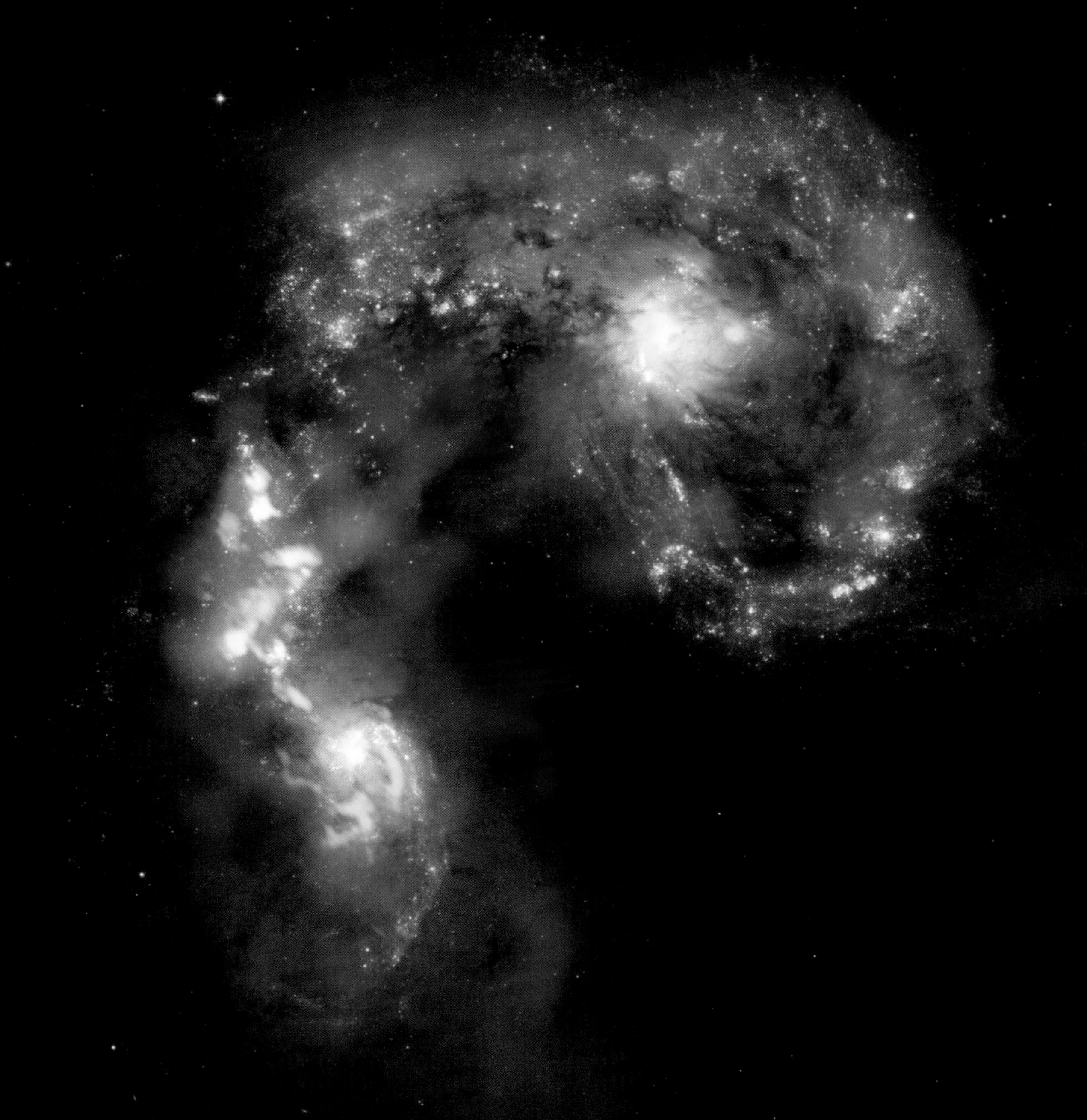

Antennae Galaxies NGC 4038 / 4039

触覚銀河 Arp244

ハッブルとの可視光と、地上のアルマ望遠鏡のサブミリ波望遠鏡で撮像されたものの合成画像。ハッブルの可視光(青)は生まれたばかりの星を表し、アルマ望遠鏡の赤、ピンク、黄は、水素雲の中の一酸化炭素分子を検出した結果だ。

天体Data

カタログ名／ NGC 4038、NGC 4039
分類／相互作用銀河
星座／からす座
赤経・赤緯／ 12:01:53・-18:52:52
距離／ 6,200万光年(19Mパーセク)
画像寸法／ー

撮影Data

撮影機器／ ACS/WFC
フィルター／ ACS：435nm(B、青)、550nm(N II、青)、814nm(I、水色)
アルマ望遠鏡：2.6mm(band3、紫・紫)、870μm (band7、緑・黄・オレンジ)

Cluster “Westerlund 2”
散開星団「ヴェスタールンド2」

天体Data

カタログ名／ Westerlund 2、Gum 29
分類／散開星団、散光星雲
星座／りゅうこつ座
赤経・赤緯／ 10:23:58・-57:45:49
距離／ 2万光年（6,130パーセク）
画像寸法／ー

撮影Data

撮影機器／ ACS/WFC、WFC3/IR
フィルター／
中心部：F555W（V、青）、
F814W（I、緑）、F125W（J、赤）
星雲：F555W（V、青）、F555W（V、緑）、
F814W（I、緑）、F814W（I、赤）

星団の幅は6 ～ 13光年。わずか200万歳であり、銀河でもっとも高温で、もっとも明るく、もっとも重い星のいくつかを含んでいる。重い星のいくつかは強烈な紫外線と荷電粒子の風を放ち、水素ガスの雲を包み込んでいる。

Supernova Remnant SNR 0509-67.5

超新星残骸SNR 0509-67.5

天体Data

カタログ名／SNR 0509-67.5
分類／超新星残骸
星座／かじき座(大マゼラン雲内)
赤経・赤緯／05:09:32・-67:31:18
距離／17万光年(52,000パーセク)
画像寸法／ー

撮影Data

撮影機器／ACS/WFC、WFC3/UVIS
チャンドラ宇宙望遠鏡(ACIS)
フィルター／ハッブル：F475W (紫)、
F555W (薄緑)、F658N (赤)、F814W (オレンジ)
チャンドラ：0.2-1.5 keV、1.5-7 keV

ハッブルとチャンドラによる合成画像。加熱された物質をチャンドラのX線が緑と青で、超新星爆発の衝撃を受けたガスをハッブルの可視光がピンク色で表現。チャンドラの画像は2000・2007年に「ACIS」で撮像されたものを使用。

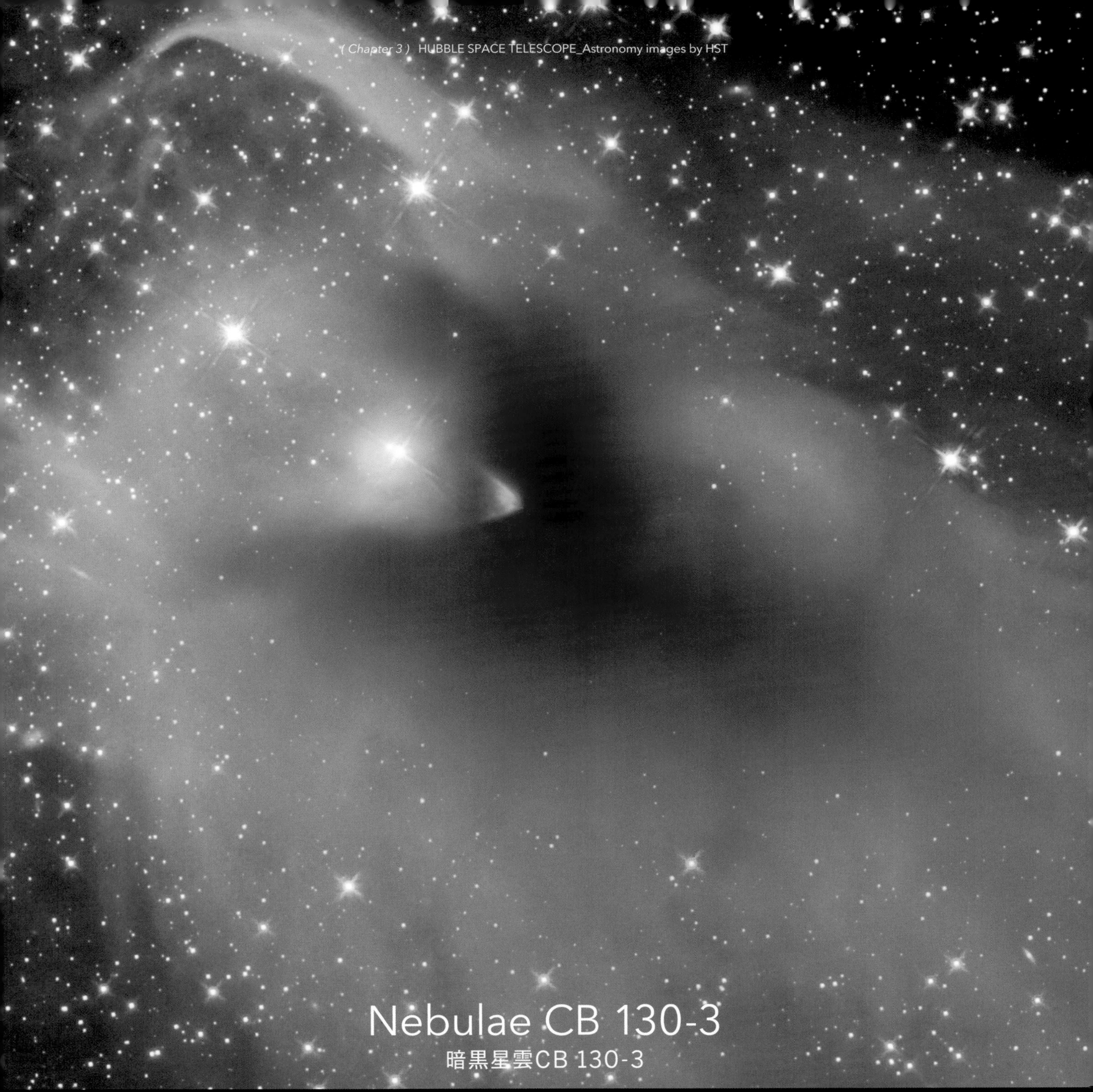

Nebulae CB 130-3

暗黒星雲CB 130-3

「CB 130-3」は高密度コアとして知られる天体で、ガスと塵のコンパクトな凝集体。このコアに一定の質量の物質が集まり、一定の温度と密度に達すると、水素による核融合がはじまり、新しい星が誕生することになる。

天体Data

カタログ名／ CB 130-3
分類／暗黒星雲
星座／へび座

撮影Data

撮影機器／ WFC3
フィルター／可視光814nm（青）、赤外線1.25μm（緑）、赤外線1.6μm（赤）

Arp 86 NGC 7752 & NGC 7753

相互作用銀河Arp 86

天体Data

カタログ名／ Arp 86（NGC 7752 、NGC 7753）
分類／特異銀河、相互作用銀河
星座／ペガスス座
赤経・赤緯／ 23:47:03・29:28:34
距離／ 2億2,000万光年
画像寸法／ 3.26×3.23分角

撮影Data

撮影機器／ ACS
アパッチポイント天文台（SDSS）
ビクトルM.ブランコ4m望遠鏡（DECam）
フィルター／ 9種（可視光の各波長別）

相互作用する特異な銀河のペアである「Arp 86」。「NGC 7752」と「NGC 7753」の2つの銀河で構成されている。後者が主となる渦状銀河で、NGC 7752 はその小さな伴銀河。

Sombrero Galaxy M104
ソンブレロ銀河M104

とても大きなバルジ(中心部分にある膨らみ)を持つソンブレロ銀河「M104」は、地球から観測するとほぼ水平に見える。この銀河の特徴は、厚い塵の筋に囲まれた白く輝く球状のコア。幅広いフチと、盛り上がるコアがメキシカンハット「ソンブレロ」に似ていることから命名された。

天体Data

カタログ名／ M104、NGC 4595
分類／渦巻銀河
星座／おとめ座
赤経・赤緯／ー
距離／ 2,800万光年(9Mパーセク)
画像寸法／幅10分角 (82,000 光年)

撮影Data

撮影機器／ ACS/WFC
フィルター／ F435W (B、青)、F555W (V、緑)、F625W (r、赤)

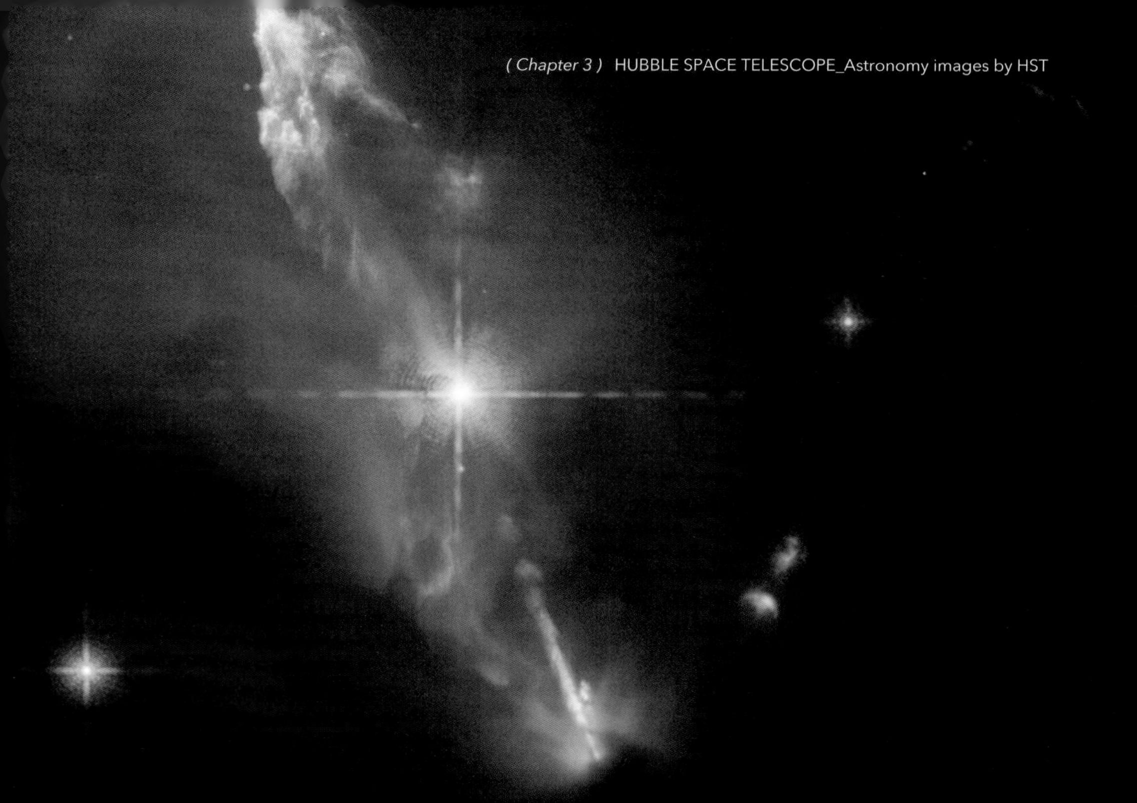

Herbig-Haro HH1 / HH2
ハービッグ・ハロー HH1 / HH2

天体Data

カタログ名／ HH 1、HH 2
分類／ハービッグ・ハロー天体
星座／オリオン座
赤経・赤緯／ 5:36:23・-06:46:19
距離／ 1,250光年
画像寸法／ 2.85×1.99分角

撮影Data

撮影機器／ WFC3
フィルター／ 11種
（紫外線、可視光、赤外線の各波長別）

この画像は公表されたものを左へ90度回転させたもの。左上はHH 1、右下がHH 2。若い星々は中心の厚い雲に包まれて見えていない。しかし、その星のひとつからガスが流出し、明るいジェットとして流れ出ている。このシーンは赤外線、可視光、紫外線の11 の異なるフィルターを使用して、ハッブルのWFC3カメラでキャプチャされた。

Reflection Nebula NGC 1999
反射星雲 NGC 1999

星が生まれた後の遺物から構成された反射星雲が、中央の光源に照らされて輝いている。当初、中央に空いた穴は高密度なガスの雲で、背景の光を消していると考えられていたが、その後、単なる空間であることが明らかになっている。

天体Data
カタログ名／ NGC1999
分類／反射星雲
星座／オリオン座
赤経・赤緯／ 5:36:25・-06:42:55
距離／ 1,500光年（460パーセク）
画像寸法／ 1.24×1.26分角

撮影Data
撮影機器／ WFC3
フィルター／ WFPC2（可視光ch）：
450nm（青）、555nm（緑）、675nm（赤）

Spiral Galaxy M106
渦巻銀河M106

天体Data

カタログ名／ M106、NGC 4258
分類／渦巻銀河
星座／りょうけん座
赤経・赤緯／ 12:18:57・47:18:14
距離／ 2,350万光年（700万パーセク）
画像寸法／ー

撮影Data

撮影機器／ハッブル：ACS/WFC、WFPC2、WFC3(可視光ch)
地上望遠鏡(12.5・20インチ)
フィルター／
青：ACS/WFC F435W (G)
緑：WFC3/UVIS F555W (V)
緑：ACS/WFC F555W (V)、F606W (V)
赤：地上望遠鏡 (Hα線)、WFPC2 F656N (Hα線)、ACS/WFC F814W (I) 、WFC3/UVIS F814W (I)
光度：ACS/WFC F814W (I)

M10の中心のモザイク画像。銀河の中心は広視野カメラ「WFC 3」「WFC 2」のデータ、外側の渦状腕は地上からの望遠鏡によるデータを使用。赤く輝くのは水素。この画像は、20 年にわたって天体写真に携わる医師、ロバート・ジェンドラー氏によるもの。

Chapter 4
CHRONICLE of SPACE TELE 1961-1999

宇宙望遠鏡の軌跡1961-1999

1957年に史上初の人工衛星が打ち上げられてから
1960年代以降には数多くの宇宙望遠鏡や天文観測衛星が打ち上げられてきました。
宇宙から降り注ぐガンマ線が世界ではじめて検出されたのは1961年のこと。
X線による天文観測がはじめて行われたのは1962年のことでした。
その後、望遠鏡、分光器、カメラなどの劇的な性能向上にともない、
私たちは星々の本当の姿を目の当たりにし、宇宙の謎の解明に一歩ずつ近づいます。

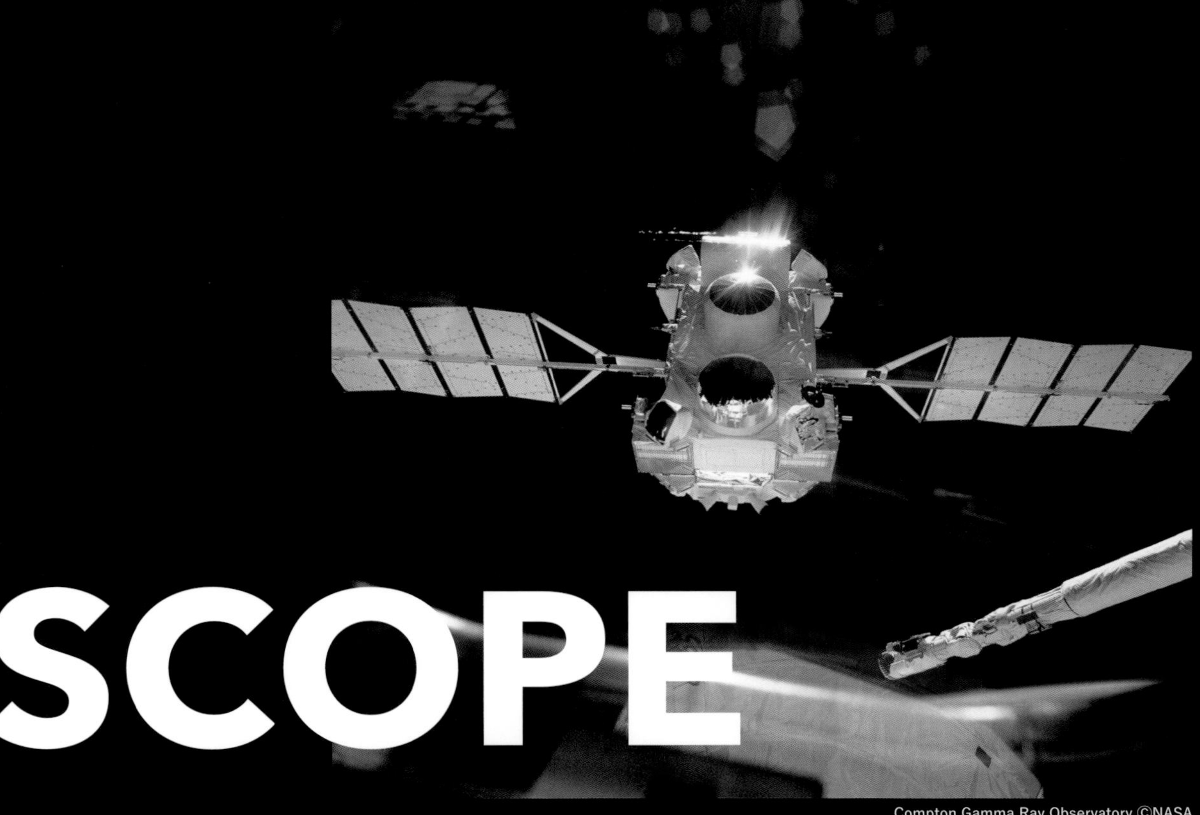

Compton Gamma Ray Observatory ©NASA

Contents

080 1961.4/27 エクスプローラー 11号
081 1962.6/19 エアロビー 150 / ロッシ&ジャコーニ
082 1963.10 - 1970.4 ヴェラ1-6号
083 1968.12 - 1972.8 OAO 2/OAO 3
084 1970.12/12 SAS-A「ウフル」
085 1972.11/15 SAS-B
086 1974.8/30 ANS「オランダ天文衛星」
087 1975.8/9 COS-B
088 1977.8/12 HEAO-1
089 1978.1/26 IUE
090 1978.11/13 HEAO-2「アインシュタイン観測機」
091 1979.2/21 はくちょう
092 1979.9/20 HEAO-3
093 1981.2/21 ひのとり
094 1983.1/25 IRAS
095 1983.2/20 てんま
096 1983.5/26 EXOSAT
097 1987.2/5 ぎんが
098 1989.8/8 ヒッパルコス
100 1989.11/18 COBE「コービー」
101 1989.12/1 グラナート
102 1990.4/24 ハッブル宇宙望遠鏡
110 1990.6/1 ROSAT
111 1990.12/2 アストロ1
112 1991.4/5 コンプトンガンマ線観測衛星
113 1991.8/30 ようこう
114 1992.6/7 EUVE
115 1993.2/20 あすか
116 1995.3/18 SFU
117 1995.3/2 アストロ 2
118 1995.11/17 ISO
119 1995.12/30 ロッシXTE
120 1996.4/30 ベッポサックス
121 1997.2/12 はるか
122 1988.6/2 AMS-01
123 1998.12/6 SWAS
124 1999.3/5 WIRE
125 1999.6/24 FUSE
126 1999.7/23 チャンドラX線観測衛星
132 1999.12/10 XMMニュートン

表記に関して

●宇宙機の所属国を示す「Country」において、EU設立(1993年)以前のESA運用機は、基本的に国名を「Europe」、国旗は欧州旗としています。

●本書で紹介している年月日は、特記があるもの以外、すべてUTC(協定世界時)で表記しています。

Date:

1961.4/27

ガンマ線宇宙望遠鏡／打上日

Country: USA 

Explorer 11

エクスプローラー 11号

「世界ではじめてガンマ線望遠鏡を搭載」

©National Air and Space Museum

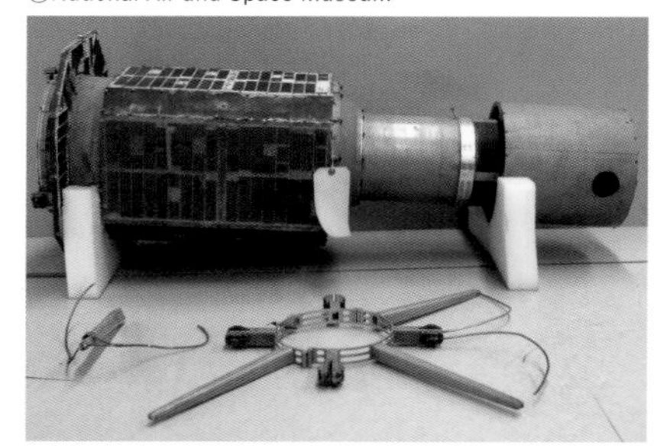

エクスプローラー 11号の機首部分。この八角形のアルミニウムボックス内にガンマ線望遠鏡と検出器が収まる。写真はスミソニアン博物館所蔵のバックアップ機。

運用Data:

国際標識／ 1961-013A
別名／ S-15
運用／ NASA(米航空宇宙局)
打上日／ 1961年4月27日
射場／ケープ・カナベラル空軍基地
ロケット／ジュノII
運用停止／ 1961年11月17日

機体Data:

寸法／
ミッション機器：0.3×0.3×0.59m
(アルミニウム製、八角形)
スピン部(円柱)：D0.15m×0.52m
打上時質量／ 37.2kg
観測目的／ガンマ線
主要ミッション機器／
・チェレンコフカウンター望遠鏡
・チェレンコフ検出器
(50 MeV以上)

軌道Data:

軌道／地球周回軌道、楕円軌道
軌道高度／近486km、遠1,786km
傾斜角／ 28.9度

©NASA

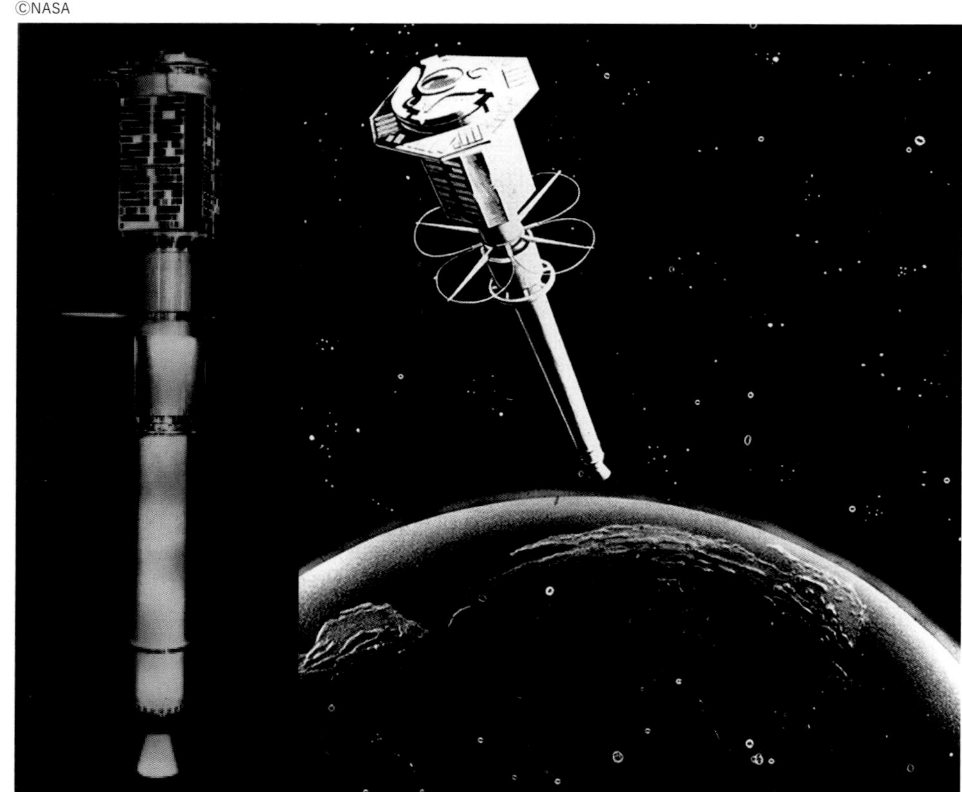

地球を周回する楕円軌道に投入されたエクスプローラー 11号。八角形の機首部分を回転させることで機体姿勢を安定させた。

©NASA

MIT(マサチューセッツ工科大学)が開発したガンマ線望遠鏡と検出器。記録媒体としてテープレコーダーを搭載。バッテリー問題などにより後期データはリアルタイムで地上に送信された。

1957年10月、旧ソビエトが世界初の人工衛星「スプートニク1号」(83.6kg)を打ち上げると、これに対抗すべくアメリカは、米陸軍主導で「エクスプローラー計画」を開始。翌1958年1月には米国初となる人工衛星「エクスプローラー 1号」の打ち上げに成功します。この計画の初期では、電離層、宇宙や地球の放射線、磁気などの観測を目的としましたが、その一環として1961年に打ち上げられたのが『エクスプローラー 11号』。同機は宇宙から降り注ぐガンマ線に特化した世界初の探査機となりました。その望遠鏡と検出器は、天の川銀河や太陽から発せられるガンマ線(p.137参照)を検出。初期の23日間で22件のガンマ線を観測しましたが、その取得データ量は、当時主流であった観測気球を超えるものではありませんでした。

Date:

1962.6/19

X線望遠鏡・サウンディングロケット／打上日

Country: USA

Aerobee 150 / Bruno Rossi & Ricardo Giacconi

エアロビー 150 / ロッシ&ジャコーニ

「太陽系外のX線天体を発見」

©National Air and Space Museum

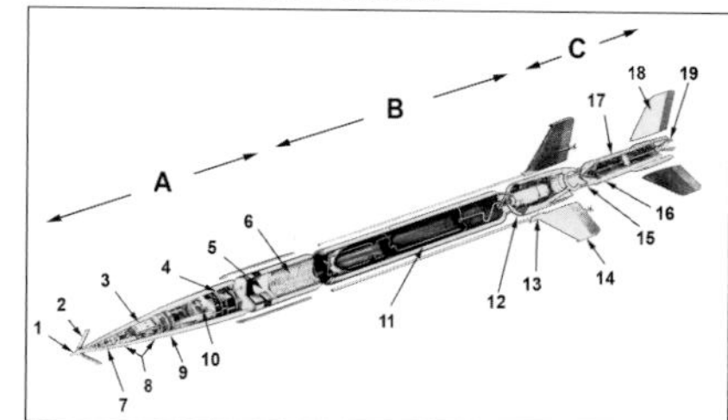

第1段（図C）の固体燃料ロケットは打ち上げ後2.5秒で投棄。第２段（B）は液体燃料ロケット。機首（A）にはX線検出器、パラシュート、ビーコンなどを搭載。

運用Data:

運用／ USAF（米空軍）
NASA（米航空宇宙局）、NRL（海軍研究所）
AS&E（アメリカンサイエンス&エンジニアリング）
打上日／ 1962年6月19日
射場／ホワイトサンズ・ミサイル実験場
ロケット／エアロビー 150

機体Data:

寸法／エアロビー 150：D 0.38m×H 9.14m
X 線望遠鏡：D 0.86×H 0.37m
打上時質量／ 68kg
観測目的／ X線
主要ミッション機器／
・かすめ入射X 線望遠鏡
・シンチレーションカウンター
・ガイガーカウンター

軌道Data:

軌道／弾道軌道
軌道高度／遠325km

©National Museum of The United States Air Force　©MIT

左はエアロビー 150の姉妹機。右はブルーノ・ロッシ氏（上）と、2002年にノーベル物理学賞を受賞したリカルド・ジャコーニ氏。

©NASA

スミソニアン博物館所蔵のX線検出器ユニットのバックアップ機。軟X線を検出するガイガーカウンターと、より高エネルギーのX線に反応するシンチレーションカウンターを搭載。

天文観測においてX線は欠かせません。なぜなら星々が放出するX線には、光や電波など、他の電磁波にはない情報が多く含まれているからです。太陽系の外から飛来するX線が、世界ではじめて観測されたのは1962年。X 線天文学のパイオニアであるリカルド・ジャコーニ氏と、宇宙物理学者であるブルーノ・ロッシ氏は、X線検出器が搭載されたロケット『エアロビー 150』を打ち上げ、さそり座の方角に強いX線を放つポイントを発見したのです。このX線源は「さそり座X-1」と命名されました。エアロビー 150は、地球を周回する軌道には乗らず、宇宙に到達したらそのまま地表に落ちてくる観測用ロケットと呼ばれるものでした。エアロビー 150は宇宙空間にあるわずか数分間のうちに、このX線源を捕捉し、その方向を記録しました。

Date:

1963.10–1970.4

核実験監視衛星1-6号／打上日

Country: USA

Vela1 / 2 / 3 / 4 / 5 / 6

ヴェラ1-6号

「史上はじめてガンマ線バーストを観測」

ⒸNASA

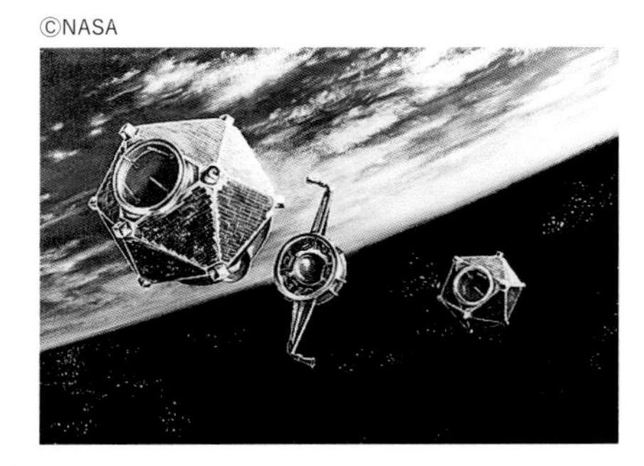

ヴェラが軌道上で分離する様子。1963年に米英ソ間で締結された「部分的核実験禁止条約」を各国が遵守しているかを監視するため、米国防総省が打ち上げた。

運用Data:

運用／ DoD（米国防総省）、USAF（米空軍）
射場／ケープ・カナベラル空軍基地
ヴァンデンバーグ空軍基地（5号のみ）
ロケット／ 1-3号：アトラス・アジェナ
4-6号：タイタンIII-C
打上日（カッコ内は国際標識）／
1号A/B（1963-039A/C）：1963年10月17日
2号A/B（1964-040A/B）：1964年7月17日
3号A/B（1965-058A/B）：1965年7月20日
4号A/B（1967-040A/B）：1967年4月28日
5号A/B（1969-046D/E）：1969年5月23日
6号A/B（1970-027A/B）：1970年4月8日

機体Data:

打上時質量／
1-3号：各150kg、4-6号：各231-261kg
観測目的／ガンマ線、X線、中性子線
主要ミッション機器／
・宇宙X線検出器（3-12 keV）
・ガンマ線検出器（150-750 keV）
・中性子検出器（1-100 MeV）
・極端紫外線検出器×2（30 ～ 900A）など

軌道Data:

軌道／地球周回軌道、楕円軌道
軌道高度（ヴェラ5B）／
近11万920km、遠11万2,283km
傾斜角／ 32.8度

ⒸNASA

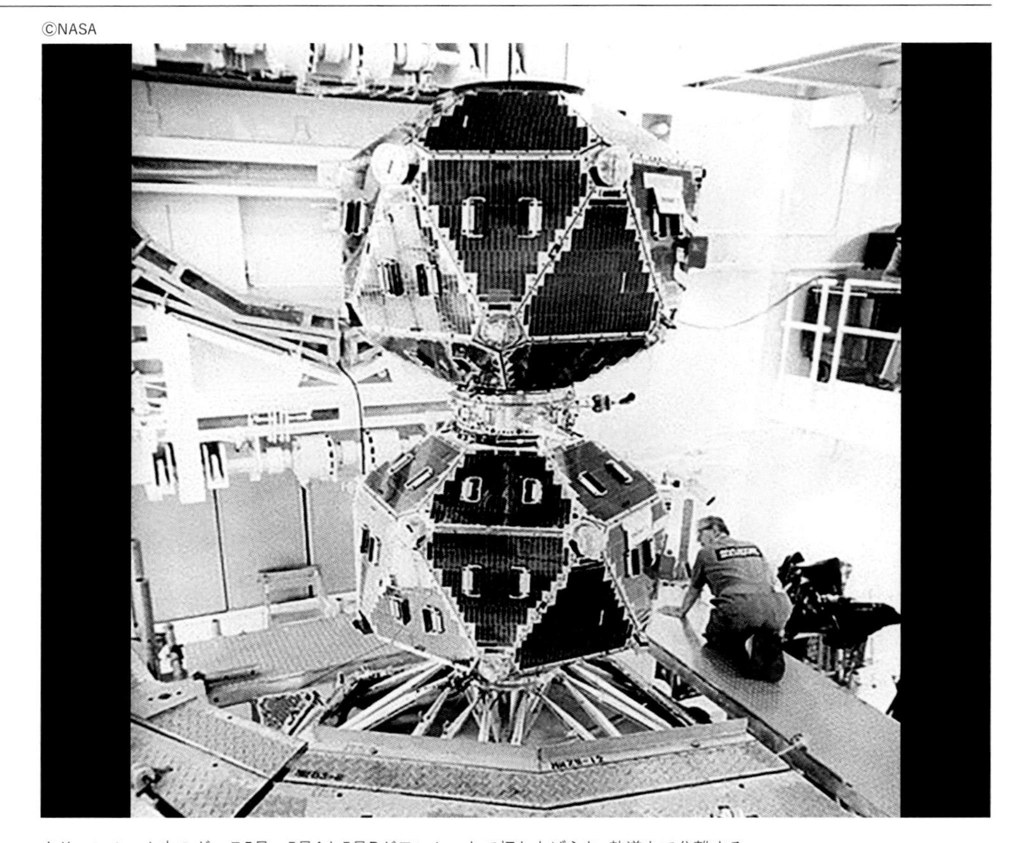

クリーンルーム内のヴェラ5号。5号Aと5号Bがワンセットで打ち上げられ、軌道上で分離する。

ⒸNASA

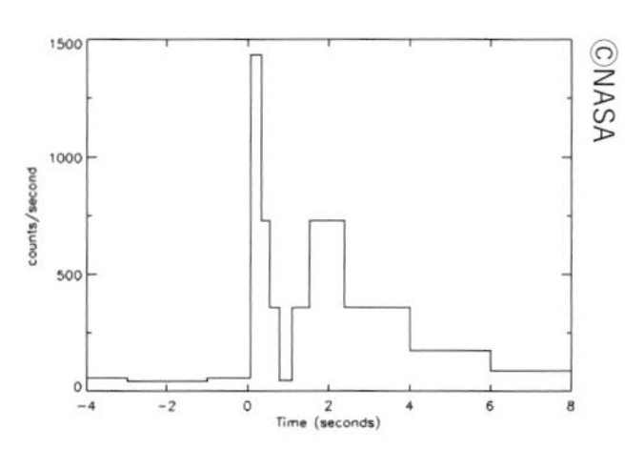

地上で核爆発が起こると、まずは約1ミリ秒間の強烈な電磁波が検出され、続いて低出力の電磁波が数分間にわたって続く。ただし、宇宙から飛来する放射線の場合、波長は1つしか表れない。

米国防総省の『ヴェラ』は、他国の核実験を監視するための軍事衛星であり、1963年から1970年にかけて、A・Bの2機をセットにして計6回12機が打ち上げられました。核爆発ではX線、ガンマ線、中性子線などが放出されますが、ヴェラはそれを軌道上で検出します。しかし、1967年7月2日に3号と4号は、核実験によるガンマ線とは異なる、宇宙から飛来するガンマ線を偶然にも検出。それは人類にとって未知のものでした。後年、改良型の後続機がさらに複数の発生源を特定し、1973年、それがガンマ線バースト（GRB）という天文現象であることを突きとめます。ガンマ線バーストの発生原因としては2種が判明しており、閃光の継続時間が長いものは超新星爆発、短いものは2つの中性子星の合体（キロノバ、p045）によって発生します。

Date:

1968.12-1972.8

紫外線宇宙望遠鏡／打上日

Country: USA

Orbiting Astronomical Observatory 2 / 3

OAO 2/OAO 3

「NASAの天文観測の幕開け」

©NASA

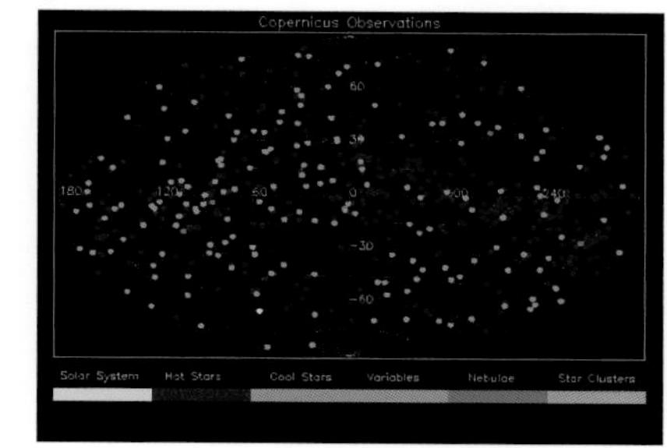

地球から全方向に広がる宇宙を1枚の地図にした「全天マップ」。各点はOAO 2 が観測した紫外線の発生源。青は高温の星、水色は冷温の星。オレンジは星団を表す。

運用Data:

運用／ NASA（米航空宇宙局）
射場／ケープ・カナベラル空軍基地
ロケット／アトラス・セントール
●OAO2
国際標識／ 1968-110A
打上日／ 1968年12月7日
運用停止／ 1973年1月
●OAO3
国際標識／ 1972-065A
打上日／ 1972年8月21日
運用停止／ 1981年2月

機体Data:

バス寸法／ L 4.9m、パネル幅6.8m
打上時質量／ 2,150kg
●OAO2
観測目的／紫外線
主要ミッション機器／
・高解像度望遠鏡　・恒星光電光度計
・星雲光電光度計　・格子分光計
●OAO3
観測目的／ X線、紫外線
主要ミッション機器／
・紫外線望遠鏡　・X線感知器など

軌道Data:

軌道／地球周回軌道、円軌道
軌道高度／近749km、遠767km
傾斜角／ 35度

©NASA

クリーンルームで製造中のOAO。右はプロト機、奥の2機は実際に打ち上げられた運用モデル。

©NASA

当時の天文観測機は気球、または5分ほどしか宇宙に留まれない弾道飛行ロケットに載せられていたが、そんな時代にOAOは地球を周回する軌道上から膨大なデータを収集した。

史上はじめて本格的な運用に成功した宇宙望遠鏡がNASAのOAOシリーズです。紫外線観測機器などを搭載したOAOは、当時としてはもっとも重い人工衛星であり、ほぼ同型の機体が計4機打ち上げられました。『OAO 1』は打ち上げ直後に制御不能に陥りますが（1966年）、1968年、『OAO 2』（別名「スターゲイザー」）が軌道投入に成功。2万3,000回の紫外線測定を行い、若い星が理論値よりも高温であること、彗星が水素の雲をまとうことを解明し、1972年には超新星も発見しています。続く『OAO B』は軌道投入に失敗。4機目の『OAO-3』（別名「コペルニクス」）にはX線観測装置も搭載され、長周期のパルサー（中性子星、p.045参照）を複数発見、8年半にわたって運用されました。

Date:

1970.12/12

X線天文衛星／打上日

Country: USA 

Small Astronomy Satellite A, SAS-A "Uhuru"

SAS-A「ウフル」

「史上初のX線天文衛星、ブラックホール候補をはじめて特定」

©NASA

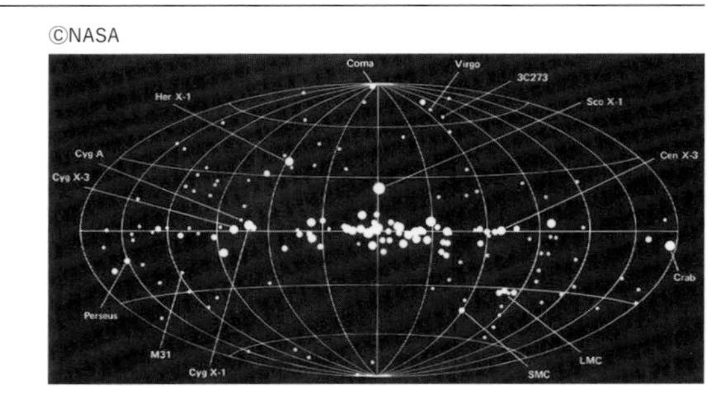

SAS-Aが作成したX線全天マップ。中央から左右に広がるのが天の川銀河。画面中央が銀河の中心方向。

運用Data:

国際標識／1970-107A
別名／エクスプローラー42
運用／NASA（米航空宇宙局）
打上日／1970年12月12日
射場／サンマルコ（ケニア）
ロケット／スカウト
運用停止／1973年3月

機体Data:

バス寸法／D 0.56×H 1.16m
打上時質量／141.5kg
観測目的／X線
主要ミッション機器／
・全天X線観測機
（比例計数管）（2-20keV）

軌道Data:

軌道／地球周回軌道、略円軌道
軌道高度／近531km、遠572km
傾斜角／3.0度

©NASA

ブラックホールの有力候補やパルサー（ケンタウルス座X-3）を史上はじめて発見。右はブルーノ・ロッシ氏（p.081）。

©NASA

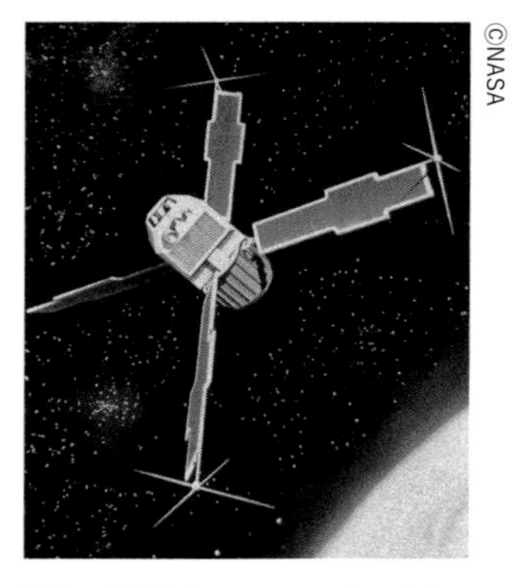

機体の本体部分であるバス部の全高は1.16m。4枚の太陽電池パドルでニッカド電池を充電。三軸制御方式を採用し、任意の方向に観測器を向けた。

1970年12月にNASAが打ち上げた『SAS-A ウフル』は、宇宙から飛来するX線を地球周回軌道上から観測した史上初の天文衛星です。12分に1回自転しながら天球をスキャンして全天マップを作製し、339個のX線源を発見。それらは「ウフル・カタログ」にまとめられました。この機体は、当時マサチューセッツ工科大学（MIT）に在籍していた小田稔氏考案の「すだれコリメータ」を搭載。格子状の金属マスク2枚をX線検出器の前に配し、入射するX線源の位置を厳密に絞り込むこの装置によって、はくちょう座にある青色超巨星を観測。太陽の30倍もの質量を持つその天体を操る見えない主星が、ブラックホールの有力候補「はくちょう座X-1」であることを史上はじめて特定しました。

Date:

1972.11/15

ガンマ線小型天文衛星／打上日

Country: USA

Small Astronomy Satellite B, SAS-B

SAS-B

「パルサー“ゲミンガ”を初めて捕捉」

©NASA

SAS-Bはスピン安定方式を採用。スピン軸を1度以内で調整しつつ、任意の方角へ望遠鏡を向けることができた。太陽電池パドル4枚でニッカド電池を充電。

運用Data:

国際標識／1972-091A
別名／エクスプローラー 48
運用／NASA(米航空宇宙局)
打上日／1972年11月15日
射場／サンマルコ(ケニア)
ロケット／スカウト
運用停止／1973年6月8日

機体Data:

バス寸法／D 0.59×L 1.35m
打上時質量／166kg
観測目的／ガンマ線
主要ミッション機器／
・ガンマ線(荷電粒子)望遠鏡
・ガンマ線検出器(20 MeV - 1 GeV)

軌道Data:

軌道／地球周回軌道、楕円軌道
軌道高度／近443km、遠632km
傾斜角／1.9度

©NASA

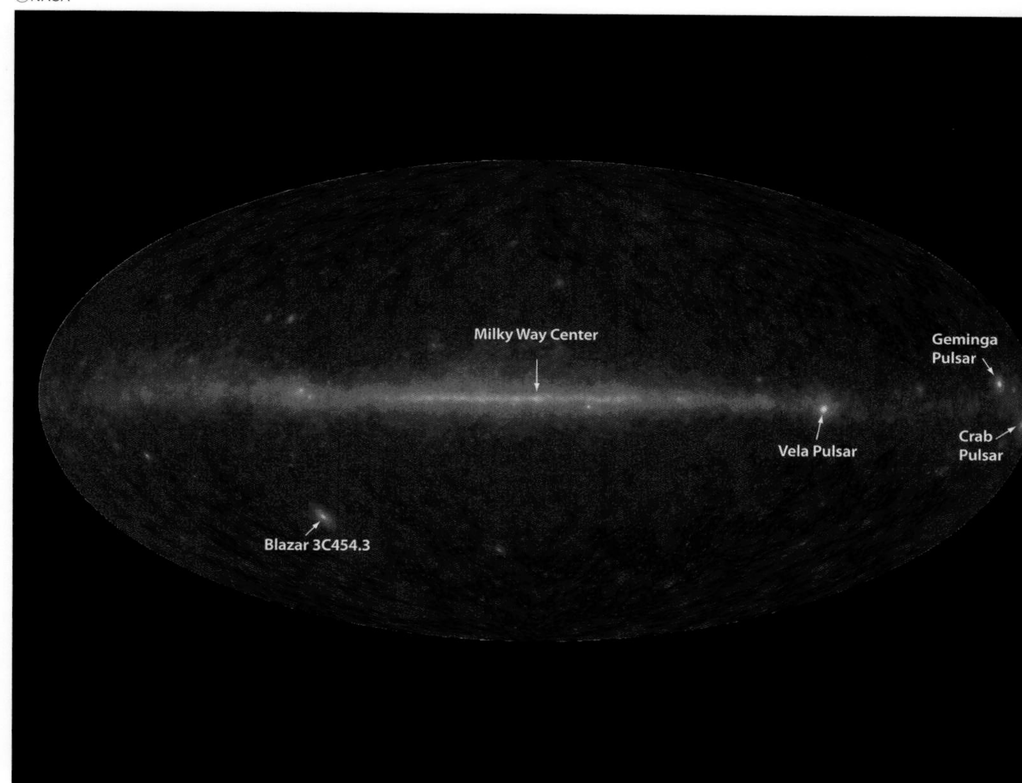

フェルミ(p.187)のガンマ線全天マップ。中央から左右に拡がる赤い部分が天の川銀河。右端にゲミンガのガンマ線源が写っている。

©NASA

SAS-B が打ち上げられたのは、1964～1988年まで使用されたケニア沖の海上発射基地サンマルコ。NASAのスカウト・ロケットによって打ち上げられた。

軍事衛星ヴェラ(p.082参照)によって発見された宇宙からのガンマ線源を、より詳細に調査したのが『SAS-B』です。ガンマ線検出器や荷電粒子望遠鏡などを搭載したSAS-Bは、天の川銀河や銀河系外におけるガンマ線の発生源とエネルギー分布を観測。その結果、ふたご座の方向に未知のガンマ線源を発見します。この時点では明確なデータが得られませんでしたが、「ゲミンガ」と名付けられたこのガンマ線源を、後に打ち上げられるCOS-B(p.087)、HEAO-2(p.090)、コンプトンガンマ線観測衛星(p.112)などが追跡観測し、同位置に確かにガンマ線源があることを確認。さらに1991年、ドイツのROSAT(p.110)により、それがパルサー(恒星が超新星爆発を起こしたあとに残る中性子星)であることがほぼ突きとめられました。

Date:

1974.8/30

紫外線・X線天文衛星／打上日

Country: Netherlands / USA 

Astronomical Netherlands Satellite, ANS

ANS「オランダ天文衛星」

「オランダ初の観測衛星、X線バーストを捕捉」

©NASA

太陽センサー、地平線センサー、星センサー、磁力計などで機体姿勢を測定。三軸姿勢制御方式を採用。

運用Data:

国際標識／ 1974-070A
運用／ SRON(オランダ宇宙研究所)
NASA(米航空宇宙局)
打上日／ 1974年8月30日
射場／ヴァンデンバーグ空軍基地
ロケット／スカウト
運用停止／ 1976年6月

機体Data:

バス寸法／–
打上時質量／ 129.8kg
観測目的／ X線、紫外線
主要ミッション機器／
・口径22cmカセグレン式望遠鏡
・紫外線検出器(150-330nm)・X線検出器(2-30KeV)

軌道Data:

軌道／地球周回軌道、楕円軌道
太陽同期軌道
軌道高度／近266km、遠1,176km
傾斜角／ 98度

©NASA

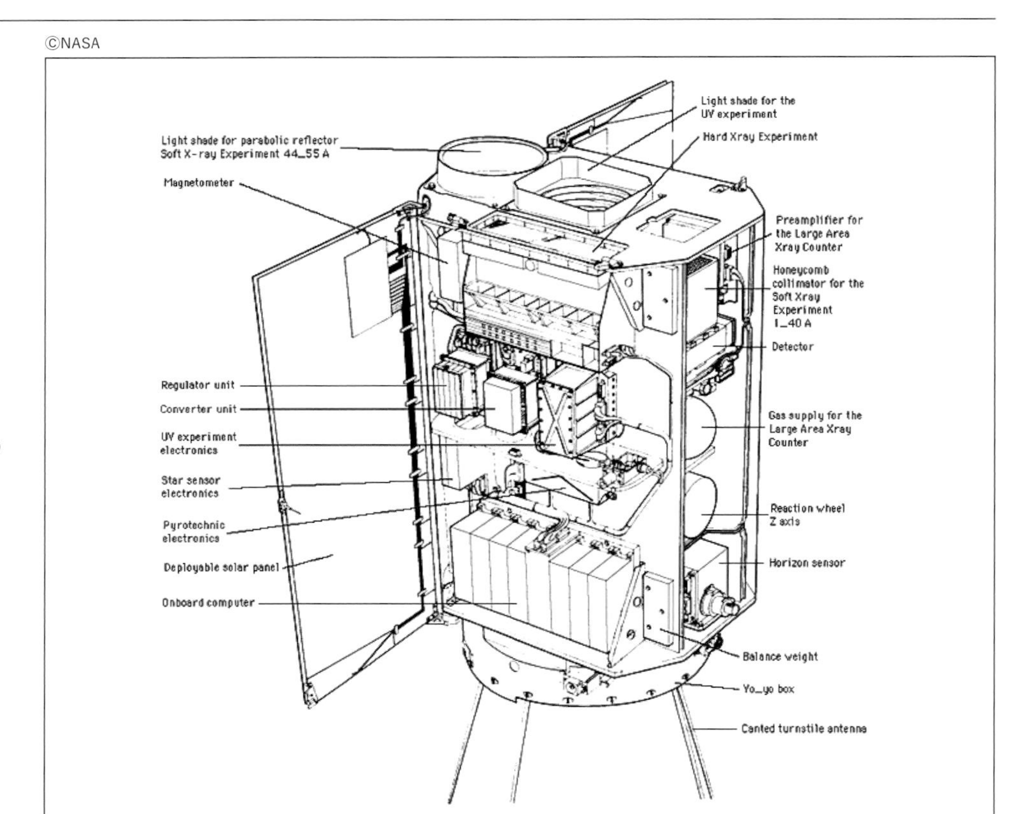

図の上部にある左の丸い部分が軟X線検出器、その右が紫外線検出器。

©NASA

ANSは米ヴァンデンバーグ空軍基地から打ち上げられた。同基地は南方が海のため、太陽同期軌道など地球を南北に周回する人工衛星の打ち上げに多く利用されている。

オランダ宇宙研究所(SRON)とNASAの共同出資によって、紫外線・X線観測衛星『ANS』のプロジェクトは実現しました。機体や観測機器はオランダによって開発され、カリフォルニア州にあるヴァンデンバーク空軍基地から、米国の固体燃料ロケットであるスカウトによって、1974年に打ち上げられました。予定していた軌道(高度500㎞の円軌道)に乗せることができず、観測スケジュールは複雑なものとなりました。しかし、搭載されたX線検出器と口径22㎝のカセグレン式望遠鏡、紫外線検出器によって、X線源の位置、その時間経過による変化、紫外線検出器による銀河系内の星の温度分布などを観測しました。結果、3つの新しいX線源の特定に成功しています。

Date:

1975.8/9

ガンマ線観測衛星／打上日

Country: Nederlands / Italy / France

Cosmic Ray Satellite-B, COS-B

COS-B

「天の川銀河のガンマ線発生源をマッピング」

©ESA

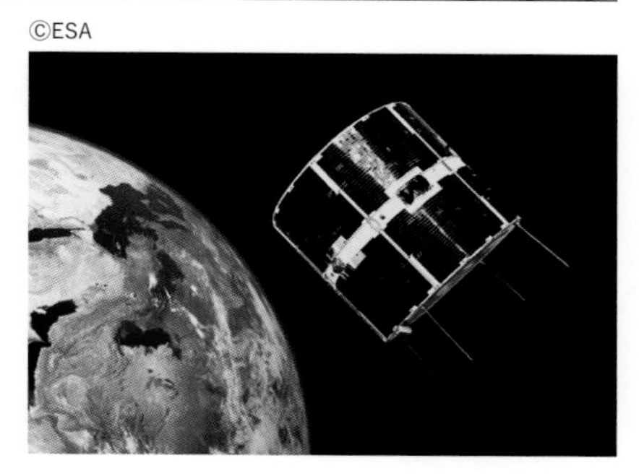

エネルギー範囲が70MeVから5GeVのガンマ線を観測。予定期間2年を大きく超え、6年8ヵ月にわたり運用。遠地点が約10万kmの長楕円軌道に投入された。

運用Data:

国際標識／1975-072A
運用／ESA(欧州宇宙機関)
協力／NASA(米航空宇宙局)
打上日／1975年8月9日
射場／ヴァンデンバーグ空軍基地
ロケット／デルタ
運用停止／1982年4月25日

機体Data:

バス寸法／D 1.4×L 1.2m
打上時質量／277.5kg
観測目的／ガンマ線
主要ミッション機器／
・ガンマ線検出器(70MeV-5GeV)

軌道Data:

軌道／地球周回軌道、長楕円軌道
極軌道
軌道高度／近340km、遠9万9,876km
傾斜角／90.1度

©ESA

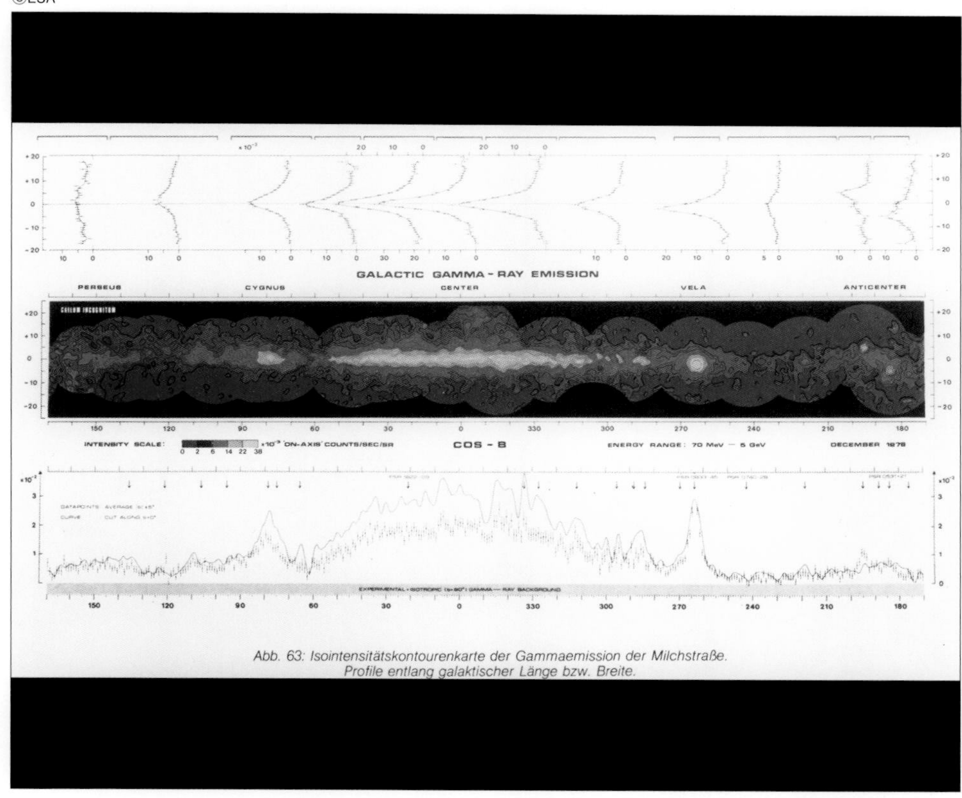

COS-Bのガンマ線マップ。中央の黄と赤の部分が天の川銀河。こうしたデータからガンマ線源の位置と波長が判明。

©ESA

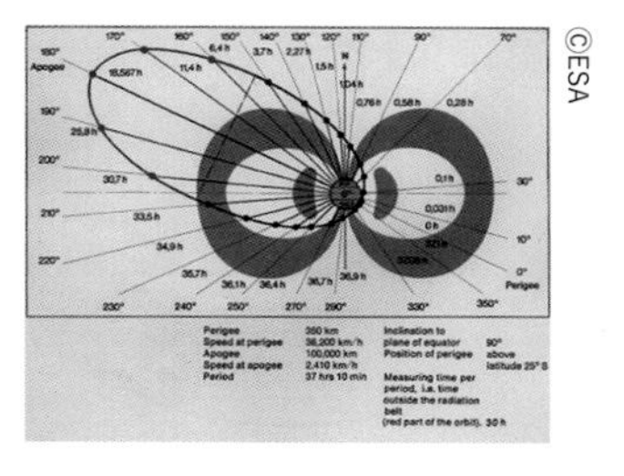

中心が地球、メガネの形をした紫色の帯がヴァン・アレン帯、左上に伸びる楕円形の線がCOS-Bの軌道。その軌道の遠地点は非常に高く、ヴァン・アレン帯に干渉する領域が少ないことがわかる。

1975年5月、欧州各国の宇宙開発機関が統合され、欧州宇宙機関(ESA)が設立されました。そのESAが最初に打ち上げたのがガンマ線観測衛星『COS-B』であり、地球外のガンマ線発生源の特定を主任務としました。地球の周囲にはヴァン・アレン帯という放射線帯がドーナツ状に広がり、それは観測機器に支障を与えます。しかし、遠地点(軌道高度がもっとも高い地点)が約10万kmの長楕円軌道に投入されたCOS-Bは、その軌道の約70%をヴァン・アレン帯より高い高度で航行するため、高精度な観測が可能でした。COS-Bは天の川銀河のガンマ線源のマップを作製し、25件の新規ガンマ線源を発見。強力な発生源のひとつであるはくちょう座(シグナス)のX-3などを観測しました。

Date:

1977.8/12

高エネルギー天文観測衛星／打上日

Country: USA

High Energy Astronomy Observatory 1, HEAO-1

HEAO-1

「NASAの高エネルギー宇宙天文台」

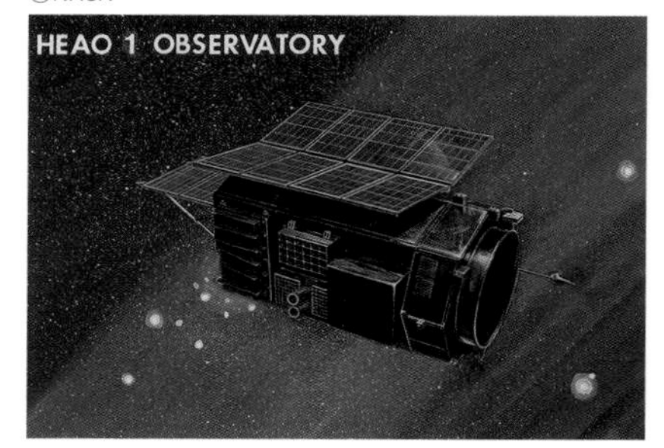

HEAO-1は、このイラストにおける左右の長さが5.68mであり、当時としてはかなりの大型機。広い波長域のX線とガンマ線を観測した。

運用Data:

国際標識／1977-075A
運用／NASA（米航空宇宙局）
打上日／1977年8月12日
射場／ケープ・カナベラル空軍基地
ロケット／アトラス・セントール
運用停止／1979年1月9日

機体Data:

バス寸法／D 2.67×H 5.68m
打上時質量／2551.9kg
観測目的／ガンマ線、X線
主要ミッション機器／
・A-1／広域探査機器（0.25-25 keV）
・A-2／宇宙X線機器（2-60 keV）
・A-3／X線変調コリメータ（0.9-13.3 keV）
・A-4／低エネルギーガンマ線&硬X線探査機器（15 keV-10 MeV）

軌道Data:

軌道／地球周回軌道、円軌道
軌道高度／432km
傾斜角／23度

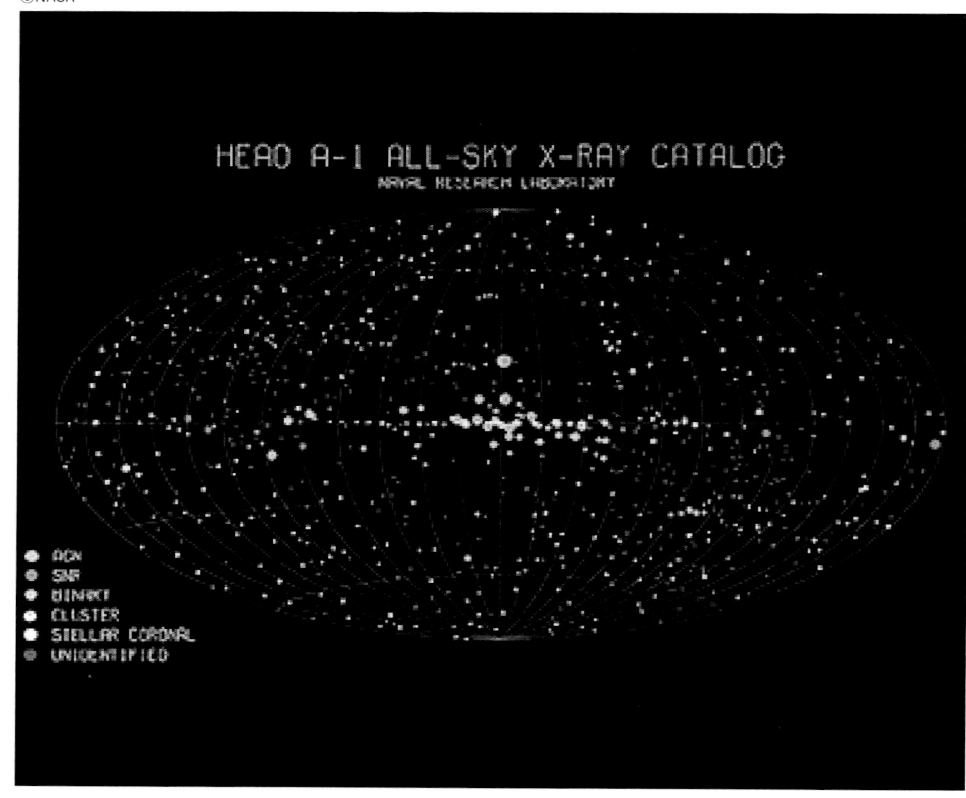

HEAO 1が取得したデータによって作成されたX線による全天マップ。

HEAOとは「高エネルギー宇宙天文台」の略称であり、この機体の目的が、宇宙から降り注ぐX線とガンマ線の観測であることを意味しています。電磁波の帯域を示す単位には「eV」（電子ボルト）が用いられますが、『HEAO-1』には4種の観測機器が搭載され、それぞれが異なった帯域を担当（左上の機体データ参照）。0.2 keVから10 MeVにおけるX線源・ガンマ線源を観測しました。HEAO-1は1年5ヵ月にわたる運用中に、全方向の宇宙（全天）を3回スキャンしましたが、その結果、強烈なX線・ガンマ線源を放つ天体を数多く確認（上図）。そこにはブラックホールを中心に持つ銀河（活動銀河核：AGN）や、超新星残骸（SNR）、連星（Binary）、星団（Cluster）などが含まれています。

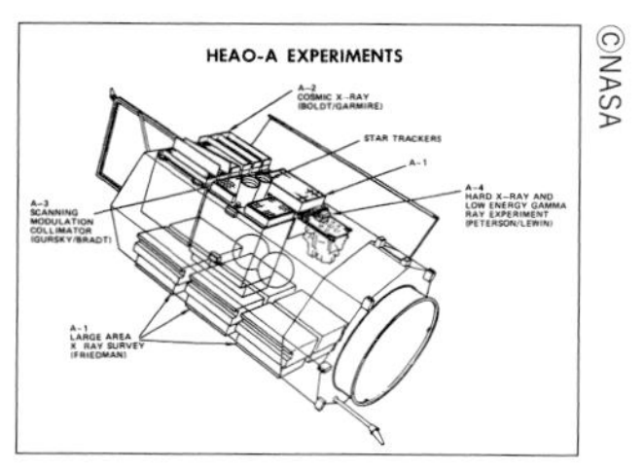

©NASA

機体内の下方に見える6つのユニット群がA-1／広域探査機器。最上部がA-2／宇宙X線機器。左端がA-3／X線変調コリメータ、右端がA-4／低エネルギーガンマ線&硬X線探査機器。

Date:

1978.1/26

紫外線観測衛星／打上日

Country: USA / Europe / UK

International Ultraviolet Explorer, IUE

IUE

「米英欧による国際紫外線天文衛星」

©NASA / GSFC

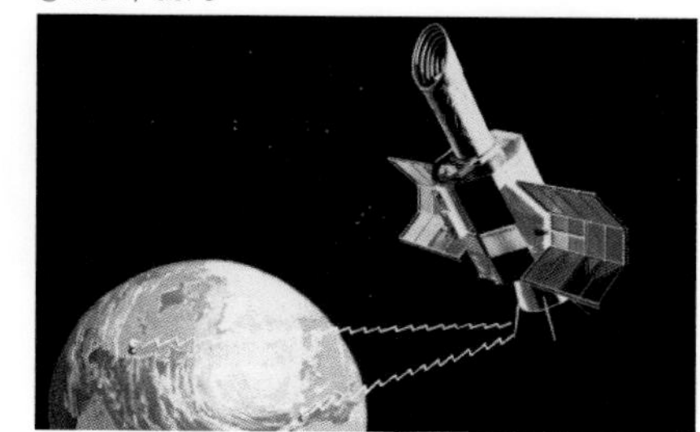

アメリカと欧州の地上局と通信するIUE。このプロジェクトは英国で発案され、実現のためにNASAに移譲された。当初NASAはこの機体を「SAS-D」と呼んだ。

運用Data:

国際標識／ 1978-012A
別名／エクスプローラー 57
運用／ NASA(米航空宇宙局)
ESA(欧州宇宙機関)
SERC(イギリス科学研究協議会)
打上日／ 1978年1月26日
射場／ケープ・カナベラル空軍基地
ロケット／デルタ
運用停止／ 1996年9月30日

機体Data:

バス寸法／–
打上時質量／ 669kg
観測目的／紫外線
主要ミッション機器／
・リッチー・クレチアン式望遠鏡
（45cm口径）
・ファイン・エラー・センサー(FES) ×2
・短波長分光器(115-200nm)
・長波長分光器(185-330nm)
・分光器用カメラ×4

軌道Data:

軌道／地球周回軌道、楕円軌道
対地同期軌道
軌道高度／近2万6,000km、遠4万2,000km
傾斜角／ 32.7度

©NASA

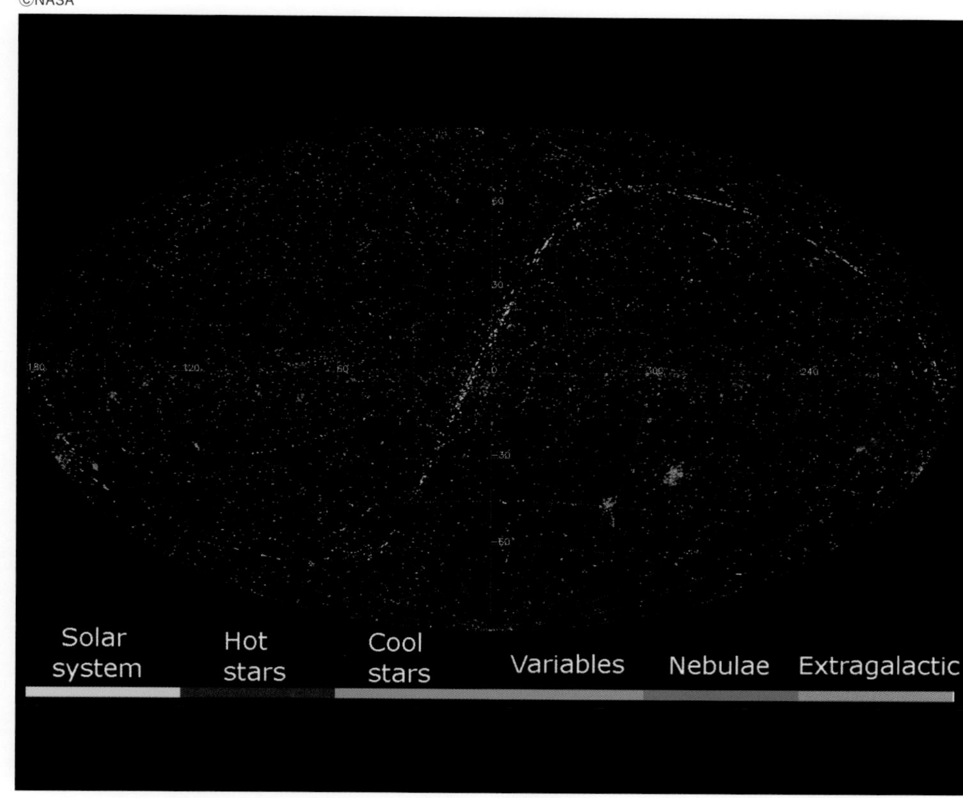

IUEの紫外線全天マップ。「IUEアーカイブ」は、近年でももっとも頻繁に使用されるカタログだ。

紫外線観測衛星『IUE』は、欧州宇宙機関(ESA)、イギリス科学研究協議会(SERC)、NASAが共同で開発した機体であり、その名は「国際紫外線天文衛星」を意味します。この機体には高性能な「リッチー・クレチアン式望遠鏡」が搭載され、それ以前の観測機よりも微弱な電磁波を捕捉することに成功。この望遠鏡はその後の観測機器の主流になりました。また、IUEは米国と欧州の地上局によって、リアルタイムで管制された最初の観測機でもあります。予定された運用期間は3年でしたが、打ち上げから18年後の1996年まで長期運用され、紫外線全天マップの作成をはじめとした多くの成果を残しました。木星の極で発生するオーロラの存在も明らかにしています。

©NASA

リッチー・クレチアン式望遠鏡は、双曲面に近い主鏡・副鏡を持つ反射望遠鏡。解像度が高く、それ以前の望遠鏡より暗い天体を捕捉することが可能。

Date:

1978.11/13

高エネルギー天文観測衛星／打上日

Country: USA

High Energy Astronomy Observatory 2, HEAO-2

HEAO-2「アインシュタイン観測機」

「世界初の完全イメージングX線望遠鏡」

©NASA

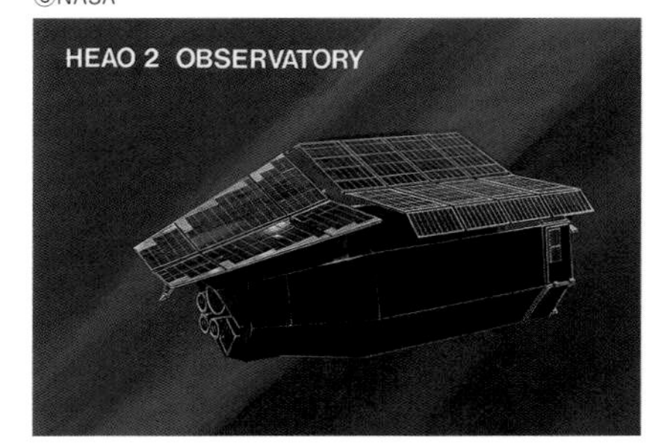

予定軌道への投入後、HEAO-2はその名称を「アインシュタイン観測機」に改名された。機体上部に太陽電池パネル、図左にエンジンを搭載。右に観測窓がある。

運用Data:

国際標識／ 1978-103A
運用／ NASA（米航空宇宙局）
打上日／ 1978年11月13日
射場／ケープ・カナベラル空軍基地
ロケット／アトラス・セントール
運用停止／ 1981年4月26日

機体Data:

バス寸法／ D 2.67×H 5.68m
打上時質量／ 3,130kg
観測目的／ X線
主要ミッション機器／
・クリスタル分光計（FPCS）
・高解像度撮像装置（HRI）0.15-3keV
・イメージング比例計数管（IPC）0.4-4keV
・モニター比例計数管（MPC）1-20keV
・固体分光計（SSS）0.5-4.5 keV

軌道Data:

軌道／地球周回軌道、略円軌道
軌道高度／近465km、遠476km
傾斜角／ 23.5度

©NASA / MSC

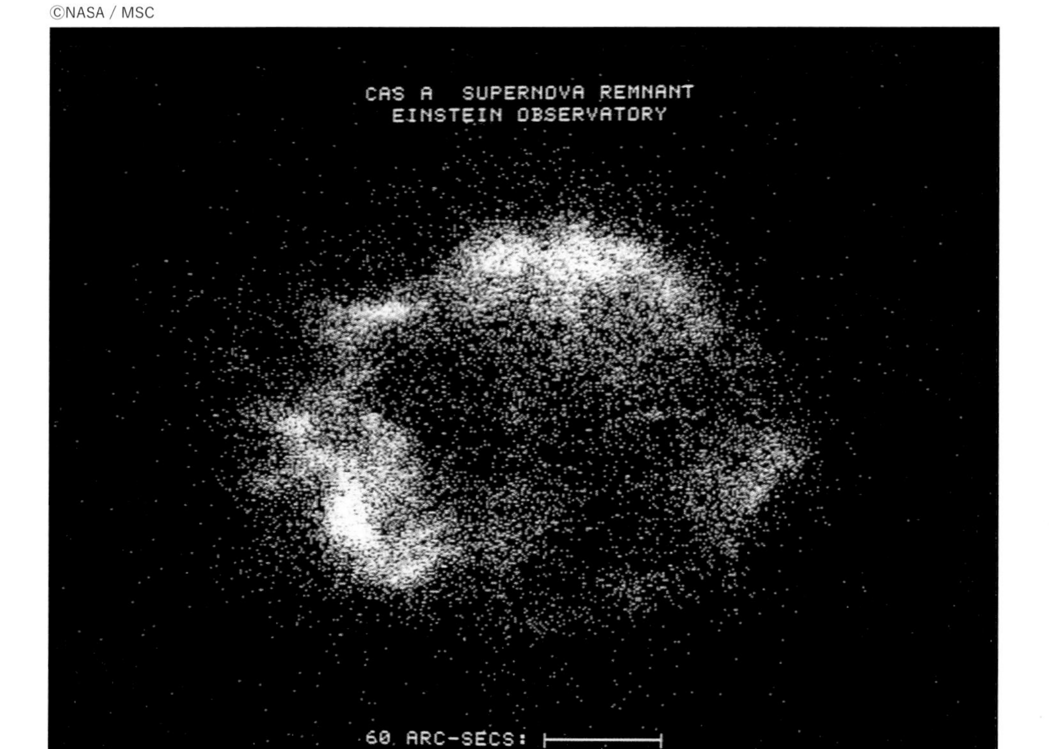

HEAO-2のイメージング比例計数管（IPC）がとらえた超新星残骸（カシオペヤ座A：Cas A）。

©NASA

1号機と同様、HEAO-2はフロリダにあるケープ・カナベラル空軍基地から、アトラス・セントール・ロケットによって打ち上げられた。

HEAO-1（p.088参照）の打ち上げから1年3ヵ月後、NASAによって『HEAO-2』が打ち上げられました。可視光線以外の光（紫外線、赤外線、ガンマ線、X線）や電波などは、ヒトの目では見ることができません。しかし、それらのデータをレントゲンのように、視認できる画像に変換することはできます。こうした行程をイメージング（p.144）といいます。このHEAO-2は、撮像されたX線画像をイメージングする機器を搭載した世界初の天文観測機であり、超新星残骸の高分解能分光による撮像にはじめて成功しました（上図）。また、観測機器の精度自体も大幅に向上し、HEAO-1より数百倍高い感度で撮像。微弱なX線発生源まで捕捉することが可能となり、数千におよぶ発生源を新たに発見しました。

Date:

1979.2/21

X線天文衛星／打上日

Country: Japan 

CORSA-b

はくちょう

「日本初のX線天文衛星、バースト源を多数発見」

©JAXA

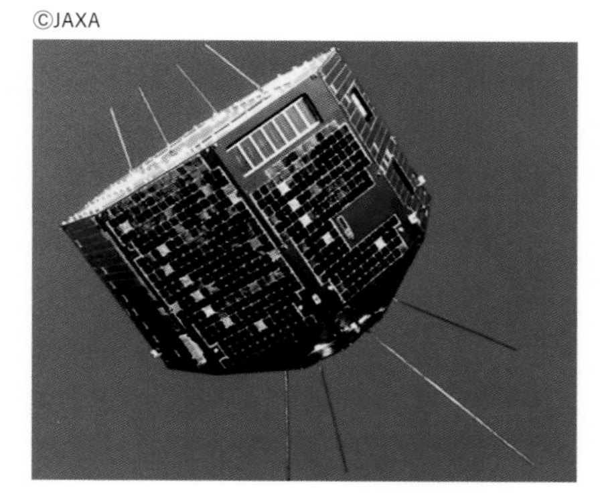

機体全体が回転するスピン安定方式を採用。磁気コイルにより機体頂部を正確に観測対象に向けられた。

運用Data:

国際標識／ 1979-014A
運用／ ISAS(宇宙科学研究所)
打上日／ 1979年2月21日
射場／鹿児島宇宙空間観測所
(現・内之浦宇宙空間観測所)
ロケット／ M-3C(4号機)
運用停止／ 1985年4月15日

機体Data:

バス寸法／ D 0.8×H 0.7m
質量／ 96kg
観測目的／ X線
主要ミッション機器／
・超軟X線測定器(VSX) 0.1-1.0keV
・軟X線測定器(SFX) 1.5 - 30.0 keV
・硬X線測定器(HDX) 10 - 100 keV

軌道Data:

軌道／地球周回軌道、略円軌道
軌道高度／近545km、遠577km
傾斜角／ 30度

©JAXA

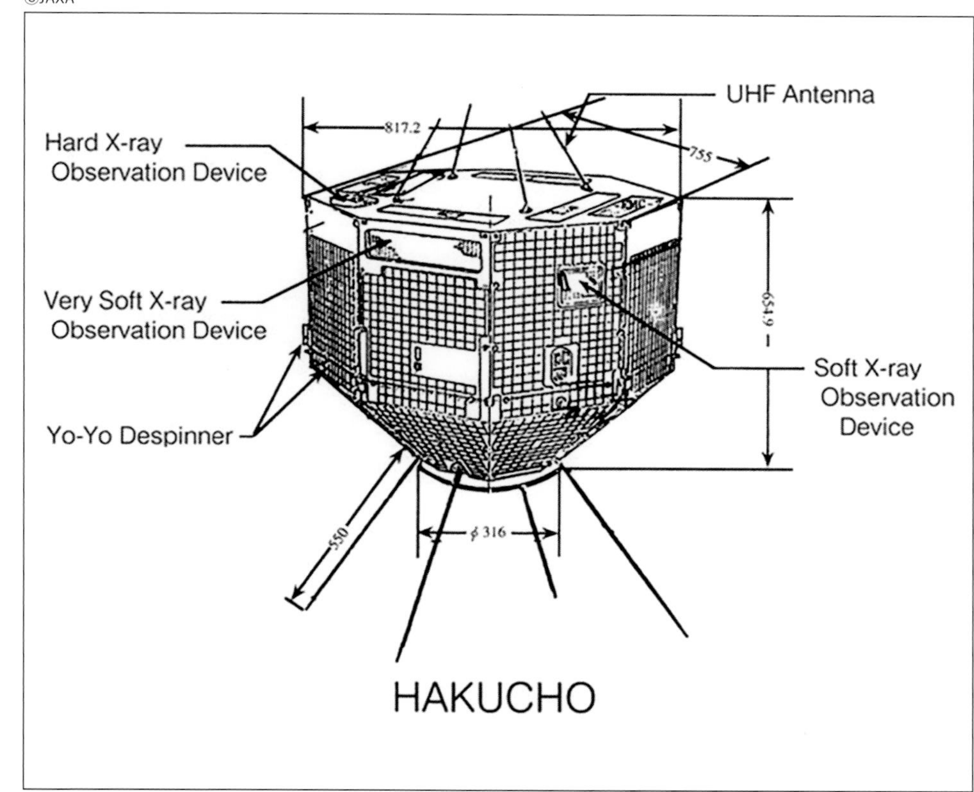

搭載した観測機器は、透過性に違いのある硬X線、軟X線、超軟X線に対応。

©JAXA

はくちょうは鹿児島県から三段式の固体燃料ロケットM(ミュー)3Cロケットで打ち上げられた。このロケットは目標軌道に向けて斜めに射出される。

『はくちょう』は日本初の天文観測衛星であり、日本初のX線天文衛星です。JAXA(宇宙航空研究開発機構)の前身であるISAS(宇宙科学研究所、現在はJAXAを構成するいち研究所)が開発運用したこの観測衛星には、小田稔氏考案の「すだれコリメータ」(p.084)が搭載され、1979年2月に打ち上げられました。パルサーが発するX線バーストなどを広いスペクトル帯域で検出し、その強度変動を観測するとともに、同時に可視光線も捕捉。8つの新たなX線バースト源や、パルサーの観測などに成功しています。この機体は、機体を回転させることで機体姿勢を安定させるスピン安定方式を採用。衛星に搭載したコイルに電流を流し、それを地球の磁場と作用させることで、衛星のスピン軸を任意の方向に、正確に向けることが可能でした。

Date:

1979.9/20

高エネルギー天文観測衛星／打上日

Country: USA

High Energy Astronomy Observatory 3, HEAO-3

HEAO-3

「高分解能のゲルマニウム分光計を搭載」

©NASA

ガンマ線分光器HRGRS。ゲルマニウムは分解能を向上させるが、極低温近くに保つ冷却器が必要となる。

運用Data:

国際標識／ 1979-082A
運用／ NASA(米航空宇宙局)
打上日／ 1979年9月20日
射場／ケープ・カナベラル空軍基地
ロケット／アトラス・セントール
運用停止／ 1980年6月1日

機体Data:

バス寸法／–
打上時質量／ 2,660kg
観測目的／ガンマ線、X線、素粒子
主要ミッション機器／
・高解像度ゲルマニウム分光計（HRGRS）0.06-10 MeV
・宇宙線同位体実験機
・重原子核実験機

軌道Data:

軌道／地球周回軌道、円軌道
軌道高度／近486.4km、遠504.9km
傾斜角／ 43.6度

©NASA/JPL/William Mahoney

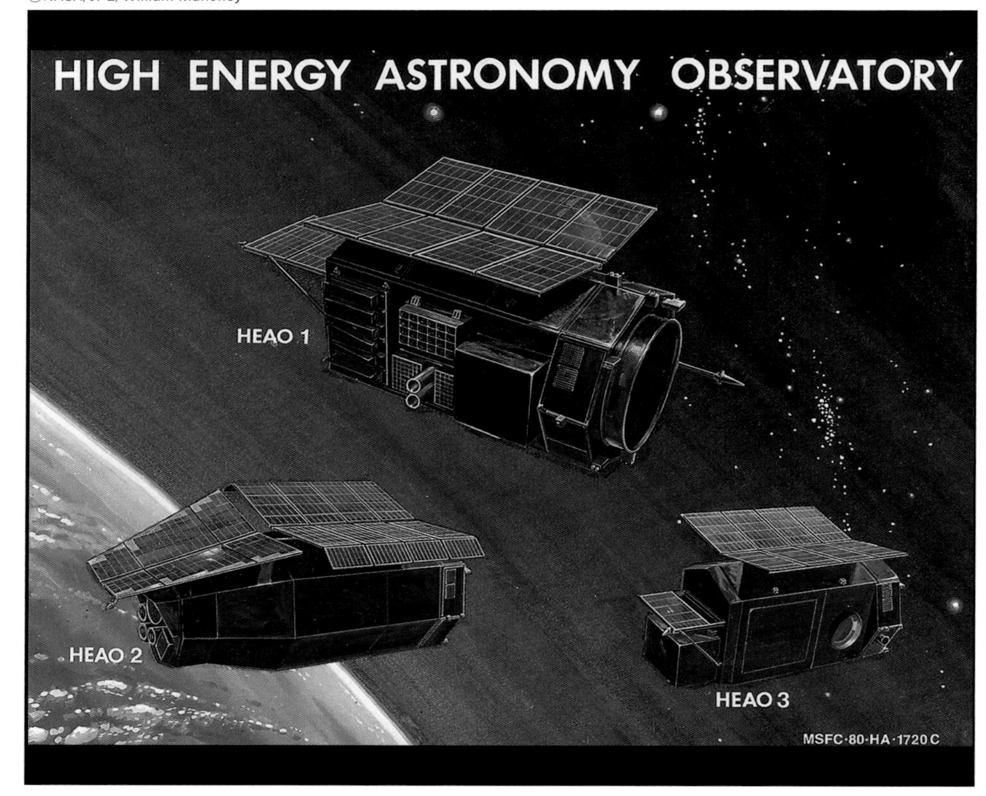

HEAOシリーズのイメージ図。質量(燃料込)は1号2,552kg、2号3,130kg、3号2,660kg。

©NASA/JPL/William Mahoney

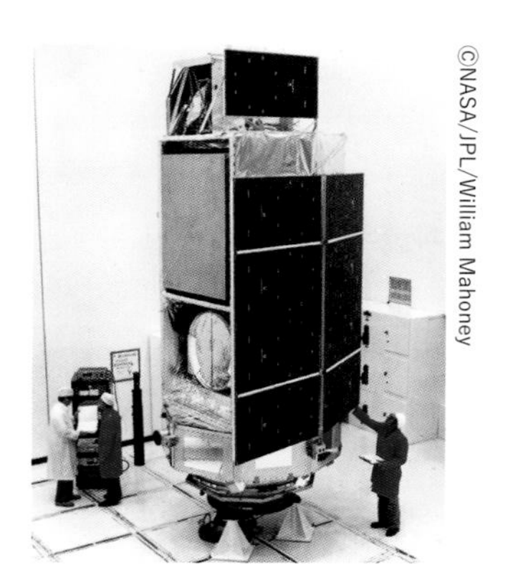

機体頂部に搭載されているのがガンマ線分光器HRGRS。その他ふたつの宇宙線検出器が本体内のほとんどを占める。

HEAOシリーズの最後の機体となる『HEAO-3』は、HEAO-2(p.90)の10ヵ月後に打ち上げられました。ガンマ線を検出する分光器(p.141)と、宇宙放射線を検出する2種類の実験機を搭載していましたが、それらは軌道上に打ち上げられた観測機器としては過去最大のものでした。NASAの一機関であるジェット推進研究所(JPL)が開発したガンマ線分光器(HRGRS)は、ガンマ線を捕捉するための半導体検出器にゲルマニウムが使用されているのが特徴で、これによってガンマ線スペクトルの分解能が格段に向上。その他ふたつの宇宙線検出器では、宇宙線源の特定や、宇宙線に含まれる原子核の電荷スペクトル、その放射量の測定などが行われました。

Date:

1981.2/21

太陽観測衛星／打上日

Country: Japan 

ASTRO-A

ひのとり

「日本初の太陽観測衛星、手塚作品から命名」

©JAXA

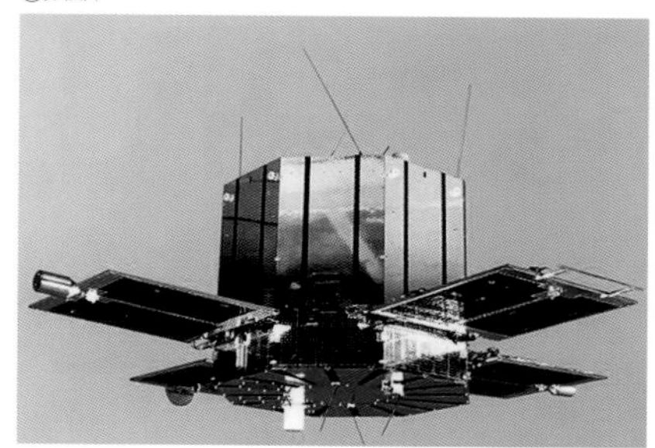

データ記録用の媒体として磁気テープが搭載されていた。観測機器HXMとFLMが太陽フレアを検出するとテープの回転速度が上がり、記録精度が8倍になった。

運用Data:

国際標識／1981-017A
運用／ISAS（宇宙科学研究所）
打上日／1981年2月21日
射場／鹿児島宇宙空間観測所
（現・内之浦宇宙空間観測所）
ロケット／M-3S（2号機）
運用停止／1991年7月11日

機体Data:

バス寸法／
対面距離92.8cm、高さ81.5cm
質量／188kg
観測目的／ガンマ線、X線、プラズマ
主要ミッション機器／
・太陽フレアX線像観測器（SXT）
・太陽軟X線輝線スペクトル観測器（SOX）
・太陽軟X線観測器（HXM）
・太陽フレアモニター（FLM）
・太陽ガンマ線観測器（SGR）
・粒子線モニター（PXM）
・プラズマ電子密度測定器（IMP）
・プラズマ電子温度測定器（TEL）

軌道Data:

軌道／地球周回軌道、略円軌道
軌道高度／近576 km、遠644 km
傾斜角／31度

©JAXA

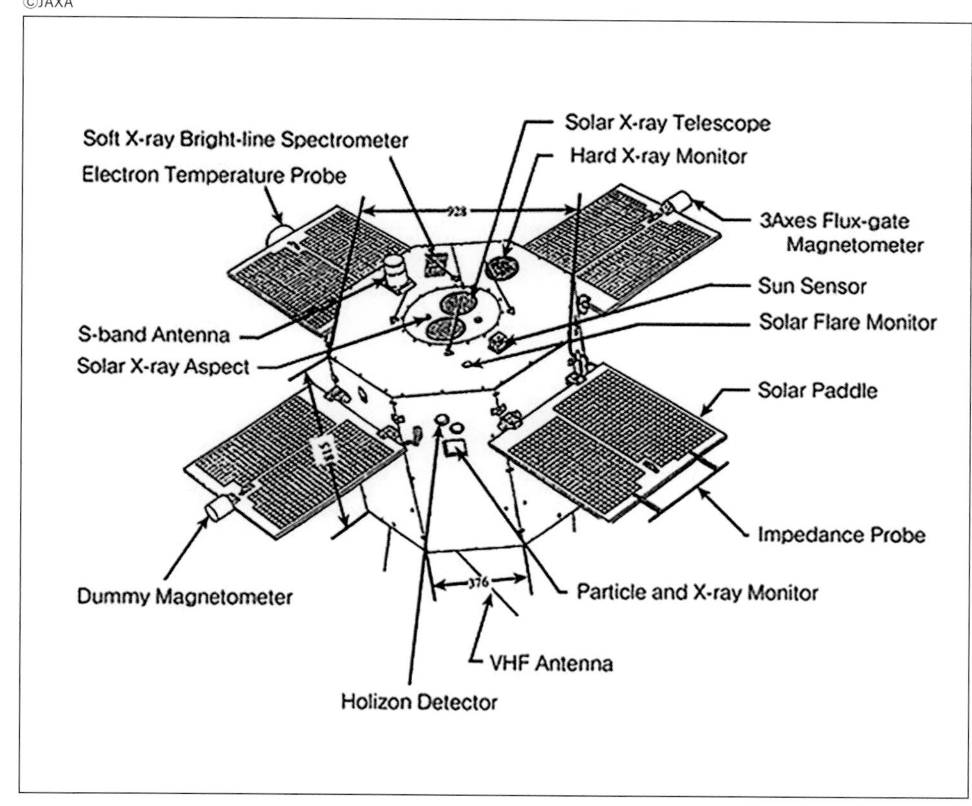

機体上部の中心に太陽フレアX線像観測器（SXT）を搭載。同器は「すだれコリメータ」（p.084）を内蔵していた。

固体燃料ロケットM-3Sによる打ち上げ。その観測データは国際的な太陽観測プロジェクトに提供され、太陽活動の解明に大きく貢献した。

©JAXA

JAXAの前身であり、現在はそのいち研究所であるISAS（宇宙科学研究所）が打ち上げた日本初の太陽観測衛星が『ひのとり』です。この機体名は、伝説の不死鳥を描いた手塚治虫のマンガ『火の鳥』から命名されました。太陽硬X線フレア、太陽粒子線、X線バーストなどの観測を目的として、太陽フレアX線観測器（SXT）など8つの機器を搭載したひのとりは、1981年、現在の内之浦宇宙空間観測所から打ち上げられました。目標軌道に投入され、定常観測体制に入った初日、ひのとりは早くも大きな太陽フレアを捕捉。その後の1ヵ月間に、41例のフレアを観測することに成功しました。こうしたX線観測によってひのとりは、太陽フレアが5,000万度に達することを解明。また、コロナに浮かぶ光速電子の雲などを発見しています。

Date:

1983.1/25

赤外線天文衛星／打上日

Country: USA / Netherlands / UK

Infrared Astronomical Satellite, IRAS

IRAS

「史上はじめて赤外線で全天をスキャン」

ⒸNASA

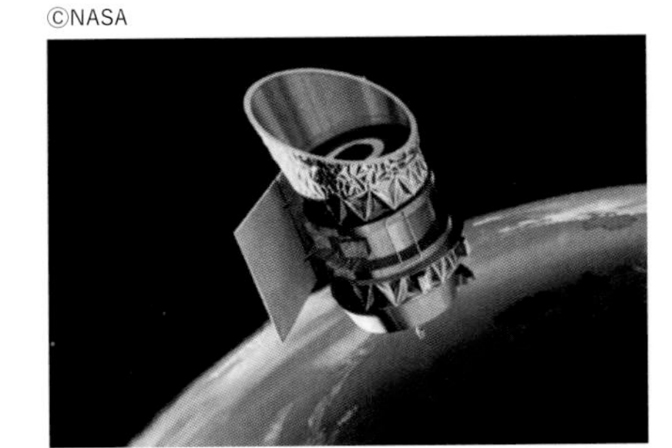

4つの広帯域測光チャンネル(8～120マイクロメートル)で全天をサーベイ観測。リッチー・クレチアン式望遠鏡を搭載。

運用Data:

国際標識／ 1983-004A
運用／ NASA(米航空宇宙局)
NIVR(オランダ航空宇宙計画局)
SERC(イギリス科学研究協議会)
打上日／ 1983年1月25日
射場／ヴァンデンバーグ空軍基地
ロケット／デルタ
運用停止／ 1983年11月21日

機体Data:

バス寸法／–
打上時質量／ 1,075.9kg
観測目的／赤外線
主要ミッション機器／
・リッチー・クレチアン式望遠鏡(60cm口径)
・赤外線検出器(62配列)
・低解像度分光器(LRS)
・チョップド測光チャネル(CPC)
・長波長光度計&短波長チャネル(SWC)

軌道Data:

軌道／地球周回軌道、円軌道
太陽同期軌道
軌道高度／近889km、遠903km
傾斜角／ 99.1度

ⒸNASA/JPL-Caltech

IRASは冷却剤として液体ヘリウムを720リットル搭載していた。そのヘリウムは打ち上げから10ヵ月後になくなり、運用が停止された。

ⒸNASA/JPL-Caltech

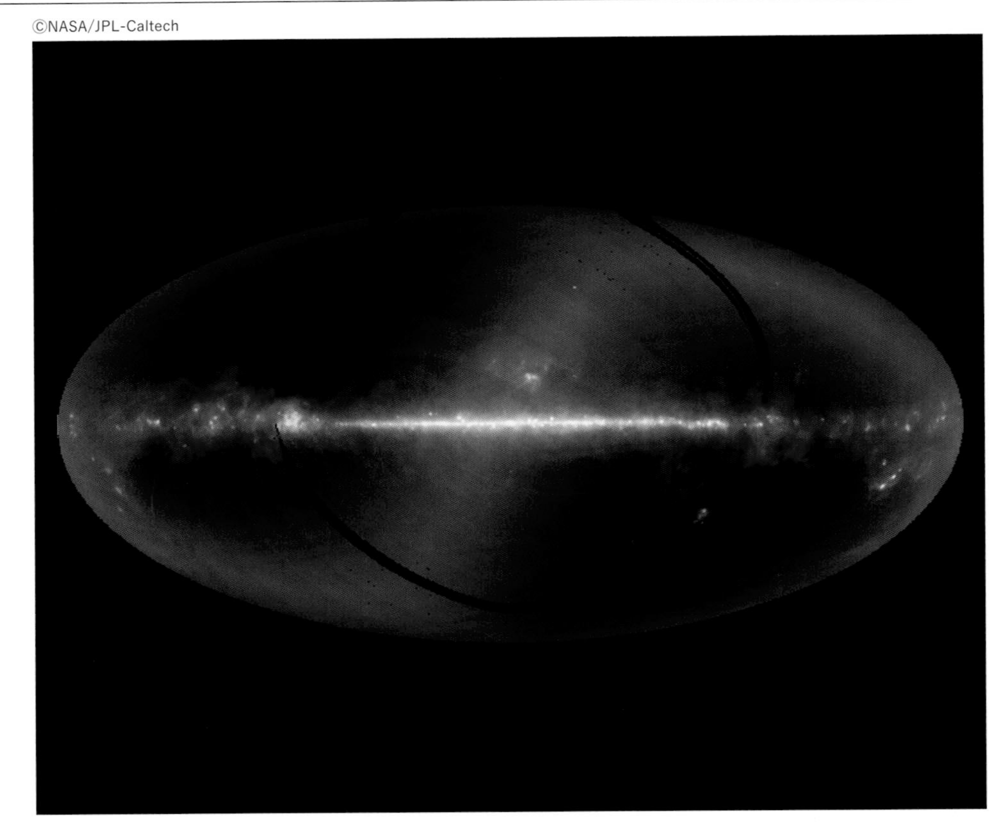

RASが作成した史上初の赤外線全天マップ。横に広がる明るい部分が天の川銀河。

オランダ航空宇宙計画局(NIVR)、イギリス科学研究協議会(SERC)、NASAの協力のもと打ち上げられたのが、史上初となる赤外線天文衛星『IRAS』(アイラス)です。IRASの観測機器は天体が発する微弱な赤外線をとらえます。しかし、機体自体や、太陽や地球の熱からも赤外線は放出されていて、それが観測の障害となります。これを解決するため、IRASのような赤外線観測衛星には冷却剤が搭載されます。つまり、液体ヘリウムによって観測機器を極低温近くまで冷やし、観測精度を上げるのです。こうした観測システムによってIRASは、世界ではじめて赤外線による全天マップを作製。35万個の赤外線源を検出し、未知の銀河やアイラス彗星など、2万5,000個以上におよぶ新たな天体を発見し、天体のカタログ数を約70%増やしました。

Date:

1983.2/20

X線天文衛星／打上日

Country: Japan

ASTRO-B

てんま

「日本2機目のX線天文衛星」

©JAXA

機体姿勢を制御する2重スピン方式に加え、はくちょうと同様、地球の磁場を利用して、目標とする天体へ観測機器を正確に向ける電磁トルク方式も併用した。

運用Data:

国際標識／ 1983-011A
運用／ ISAS(宇宙科学研究所)
打上日／ 1983年2月20日
射場／鹿児島宇宙空間観測所
(現・内之浦宇宙空間観測所)
ロケット／ M-3S(3号機)
運用停止／ 1988年12月17日

機体Data:

バス寸法／
対面寸法最大94cm、高さ89.5cm
質量／ 216kg
観測目的／ X線
主要ミッション機器／
・蛍光比例計数管
・軟X線反射集光鏡装置
・広視野X線モニターなど

軌道Data:

軌道／地球周回軌道、円軌道
軌道高度／近497km、遠503km
傾斜角／ 32度

©JAXA

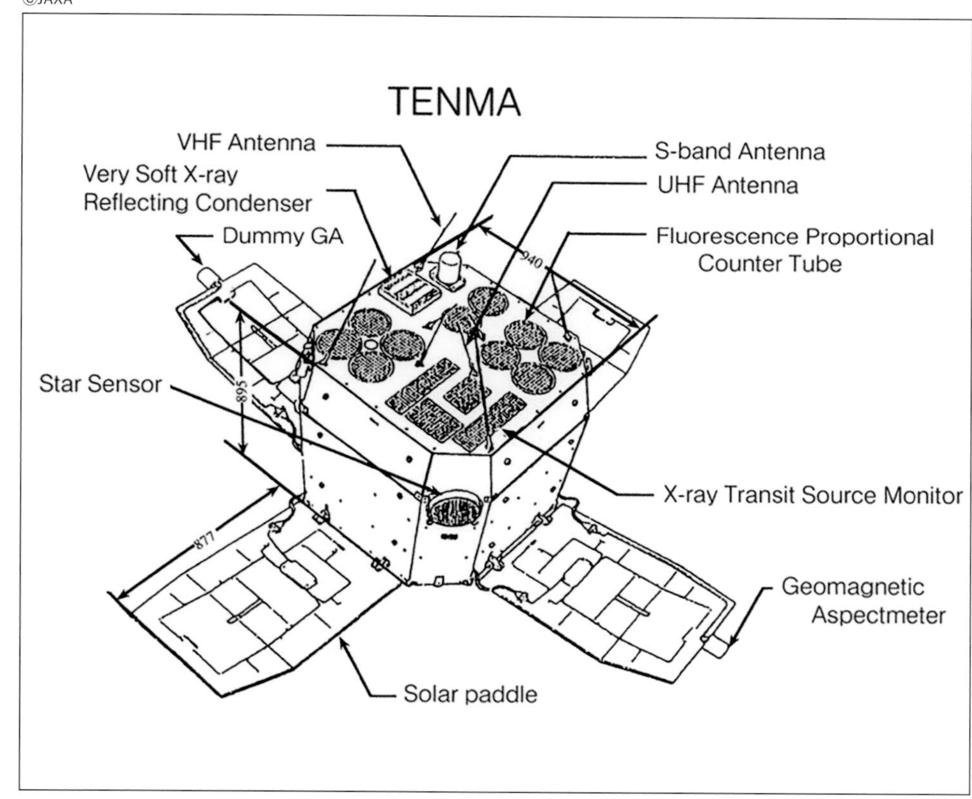

蛍光比例計数管(FPCT)によってX線天体のエネルギースペクトル(波長の違いによって生じる虹のような帯)を観測。

1979年のはくちょうに続いて、ISAS(宇宙科学研究所)が打ち上げた日本の2機目のX線天文衛星が『てんま』です。はくちょうにはX線を観測する機器として「ガス蛍光比例計数管」が搭載されていましたが、てんまはX観測衛星として世界ではじめて「蛍光比例計数管」による測光計を搭載。この機器によっててんまはX線やガンマ線バーストを、より精度高く観測しました。また、はくちょうは機体全体が回転するフリースピン方式でしたが、てんまはそれに加え、機体内の回転ホイールでも機体姿勢が制御できる2重スピン方式を採用。しかし打ち上げから約1ヵ月後、ホイールの異常によって回転軸にふらつきが生じたためホイールを停止。はくちょうと同じフリースピン方式に切り替えることで観測を継続しました。

©JAXA

てんまの質量は216kg。固体燃料ロケットM-3Sはその運用期間の4年で計4機の人工衛星を打ち上げたが、そのなかでてんまはもっとも重かった。

Date:

1983.5/26

X線観測衛星／打上日

Country: Europe

European X-ray Observatory Satellite, EXOSAT

EXOSAT

「史上はじめてデジタル・コンピュータを搭載」

遠地点が19万1,700kmの長楕円軌道（離心率0.93）に投入されたEXOSAT。それは月までの距離（38万4,400km）の約半分に相当するほど高い高度だ。

運用Data:

国際標識／1983-051A
運用／ESA（欧州宇宙機関）
打上日／1983年5月26日
射場／ヴァンデンバーグ空軍基地
ロケット／デルタ3914
運用停止／1986年4月9日

機体Data:

バス寸法／D 1.92×H 1.17m
打上時質量／500kg
観測目的／X線
主要ミッション機器／
・低エネルギー望遠鏡×2
・中エネルギー比例計数管
・ガスシンチレーション比例計数管

軌道Data:

軌道／地球周回軌道、長楕円軌道
軌道高度／近347km、遠19万1,709km
傾斜角／72.5度

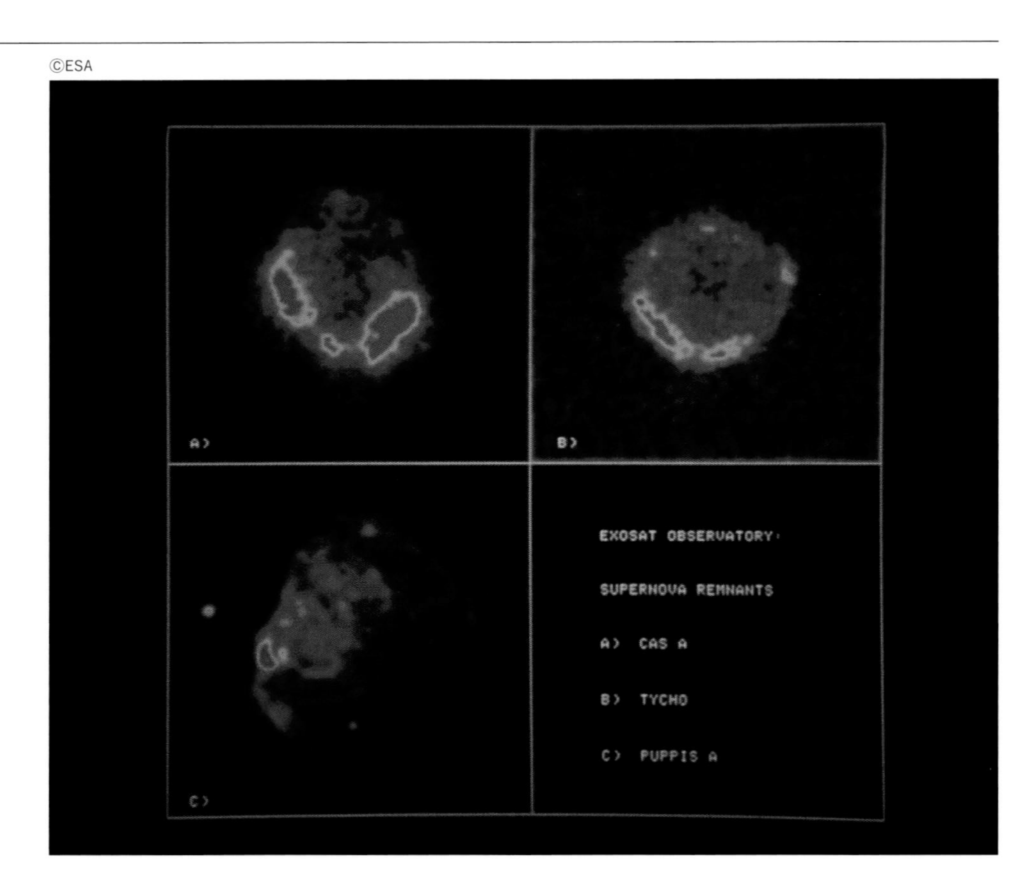

EXOSATが撮像した超新星残骸。左上はカシオペヤ座A、右上はティコ、左下はとも座A。

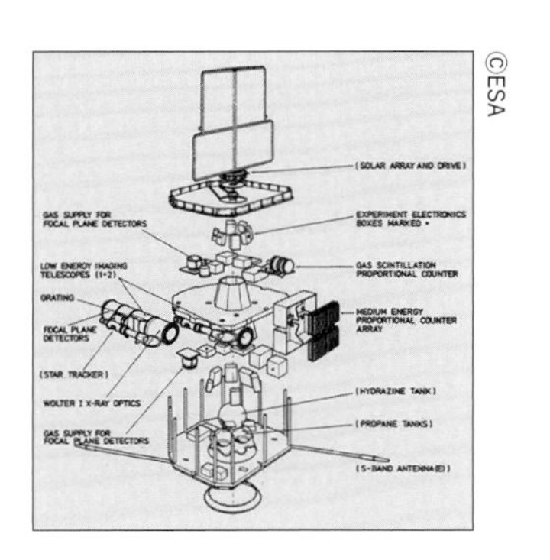

中央左の筒状の装置が低エネルギー望遠鏡。中央右の黒い部位は中エネルギー比例計数管。それらのすぐ上がガスシンチレーション比例計数管。

ESA（欧州宇宙機関）が1983年に打ち上げたX線観測衛星が『EXOSAT』（エグゾサット）です。人工衛星が取得したデータの記録媒体としては、当時はまだ磁気テープが使用されていましたが、このEXOSATは史上はじめてデジタル・コンピュータを搭載。地上局からプログラムを変更できるというのは非常に画期的でした。太陽系の天体から発せられるX線を遮蔽する盾として月を利用するため、EXOSATは遠地点19万1,700kmの長楕円軌道に投入されました。その軌道周期は90.6時間。そのうち天体観測に支障が発生するヴァン・アレン帯（p.087）の外を航行する76時間の間に、地上からの管制が行われました。運用された3年間で1,780回の観測を行い、X線を発する超新星残骸、連星、銀河団などを数多く観測しました。

Date:

1987.2/5

X線天文衛星／打上日

Country: Japan

ASTRO-C

ぎんが

「超新星SN1987AのX線観測に成功」

©JAXA

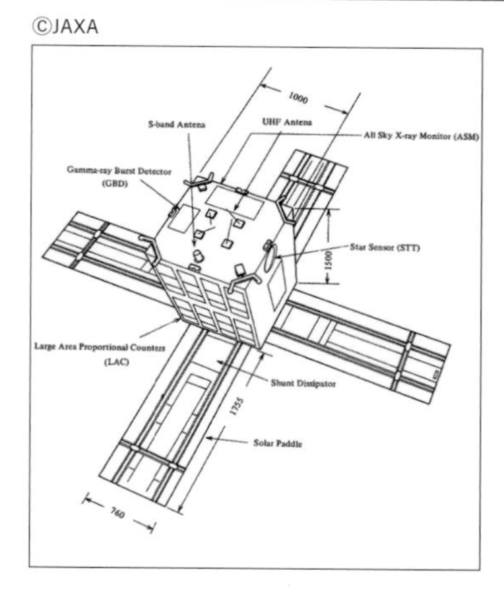

本体は高さ1・5m。機体上面にガンマ線バースト検出器（GBD）、図の手前面に大面積比例計数管（LAC）、その逆面に全天モニター（ASM）を搭載。

運用Data:

国際標識／ 1987-012A
運用／ ISAS（宇宙科学研究所）
打上日／ 1987年2月5日
射場／鹿児島宇宙空間観測所
（現・内之浦宇宙空間観測所）
ロケット／ M-3S II（3号機）
運用停止／ 1991年11月1日

機体Data:

バス寸法／ 1.0×1.0×1.5m
質量／ 420kg
観測目的／ X線
主要ミッション機器／
・大面積比例計数管（LAC）
・全天X線モニター（ASM）
・ガンマ線バースト検出器（GBD）

軌道Data:

軌道／地球周回軌道、略円軌道
軌道高度／近530km、遠595km
傾斜角／ 31度

©JAXA

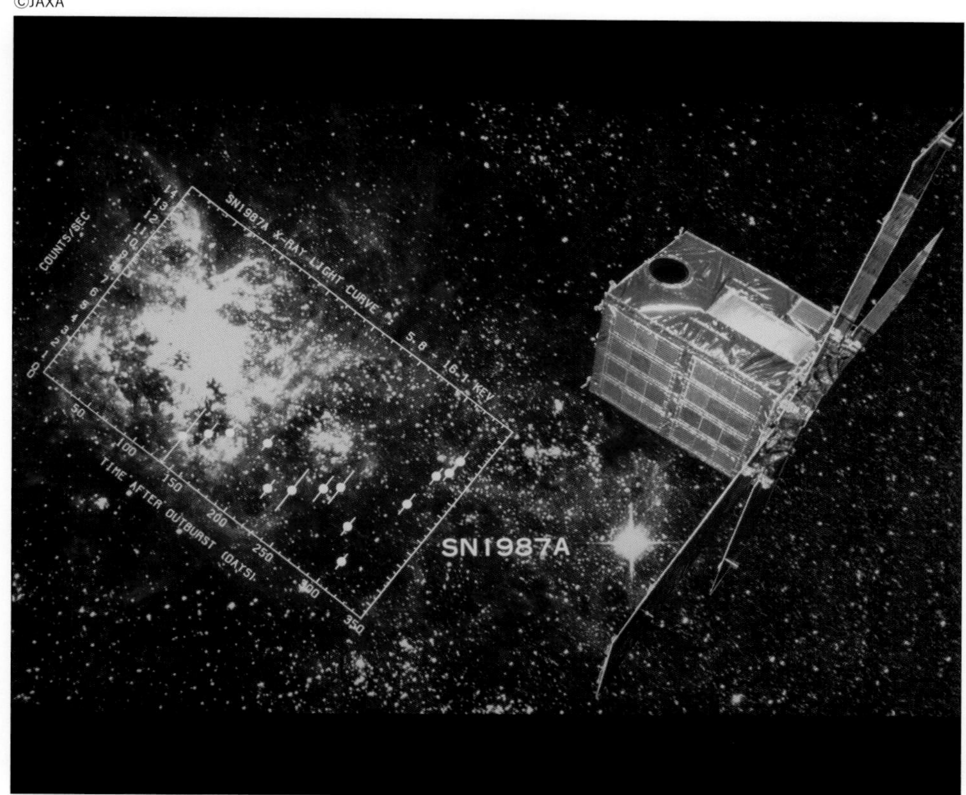

1987年、打ち上げ直後に大マゼラン雲に出現した超新星SN1987AからのX線を捕捉するぎんがのイメージ図。

©JAXA

X線天文衛星ぎんがは、3段式の固体燃料ロケットM-3SII によって鹿児島県の内之浦宇宙空間観測所から打ち上げられた。

X線天文衛星『ぎんが』は、ブラックホール、中性子星、超新星、活動銀河核、ガンマ線バーストなどの宇宙X線源の観測を目的に、1987年2月に日本のISASが打ち上げた観測衛星です。英国が開発した大面積比例計数管（LAC）や、米国のロスアラモス研究所のガンマ線バースト検出器（GBD）などを搭載。打ち上げから18日後の2月23日、大マゼラン雲に超新星が出現し、同年8月、この超新星SN1987Aが出す宇宙X線の観測に成功。そのほかにも超新星残骸、暗黒星雲内部の高温プラズマ、連星が発するフレア、セイファート銀河中心核の変動、クェーサーのスペクトルを観測・発見するなど、大きな成果を上げました。

Date:

1989.8/8

高精度位置天文衛星／打上日

Country: Europe

High Precision Parallax Collecting Satellite, Hipparcos

ヒッパルコス

「史上初の位置天文衛星、星表を作成」

©ESA

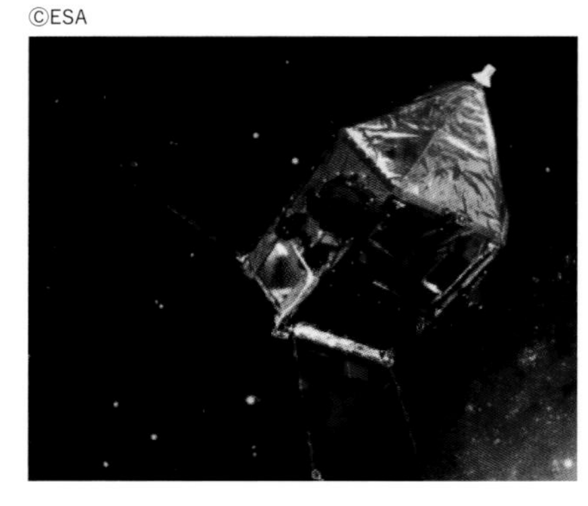

地上から見て空の一点に留まる静止軌道へ投入予定だったが失敗。静止トランスファ軌道で観測を続けた。

運用Data:

国際標識／1989-062B
運用／ESA（欧州宇宙機関）
打上日／1989年8月8日
射場／ギアナ宇宙センター
ロケット／アリアン4
運用停止／1993年6月

機体Data:

バス寸法／–
打上時質量／1,140kg
観測目的／可視光線
主要ミッション機器／
・光学全反射シュミット望遠鏡
（直径290mm、焦点距離1400mm）
・検出システム（375-750nm）
・スター・マッパー「ティコ・システム」
・光電子増倍管
（ジョンソン・フィルター B・Vバンド）

軌道Data:

軌道／地球周回軌道、
静止トランスファ軌道
軌道高度／近223km、遠3万5,632km
傾斜角／6.8度

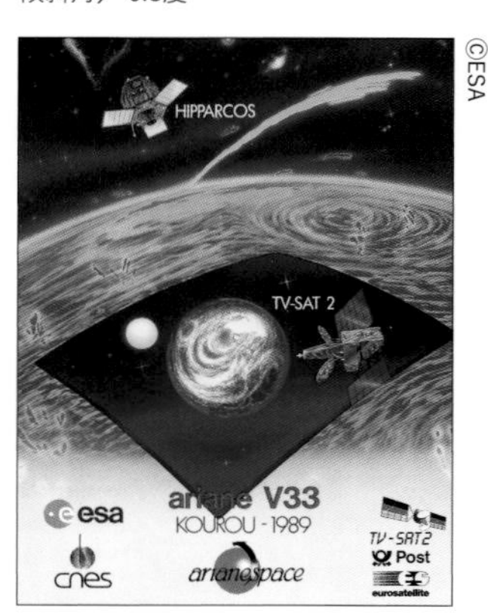

©ESA

ESAの「V33ミッション」の記念ポスター。ヒッパルコスはこのミッションで、通信衛星TV-SAT 2とともにアリアン4ロケットで打ち上げられた。

©ESA

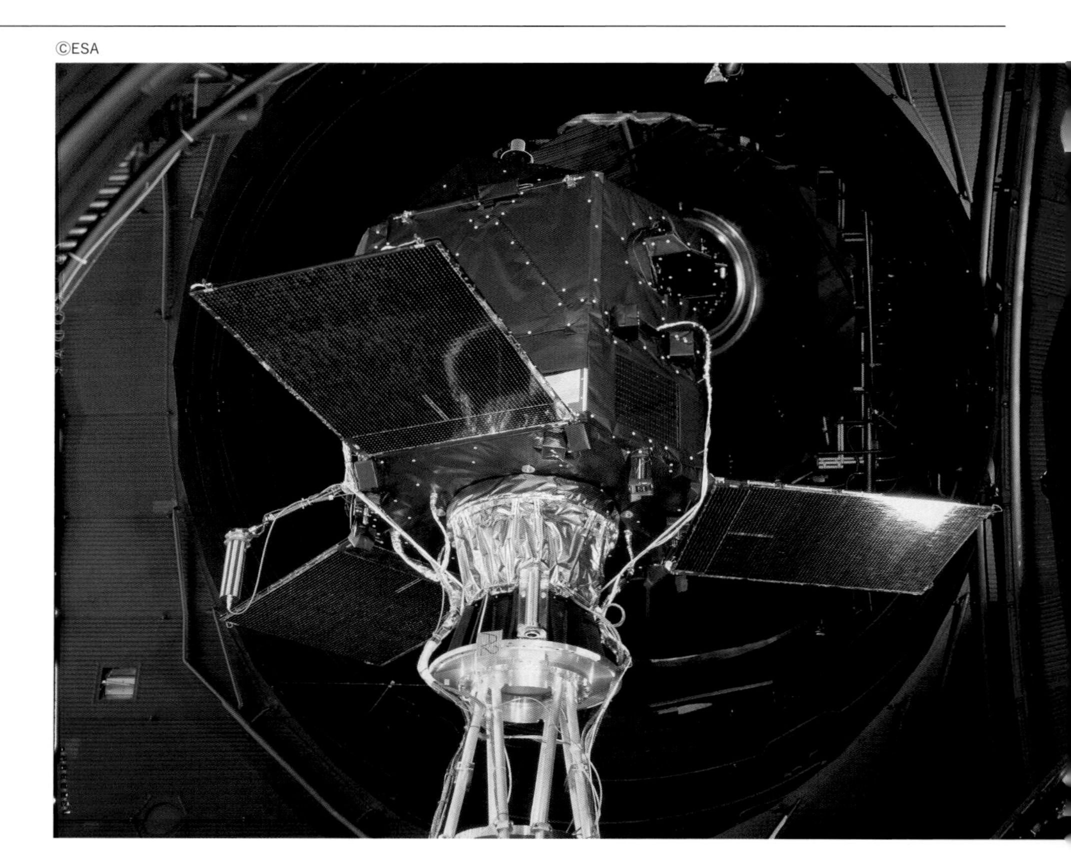

減圧室で機能テストを受けるヒッパルコス。打上時の質量（燃料含）は1.14トン。

ESA（欧州宇宙機関）が1989年に打ち上げた『ヒッパルコス』は、世界初の「位置天文衛星」でです。年周視差を用いて、地球から100パーセク以内の恒星の、地球からの距離を正確に測定しました。それまでの観測衛星の200倍にもおよぶ11万8,218個の恒星を観測し、「ヒッパルコス星表」や「ティコ星表」を作成。恒星の光度と絶対温度（波長分布）の関係を示す「ヘルツシュプルング・ラッセル図」（p.040参照）の精度向上に貢献しました。また、天の川銀河が形を変えているという事実をはじめて確認しました。打ち上げ直後には、軌道変更用のロケット・エンジン（アポジ・モーター）が故障したため、予定した静止軌道へ投入できず、静止トランスファ軌道に留まったまま運用されましたが、観測プランを再構築して対応。結果、貴重なデータを多く残しました。

M33 - Triangulum

47 Tucanae

Large M

Small Magellanic Clouc

ヒッパルコスには可視光用の観測機器であるスター・マッパー「ティコ・システム」が搭載され、そのデータから高精度な全天図が作成された。

©ESA

esa HIPPARCOS

NUMBER OF OBSERVATIONS MADE DURING THE 3 YEAR PROGRAMME

90°

180°

-180°

-90°

10 20 30 40 50 60

Hipparcos observed more than 100000 stars during the three-year observing programme, and has produced positional data for these stars 100 times more precise than could be obtained from telescopes on the ground (this figure is in ecliptic coordinates).

Status: April 1997 From the Hipparcos and Tycho Catalogues, ESA SP-1200 (volume 1)

観測回数を示した図。青が10回程度、赤は60回を超える。当時の地上の天文望遠鏡より100倍正確だとESAが公表。

©ESA

esa HIPPARCOS

TYPICAL DURATION BETWEEN FIRST AND LAST OBSERVATIONS

90°

180°

-180°

-90°

2.2 2.4 2.6 2.8 3.0 3.2

year

The typical duration between the first and last observations of each star, in ecliptic coordinates. The features are a direct consequence of the scanning law, the mission duration, and the observation interruptions.

Status: April 1997 From the Hipparcos and Tycho Catalogues, ESA SP-1200 (volume 1)

3年半で観測した全天のエリアを、観測時期によって色分けした図。初年度が青く、後期が赤く示されている。

©ESA

The H
Tych

Ce

Data from t
Hipparco

ESAはヒッパル
たウェブサイ
mapper」で検
int/star_mappe

©ESA

Date:

1989.11/18

宇宙マイクロ波背景放射探査機／打上日

Country: USA

Cosmic Background Explorer, COBE

COBE「コービー」

「宇宙マイクロ波背景放射でビッグバンを証明」

ⒸNASA / COBE Science Team

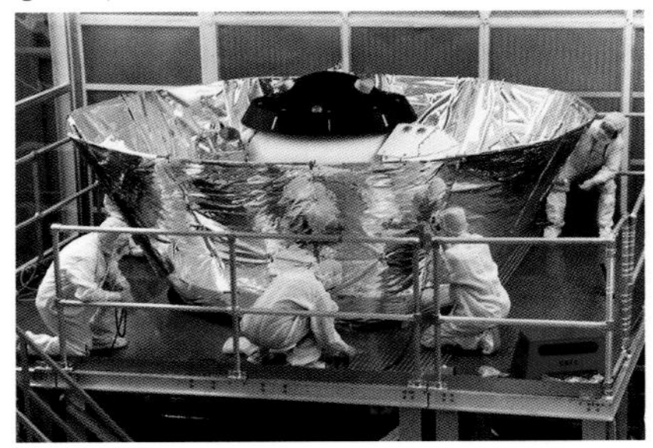

機体の頂部には、太陽や地球からの電磁波をさえぎるためのシールドがあり、その内側に宇宙マイクロ波や赤外線を検出する機器が搭載されている。

運用Data:

国際標識／ 1989-089A
別名／エクスプローラー 66
運用／ NASA(米航空宇宙局)
打上日／ 1989年11月18日
射場／ヴァンデンバーグ空軍基地
ロケット／デルタ
運用停止／ 1993年12月23日

機体Data:

バス寸法／–
打上時質量／ 2,206kg
観測目的／マイクロ波、赤外線
主要ミッション機器／
・差分マイクロ波ラジオメータ(DMR)
・遠赤外絶対分光測光計(FIRAS)
・拡散赤外背景放射実験装置(DIRBE)

軌道Data:

軌道／地球周回軌道、円軌道
太陽同期軌道
軌道高度／ 900km
傾斜角／ 99度

ⒸNASA / COBE Science Team

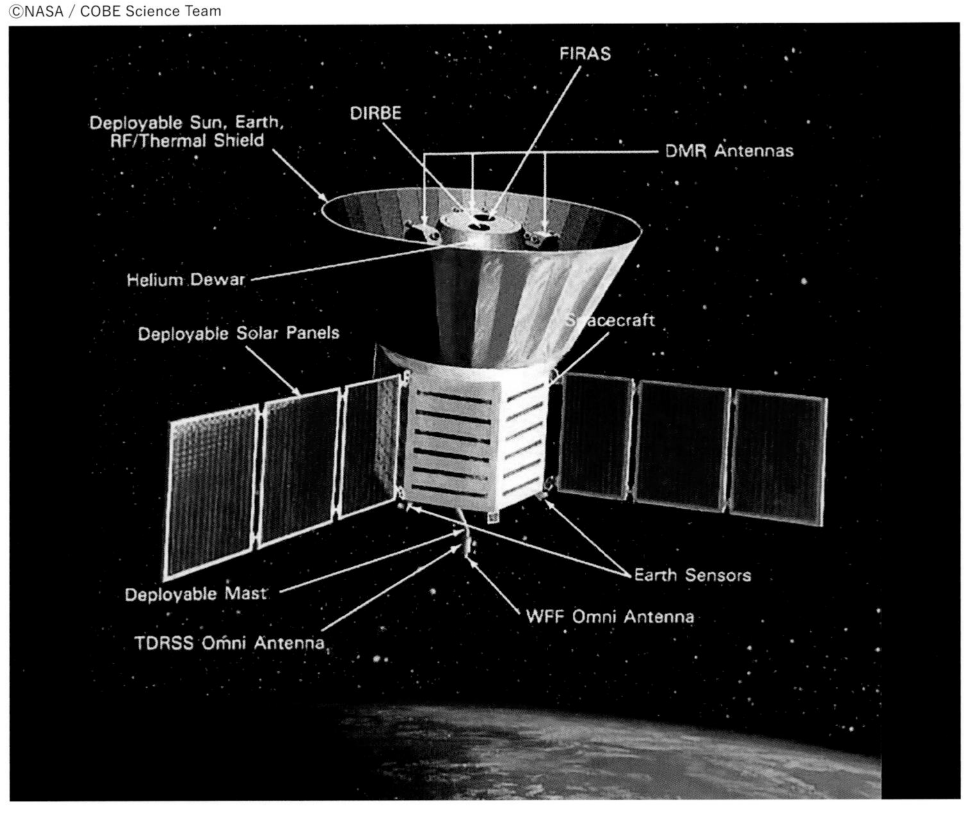

機体頂部にラジオメータ(DMR)、分光計(FIRAS)、背景放射実験装置(DIRBE)を搭載。

ⒸNASA / COBE Science Team

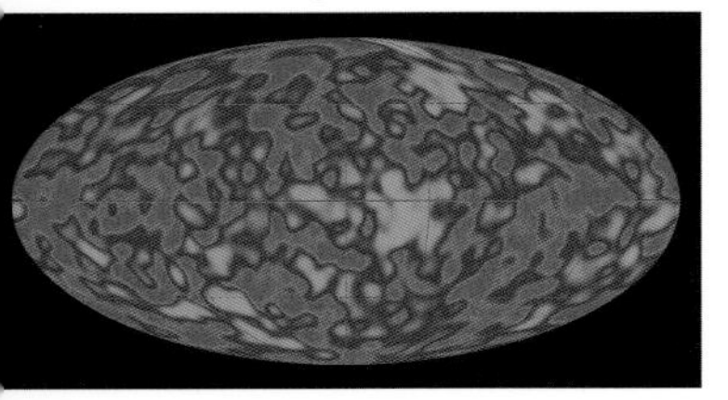

COBEが取得したデータによって作成された全天マップ。その解析からビッグバンを証明した米国のジョージ・スムートとジョン・マザーは、2006年にノーベル物理学賞を受賞(p.154)。

IRAS(p.094参照)の技術を継承し、宇宙マイクロ波背景放射(p.154)の観測に特化した世界初の観測衛星が『COBE』です。マイクロ波(p.137)とは、電子レンジやスマホにも使用される電波の一種です。背景放射とは、それが宇宙空間のあらゆる方向から降り注ぐことを意味します。ビッグバンから38万年後に宇宙ではじめて発せられた太古の光は、宇宙の膨張によってその波長が長くなり、今日ではマイクロ波として観測されます。COBEは、4年間にわたる全天スキャンによってそのマイクロ波のムラを観測しました。そのデータを分析した結果、それまで理論的に考えられていたビッグバンが実際に発生した出来事であることが、1992年に証明されたのです。

Date:

1989.12/1

ガンマ線・X線宇宙天文台／打上日

Country: France / Soviet 

Granat

グラナート

「天の川銀河の中心にあるブラックホール候補を観測」

©IKI

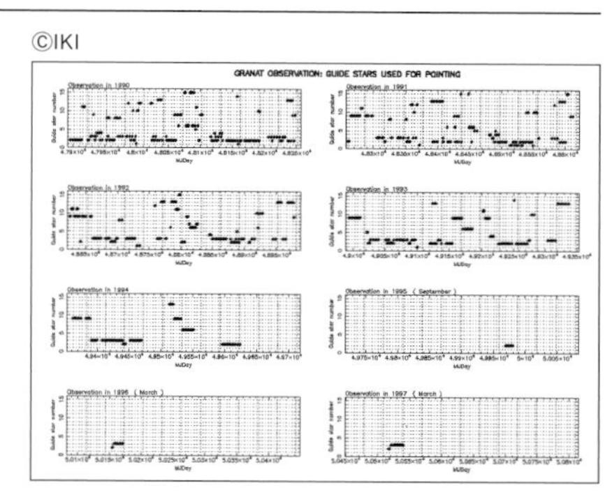

グラナートがターゲットとした天体のガイド。1シートが1年分、主に5年間運用されたことがわかる。

運用Data:

国際標識／ 1989-096A
運用／
CNRS(フランス国立科学研究センター)
IK(I ソビエト科学アカデミー宇宙研究所)
打上日／ 1989年12月1日
射場／バイコヌール宇宙基地
ロケット／プロトンK
運用停止／ 1999年5月25日

機体Data:

バス寸法／ D 2.5×L 4m
打上時質量／ 900kg
観測目的／ガンマ線、X線
主要ミッション機器／
・ガンマ線望遠鏡(SIGMA) 35-1,300keV
・X線望遠鏡(ART-P) 4-60keV
・X線分光器(ART-S) 3-100keV
・ガンマ線バースト検知器
(PHEBUS) 100keV-100MeV
(KONUS-B) 8MeV
(TOURNESOL) 2keV-20MeV
・全空モニター(WATCH)(6-180 keV)

軌道Data:

軌道／地球周回軌道、長楕円軌道
初期高度／近2,000km、遠20万km
傾斜角／ 51.6度

©IKI / NASA

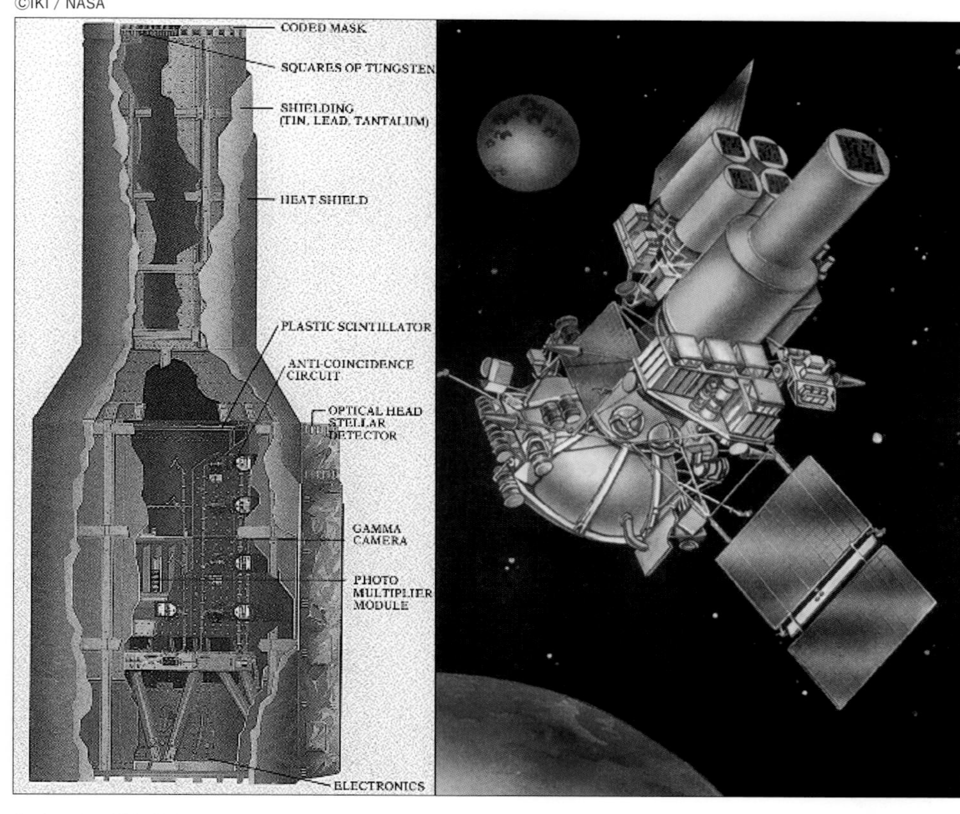

大型のガンマ線望遠鏡を搭載。その上方はガンマ線バースト検知器で、電子ボルト別に4基ある。

©Roscosmos

グラナートは旧ソビエトの航空宇宙企業であるラボーチキン社で製造され、プロトンKロケットによりバイコヌール宇宙基地から打ち上げられた。

フランスと旧ソビエトのほか、デンマーク、ブルガリアなども開発協力して運用されたのが『グラナート』です。ガンマ線とX線を観測するこの観測衛星は、遠地点(軌道上において天体からもっとも遠いポイント)が約20万km、周期4日の長楕円軌道に投入され、その後、太陽と月の重力によって軌道半径と傾斜角を変えていくという、非常に珍しい軌道をたどりました。直径3.5mのガンマ線望遠鏡、X線望遠鏡、ガンマ線バースト検知器など、7種の観測機器を搭載し、天の川銀河の中心に存在すると考えられるブラックホールの候補や、ガンマ線バーストを広域にわたって観測。約9年間にわたって運用されましたが、姿勢制御用のガスが枯渇したため休眠モードに入り、その後、1999年5月に大気圏へ再突入しました。

Date:

1990.4/24

可視光線・紫外線・近赤外線宇宙望遠鏡／打上日

Country: USA / Europe  

Hubble Space Telescope, HST

ハッブル宇宙望遠鏡

「歴史的な発見を続ける宇宙望遠鏡」

ⒸNASA

1997年、2回目の修理ミッションの際に、スペースXシャトル「ディスカバリー号」から撮影。全長は13.2m、スクールバスほどの大きさだ。

運用Data:

国際標識／ 1990-037B
運用／ NASA（米航空宇宙局）
ESA（欧州宇宙機関）
STScI（宇宙望遠鏡科学研究所）
打上日／ 1990年4月24日
射場／ケネディ宇宙センター
ロケット／スペースシャトル（STS-31）

機体Data:

バス寸法／ D 4.2×L 13.2m
打上時質量／ 11,600kg
観測目的／可視光線、紫外線、近赤外線
主要ミッション機器／
・リッチー・クレチアン式反射望遠鏡（2.4m口径、焦点距離57.6m）
・赤外線カメラ/分光計（NICMOS）
・掃天用高性能カメラ（ACS）
・広視野カメラ（WFC3）
・宇宙起源分光器（COS）
・画像分光器（STIS）
・ファイン・ガイダンス・センサー（FGS）×3

軌道Data:

軌道／地球周回軌道、略円軌道
軌道高度／近586.47km、遠610.44km
傾斜角／ 28.48度

ⒸNASA

1999年、3回目の修理ミッション「HST-3A」にて、ディスカバリー号（STS-103）にドッキングした様子。

ハッブル宇宙望遠鏡は、NASAの「グレート・オブザバトリー計画」（p.052参照）の最初の1機として1990年に打ち上げられ、地球を周回する高度約560㎞の低軌道に、スペースシャトル「ディスカバリー号」（STS-31）からリリースされました。打ち上げ直後は、主鏡に生じたわずか0.002㎜の歪みにより、想定されていた画像解像度が得られませんでしたが、1993年にシャトル搭乗員の船外活動により、補正レンズの組み込み、カメラ交換などが実施されました。その結果、可視光線、紫外線、近赤外線による、かつてない画像撮影が可能となり、数多くの天文学的発見が成し遂げられています。シャトルを用いた修理は計5回実施されましたが、2018年以降、機体姿勢を制御するためのジャイロ、コンピュータに故障が発生。機器の老朽化が危惧されています。

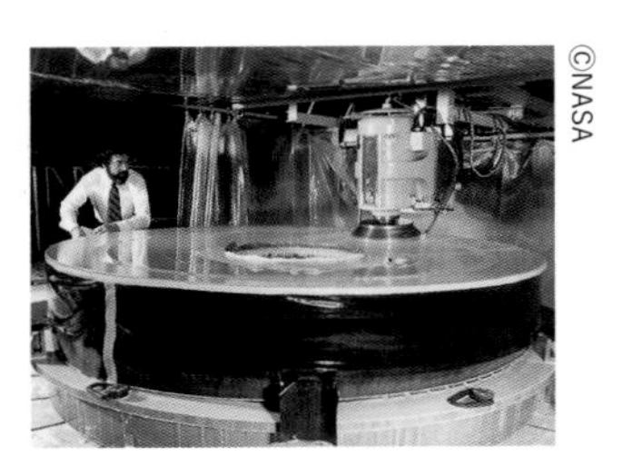

ⒸNASA

ハッブルが搭載するリッチー・クレチアン式反射望遠鏡の主鏡を研磨する様子。この端に生じたわずかな歪みが初期トラブルの原因となった。

©NASA

©NASA / ESA / J. Heste（Arizona State University）

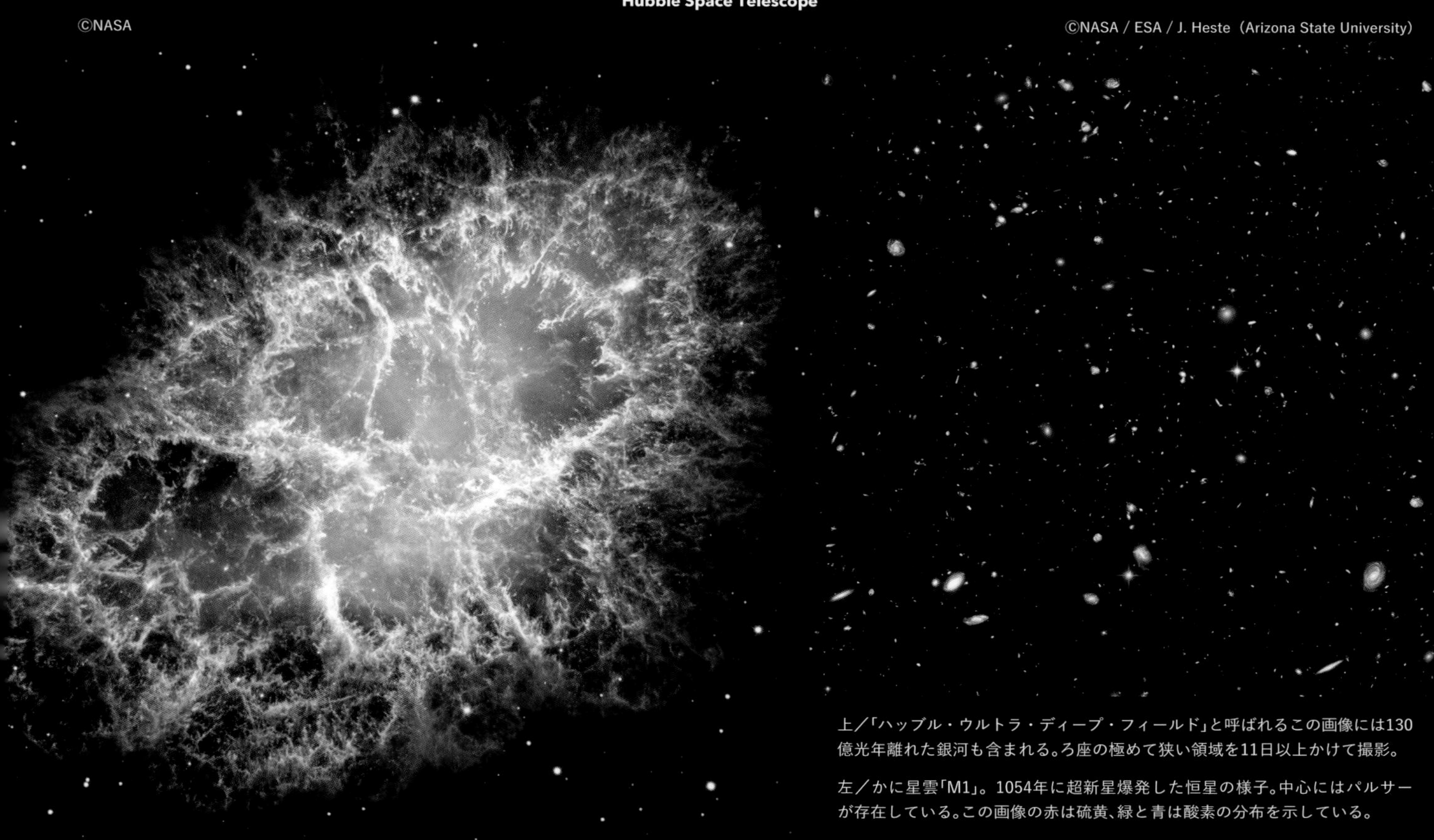

上／「ハッブル・ウルトラ・ディープ・フィールド」と呼ばれるこの画像には130億光年離れた銀河も含まれる。ろ座の極めて狭い領域を11日以上かけて撮影。

左／かに星雲「M1」。1054年に超新星爆発した恒星の様子。中心にはパルサーが存在している。この画像の赤は硫黄、緑と青は酸素の分布を示している。

©NASA / ESA / STScI and Judy Schmidt

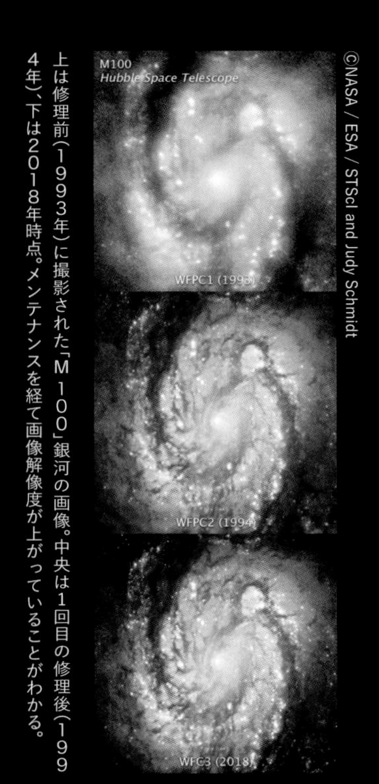

©NASA / ESA / STScI and Judy Schmidt

上は修理前（1993年）に撮影された「M100」銀河の画像。中央は1回目の修理後（1994年）、下は2018年時点。メンテナンスを経て画像解像度が上がっていることがわかる。

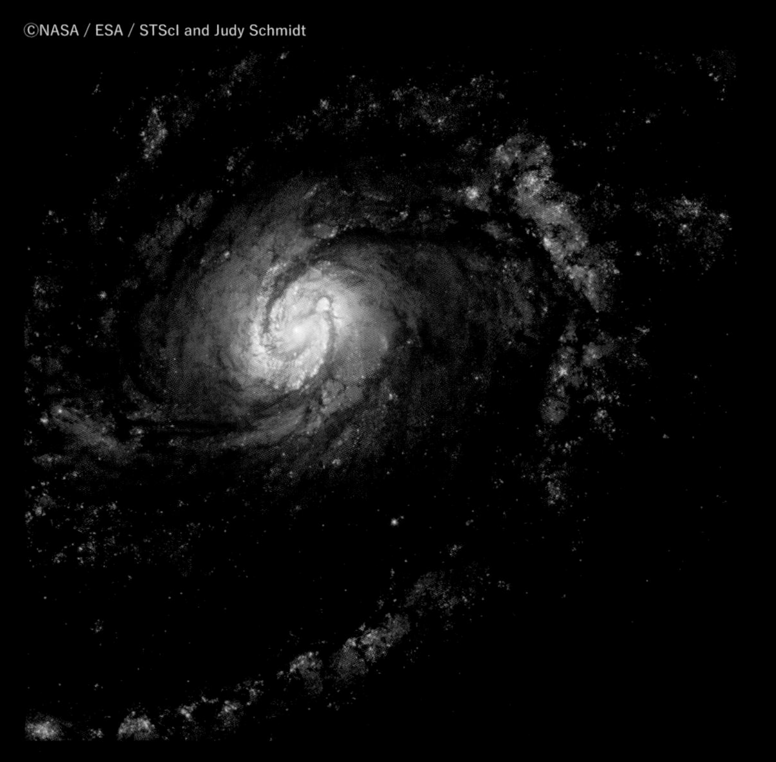

おとめ座に属する渦巻銀河「M100」。特徴的なアームには近くて若いブラックホールが含まれる。

中央の大きな赤い星雲は「NGC 2014」であり、大マゼラン雲の星形成領域。左下の青い星雲は「NGC2020」。青色は酸素の分布、赤色は水素と窒素の分布を示す。

2022年に公表された大マゼラン銀河の球状星団「NGC 1850」。この天体はかじき座の方向、約16万光年の距離にある。可視光と近赤外線の2つのフィルターを使用して撮影。
©NASA, ESA and P. Goudfrooij (STScI)

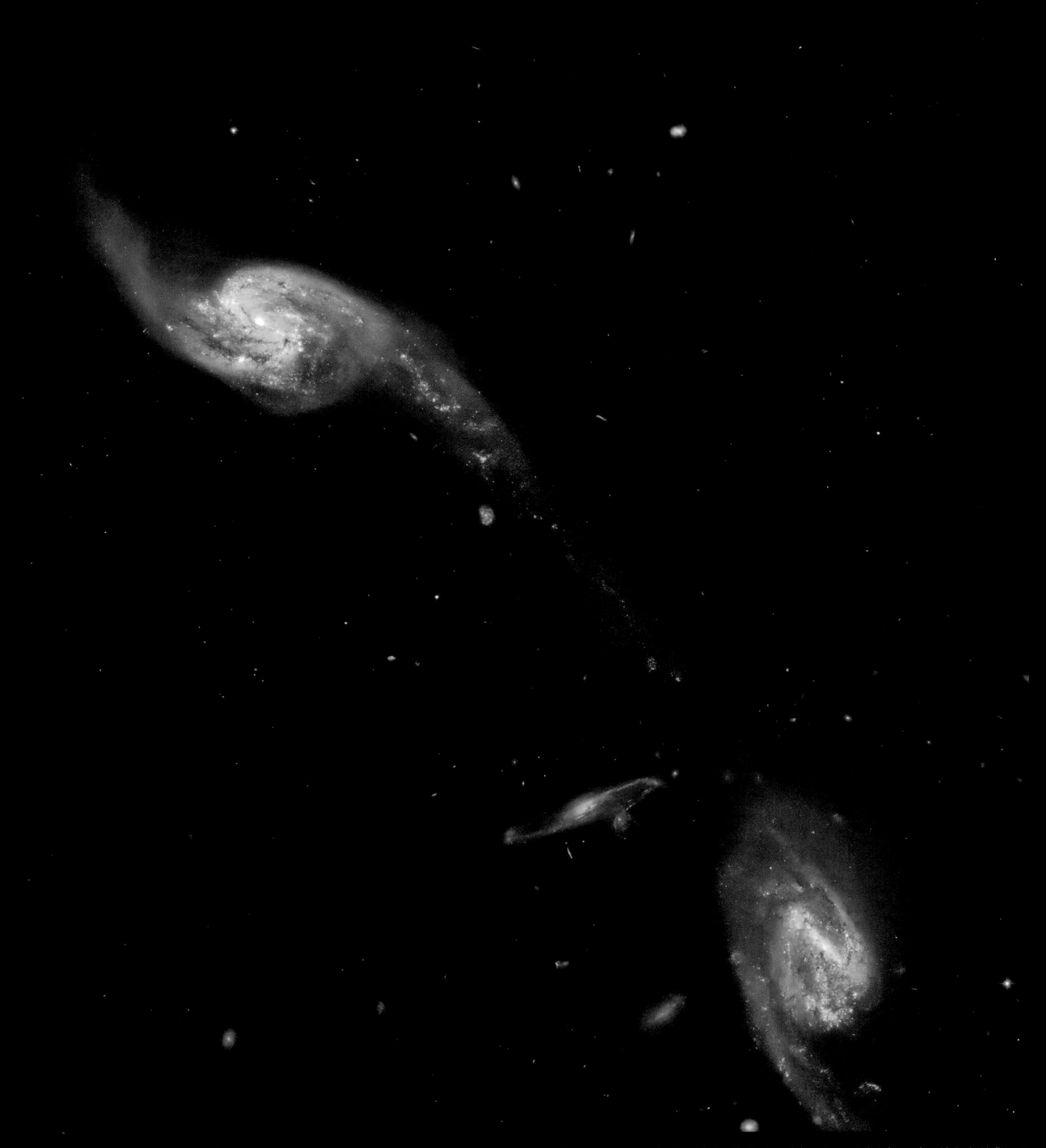

おとめ座の方向、地球から約 2 億光年離れた銀河「Arp 248」、通称「ワイルドの三つ子銀河」。その領域にある2つの巨大な渦巻銀河が、相互の重力によって引き合い、塵の流れを形成している。ハッブルの掃天観測用高性能カメラ（ACS）によって撮影。

かじき座の方角、地球から17万光年離れた大マゼラン雲にある輝線星雲「ＬＨＡ　１２０-Ｎ 44」。輝線星雲とは、恒星が放射する高エネルギーな光子が、周辺のガスを電離させることで輝いて見える天体。上中央の穴のような領域は「スーパーバブル」と呼ばれ、その幅は２５０光年。

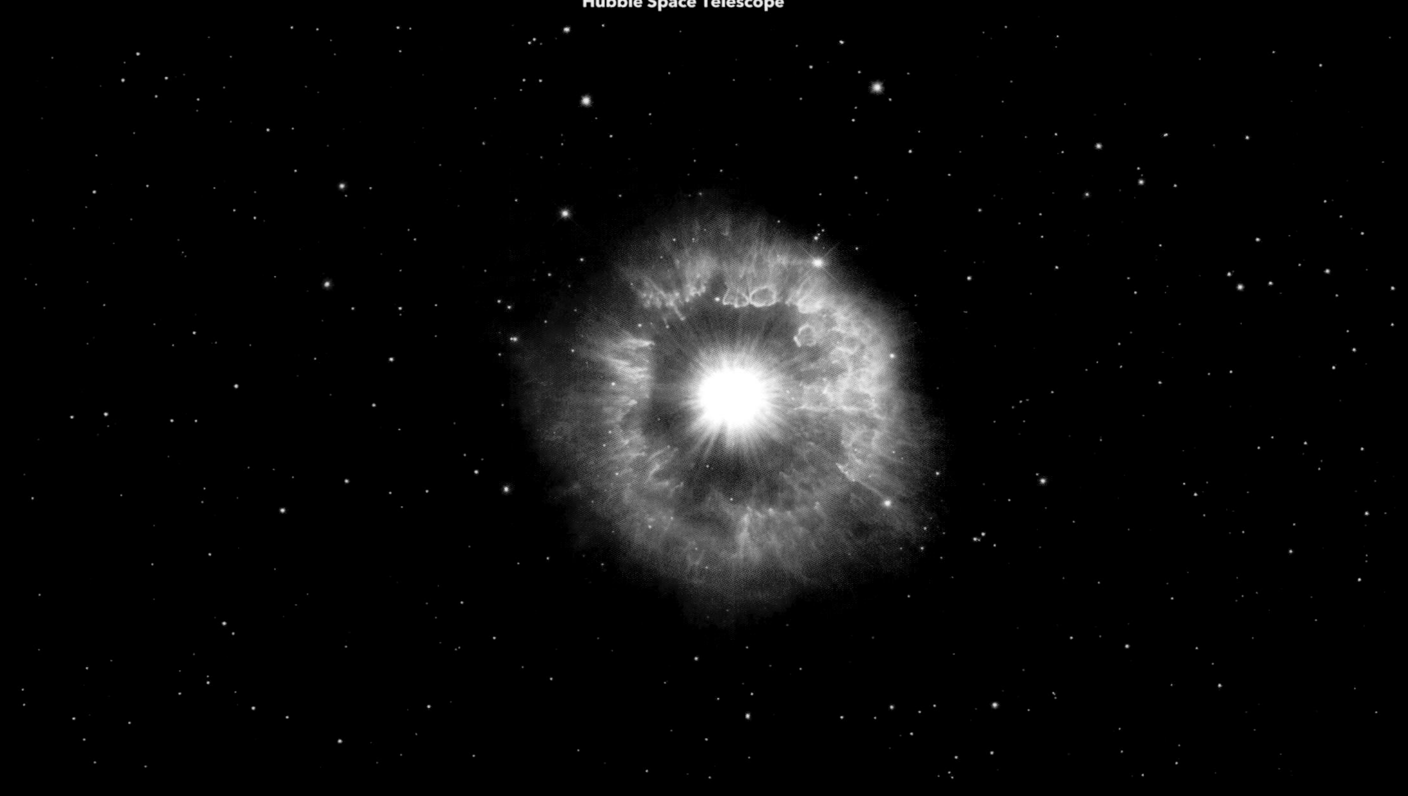

りゅうこつ座「AG星」は、膨張するガスと塵の殻に囲まれている。この星雲の幅は約5光年、質量は太陽の70倍。地球から2万光年離れた天の川銀河内にある。

へびつかい座の方向、5万光年以内の距離にある球状星団「NGC 6355」。星々はその質量によって画像中央に向かって集積していて、青い光を放っている。2023年1月に公開。

Date:

1990.6/1

X線観測衛星／打上日

Country: Germany

Roentgen Satellite, ROSAT

ROSAT

「X線・極紫外線望遠鏡で全天掃天カタログを作成」

©NASA

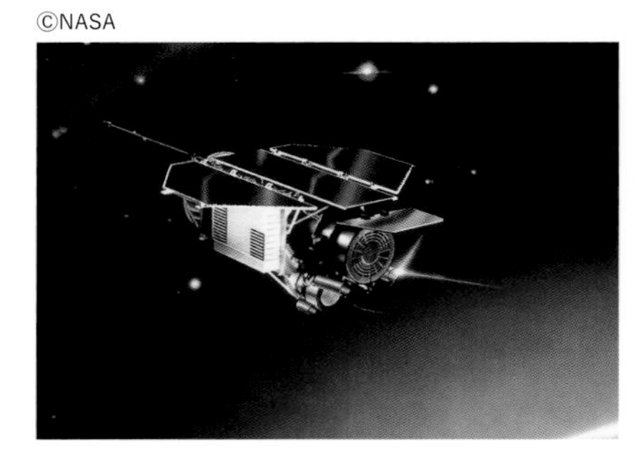

全長(イラスト左右)は4.5m。機体名の「RO」はドイツ語におけるレントゲンのスペルの略号。2011年10月23日、ベンガル湾上空で大気圏に再突入した。

運用Data:

国際標識／ 1990-049A
運用／ DLR(ドイツ航空宇宙センター)
協力／ NASA(米航空宇宙局)
打上日／ 1990年6月1日
射場／ケープ・カナベラル空軍基地
ロケット／デルタII
運用停止／ 1999年2月12日

機体Data:

バス寸法／ 2.38×2.13×4.5m
打上時質量／ 2,426kg
観測目的／ X線、紫外線
主要ミッション機器／
・ヴォルター式X線望遠鏡(XRT)(84cm口径)
・位置感度比例計数管(PSPC)
・広視野紫外線カメラ(WFC)
・高解像度X線撮像装置(HRI)

軌道Data:

軌道／地球周回軌道、円軌道
軌道高度／ 580km
傾斜角／ 53度

©MPI for Extraterrestrial Physics

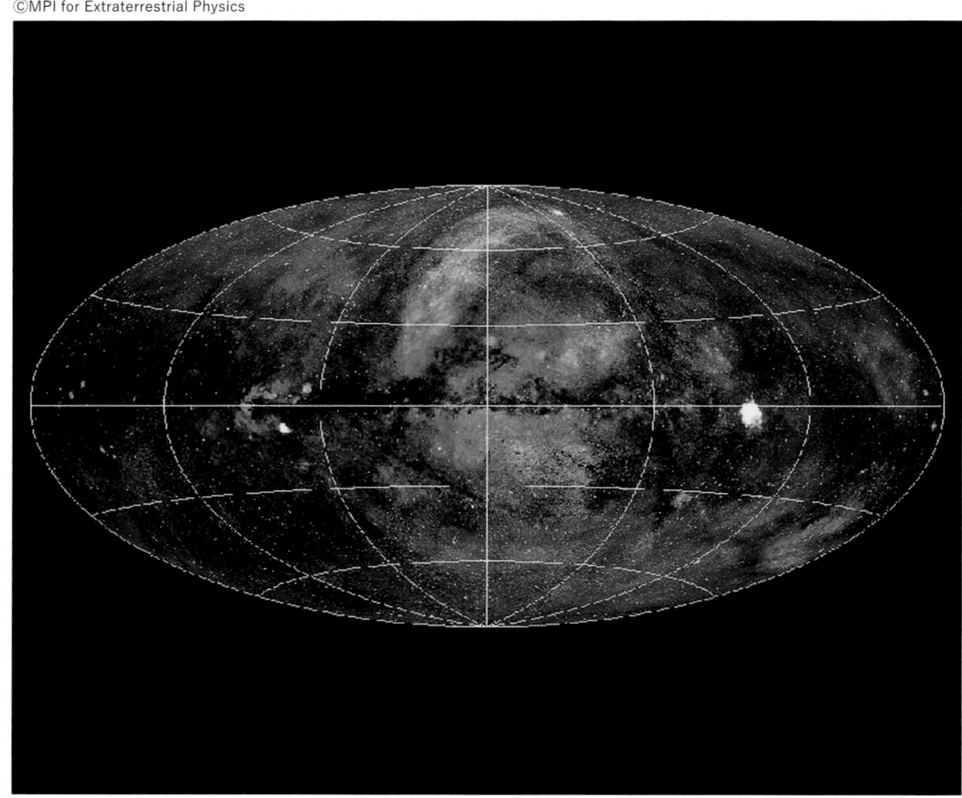

ROSATの観測データから作成されたX線の全天マップ。この画像からもその解像度の高さが理解できる。

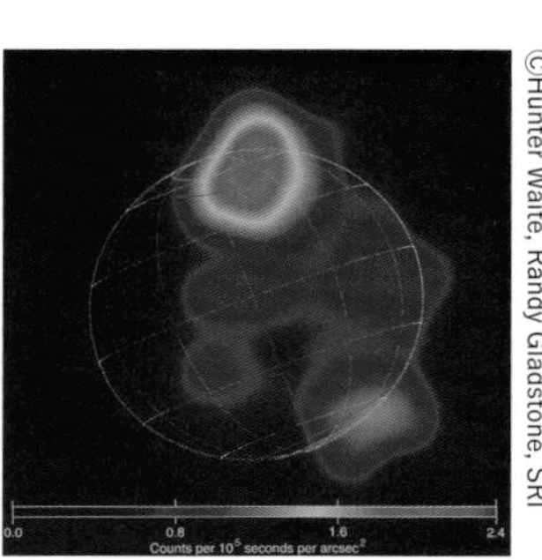

©Hunter Waite, Randy Gladstone, SRI

1994年、シューメーカー・レヴィ第9彗星(p.161)が衝突した際にROSATが撮影した木星のX線画像。上部の赤い部分が衝突したポイント。強い放射線を発していることがわかる。

ドイツ航空宇宙センター(DLR)とNASAが協力して、1990年6月に打ち上げられたのが『ROSAT』です。X線と極端紫外線を観測するこの宇宙望遠鏡は、84㎝口径のヴォルター式望遠鏡と広視野紫外線カメラ「WFC」を搭載し、極端紫外線とX線による全天掃天カタログを作成しました。ROSAT のX線望遠鏡(XRT)は、それ以前の観測機が捕捉できた光度の約100倍暗い天体まで観測することが可能であり、15万個におよぶ新たなX線源を発見。このROSATが観測したX線源だけで、それ以前の観測機が発見したX線源の総数の約25倍におよびました。また、1994年7月には、「シューメーカー・レヴィ第9彗星」が木星に衝突する様子をリアルタイムで観測。その際、木星表面で分裂核が放ったX線放射を捕捉しています。

Date:

1990.12/2

X線・紫外線望遠鏡ユニット／打上日

Country: USA 

Astro-1

アストロ1

「コロンビア号に搭載された天文台ユニット」

©NASA

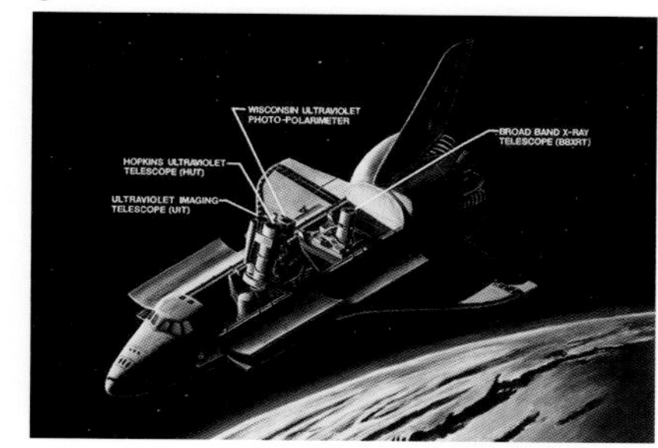

シャトルのカーゴ室の機首側にはユニット化された紫外線望遠鏡3基を搭載。

運用Data:

国際標識／1990-106A
(STS-35 / Astro 1)
運用／NASA(米航空宇宙局)
打上日／1990年12月2日
射場／ケネディ宇宙センター
ロケット／スペースシャトル(STS-35)
地球帰還／1990年12月11日

機体Data:

打上時質量／—
観測目的／X線、紫外線
主要ミッション機器／
- 広帯域X線望遠鏡（BBXRT）0.3-12keV
- ホプキンズ紫外線望遠鏡(HUT)
- 紫外線撮像望遠鏡(UIT)
- ウィスコンシン紫外線偏光計(WUPPE)

軌道Data:

軌道／地球周回軌道、略円軌道
軌道高度／近349km、遠352km
傾斜角／28.5度

©NASA

同じ土台にWUPPE(右の長方形)、HUT(中央の円柱形)、UIT(左の筒状)を搭載。画面右下にBBXRTも見える。

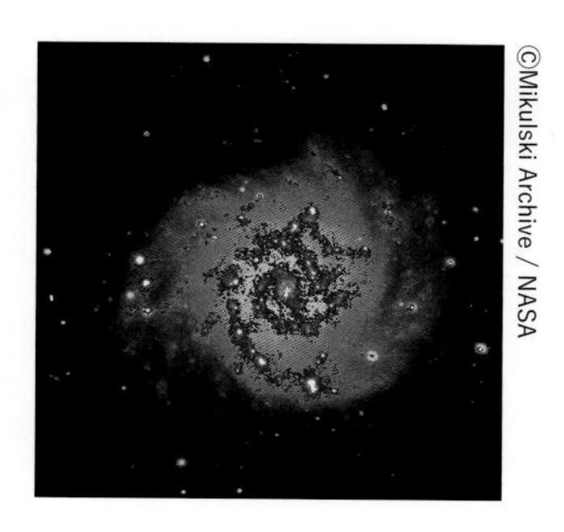

©Mikulski Archive / NASA

「M74」銀河。青い部分が紫外線、赤い部分は可視光によるもの。コロンビア号のクルーはマーシャル宇宙飛行センターのサポートを受けつつ24時間体制で観測を実施した。

1990年、天文台ユニット『アストロ1』は、スペースシャトル「コロンビア号」の貨物室に搭載されて打ち上げられました。広帯域X線望遠鏡(BBXRT)と3つの紫外線望遠鏡がユニット化されたアストロ1は、10日間にわたるミッション期間中、シャトル搭乗員によって操作され、天球を24時間観測しました。結果、X線と紫外線による貴重なデータを取得。この成功は後年、同じくシャトルに搭載された『アストロ2』(1995年、p.117参照)や『AMS-01』(1998年、p.122)のほか、ISSに設置された『AMS-02』(2011年、p.197)などの天体観測機につながります。ちなみにアストロ1の打ち上げと同日、日本初の宇宙飛行士である秋山豊寛氏が、宇宙ステーション「ミール」に向けてソユーズで打ち上げられました。

Date:

1991.4/5

ガンマ線観測衛星／打上日

Country: USA 

Compton Gamma Ray Observatory, CGRO

コンプトンガンマ線観測衛星

「グレート・オブザバトリー計画によるガンマ線観測機」

©EGRET Team, Compton Observatory, NASA

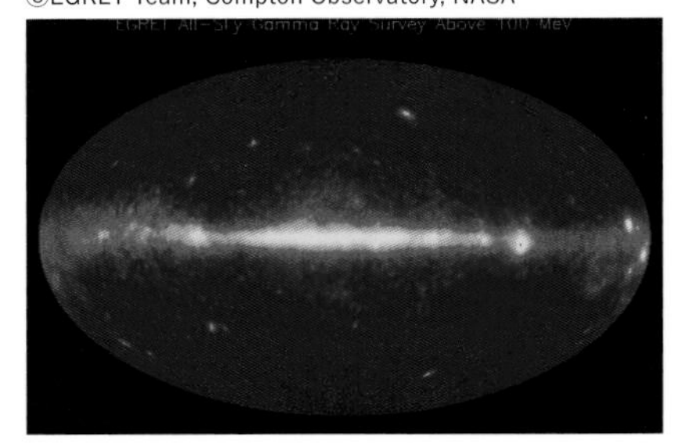

微弱な放射線を捕捉できる蛍光比例計数管「GIS」を搭載。比例計数管とは放射線の数やエネルギーを測る観測器。「てんま」(p.095)が世界ではじめて搭載した。

運用Data:

国際標識／ 1991-027B
運用／ NASA（米航空宇宙局）
打上日／ 1991年4月5日
射場／ケネディ宇宙センター
ロケット／スペースシャトル(STS-37)
大気圏再突入／ 2000年6月4日

機体Data:

バス寸法／–
打上時質量／ 16,329kg
観測目的／ガンマ線
主要ミッション機器／
・広視野ガンマ線検出器（EGRET）30M-30GeV
・全天ガンマ線バースト検出器（BATSE）20-600keV
・ガンマ線コンプトンカメラ（COMPTEL）0.75-30MeV
・スポット観測用硬X線-ガンマ線検出器(OSSE)

軌道Data:

軌道／地球周回軌道、楕円軌道
軌道高度／近362km、遠457km
傾斜角／ 28.5度

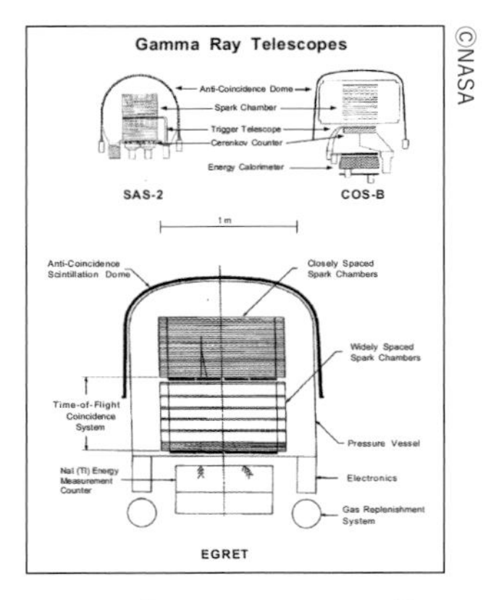

©NASA

下はコンプトンのEGRET。上は同縮尺で比較したSAS-2(左)とCOS-Bのガンマ線検出器。

©NASA

アトランティス号のロボットアームによって宇宙空間へリリースされるコンプトン。総質量16.3トン、非常に重い機体だ。

NASAのグレート・オブザバトリー計画(p.052参照)の一環として、ハッブルの次に打ち上げられたのが『コンプトンガンマ線観測衛星』(CGRO)です。この機体はスペースシャトル「アトランティス号」に搭載され、地球を周回する軌道(遠地点457㎞)へ放出されました。NASAとしてはSAS-B(p.85)に継ぐガンマ線観測衛星であり、広視野ガンマ線検出器(EGRET)や、全天ガンマ線バースト検出器(BATSE)など、それ以前のものより大幅に感度が向上した機器を搭載。BATSEはガンマ線バーストを1日平均1回のペースで発見し、またEGRETのデータは「EGRET全天マップ」にまとめられ、天文学の発展に大きく貢献しました。姿勢制御用ジャイロの故障のために2000年6月、地上管制から制御されつつ大気圏に再突入しました。

Date:

1991.8/30

太陽観測衛星／打上日

Country: Japan 

SOLAR-A

ようこう

「日本2機目のX線太陽観測衛星」

©JAXA

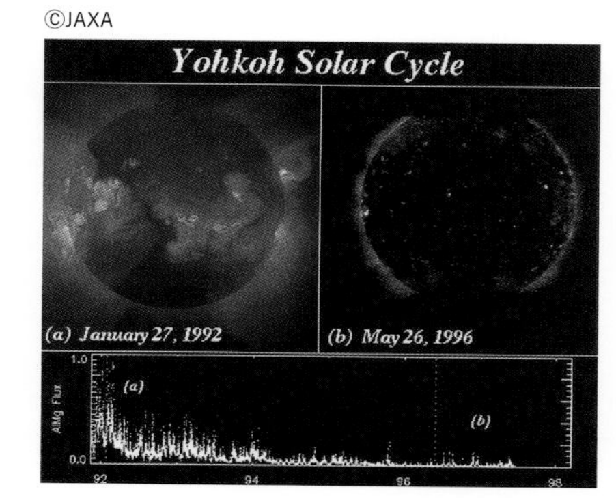

「ようこう」がX線望遠鏡で観測した太陽の最大期と最小期。左の最大期は1992年1月、右の最小期は1996年5月の撮像。活動の違いが明らかに確認できる。

運用Data:

国際標識／ 1991-062A
運用／ ISAS（宇宙科学研究所）
打上日／ 1991年8月30日
射場／鹿児島宇宙空間観測所(内之浦)
ロケット／ M-3SII（6号機）
運用停止／ 2004年4月23日

機体Data:

バス寸法／ 1.0×1.0×2.0m（直方体）
質量／約390kg
観測目的／ X線、ガンマ線
主要ミッション機器／
・軟X線望遠鏡(SXT)
・硬X線望遠鏡(HXT)
・ブラック結晶分光器(BCS)
・広域帯分光器(WBS)

軌道Data:

軌道／地球周回軌道、略円軌道
軌道高度／近550km、遠600km
傾斜角／ 31度

©JAXA

「ようこう」の硬X線望遠鏡(HXT)は、世界で初めて30keV以上のエネルギー域でX線を観測。

©JAXA

上はM-3SIIの最頂部に搭載された「ようこう」。下はM-3SIIの第3段。ともにフェアリングに収納される。

日本の２機目の太陽観測衛星「ようこう」は、M-3SII(6号機)に搭載されて打ち上げられました。この機体には、数百万度から数千万度に達する超高温のコロナを撮像観測する軟Ｘ線望遠鏡「SXT」、フレア爆発に伴って生成される高エネルギー電子からの放射を捉える硬Ｘ線望遠鏡「HXT」など、互いに相補的な４種類の観測装置を搭載。それらの観測機器はＸ線からガンマ線領域を捕捉し、太陽における高エネルギー現象の高精度観測を行いました。太陽活動の周期は約11年とされていますが、「ようこう」は10年３ヵ月にわたって太陽活動の観測を継続。その一周期をほぼ連続観測した世界初の科学衛星です。2001年12月、姿勢制御に異常が発生して電源喪失、2004年4月に運用が終了しました。

Date:

1992.6/7

極紫外線観測衛星／打上日

Country: USA 

Extreme Ultraviolet Explorer, EUVE

EUVE

「1,000個以上の極紫外線源を発見」

ⒸNASA

EUVEのミッションは2度延長されたものの、科学的成果とコストが折り合わないとされ、打ち上げから8年7ヵ月で終了。2002年に大気圏に制御落下された。

運用Data:

国際標識／ 1992-031A
別名／エクスプローラー 67
運用／ NASA（米航空宇宙局）
打上日／ 1992年6月7日
射場／ケープ・カナベラル空軍基地
ロケット／デルタII
運用停止／ 2001年1月31日

機体Data:

バス寸法／–
打上時質量／ 3,275kg（燃料含まず）
観測目的／極紫外線
主要ミッション機器／
・ヴォルター I型極端紫外線望遠鏡×1
・ヴォルター II型極端紫外線望遠鏡×3
・極端紫外線分光計
（80-900オングストローム）
・MCP検出器

軌道Data:

軌道／地球周回軌道、楕円軌道
軌道高度／近515km、遠527km
傾斜角／ 28.4度

ⒸNASA

機体本体であるバス部分はカリフォルニア大学バークレー校の研究チームによって開発された。上部に見える3つの黒い部分の窓が開くと望遠鏡などの観測機器が露出する。

ⒸEUVE Project, NASA

EUVEのスカイマップ（全天マップ）には星間物質のムラが映し出される。縦縞は軌道航行によりできるデータのギャップ。

NASAの『EUVE』は、史上初の極紫外線観測機であり、ヴォルター式の望遠鏡を4基搭載していました。うち3基は広域なエリアを多重的に撮像し、残る1基は狭い画角で宇宙深部を観測。極紫外線（EUV）の波長は1 ～ 100nm（ナノメートル）であり、遠紫外線とX線の間に位置します（p.137参照）。そんな極紫外線によって宇宙の深部を観測し、白色矮星や星間物質（ISM）の分布を明らかにして、極紫外線による全天マップを作成することがEUVEの使命でした。星間空間は紫外線を吸収する水素で満たされているため、遠くの天体を極紫外線で観測することはできないというのが通説でしたが、EUVEのスカイマップには謎の斑点が散見され、その解明が天文学者の課題となりました。

Date:

1993.2/20

X線天文衛星／打上日

Country: Japan 

ASTRO-D

あすか

「ブラックホールの謎に迫る」

©JAXA

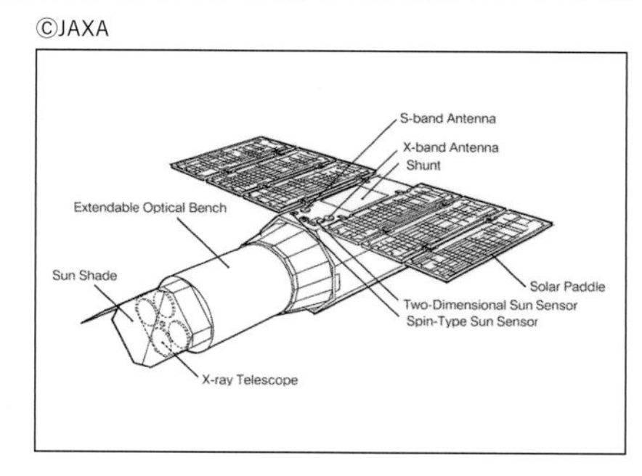

微弱な放射線を捕捉できる蛍光比例計数管「GIS」を搭載。比例計数管とは放射線の数やエネルギーを測る観測器。「てんま」(p.095)が世界ではじめて搭載した。

運用Data:

国際標識／ 1993-011A
運用／ ISAS(宇宙科学研究所)
打上日／ 1993年2月20日
射場／鹿児島宇宙空間観測所
(現・内之浦宇宙空間観測所)
ロケット／ M-3SII(7号機)
大気圏再突入／ 2001年3月2日

機体Data:

バス寸法／ L 4.7m
質量／ 420kg
観測目的／ X線
主要ミッション機器／
・X線望遠鏡(XRT)(0.5-12KeV)
・X線CCDカメラ(SIS)
・撮像型蛍光比例計数管(GIS)

軌道Data:

軌道／地球周回軌道、略円軌道
軌道高度／近525km、遠615km
傾斜角／ 31度

©JAXA

あすかは全長4.7m、質量420kg。軌道に投入されると三つ折りにされた太陽光パドル2枚を展開する。

©JAXA

あすかは3段式の固体燃料ロケットM-3SIIによって打ち上げられた。以後、制御落下されるまでの8年間で2,000個以上の天体を観測。X線観測に強い日本を世界にアピールした。

JAXAの前身であり、現在ではそのいち研究所でもある宇宙科学研究所(ISAS)が、1993年に打ち上げたのが『あすか』です。X線における短い波長帯域まで捕捉できるX線望遠鏡「XRT」を搭載し、世界最高レベルの精度で宇宙深部を観測することに成功。また、X線CCDカメラ「SIS」や、蛍光比例計数管「GIS」によって、X線光子ひと粒ひと粒のエネルギーを高い精度で測定しました。これらの機器によってブラックホールの検証、ダークマターの分布と全質量の測定、宇宙X線背景放射の謎の解明などに臨み、貴重なデータを採取しました。打ち上げから7年半後の2000年7月、活発化した太陽活動で地球大気が膨張。あすかが航行する軌道上にごくわずかに漂う稀薄な大気の抵抗によってスピン状態に陥り、運用が停止されました。

Date:

1995.3/18

宇宙実験・観測フリーフライヤ／打上日

Country: Japan

Space Flyer Unit, SFU

SFU

「軌道上で無人実験、10ヵ月後にシャトルが回収」

©JAXA

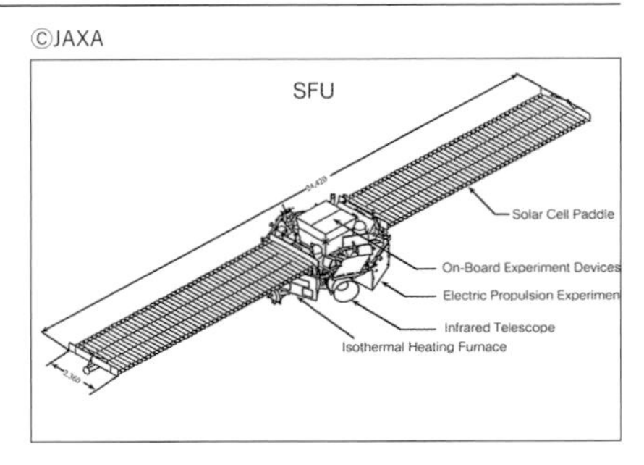

SFUの太陽電池パドルは24.4mにもなる。スペースシャトルが回収する際には折り畳む予定だったが、不具合が生じて失敗。本体から分離し、軌道上に投棄された。

運用Data:

国際標識／1995-011A
運用・協働／NASDA(宇宙開発事業団)
ISAS(宇宙科学研究所)
USEF(無人宇宙実験システム研究開発機構)
NASA(米航空宇宙局)
打上日／1995年3月18日
射場／種子島宇宙センター
ロケット／H-II(3号機)
回収／1996年1月13日
(スペースシャトルSTS-72)

機体Data:

バス寸法／D 4.7m×H 2.8m
質量／4,000kg
主要ミッション機器／
・IRTS(宇宙赤外線望遠鏡)
・2DSA(2次元太陽電池実験)
・HVSA(高電圧太陽電池実験)
・SPDP(宇宙プラズマ実験)
・EPEX(電気推進実験)
・MEX(宇宙材料実験)
・BIO(宇宙生物学実験)ほか

軌道Data:

軌道／地球周回軌道、位相同期軌道
軌道高度／初期：330km
ミッション遂行時：486km
傾斜角／28.5度

©JAXA

バス部分(機体本体)に12種におよぶ観測機器、宇宙実験機器が搭載された。まだISS(国際宇宙ステーション)が存在していなかった時代、宇宙での実験を担う画期的な宇宙機だったといえる。

©JAXA

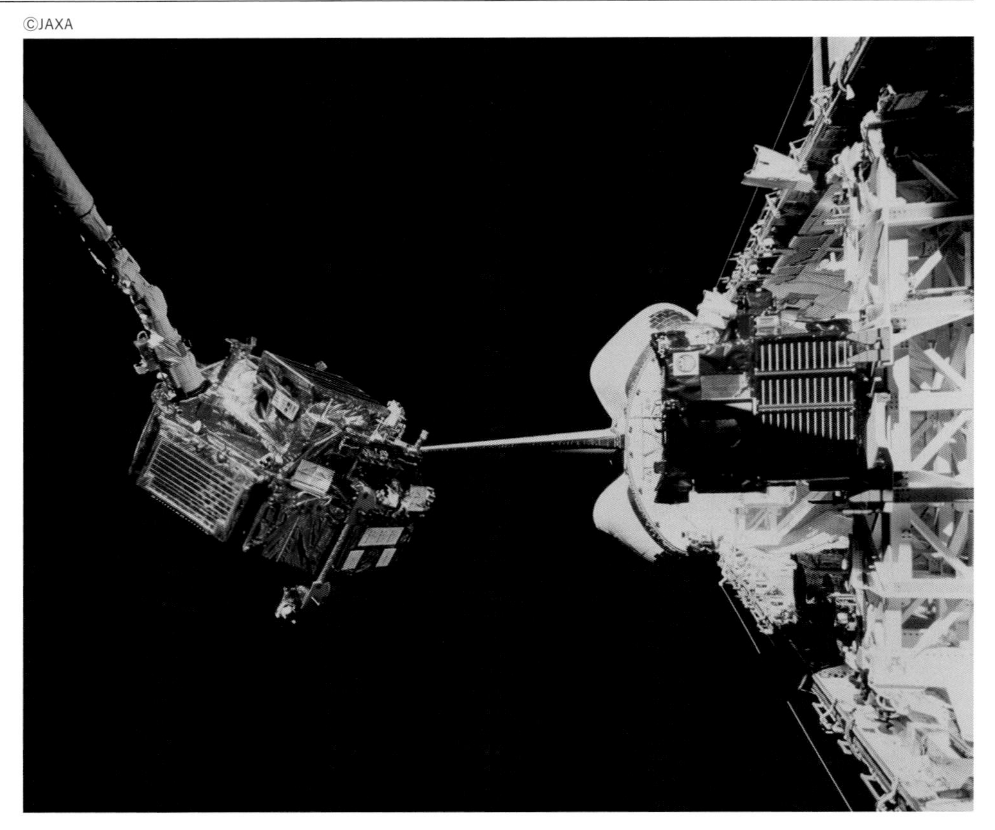

「エンデバー号」によって軌道上で捕捉されるSFU。回収されたSFUは東京の国立科学博物館に展示されている。

JAXAの前身であるNASDA(宇宙開発事業団)と、ISAS(宇宙科学研究所)の協力によって開発された『SFU』は、多数のミッションを繰り返し行えるよう開発された実験モジュールであり、「宇宙実験・観測フリーフライヤ」と呼ばれていました。その機器のひとつとして搭載されたのが、日本初の赤外線望遠鏡「IRTS」。赤外線の全域をカバーする口径15㎝の冷却望遠鏡と、4つの観測器からなり、SFU自体が回転することで、広域の宇宙を掃天観測(p.156参照)することが可能でした。SFUは1995年3月、H-IIロケットによって種子島宇宙センターから打ち上げられ、約10ヵ月にわたって地球周回軌道を航行したあと、スペースシャトル「エンデバー号」が軌道上で回収。その際のロボットアーム操作は若田光一氏が行いました。

Date:

1995.3/2

紫外線望遠鏡ユニット／打上日

Country: USA 

Astro 2

アストロ 2

「エンデバー号が搭載した紫外線観測ユニット」

©NASA

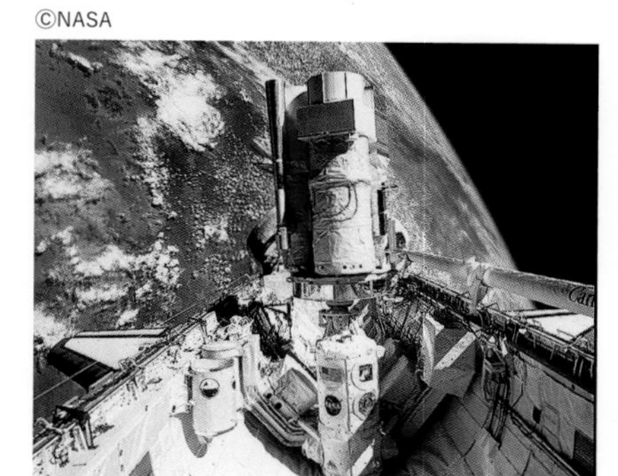

「エンデバー号」のカーゴに搭載されたアストロ2。軌道上ではこのように展開して運用される。

運用Data:

国際標識／ 1995-007A
運用／ NASA(米航空宇宙局)
打上日／ 1995年3月2日
射場／ケネディ宇宙センター
ロケット／スペースシャトル(STS-67)
地球帰還／ 1995年3月18日

機体Data:

バス寸法／–
打上時質量／–
観測目的／紫外線
主要ミッション機器／
・紫外線イメージング望遠鏡(UIT)
・ホプキンズ紫外線望遠鏡(HUT)
・ウィスコンシン紫外線偏光計(WUPPE)

軌道Data:

軌道／地球周回軌道、円軌道
軌道高度／近349km、遠363km
傾斜角／ 28.5度

@Space Telescope Science Institute / NASA

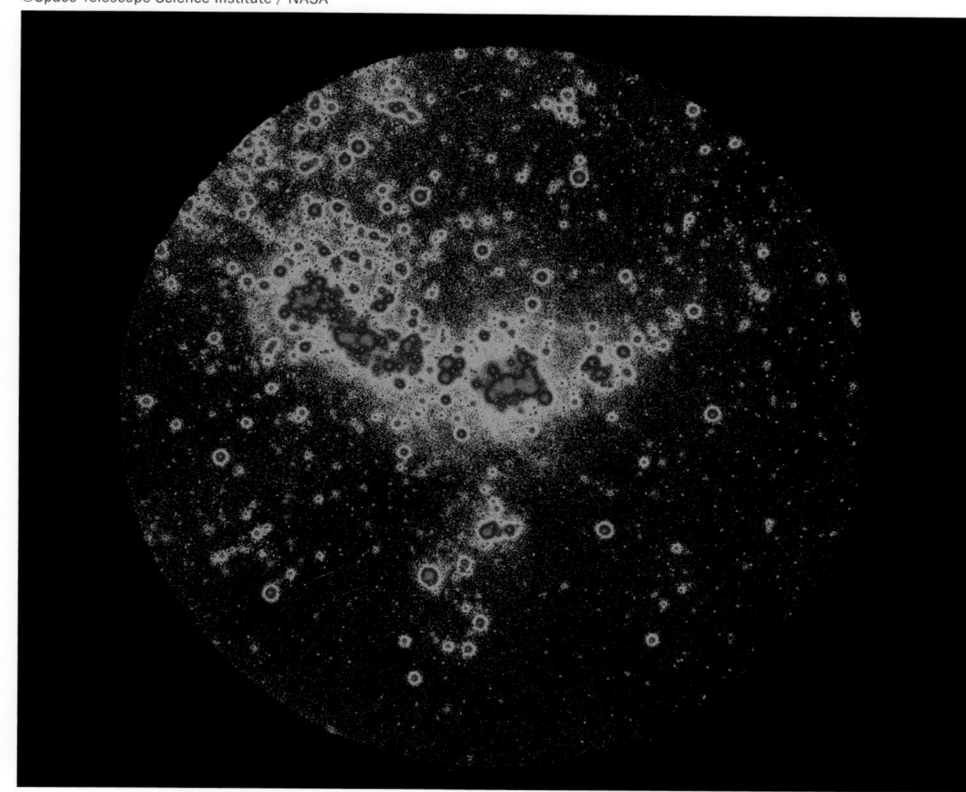

UITがとらえた大マゼラン星雲。数百万年前に生まれた若くて熱い星が紫外線を放出(紫色の部分)。露光時間は 792 秒。

@Space Telescope Science Institute / NASA

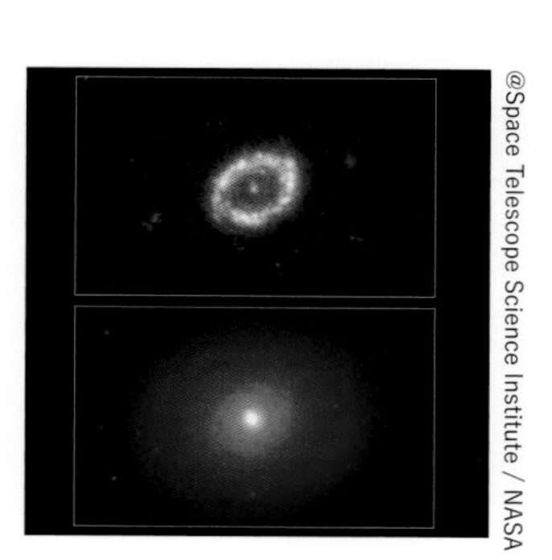

上は、イメージング望遠鏡UITが撮像した銀河「NGC4736」の紫外線イメージング画像。下は、同じ銀河を地上の天文台が赤外線で撮影した画像。UITの解像度の高さがよくわかる。

1990年に打ち上げられたアストロ1(p.111)に続いて、スペースシャトル「エンデバー号」のカーゴに搭載され、1995年3月に打ち上げられた紫外線望遠鏡ユニットが『アストロ2』です。地表には十分に届かない、宇宙から降り注ぐ紫外線に特化したユニットであり、その構造はアストロ1と同じく、紫外線イメージング望遠鏡「UIT」、ホプキンズ紫外線望遠鏡「HUT」、ウィスコンシン紫外線偏光計「WUPPE」の3つの機器で構成されていました。17日間にわたるミッション期間中に、太陽系内の天体、太陽系外の恒星、星雲、超新星残骸、銀河などを観測し、なかでもUITは、アストロ1の約2倍のスペクトルを捕捉することに成功。短期間ミッションとしては非常に多くの観測を行い、豊富なデータを取得しました。

Date:

1995.11/17

赤外線宇宙天文台／打上日

Country: EU 

Infrared Space Observatory, ISO

ISO

「巨大惑星、彗星などを観測した赤外線天文衛星」

ⒸESA ISO / ISOCAM

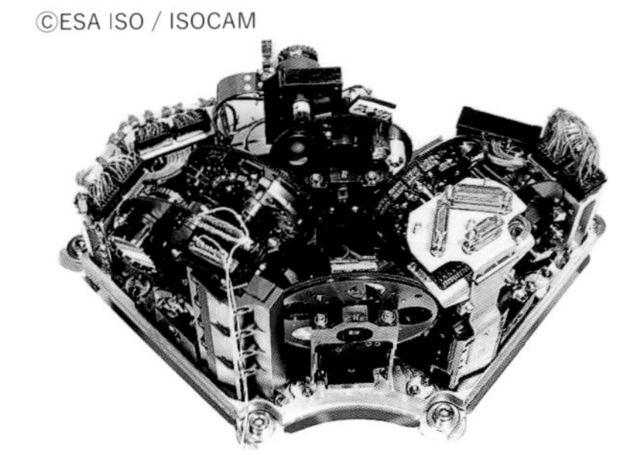

ISOが搭載した赤外線カメラ「ISOCAM」。観測する赤外線波長に合わせてフィルターを変更するため、非常に複雑で精巧な造りとなっている。

運用Data:

国際標識／ 1995-062A
運用／ ESA（欧州宇宙機関）
打上日／ 1995年11月17日
射場／ギアナ宇宙センター
ロケット／アリアン2
運用停止／ 1998年5月16日

機体Data:

バス寸法／ 5.3×3.6×2.8m
打上時質量／ 1,800kg
観測目的／赤外線
主要ミッション機器／
・赤外線カメラ（ISOCAM） 2.5-17μ
・赤外線測光装置（ISOPHOTO） 2.5-240μ
・短波長分光器（SWS） 2.4-45μ
・長波長分光器（LWS） 45-196.8μ

軌道Data:

軌道／地球周回軌道、長楕円軌道
対地同期軌道
軌道高度／近1,000km、遠7万500km
傾斜角／ 5.25度

ⒸESA / ISO

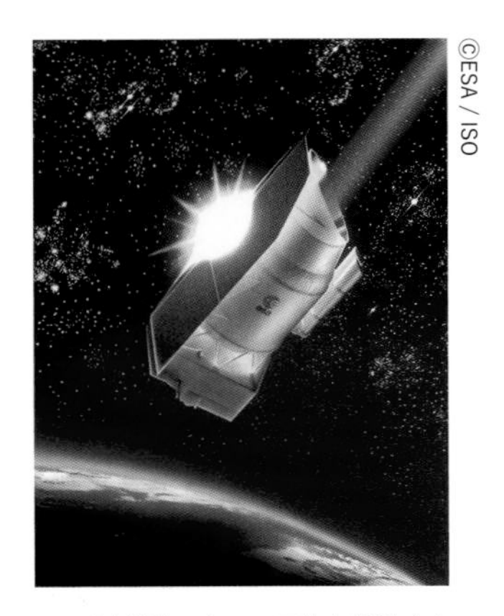

ISOが赤外線によって天体を観測する様子を描いたイラスト。運用が終了し、打ち上げから四半世紀が過ぎた時点においてもISOが得た観測データは、研究者にとって貴重な財産となっている。

ⒸESA ISO / ISOCAM / Alain Abergel

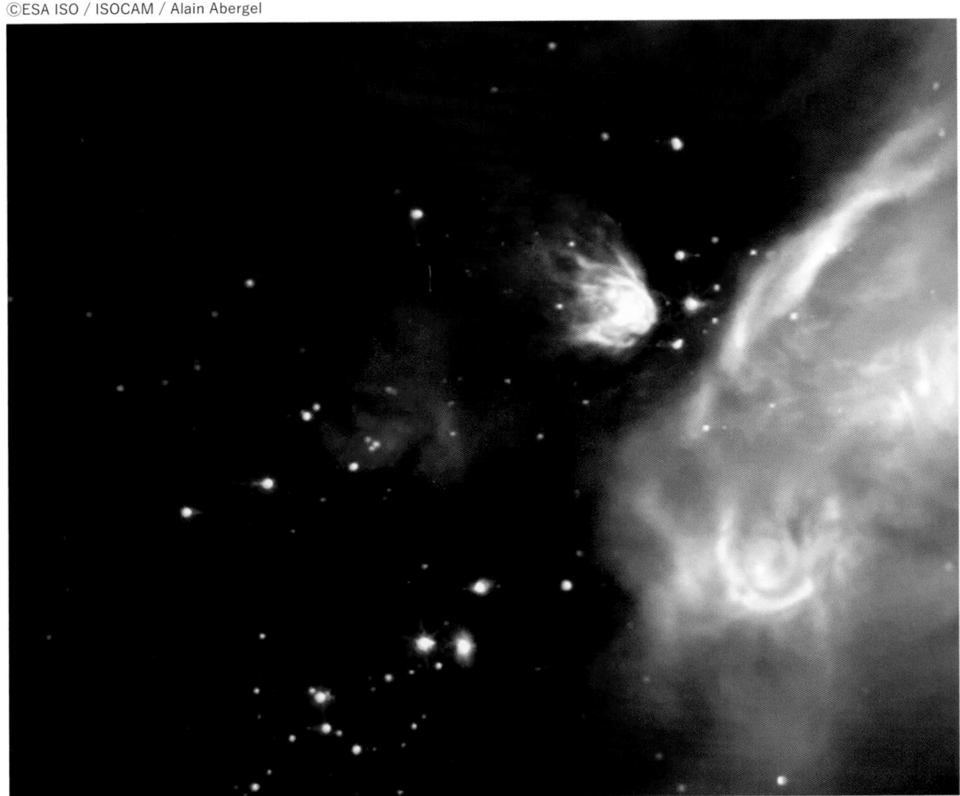

ISOがとらえたへびつかい座の一角。画像には恒星になれなかった褐色矮星が30個ほど含まれる。

1995年にESA（欧州宇宙機関）が打ち上げた赤外線観測衛星が『ISO』です。この機体の目的は広域な全天マップの作成ではなく、限定された狭い画角による個々の天体の観測であり、口径60㎝のリッチー・クレチアン式望遠鏡を搭載していました。搭載機器の熱が発する赤外線を抑え、高精度なデータを取得するために、ISOの機器は液体ヘリウムによって2 ～ 4ケルビン（摂氏マイナス270度前後）まで冷却されました。当時としては世界最高レベルの、超高感度なこれらの機器によって3万回におよぶ観測を行い、星間物質の密度、星形成におけるその役割、巨大惑星、小惑星、太陽系の彗星などを観測。宇宙空間に存在する水蒸気やフッ化水素を史上はじめて観測することに成功しました。

Date:

1995.12/30

X線放射時間観測探査機／打上日

Country: USA

Rossi X-ray Timing Explorer

ロッシXTE

「高エネルギー現象の時間変化を観測」

©NASA

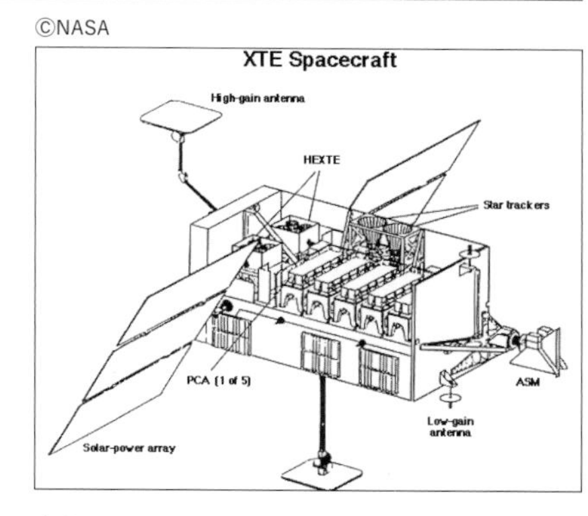

中央に5つ並ぶのが比例計数管PCA。左に2つあるのがHEXTE。右に突出しているのが全天モニター ASM。

運用Data:

国際標識／ 1995-074A
別名／エクスプローラー 69
運用／ NASA（米航空宇宙局）
打上日／ 1995年12月30日
射場／ケープ・カナベラル空軍基地
ロケット／デルタII
運用停止／ 2012年1月5日

機体Data:

バス寸法／–
打上時質量／ 3,200kg
観測目的／ X線
主要ミッション機器／
・全天モニター（ASM）
・実験データ・システム（EDS）
・高エネルギー X線タイミング実験器（HEXTE）
・比例計数管（PCA）
・クロス・キャリブレーション・ステータス（RXTE）

軌道Data:

軌道／地球周回軌道、円軌道
軌道高度／ 409km
傾斜角／ 28.5度

©NASA

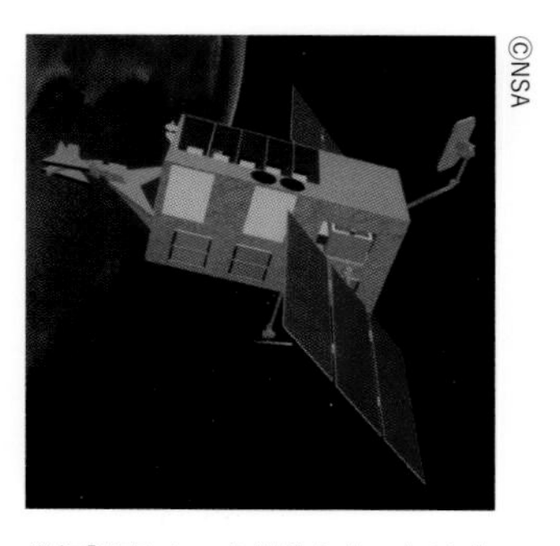

当初「XTE」という機体名だったが、後に物理学者ブルーノ・ロッシ（p.081）にちなんで「ロッシXTE」と改名。その観測データから一般相対性理論が予測する「慣性系の引きずり」を証明。

©NASA/CXC/A. Hobar

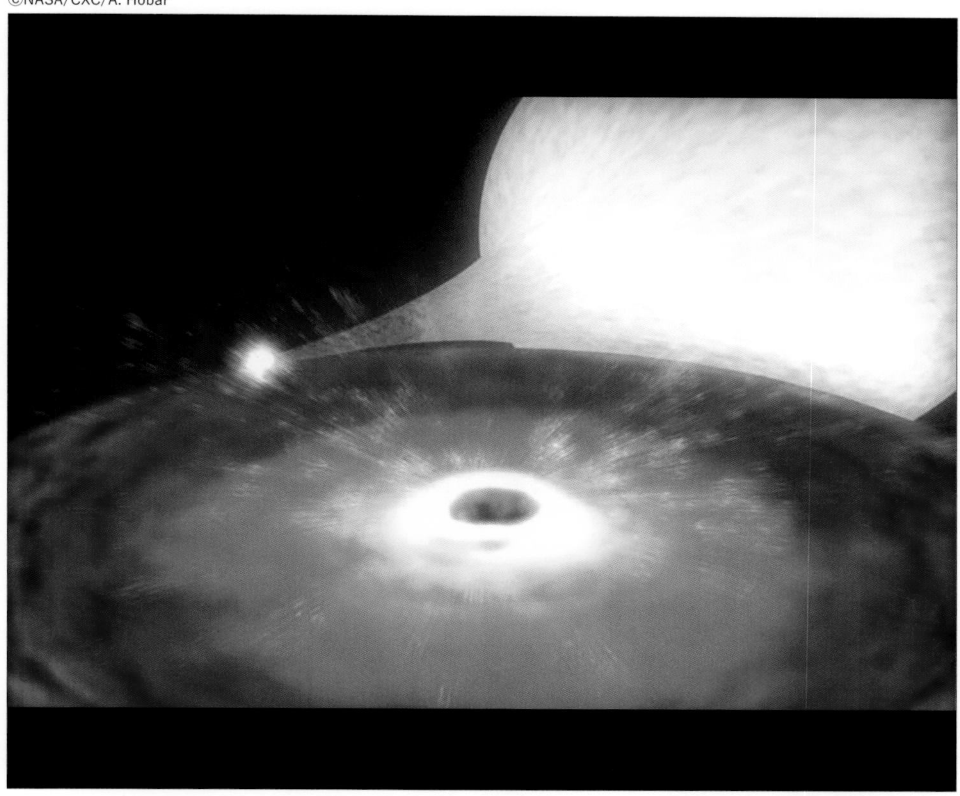

RXTEが発見した最小質量のブラックホールが伴星のガスを引き寄せている図。XTEJ 1650-500という名前の連星系に属す。

XTEとは「X線放射時間観測探査機」を意味し、この観測機がX線源の明るさの時間的変化を観測することを意味します。搭載された主な観測機器は、全天モニター「ASM」、高エネルギー X線タイミング実験器「HEXTE」、比例計数管「PCA」であり、これらの機器によってブラックホール、中性子星、X線パルサー、X線バーストから発せられるX線の時間変化を1000分の1秒から数年にわたって観測。約16年間の運用期間中に数千におよぶX線源の観測を行いました。それまでに発見されたなかでもっとも質量の小さいブラックホール「XTEJ 1650-500」を発見（太陽の質量の5 ～ 10倍）し、また、銀河の拡散背景放射X線の輝きが、数多くの未知の白色矮星などに由来することを証明しました。

Date:

1996.4/30

X線天文衛星／打上日

Country: Italy / Netherlands

BeppoSAX

ベッポサックス

「ガンマ線バーストをX線で観測、その距離を明らかに」

©SRON

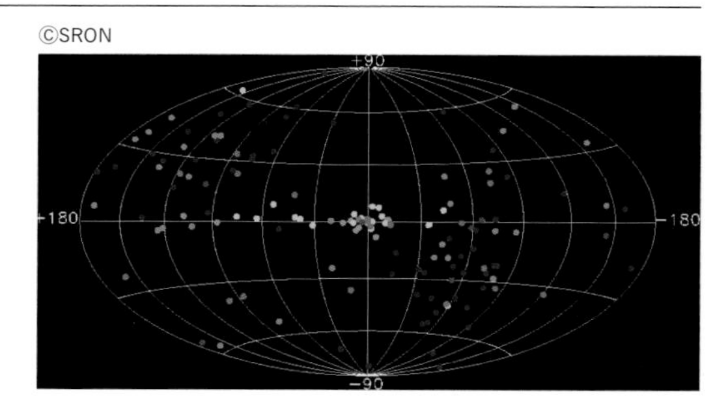

新たに発見した130個のX線源のうち、約半数は未知のガンマ線バースト、他は天の川銀河内の天体によるものと特定された。

運用Data:

国際標識／ 1996-027A
運用／ ASI(イタリア宇宙機関)
NIVR(オランダ航空宇宙計画局)
打上日／ 1996年4月30日
射場／ケープ・カナベラル空軍基地
ロケット／アトラス・セントール
運用停止／ 2002年4月30日

機体Data:

バス寸法／ D 2.7m×L 3.6m
打上時質量／ 1,400kg
観測目的／ X線
主要ミッション機器／
・低エネルギー集線分光計(LECS)
・中エネルギー集線分光計(MECS)
・比例計数管(HPGSPC)
・ホスウィッチ検出システム(PDS)
・広域カメラ(WFC)

軌道Data:

軌道／地球周回軌道、円軌道
軌道高度／近575km、遠594km
傾斜角／ 3.9度

©M. Brown / R. Schommer / K. Olsen/ B. Jannuzi / A. Dey (NOAO) / A. Fruchter, J. Rhoads (STScI) AURA/NSF

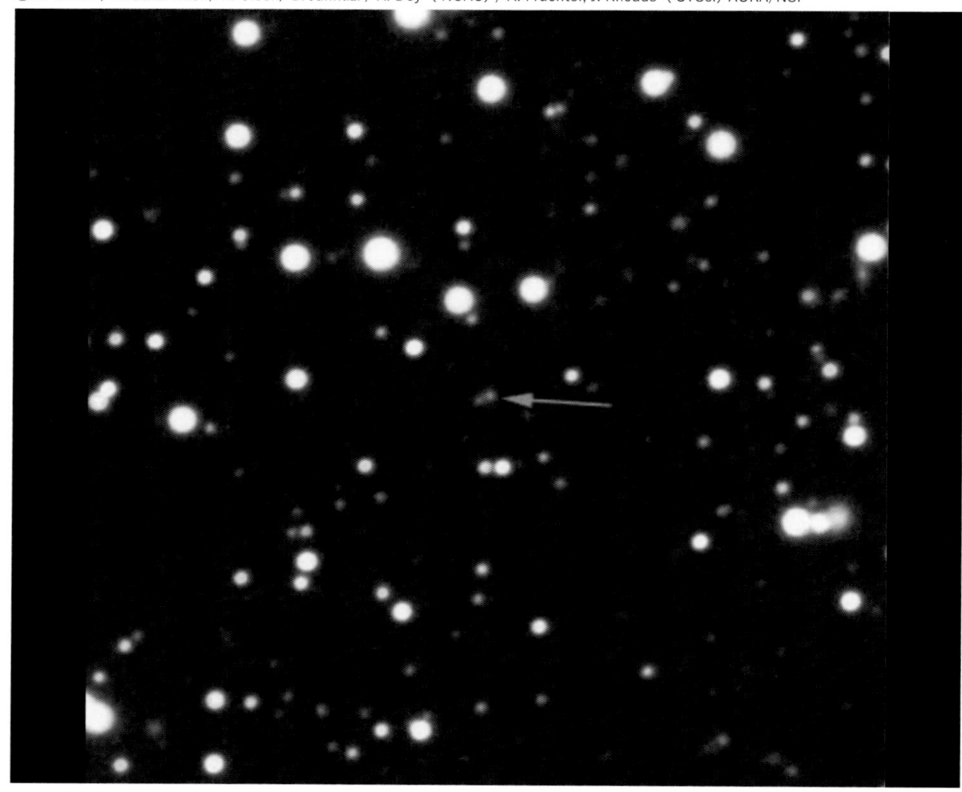

矢印が指す天体は、きりん座の一角で発生したガンマ線バースト「GRB 011121」。2001年にベッポサックスなどが検出。

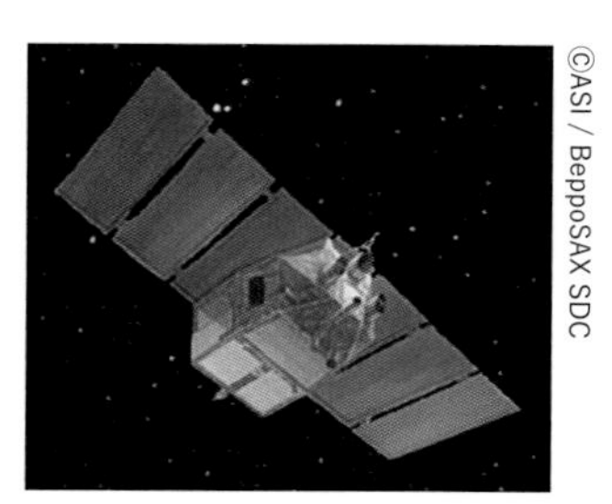

©ASI / BeppoSAX SDC

ベッポサックスという機体名は、宇宙線研究のパイオニアのひとりであるイタリアの物理学者、ジュセッペ・ベッポ・オキャリーニ氏にちなむ。

X線天文衛星『ベッポサックス』は、イタリアとオランダが共同開発した観測機であり、宇宙空間に一瞬輝くガンマ線バーストを、X線によって観測しました。当時としては世界最高スペックの観測機器を搭載し、0.1 ～ 200 KeV以上という、非常に広範囲のスペクトル(放射線のエネルギー量)が捕捉可能。広域カメラ「WFC」などによって、6年間で1,100回以上の観測を実施し、130個以上の新しいX線の発生源を発見、30回以上のガンマ線バーストを捕捉しました。また2001年には、60億光年離れた場所で発生したガンマ線バースト「GRB 970508」を、ESAの太陽観測機「ユリシーズ」、NASAの火星探査機「マーズ・オデッセイ」とともに観測。ガンマ線バーストの発生源までの距離を特定したのは、これが史上初となりました。

Date:

1997.2/12

電波天文衛星／打上日

Country: Japan

MUSES-B

はるか

「地球直径の3倍のアンテナを仮想創出」

©JAXA

はるかと地上の大型電波望遠鏡をリンクさせることによって、仮想的に生み出された超大型アンテナのイメージ図。その直径はなんと地球の約3倍。

運用Data:

国際標識／ 1997-005A
運用／ ISAS（宇宙科学研究所）
打上日／ 1997年2月12日
射場／鹿児島宇宙空間観測所
（現・内之浦宇宙空間観測所）
ロケット／ M-V（1号機）
運用停止／ 2005年11月30日

機体Data:

バス寸法／ 1.5×1.5×1.0m
質量／ 830kg
観測目的／電波
主要ミッション機器／
・大型展開アンテナ
（最大径10m、有効径8m）
（1.60-1.73・4.7-5.0・22.0-22.3GHz）

軌道Data:

軌道／地球周回軌道、長楕円軌道
軌道高度／近560km、遠2万1,000km
傾斜角／ 31度

©JAXA

ケーブルネットワークと金属メッシュ鏡面の口径8mのアンテナを搭載。主副反射鏡で電波をホーンに導く。

©JAXA

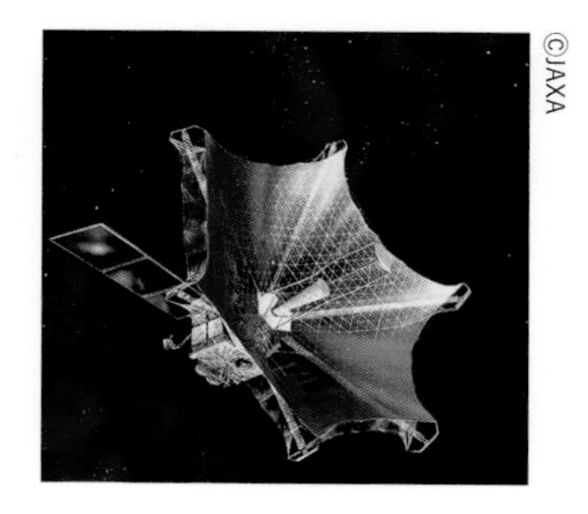

はるかはクエーサー「PKS0637-752」の電波とX線のジェットを1万分の2秒の解像度で観測。また、「M87」銀河のジェットを1,000分の1秒角で観測することに成功した。

宇宙から届く微弱な電波をキャッチする際、地上からの電波が弊害となりますが、宇宙空間であれば高い精度で検出できます。『はるか』は巨大アンテナを持つ電波天文衛星であり、そのアンテナを地上の大型電波望遠鏡とリンクさせ、宇宙空間に超大型電波望遠鏡を仮想創出することで、宇宙から届く電波を高分解能でとらえました。この観測方法は「VLBI」（超長基線電波干渉計）と呼ばれ、地上の電波望遠鏡どうしでも行われますが、はるかが仮想創出した望遠鏡は口径3万km、地球直径の約3倍。この観測方法は極めて高い空間分解能を与えられるのが特徴ですが、集光力（電波の総量）は低く、強い電波を発する高エネルギー天体しか受信できません。はるかは多くの活動銀河核（AGN）から吹き出されるジェットの観測で成果を上げました。

Date:

1998.6/2

アルファ磁気分光器／打上日

Country: USA 

Alpha Magnetic Spectrometer 01

AMS-01

「ディスカバリー号に搭載された素粒子検出器」

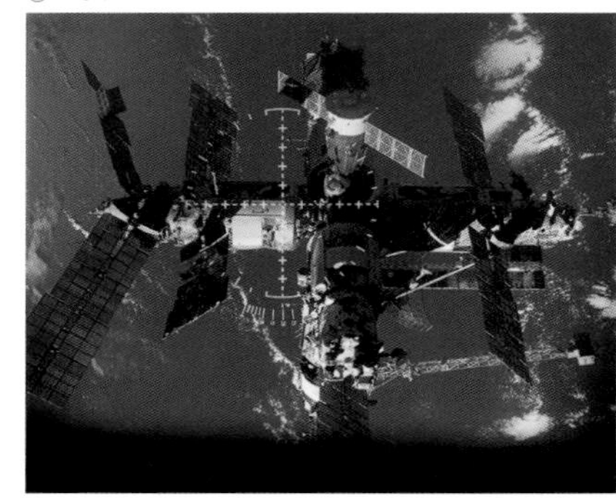

©NASA

STS-91はシャトル・ミール計画における最後のフライトであり、ミールとの9回目のドッキングを行った。

運用Data:

運用／ NASA（米航空宇宙局）
打上日／ 1998年6月2日
射場／ケネディ宇宙センター
ロケット／スペースシャトル（STS-91）
地球帰還／ 1998年6月12日

機体Data:

バス寸法／－
打上時質量／－
観測目的／素粒子
主要ミッション機器／
・アルファ磁気分光器

軌道Data:

軌道／地球周回軌道、円軌道
軌道高度／近326km、遠330km
傾斜角／ 51.7度

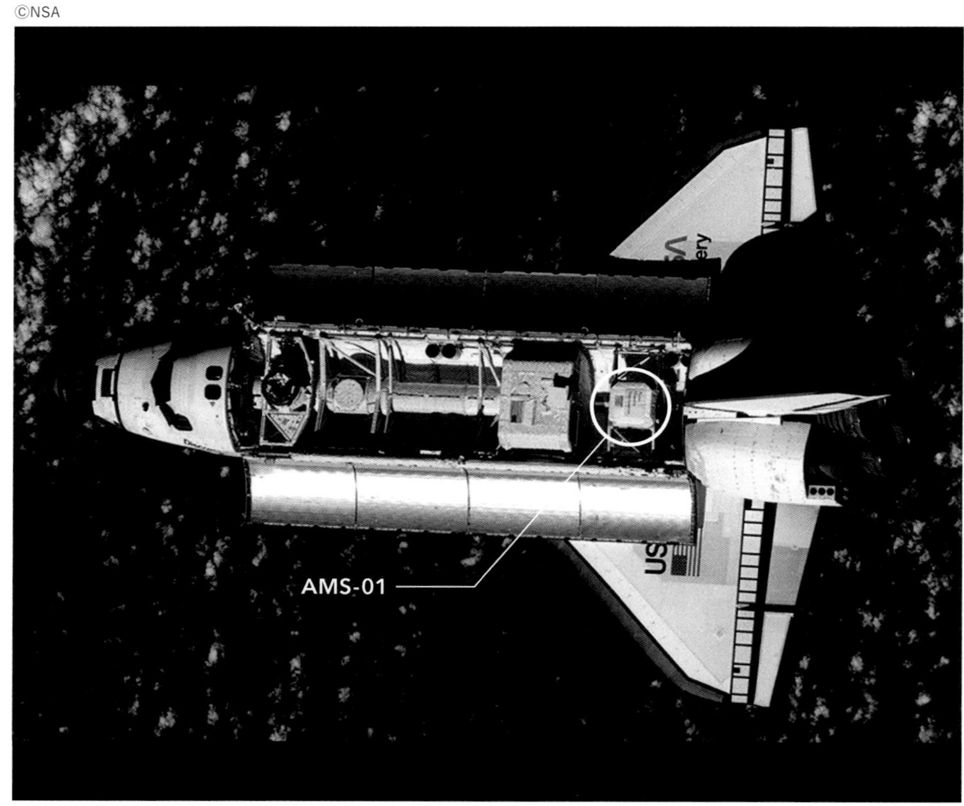

©NSA

ディスカバリー号のカーゴに搭載された「AMS-01」。その前方は宇宙実験室スペースハブ。

©NSA

打ち上げ前、NASAのケネディ宇宙センター内にあるマルチペイロード処理施設（MPPF）に到着した「AMS-01」。ディスカバリー号への搭載準備が進められている様子。

1998年に打ち上げられた「ディスカバリー号」の主目的は、米ロの「シャトル・ミール計画」において、ロシアの宇宙ステーション「ミール」に滞在する米国人クルーを地球に帰還させることでした。しかし、この機体は『AMS-01』も搭載。これは史上はじめて宇宙で使用された大型磁気分光器であり、宇宙から飛来する素粒子を探る観測器でした。ディスカバリー号が軌道に乗ると起動され、11日間にわたって高エネルギーの陽子、電子、陽電子、ヘリウム、反陽子、重水素のスペクトルを測定。暗黒物質（p.049参照）や反物質（陽子と電子の電荷の±が逆の物質、地球の自然界には存在しない）の解明に臨みました。目標だった反ヘリウムは検出されませんでしたが、AMS-01の有用性は実証され、2015年には後継機「AMS-02」がISSに設置されました。

Date:

1998.12/6

サブミリメーター波天文衛星／打上日

Country: USA 

Submillimeter Wave Astronomy Satellite, SWAS

SWAS

「テンペル第1彗星と探査機の衝突を観測」

©NASA / JPL-Caltech / UMD

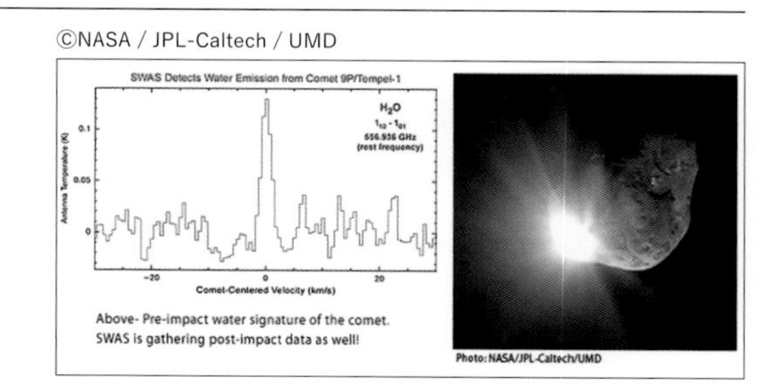

SWAS Detects Water Emission from Comet 9P/Tempel-1
Comet-Centered Velocity (km/s)
Above- Pre-impact water signature of the comet.
SWAS is gathering post-impact data as well!
Photo: NASA/JPL-Caltech/UMD

左は探査機ディープ・インパクトが衝突する以前の、テンペル第1彗星が発する水分子のデータ。右はSWASが撮像した衝突時の画像。

運用Data:

国際標識／ 1998-071A
別名／エクスプローラー 74
運用／ NASA(米航空宇宙局)
打上日／ 1998年12月6日
射場／ヴァンデンバーグ空軍基地
ロケット／ペガサスXL(空中射出)
運用停止／ 2005年11月30日

機体Data:

バス寸法／–
打上時質量／ 288kg
観測目的／サブミリ波
主要ミッション機器／
・カセグレン式反射波望遠鏡
・ショットキー・ダイオード受信機×2
・音響光学分光計

軌道Data:

軌道／地球周回軌道、円軌道
軌道高度／近638km、遠651km
傾斜角／ 69.9度

©Harvard Univ

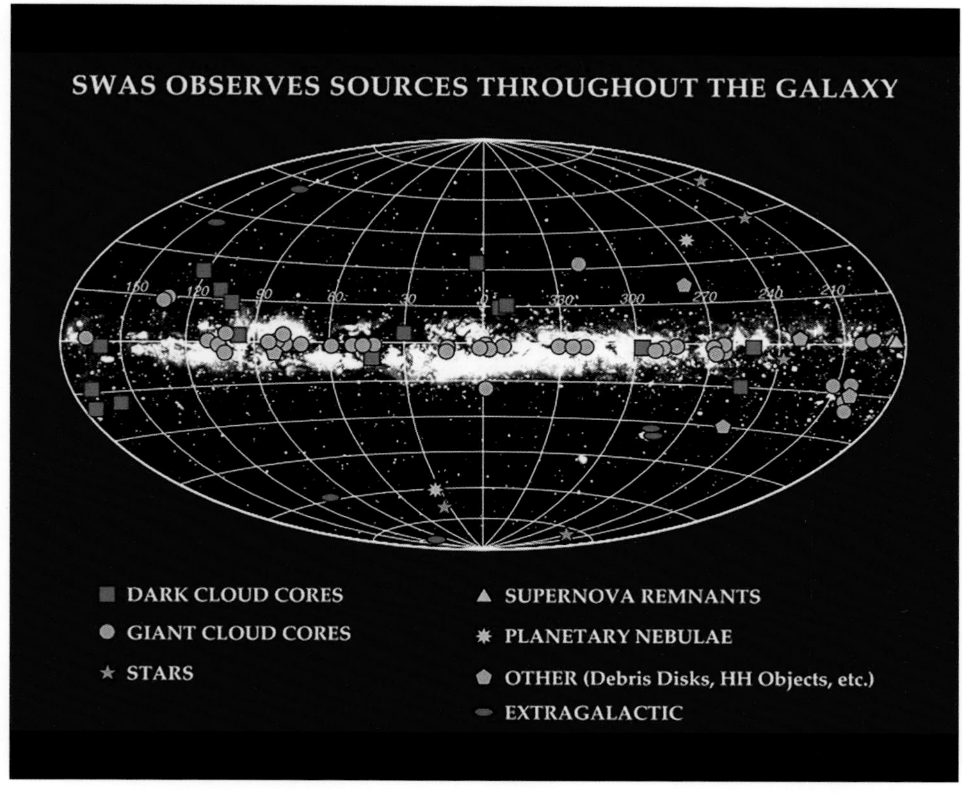

SWASによる全天マップ。赤は暗黒星雲コア、ピンクは巨大星雲コア、オレンジは恒星、緑は銀河系外の天体を示す。

©NASA

SWASはNASAの宇宙科学計画「スモール・エクスプローラー・プログラム」(SMEX)のうちの一機。この計画では小型機の開発・打ち上げ・運用の予算が1億2,000万ドル以下に抑えられる。

NASAの『SWAS』はサブミリメーター波天文衛星と呼ばれ、宇宙空間の水分子、酸素分子、原子状炭素、一酸化炭素から生じるマイクロ波を検出しました。サブミリ波(p.137)とは、波長が0.1～1mmの電波のこと。SWASはこのサブミリ波を、サブミリ波望遠鏡で観測し、星間雲の化学組成、エネルギーバランス、構造などを測定。それらが星や惑星の形成につながる仕組みを分析しました。2001年には恒星「しし座CW星」に水蒸気の雲を発見し、太陽系以外の恒星に水が含まれることを世界ではじめて確認しました。2005年には彗星探査機「ディープ・インパクト」が「テンペル第1彗星」に衝突しましたが、SWASはその様子を地球周回軌道上から観測。衝突によって宇宙空間に飛散した水分子を観測しました。

Date:

1999.3/5

広視野赤外線探査機／打上日

Country: USA 

Wide Field Infrared Explorer, WIRE

WIRE

「恒星追跡装置で長期にわたり光度を測定」

ⒸNASA / JPL-Caltech

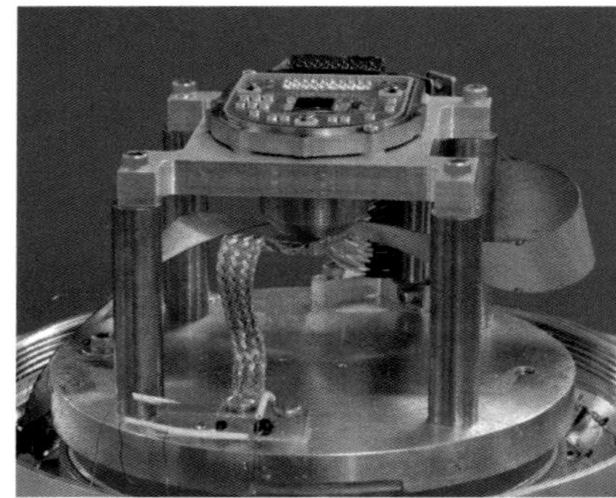

WIREに搭載されていた赤外線放射用検出器。その性能は当時、世界最高レベルのものだった。

運用Data:

国際標識／ 1999-011A
別名／エクスプローラー 75
運用／ NASA（米航空宇宙局）
打上日／ 1999年3月5日
射場／ヴァンデンバーグ空軍基地
ロケット／ペガサスXL（空中射出）
運用停止／ 2011年5月10日

機体Data:

バス寸法／–
打上時質量／ 250kg
観測目的／赤外線
主要ミッション機器／
・リッチー・クレチアン式望遠鏡（30cm口径）
・赤外線放射用検出器（12μ・25μ）

軌道Data:

軌道／地球周回軌道、略円軌道
太陽同期軌道
軌道高度／近409km、遠426km
傾斜角／ 97度

ⒸNASA / JPL-Caltech

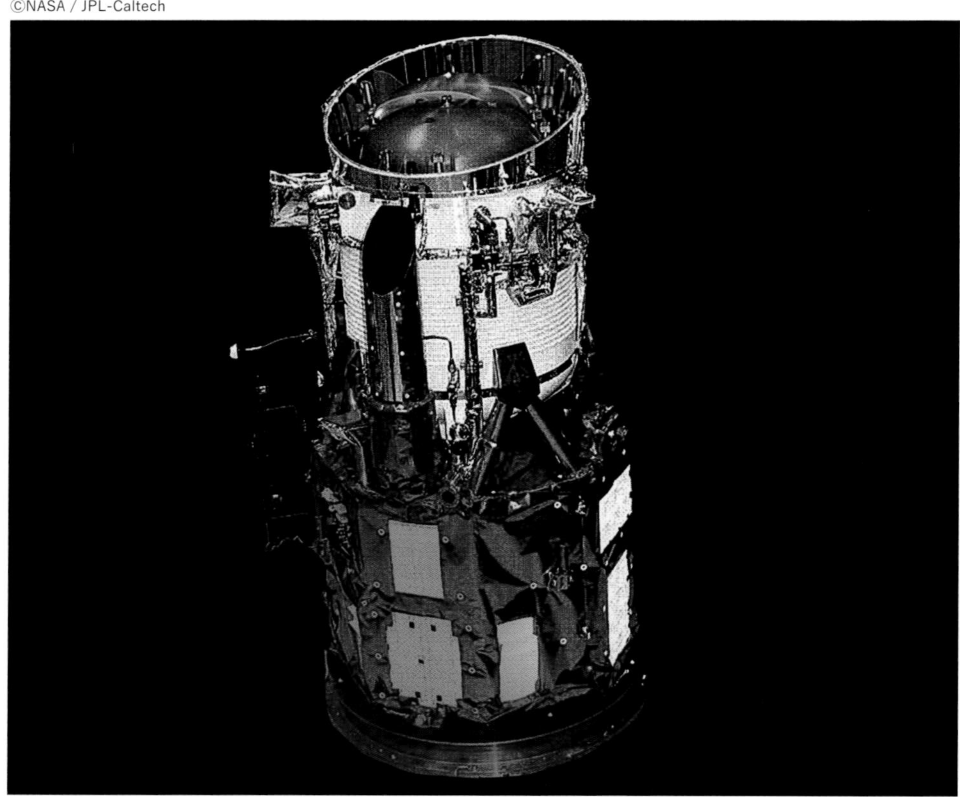

本来の役割が果たせなかったWIREの課題は、10年後に打ち上げられるWISE（p.196）が引き継ぐことになる。

広視野赤外線探査機『WIRE』（ワイヤー）の目的は、太陽の10倍以上の質量を持つ恒星を、短時間（1,000万年程度）で生み出す「スターバースト銀河」や、銀河を形成しつつあるガス雲「原始銀河」を観測することでした。波長の長い赤外線であれば、可視光では見えないガスの向こう側を透視できます。そのためWIREには赤外線望遠鏡が搭載されていました。しかし打ち上げ直後、望遠鏡のカバーが予定外に開き、強すぎる地球の光を集光してしまいます。その結果、望遠鏡を冷却するための極低温剤（固体水素）が沸騰して蒸発ガスが機外へ噴出、機体をスピンさせました。水素がなくなると機体姿勢は安定しましたが、予定したミッションは実施できず、明るい星を長期観察する代替ミッションが行われました。

ⒸNASA / JPL-Caltech

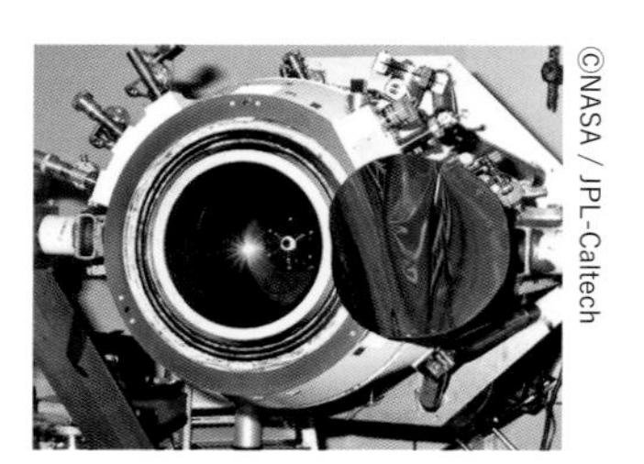

WISEのリッチー・クレチアン式望遠鏡。天体から飛来する電磁波の波長が引き延ばされる現象「赤方偏移」（p.152・154）を観測して、どの光度がスターバースト銀河によるものかを判断する予定だった。

Date:

1999.6/24

遠紫外線分光探査機／打上日

Country: USA / France / Canada

Far Ultraviolet Spectroscopic Explorer, FUSE

FUSE

「ビッグバン直後の水素と重水素を観測」

Ⓒ JHUAPL / NASA

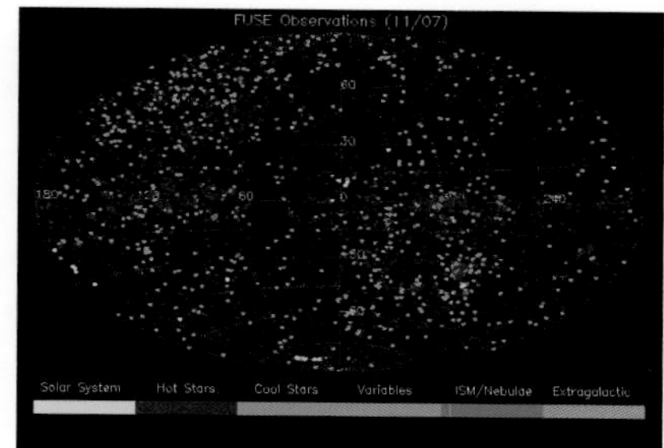

FUSEの遠紫外線全天マップ。青は高温な星、水色は低温な星、緑は星雲や星間物質、ピンクは銀河系外の天体を示す。

運用Data:

国際標識／ 1999-035A
別名／エクスプローラー 77
運用／ NASA(米航空宇宙局)
JHUAPL(ジョンズ・ホプキンズ大学)
CNRS(フランス国立科学研究センター)
CSA(カナダ宇宙庁)
打上日／ 1999年6月24日
射場／ケープ・カナベラル空軍基地
ロケット／デルタII
運用停止／ 2007年7月12日

機体Data:

バス寸法／–
打上時質量／ 1,400kg
観測目的／遠紫外線
主要ミッション機器／
・球面収差補正ホログラフィック回折格子×4
・遅延線マイクロチャネルプレート検出器×2
・ファイン・エラー・センサー(FES)

軌道Data:

軌道／地球周回軌道、円軌道
軌道高度／近752km、遠767km
傾斜角／ 25度

ⒸT.A. Rector & B.A. Wolpa / NOAO / AURA / NSF

散光星雲「IC405」を照らす「ぎょしゃ座AE星」(中央)。可視光では宇宙チリが隠してしまう重水素が紫色に見える。

ⒸNASA

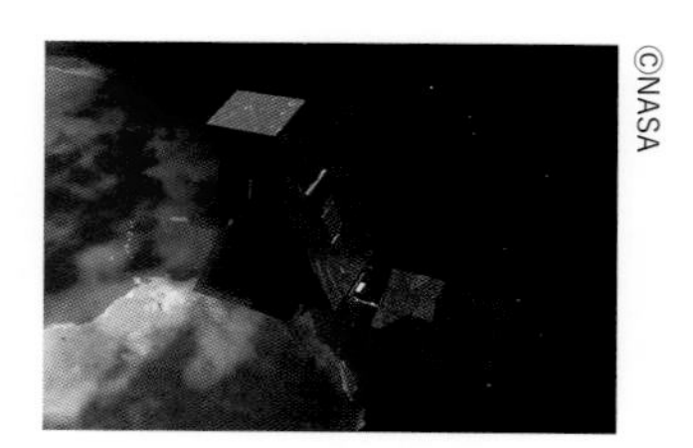

FUSEは、すべての星や惑星、生命の源となったビッグバン直後の原始的な化学遺産を発掘する観測衛星といえる。

宇宙においてもっとも軽い元素である水素は、ビッグバンの直後に生成されたと考えられ、それは紫外線で明確なスペクトルを示します。NASA、カナダ、フランスの合同プロジェクトとして進められた『FUSE』(ヒューズ)は、それ以前ではOAO-3(p.083参照)のみが観測した遠紫外線の帯域(90.5-119.5nm)を、同機の数万倍の解像度で観測。銀河の局所的な水素濃度を調査しました。その結果、ビッグバンで生成された重水素(水素の同位体)の総量、現在の宇宙に存在する水素の総量、星を作るために必要な水素ガスの質量などが推定され、その数値は予想をはるかに超えることが判明しました。FUSEの科学チームのリーダーは、「この発見は星や銀河の形成に関する理論を根本的に変える可能性がある」とコメントしています。

Date:

1999.7/23

X線観測衛星／打上日

Country: USA 

Chandra X-ray Observatory

チャンドラX線観測衛星

「かに星雲のパルサーにリングとジェットを発見」

©NASA

望遠鏡ミラーで捕捉したX線源の位置は、このCCD分光撮像器「ACIS」、高解像度カメラ「HRC」で測定。

運用Data:

国際標識／ 1999-040B
運用／ NASA（米航空宇宙局）
打上日／ 1999年7月23日
射場／ケネディ宇宙センター
ロケット／スペースシャトル（STS-93）

機体Data:

バス寸法／ L 11.8×W 4.3m
打上時質量／ 4,790kg
観測目的／ X線
主要ミッション機器／
ヴォルター式反射鏡
・画像分光計（ACIS）
・高解像度カメラ（HRC）
・高分解能分光計（HETGS）
・高分解能分光計（LETGS）

軌道Data:

軌道／地球周回軌道、長楕円軌道
軌道高度／近9,942km、遠14万km
傾斜角／ 28.5度

©NASA / CXC & J.Vaughan

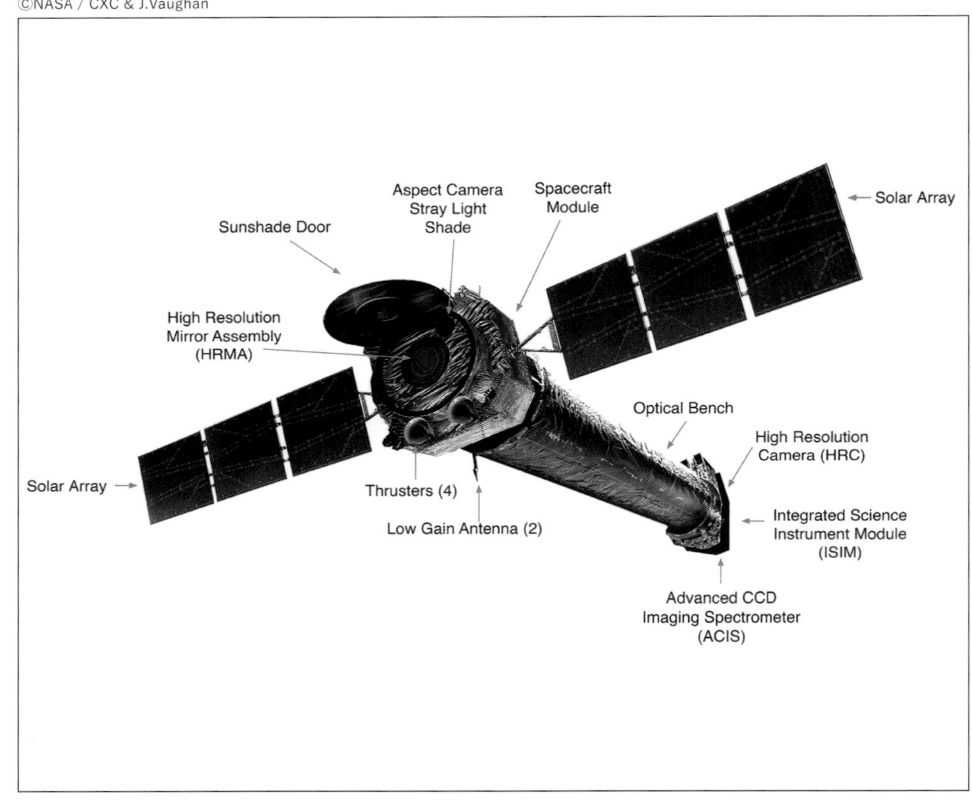

全長は11.8m。ハッブルの打上時の質量が11.6トンなのに対し、チャンドラは5.86トンとかなり軽量。

©NASA

望遠鏡ミラー（右ページ参照）から反射してきたX線を検出する高解像度カメラ「HRC」が、真空チャンバー内で統合される様子。全高は約3m。その解像度は800m先の新聞が読めるほど。

X線観測衛星『チャンドラ』は、NASAの「グレート・オブザバトリー計画」（p.052参照）における3機目の機体であり、それ以前のX線望遠鏡より100 倍ほど高い感度で観測することが可能。高精度な観測機器を活かし、数多くの発見を成し遂げています。チャンドラは、1999年にスペースシャトル「コロンビア号」から地球周回軌道上にリリースされましたが、その軌道の近地点は約1万km、遠地点は14万kmという長楕円軌道へ投入されました。高解像度カメラ（HRC）などによって超新星残骸「カシオペヤ座A」を撮像し、また、かに星雲の中央に位置するパルサー（p.045）にリングとジェットを発見しました。2006年には銀河団どうしが衝突する様子を撮像。ダークマターが存在する証拠（p.049・160参照）を発見しています。

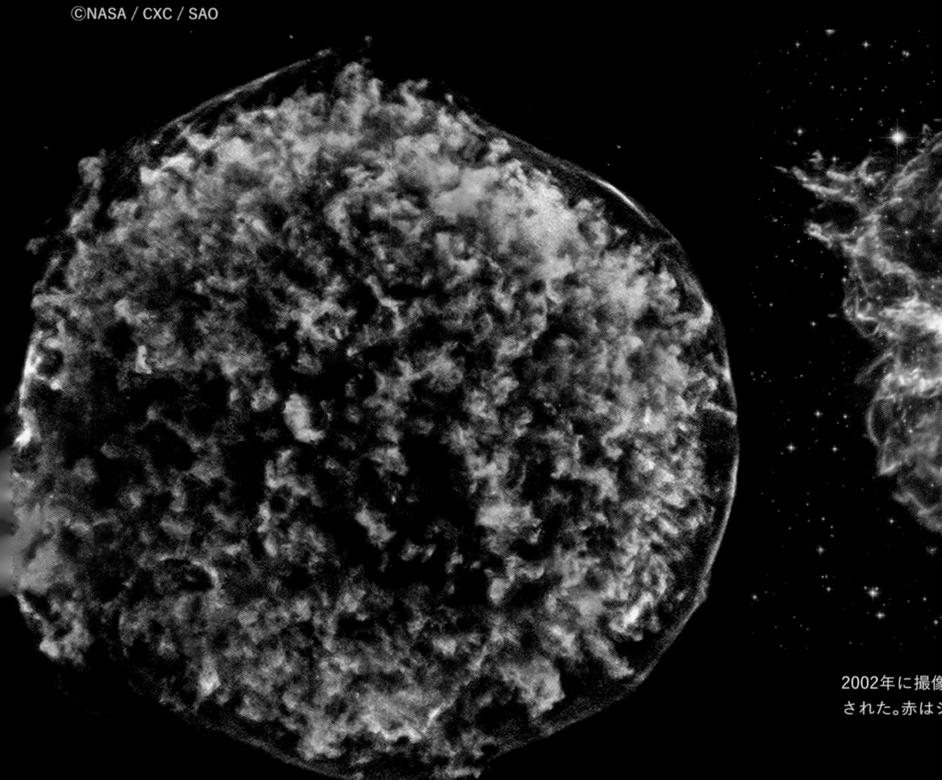

ティコの超新星残骸「SN 1572」は、肉眼で見える8つの超新星のひとつ。膨張するデブリが数百万度(赤と緑)に加熱されていて、外側には急速に移動する高エネルギーの電子がシェル(青)を形成している。

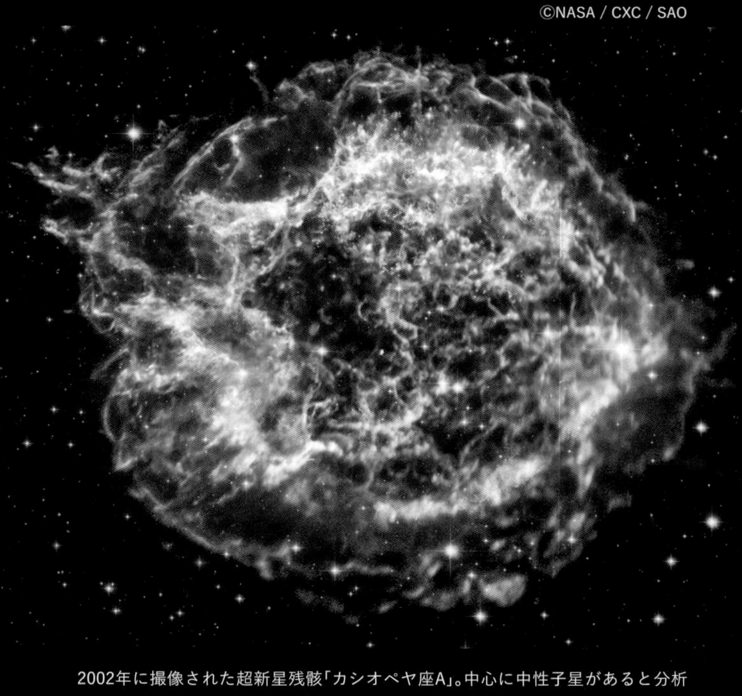

2002年に撮像された超新星残骸「カシオペヤ座A」。中心に中性子星があると分析された。赤はシリコン、黄色は硫黄、緑はカルシウム、紫は鉄。

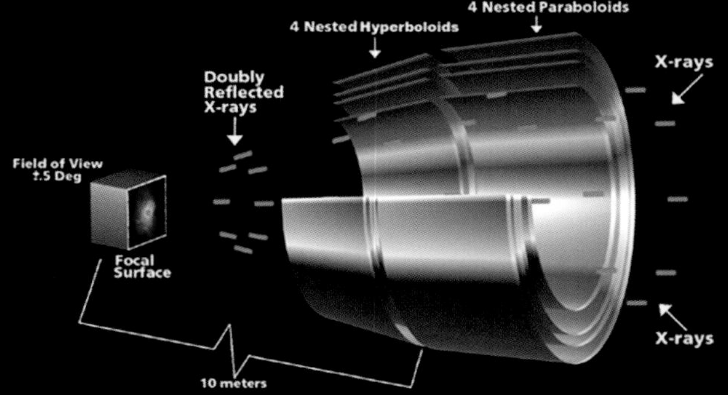

チャンドラの反射鏡。X線は鏡に正面から当たると透過してしまうが、かすめ角で当たるX線は反射する。そのため鏡は皿ではなく、樽のような形状をしている。

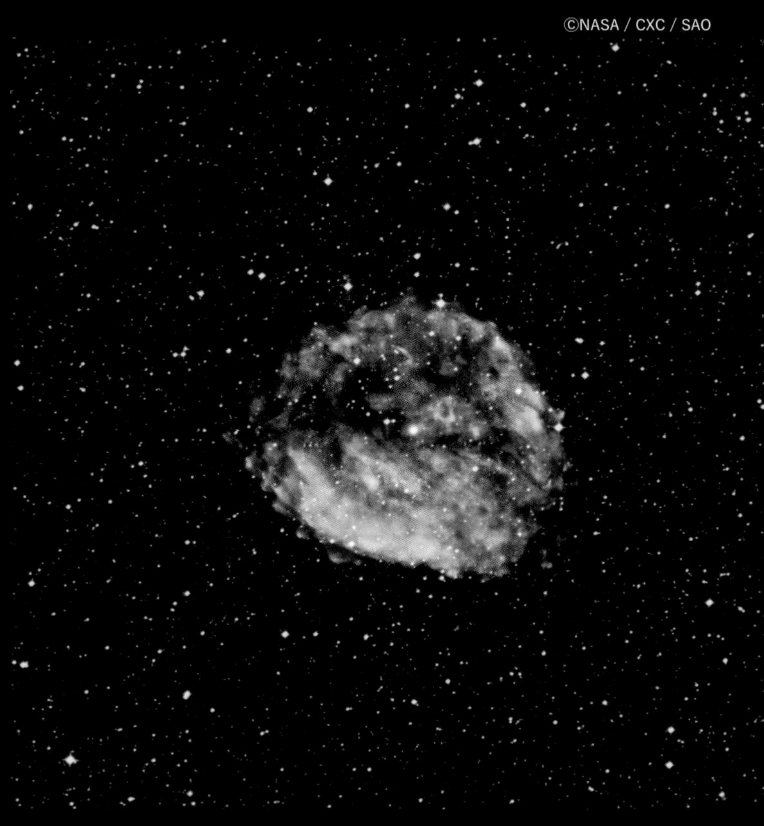

地球から9,000光年離れた超新星爆発の残骸「RCW 103」。中心に青く光るのが中性子星「1E 1613 」。この画像ではX線が強いと青く、弱いと赤味を帯びている。

Chandra: ©NASA/CXC/Univ. of Bolonga/K. Rajpurohit et al.; XMM-Newton: ©ESA/XMM-Newton/Univ. of Bolonga/K. Rajpurohit et al. Radio: LOFAR: LOFAR/ASTRON; GMRT: ©NCRA/TIFR/GMRT; VLA: NSF/NRAO/VLA; Optical/IR: ©Pan-STARRS

銀河団「Abell 2256」は、少なくとも3つの銀河団が衝突した結果と考える。チャンドラとXMMからのX線を青、その他電波データを赤で表現。

©X-ray: NASA/CXC/GSFC/B. J. Williams et al.; Optical: NASA/ESA/STScI

白色矮星の超新星残骸「SNR 0519」。地球から16万光年離れた大マゼラン雲にある。これはチャンドラのX線、ハッブルの可視光データの合成画像。

X-ray: Chandra: ©NASA/CXC/U.Wisc-Madison/S. Heinz et al.; Swift: ©NASA/Swift/Univ. of Leicester/A. Beardmore; Optical: DSS; Sonification: ©NASA/CXC/SAO/K.Arcand, SYSTEM Sounds (M. Russo, A. Santaguida)

「V404 Cygni」はブラックホールと恒星の連星であり、はくちょう座の方角にある。ブラックホールは定期的に周囲の物質をバーストさせ、X線を宇宙空間に拡散しているが、2015年、チャンドラとスウィフト(p.182)がそのX線を捕捉。

Movie

\Check!/

『ブラックホールの光の音』

時間／ 00:56
言語／ 環境音のみ
©NASA/Chandra X-ray Observatory

チャンドラとスウィフトが捕捉した上記データは2022年に音に変換され、「光のエコー」として公開された。その不気味なサウンドは、YouTube動画で聴くことができる。

Chandra: ©NASA/CXC/RIKEN/T. Sato et al.; NuSTAR: ©NASA/NuSTAR; Hubble: ©NASA/STScI

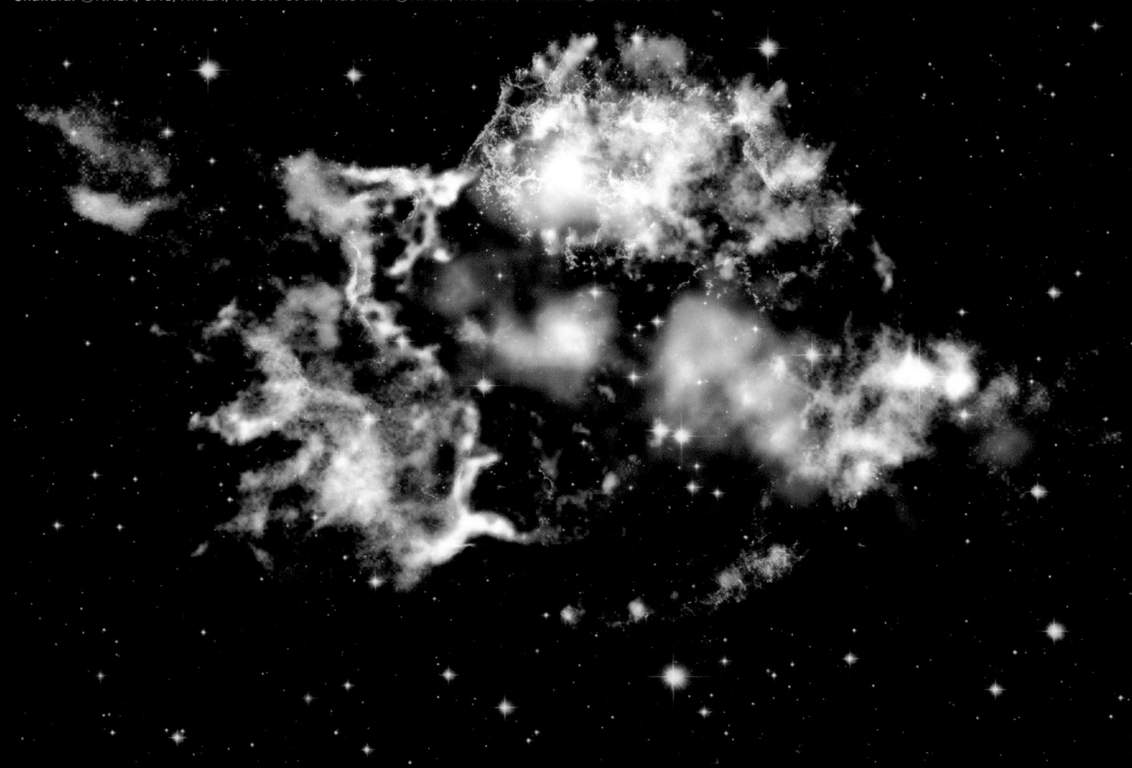

チャンドラ、NuSTAR(p.198)、ハッブル(p.102)の画像による超新星残骸「カシオペヤ座A」の画像。これは右ページの5枚の画像を合成して作られている。

X-ray: Chandra: ©NASA/CXC/SAO, IXPE: ©NASA/MSFC/J. Vink et al.; Optical: ©NASA/STScI

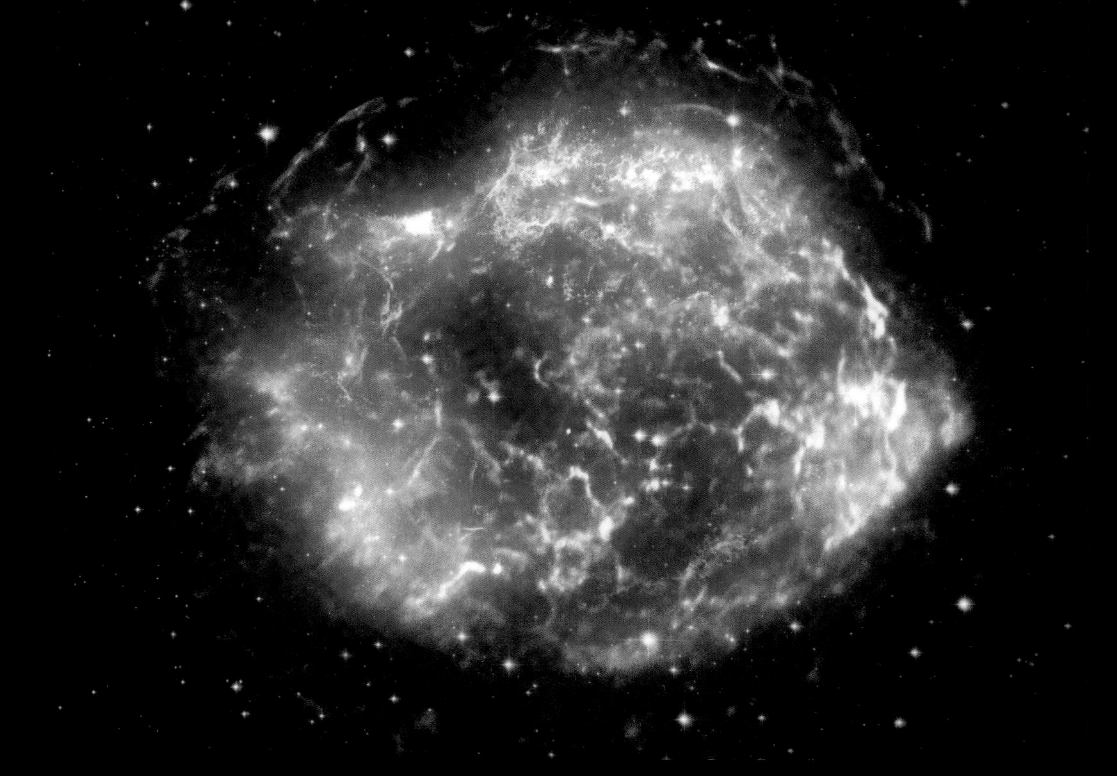

チャンドラとIXPE(p.218)のX線画像の合成。崩壊した星から放出される磁場の研究が、この画像から進められている。

NuSTAR: ©NASA/NuSTAR

Chandra: ©NASA/CXC/SAO

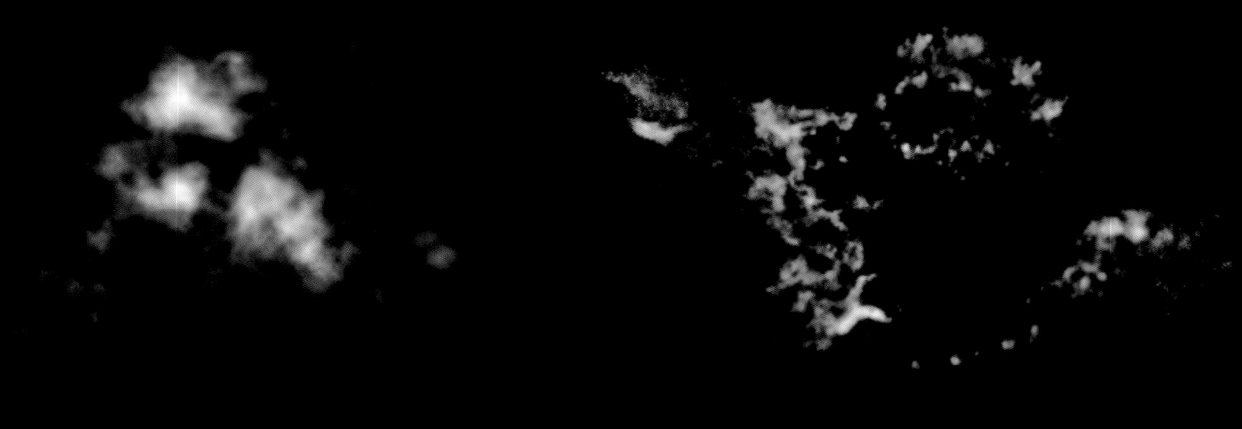

このページに並ぶ5枚の画像は、カシオペヤ座Aが放出する物質を表す。もっとも重要なのが「チタン」を示すこの一枚。爆発する直前の星の内部で形成されたと予想される。

チャンドラがとらえた「ケイ素」(シリコン)と「マグネシウム」。同元素を2:1の比率で結合させると「ケイ化マグネシウム」になるが、ここに写るものがそれかは不明。

Chandra: ©NASA/CXC/SAO

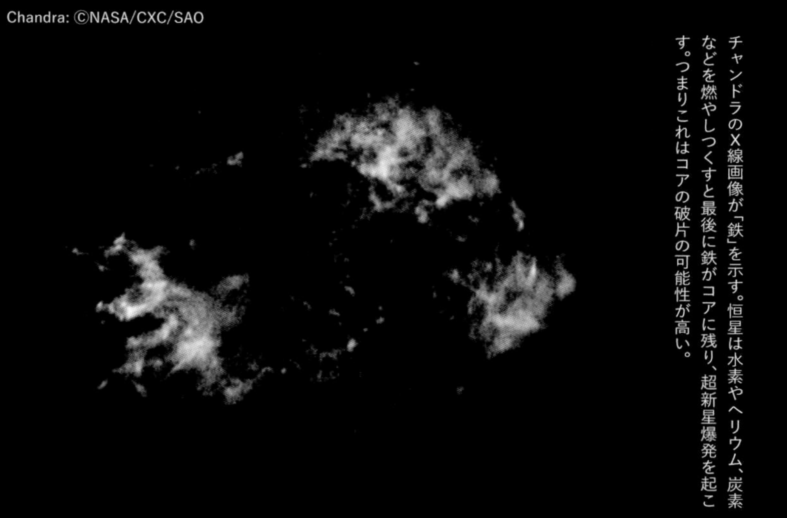

チャンドラのX線画像が「鉄」を示す。恒星は水素やヘリウム、炭素などを燃やしつくすと最後に鉄がコアに残り、超新星爆発を起こす。つまりこれはコアの破片の可能性が高い。

Chandra: ©NASA/CXC/SAO

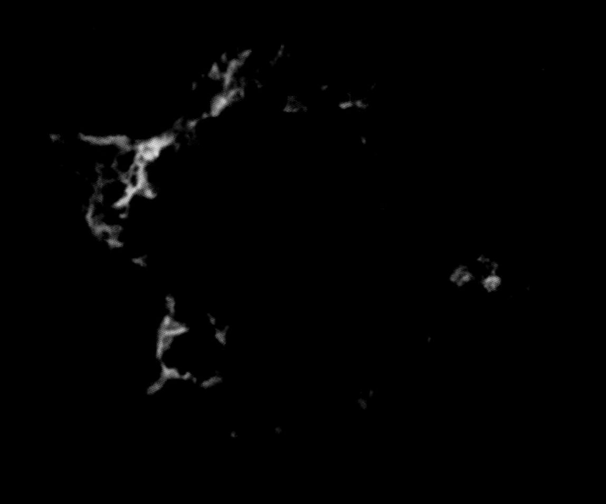

チャンドラがとらえた「酸素」元素はパープルで表現。他の画像と比較すると、それぞれの物質の違いなどで、恒星が爆発したあとの拡散の仕方に違いがあるのがわかる。

Hubble: ©NASA/STScI

私たちの目に見える「可視光」で撮影されたカシオペヤ座Aの画像。同天体は肉眼でもかすかに見ることができる。ハッブルの広視野カメラ(WFC2または3)によって撮影。

Date:

1999.12/10

X線観測衛星／打上日

Country: EU 

X-ray Multi-Mirror Mission - Newton, XMM-Newton

XMMニュートン

「X線望遠鏡を3機搭載、銀河団を多数発見」

ⒸESA

全長はハッブルの13・2mをしのぐ16m。ESAにとって過去最大の科学衛星。スラスターを4基搭載。

運用Data:

国際標識／ 1999-066A
運用／ ESA（欧州宇宙機関）.
打上日／ 1999年12月10日
打上サイト／ギアナ宇宙センター
ロケット／アリアン5 ECA

機体Data:

バス寸法／ H 16m
打上時質量／ 3,764kg
観測電磁波／ X線
主要ミッション機器／
・ヴォルター I式反射鏡×3
・リッチー・クレチアン式望遠鏡（OM）
・反射型回折格子分光計（RGS） ×2

軌道Data:

地球周回軌道、長楕円軌道
軌道高度／近7,365km、遠11万4,000km
傾斜角／ 38.7度

ⒸESA

アリアン5ECAの頂部に搭載されたXMM。月までの距離の約3分の1に当たる遠地点11万4000㎞の長楕円軌道に投入された。

ⒸESA

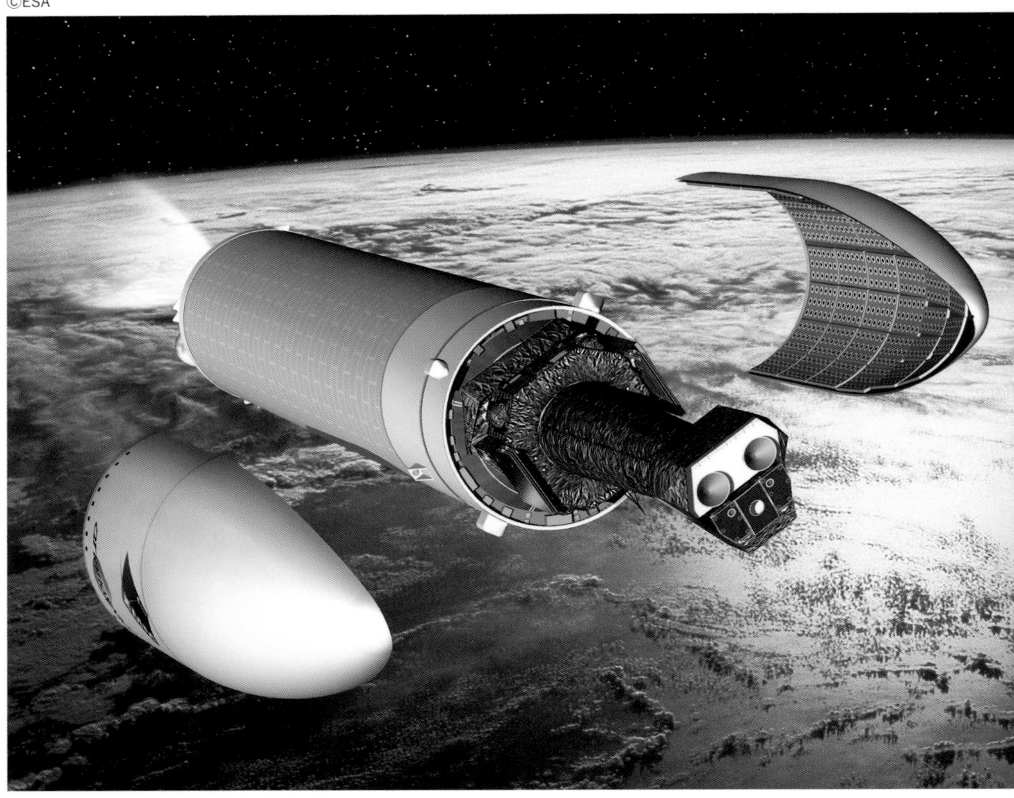

ロケット頂部のフェアリングが展開された際のイメージ図。フランス領ギアナから打ち上げられた。

ESA（欧州宇宙機関）が打ち上げた、当時の最新鋭機であるX線観測衛星『XMニュートン』は、58枚のヴォルター I式反射鏡からなるX線望遠鏡を3機搭載し、暗い天体までを世界最高レベルの感度で撮像してきました。これら観測機器によって、過去のどの観測衛星よりも多くのX線源を検出してきた同機は、地球から100億光年離れた大質量の銀河団「XMMXCS 2215-1738」や、70億光年離れた銀河団「2XMM J0830」などを発見。また、口径30㎝のリッチー・クレチアン式望遠鏡（OM）も搭載されていて、対象天体を可視光線と紫外線で観測することも可能です。XMMニュートンの観測によって天文学者は、はじめて中性子星の質量と半径の比を割り出すことにも成功、その組成を解明するための手がかりを得ました。

©NASA / ESA

©ESA/XMM- Newton

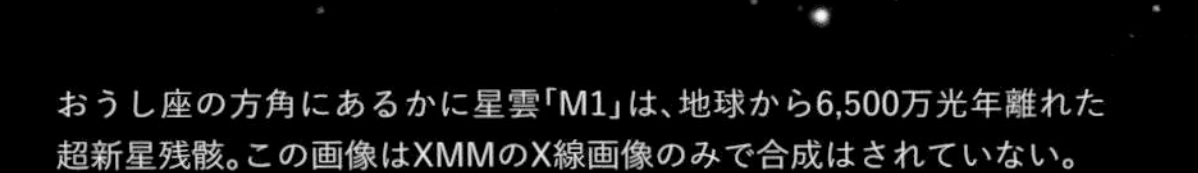

おうし座の方角にあるかに星雲「M1」は、地球から6,500万光年離れた超新星残骸。この画像はXMMのX線画像のみで合成はされていない。

渦巻銀河「NGC5907」にある強力なパルサー。XMM（青）
画像。グラフはパルサーの自転周期がわずか1.13秒である

©ESA-S.Sciortino / Osservatorio Astronomico di Palermo

5'

地球から4,500光年離れた約100個の明るい星からなるコンパクトな散開星団「NGC2516」。「ジュエルボックス」という名でも知られる。

カシオペヤ座の「ティコ」超新星残骸。光子カメラEPIC
（赤）、硫黄（緑）、シリコン（青）、鉄（多色）の濃度を示す。直

Chapter 5

THE BASIC O
SPACE TELES

Basic Guidance
Observation Method

宇宙望遠鏡の超基本

宇宙におけるさまざまなルールを知っておくと、
宇宙の謎を解明しようとしている宇宙望遠鏡や星に対する理解が深まり、
その画期的な成果をもっと実感することができます。
この章では、なぜ望遠鏡を宇宙に打ち上げるのか、
宇宙望遠鏡がどんな方法で宇宙を観測しているのか、さらには、
私たち人類は、どんな宇宙の謎に直面しているのか、を紹介します。

©NASA / ESA / J. Hester（Arizona State University）

Contents

BASIC GUIDANCE　宇宙望遠鏡の超基本
136 01 宇宙観測とは電磁波をキャッチすること
138 02 それぞれの電磁波はエネルギー量が違う
139 03 なぜ望遠鏡を宇宙へ打ち上げるのか？
140 04 宇宙望遠鏡のミッション機器とは？
142 05 宇宙望遠鏡にはどんな種類がある？
144 06 波長ごとに「撮像」して「合成」する
146 07 宇宙望遠鏡の基本構造とは？

OBSERVATION METHOD　観測手法
148 01 高エネルギーな電磁波の観測方法とは？
150 02 ガンマ線バーストの検出とは？
151 03 太陽を観測する方法とは？
152 04 なぜ赤外線で宇宙を観るのか？
154 05 宇宙マイクロ波背景放射とは？
156 06 全天カタログと位置天文衛星
157 07 重力レンズ効果とは？
158 08 トランジット法とは？
160 09 見えないダークマターを観る
161 10 宇宙望遠鏡による太陽系の惑星観測

宇宙望遠鏡の超基本

01 宇宙観測とは電磁波をキャッチすること

BASIC GUIDANCE *part 1*

Theme: 多様な電磁波の特徴はその波長

宇宙望遠鏡を理解するには、まず「電磁波」を知る必要があります。なぜなら天文観測は主に、この電磁波を利用して行われるからです。宇宙望遠鏡が搭載する機器の多くは、さまざまな電磁波を検出するための装置です。

電磁波と聞いてもピンとこないかもしれませんが、それは、医療機器にも使用される「ガンマ線」(γ線)や「X線」、私たちの肌を傷める「紫外線」、ヒトが目で見ることができる「可視光線」、テレビのリモコンにも使用される「赤外線」、そして、テレビやラジオに使用される「電波」に大別できます。これらはすべて同じ原理からなる「電磁波」の仲間です。

では、それらの何が違うのかというと「波長」の長さです(右表)。もっとも波長が短いのはガンマ線であり、長いのは電波です。

ざっくり説明しますと、電磁波とは「電界」と「磁界」が組み合ったものです(右ページ上図)。これは金属に電気を流すと磁石になるのと同じ原理であり、電磁波は空間を進むことができます。こうした電磁波の放射は1888年、ハインリヒ・ヘルツ(ドイツ、1857-1894年)によって発見されました。

さて、目には見えない電磁波をイメージしてみます。AMラジオの電波は途中にビルがあっても遠くまで届きます。それはAMラジオの「中波」の波の幅(100m ～ 1km)が、ビルの幅よりも長いためであり、電波の波の間にビルが収まり、ビルにぶつからず、さらに先へ進みます。しかし、FMラジオの「超短波」は、電波の波の幅がビルより短く(1～10m)、建物にぶつかって超えることができません。

同じことは他の電磁波にも当てはまります。波長が短い紫外線は、肌の細胞にぶつかる(検出する)結果、肌を傷めます。さらに短いX線やガンマ線は、さらに小さなヒトのDNAさえ傷つけます。つまり、電磁波は、その波長の幅に対応するサイズの物質に作用します。電磁波は、波としての性質と、光子(素粒子のひとつ)としての性質を合わせ持ち、波長が短いX線やガンマ線ほど光子として振る舞います。こうした短い波長を表す単位には、マイクロメートル「μm」(0.001mm)、ナノメートルト「nm」(0.001μm)などが使用されます。

もうひとつ例を挙げてみます。ヒトの目に見える可視光線は、プリズムを通すと各色に分解できます。これを「分光」といいます。また、分光された色(波長)が、虹のようにズラリと並んだものを「スペクトル」といいます。

ちなみに虹は、大気中の水蒸気によって太陽光が分光された結果現れますが、その色の並ぶ順番(スペクトル)は決まっています。虹の外側(波長が長いほう)は赤色で、さらに外側は可視光線ではなく赤外線になります。また、内側(波長が短いほう)は紫色で、さらに内側は紫外線へと変化します。つまり、赤外線や紫外線という言葉は、我々が目にすることができる「赤」や「紫」の外側にある光線、という意味です。

ここで重要なのは、可視光線が虹のように分光できるのと同様に、ガンマ線、X線、紫外線、赤外線、電波も分光でき、スペクトルが観測できるという点です。宇宙望遠鏡の多くは、レンズで集めた電磁波を波長ごとに分離する「分光器」(スペクトロメータ)を搭載していますが、それは電磁波の種類によって構造が異なります。

©NASA, ESA, Leah Hustak (STScI)

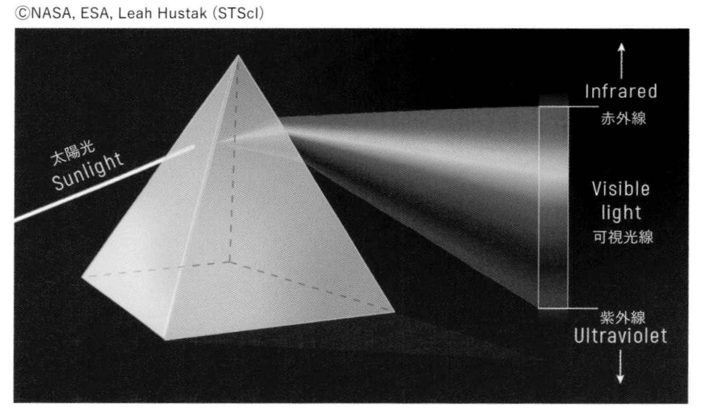

プリズムによる分光
プリズムに太陽光を当てると虹のように色が分かれる。この色の違いは、波長の違いを表している。我々には「可視光線」しか見えないが、その波長は赤外線や紫外線へと続いている。

天文観測においてこの分光観測が重要なのは、何万光年も離れた天体からやってくる電磁波を分光することにより、その天体を形成する物質の種類や、その天体に含まれる物質量や比率が把握でき、さらにはその天体の表面温度や、ドップラー効果によって視線速度、すなわち運動の様子がわかるからです。

そして、もうひとつ重要なことは、電磁波はその波長が短くなるほど、エネルギー量が高くなる、ということです。これらについては、次ページ以降で説明します。

電界と磁界のイメージ図

これは電磁波の概念図。タテ軸の波が「電界」、ヨコ軸の波が「磁界」を表している。そして、電界波の幅が「波長」であり、電界のタテ幅を「振幅」という。

©S.Nakamura

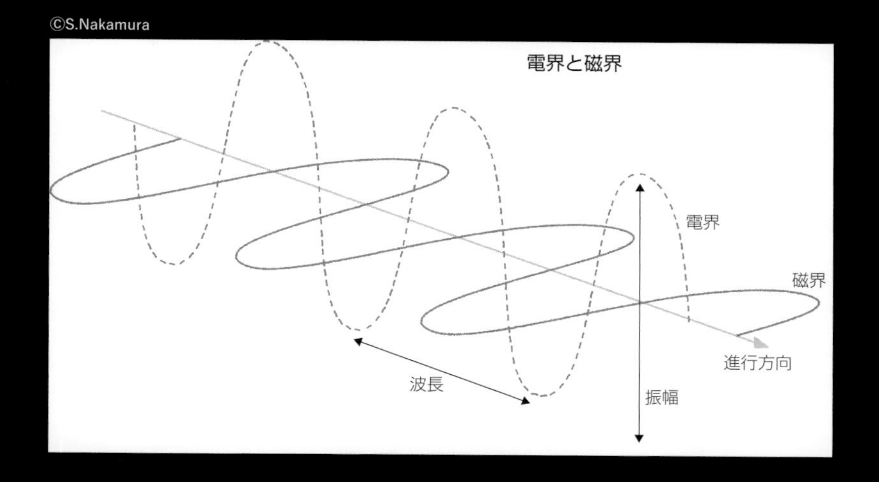

電磁波の種類

●1μm(マイクロメートル)=0.001mm、100万分の1m、1,000nm ●1nm(ナノメートル)=10億分の1m、0.001μm ●1pm(ピコメートル)=1兆分の1m、0.001nm

種別	名称		略号	波長	周波数	用途
光	ガンマ線		γ-ray	0.01 - 1pm	2.4 Ehz -	放射線治療
	X線		X-ray	0.01 - 1nm	30 PHz - 3 EHz	レントゲン
	紫外線	極端紫外線	EUV Extreme Ultraviolet Rays	1 - 100nm	950THz - 1070PHz	殺菌灯 非破壊検査
		遠紫外線	FUV Far Ultraviolet Rays	10 - 200nm		
		近紫外線	near UV Near Ultraviolet Rays	200 - 380nm		
	可視光線	紫	VL Visible Light	380 - 450nm	680-790 THz	一般的なカメラ
		青		450 - 485nm	620-680 THz	
		水色		485 - 500nm	600-620 THz	
		緑		500 - 565nm	530-600 THz	
		黄		565 - 590nm	510-530 THz	
		オレンジ		590 - 625nm	480-510 THz	
		赤		625 - 780nm	405-480 THz	
	赤外線	近赤外線	NIR Near Infrared Rays	0.8 - 2.5μm	3 - 400THz	自動運転センサー
		中間赤外線	MWIR Mid Wavelength Infrared	2.5 - 15μm		リモコン 赤外線ヒーター
		遠赤外線	FIR Far Infrared Rays	15 - 100μm		暗視カメラ
電波	マイクロ波	サブミリ波	THF	0.1 - 1mm	300GHz - 3THz	
		ミリ波	EHF	1 - 10mm	30 - 300GHz	レーダー
		センチ波	SHF	1 - 10cm	3 - 30GHz	衛星放送
		デシメートル波	UHF	10 - 100cm	300MHz - 3GHz	携帯電話 Wi-Fi 電子レンジ
	超短波		VHF	1 - 10m	30 - 300MHz	テレビ FMラジオ 航空無線
	短波		HF	10 - 100m	3 - 30MHz	アマチュア無線
	中波		MF	100m - 1km	300kHz - 3MHz	AMラジオ
	長波		LF	1 - 10km	30 - 300kHz	海上無線 対潜水艦通信 坑道内無線
	超長波		VLF	10 - 100km	3 - 30kHz	航空用ビーコン 船舶無線 電磁調理器
	極超長波	極超低周波	ULF	100 - 1,000km	3kHz - 300Hz	地中探査
		超低周波	ELF	1,000 - 1万km	300Hz - 3kHz	家電製品 送電線

宇宙望遠鏡の超基本

02 それぞれの電磁波はエネルギー量が違う

BASIC GUIDANCE *part 2*

Theme: 波長が長いほど「高エネルギー」になる

宇宙望遠鏡の働きを知るにあたって、もうひとつ知っておきたいのが、電磁波が持つ「エネルギー」です。当書で紹介している宇宙望遠鏡のスペック(諸元)には、「keV」という単位が出てきますが、これは電磁波が持つエネルギーを示しています。つまり、どの宇宙望遠鏡の、どんな観測機器が、どの程度のエネルギーの電磁波を観測しているかが、このスペックからわかります。

前ページで説明したように、電磁波はその波長の長さによって、ガンマから電波までの各種類に分けられます。同時に、それぞれの電磁波は、固有のエネルギーを持っています。このエネルギーは、電磁波の波長が短いほうが高く、波長が長いほうが弱くなります。つまり、ガンマ線やX線はエネルギーが高く、赤外線や電波のほうが弱くなります。そのエネルギーの差は大きく、たとえばX線のエネルギーは、可視光線の1,000倍以上になります。

電磁波のエネルギーは「電子ボルト」(エレクトロン・ボルト)という単位で表され、「eV」と表記します。

●1,000 eV =1 keV

●1,000 keV = 1 MeV

また、それぞれの波長が、どれだけのエネルギーを持つかを、下の表にまとめました。

それぞれの電磁波は、波長の違いだけでなく、エネルギーの強さによってもその種類を分けることができます。その場合は、エネルギーが高いほうが「硬」、低いほうが「軟」と表記されます。たとえばX線の場合は、以下がその目安です。

●硬X線：20 ～ 100keV程度(高エネルギー)

●X線：2 ～ 20keV程度(標準的なエネルギー)

●軟X線：0.1 ～ 2keV程度(低エネルギー)

●超軟X線：数10eV程度(超低エネルギー)

電磁波のエネルギーは非常に小さく、「1 eV」は、電子1個分の電気量をもつ電荷粒子が、真空中で1V(ボルト)だけ電圧(電位差)の高いところへ移動するために必要なエネルギーのことを意味します。エネルギーを表す単位としては、「カロリー」(cal)や「ジュール」(J)がありますが、それらの単位は大きすぎて扱いづらいため、この電子ボルト(eV)が使用されます。その関係は以下です。

●1 J ≒ 6.242×10^{18} eV

●1 cal ≒ 26.132×10^{18} eV

電磁波としての固有のエネルギーが高いガンマ線やX線は、宇宙においては高エネルギーな天文現象、つまり、ガンマ線バーストやジェット、パルサーなどから発生します。宇宙望遠鏡が天体を観測する際には、天体が発する波長またはエネルギーの電磁波に合わせて、それに対応する観測機器が開発され、運用されています。

電磁波の「波長」と「エネルギー量」の目安

出典／環境省

電磁波	おおよその波長		エネルギー(eV：電子ボルト)	
ガンマ線(γ線)	10^{-14} m	0.01pm	10^{8} eV	100MeV
	10^{-13} m	0.1pm	10^{7} eV	10MeV
	10^{-12} m	1pm (ピコ・メートル)	10^{6} eV	1MeV (メガ電子ボルト)
X線	10^{-11} m	0.01nm、10pm	10^{5} eV	100keV
	10^{-10} m	0.1nm、100pm	10^{4} eV	10keV
	10^{-9} m	1nm (ナノ・メートル)	10^{3} eV	1keV (キロ電子ボルト)
紫外線	10^{-8} m	10nm、0.01μm	10^{2} eV	100eV
	10^{-7} m	100nm、0.1μm	10^{1} eV	10eV
可視光線	10^{-6} m	1μm (マイクロ・メートル)	10^{0} eV	1eV (電子ボルト)
赤外線	10^{-5} m	10μm、0.01mm	10^{-1} eV	0.1eV
	10^{-4} m	100μm、0.1mm	10^{-2} eV	0.01eV
	10^{-3} m	1mm (ミリ・メートル)	10^{-3} eV	0.001eV
マイクロ波	10^{-2} m	10mm	10^{-4} eV	0.0001eV
	10^{-1} m	100mm	10^{-5} eV	0.00001eV
	10^{0} m	1m (メートル)	10^{-6} eV	0.000001eV

宇宙望遠鏡の超基本

03 なぜ望遠鏡を宇宙へ打ち上げるのか?

BASIC GUIDANCE *part 3*

Theme: 多くの電磁波は「大気」に吸収されている

地上から可視光線で宇宙を観測する場合、星は夜しか見えず、夜であっても雲があれば見えません。また、大気が揺らぐと星は瞬いてしまい、詳細な観測をするには限界があります。こうした制約から逃れるためには、宇宙に可視光線用の望遠鏡を設置するしかありません。宇宙空間から見る星々は瞬かず、同じ光度で輝き続けるため、精度の高い観測を行うことが可能になります。

宇宙から天体を観測するもうひとつの理由としては、電磁波の性質が挙げられます。下のイラストでは、波長の短いガンマ線がいちばん左に描かれ、右にいくほど波長が長くなっています。

宇宙から降り注いでいるそれぞれの電磁波のうち、地上に到達しているのは主に、虹色に描かれている可視光線と、右手に拡がる電波の帯域だけです。それ以外のガンマ線やX線、紫外線、赤外線の大部分は地上に届いていません。つまり、それらの電磁波は大気に吸収されてしまい、地上からは十分に観測できないのです。

大気が電磁波を透過させる度合を「透過率」といいます。そして、大気による吸収や散乱の影響を受けず、宇宙からの電磁波が地表まで透過しやすい波長域を「大気の窓」といいます。その窓は可視光線と電波に対して開かれているため、それらをとくに「可視光の窓」、または「電波の窓」と呼ぶこともあります。このイラストの地上部分には、可視光の窓を利用して、可視光線を観測する「ルービン天文台」(チリ、2023年時点は建設中)や、電波の窓を活用する電波望遠鏡「アルマ望遠鏡」(チリ)などが描かれています。

地球からは熱が発せられ、そこから赤外線が放射されているため、赤外線で宇宙を観測する際にも宇宙望遠鏡が有利になります。ジェイムズ・ウェッブ(p.006参照)など、近年の高精度な赤外線宇宙望遠鏡は、地球や太陽の熱から発せられる赤外線を少しでも排除するため、地球周回軌道ではなく、地球から150万㎞離れたラグランジュ点L2(p.012)に投入されています。

赤外線望遠鏡は地上にも数多く建設されていますが、その多くは「光学赤外線」などと呼ばれ、可視光線に近い近赤外線を観測するためのものです。それらの近赤外線は、可視光が通り抜ける「可視光の窓」をぎりぎりにかすめて、地上に到達しています。

大気による制限は受けるものの、地上に建設される天文台にも数多くのメリットがあります。宇宙望遠鏡と比べれば、口径を大型化することが容易であり、その結果、多くの光を短時間で集光することができます。観測機器にアクセスしやすいため、メンテナンスやアップデートが容易であり、軌道上に打ち上げる宇宙望遠鏡よりも安く、恒常的に運用することが可能です。そのため天文学において、とくに近赤外線という帯域と、それを観測するための地上施設は、たいへん重要な役割を担っています。

©NASA, STScI

地上に届く波長、届かない波長

宇宙から降り注ぐ電磁波において、ガンマ線、X線、紫外線、赤外線の多くは大気に吸収されて地上まで到達しない。これが宇宙望遠鏡を打ち上げる大きな理由のひとつ。

宇宙望遠鏡の超基本

04 宇宙望遠鏡のミッション機器とは?

BASIC GUIDANCE *part 4*

Theme: 宇宙望遠鏡の仕組みと分光観測のメリット

宇宙望遠鏡が搭載する観測機器を「ミッション機器」といいます。ミッション機器は機体に搭載されるときユニット化されるケースが多く、機体においてその搭載部位は「ミッション部」と呼ばれます。これに対して、機体制御装置やバッテリー、通信装置など、機体自体を運用するための機器が搭載される部位は「バス部」(p.146参照)と呼ばれます。

ミッション機器としては、まずは「望遠鏡」が挙げられます。その仕様は、電磁波の波長ごとに異なりますが、可視光線、紫外線、赤外線などの観測では、主に「反射望遠鏡」が使用されています(下図)。反射望遠鏡にはさまざまな種類がありますが、カセグレン式の場合には、光はまず大きな主鏡に集められます。それがいったん副鏡に反射されると、光はさらに反射され、主鏡の中央にある穴を通りぬけて、観測機器(一般的な望遠鏡における接眼レンズ)に送られます。こうした集光の行程は、「リッチー・クレチアン式」も同様で、両者の違いはレンズの仕様にあります。ちなみにジェイムズ・ウェッブ宇宙望遠鏡(p.011)はカセグレン式が採用されていますが、それは光学系の造りが他の形式よりシンプルなためです。

右上の図は、望遠鏡で集められた光が分析される行程を説明しています。望遠鏡がキャッチした光は、まずは「分光器」(スペクトロメータ)に入ります。光はその内部にある金属板の小さなプレートに通され、観測対象となる天体の光だけが取り込まれます。その光は「グレーティング」と呼ばれる格子状のミラーで反射され、ここで異なる波長ごとに分光されます。グレーティングは、プリズムが太陽光を七色に分けるのと同じ役割をします。その後、分光された光は「検出器」(ディテクター)に取り込まれ、そのスペクトルが記録されます。こうして取得されたデータが地上局へ送信されます。

ガンマ線やX線の観測器も基本的な行程は同じですが、それらの光は、高エネルギーで拡散しづらく、望遠鏡のミラーに垂直に当たると反射せず、通過してしまいます。こうした性質を「透過性」が高いといいます。そのため、放射線を浅い角度で屈折して集める「かすめ入射鏡」(p.148)などが使用されています。

また、ガンマ線やX線を観測する機体には、粒子の数を数え、そのエネルギーを測る「比例計数管」(プロポーショナル・カウンター)も搭載されます。これはいわゆるガイガーカウンターと同じ原理で働きますが、比例計数管は、ガイガーカウンターよりもはるかにエネルギーの低い放射線を測定することができます。

こうして得られたスペクトルを分析すると、観測対象である天体が、どんな物質を放出し、どんな物質でできているかがわかります。それぞれの物質は、光のスペクトルにおける特定の波長を吸収するという性質があるのです。

ある天体を望遠鏡で観測したとします。その天体が発する光は観測者である我々のところに届きます。しかしその途中、おそらく天体を取り巻く物質が、その光の極めて限定された波長だけを吸収してしまいます。その場合、我々がキャッチしたその光を分光器にかけて調べると、スペクトルのオビにいくつかの影(線)が表れます。この線を「吸収線」といいます。また、右下の図のように、「輝線」(きせん)となって表れることもあります。これらの線がどの波長に、どのくらいの強さで、どのようなパターンで出るかは、個々の物質によって厳然と決まっています。これを調べることで、その天体を構成する物質、つまり元素や、その量などが推察できます。

©I, ArtMechanic

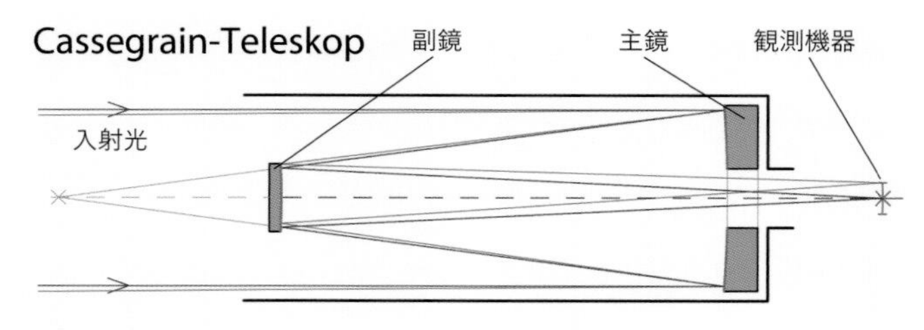

カセグレン式望遠鏡の構造図。主鏡が放物凹面、副鏡が双曲凸面となっている。アイザック・ニュートンが考案したニュートン式望遠鏡を発展させた仕様。

©I, ArtMechanic

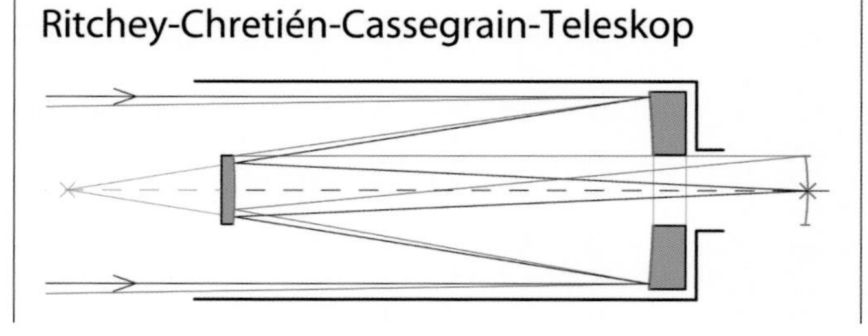

リッチー・クレチアン式望遠鏡の構造図。構造自体はカセグレン式と変わらないが、主鏡に双曲面、副鏡に高次非球面が用いられ、収差(光のズレ)が限りなく除去されている。

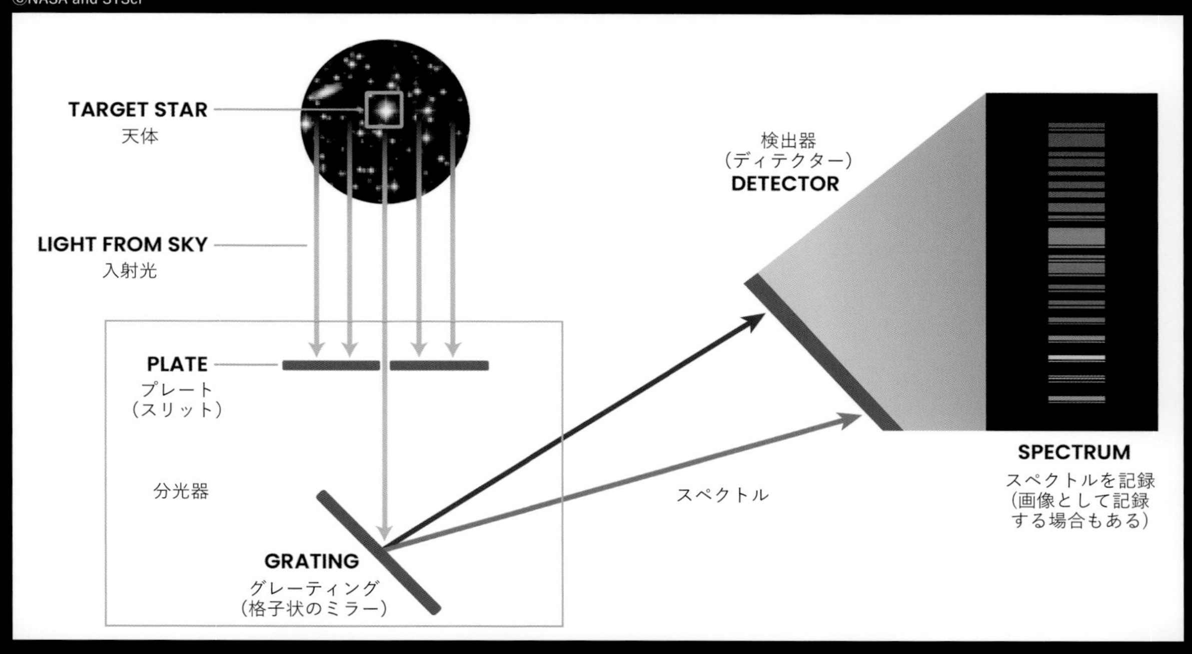

分光計と検出器によるスペクトル分析

左上は望遠鏡ミラーがとらえた天体の光。そこから目的の光だけを分光器の格子状のミラーが取り入れる。その光は格子状のミラー(グレーティング)で反射し、検出器へ送られる。

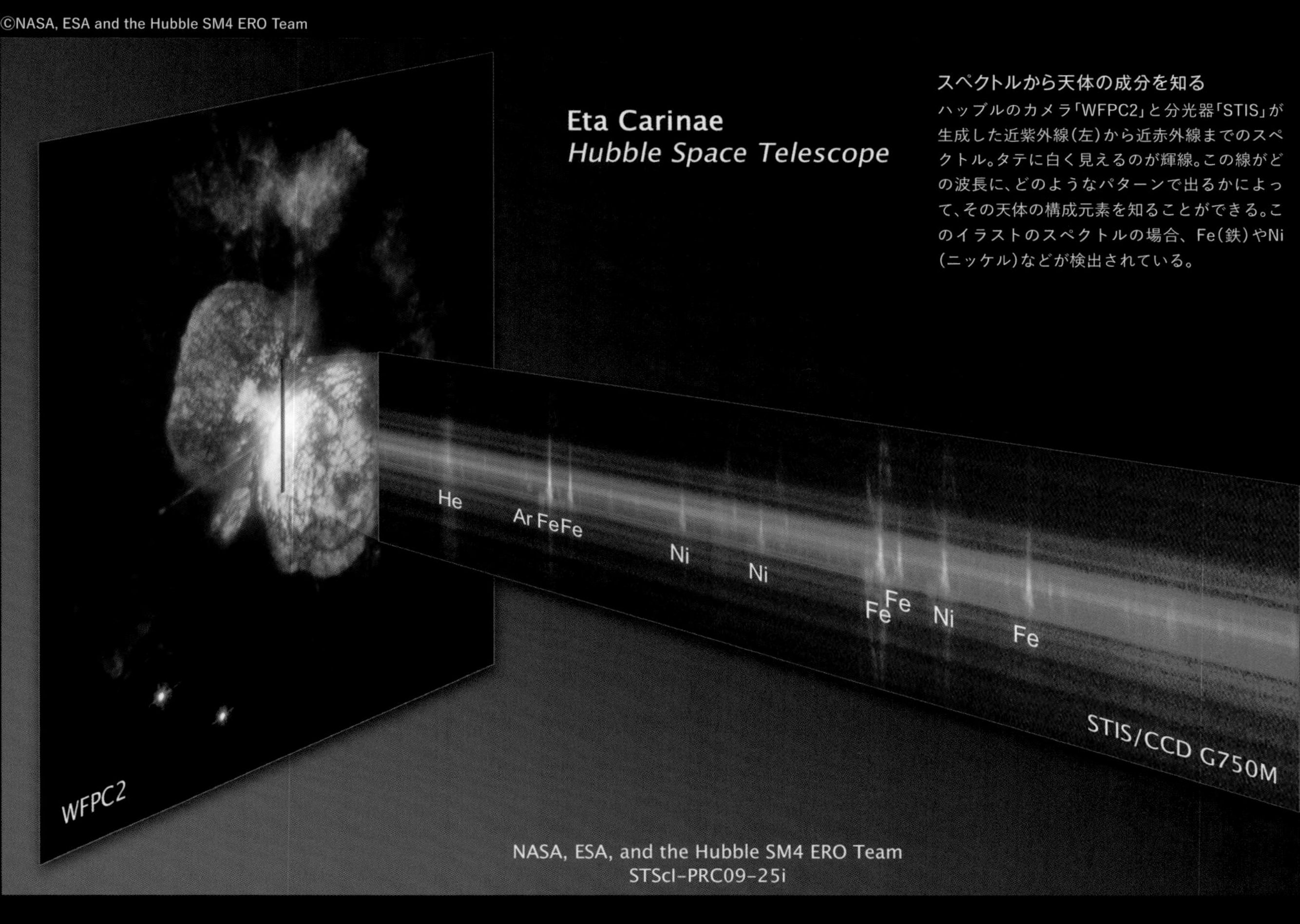

スペクトルから天体の成分を知る

ハッブルのカメラ「WFPC2」と分光器「STIS」が生成した近紫外線(左)から近赤外線までのスペクトル。タテに白く見えるのが輝線。この線がどの波長に、どのようなパターンで出るかによって、その天体の構成元素を知ることができる。このイラストのスペクトルの場合、Fe(鉄)やNi(ニッケル)などが検出されている。

宇宙望遠鏡の超基本

05 宇宙望遠鏡にはどんな種類がある?

BASIC GUIDANCE *part 5*

Theme: 電磁波によって「機器」と「手法」が変わる

宇宙望遠鏡にはさまざまな種類があり、基本的には観測する電磁波の違いによって大別されています。

それぞれの電磁波を専門に観測する機体が多いなかで、「ハッブル宇宙望遠鏡」(p.006)のように、複数の電磁波の波長域を観測できる機体もあります。ハッブルには可視光と紫外線の分光器が搭載されていて、カメラのモードを切り替えることで近赤外線も検出できます。こうした複数の電磁波帯を観測する機体では、隣り合った電磁波の帯域、とくに可視光線と近赤外線や、X線と遠紫外線をカバーする機体が一般的です。

では、それぞれの電磁波の帯域を受け持つ宇宙望遠鏡は、なにを観測対象としているのでしょう? ざっくり分けると、高温な高エネルギー天体、または高エネルギー天文現象を観測するときには、ガンマ線やX線、紫外線などの、短い波長、高いエネルギーを持つ電磁波が利用されます。一方、原始星や星雲のような低温で低エネルギーの観測対象においては、赤外線やサブミリ波など、帯域が低い電磁波をとらえる観測機が投入されます。

高温でエネルギーが高い天体としては、超新星残骸(パルサー)、クエーサー、ガンマ線バーストなどが挙げられます。また、ブラックホール自体は直接観測できませんが、その周囲で発生するジェットや、加熱されたガスなどもこれに含まれます。そのため、こうした天体の観測を目的にした機体は、「高エネルギー観測機」と呼ばれることもあります。

太陽観測機の場合は、主に紫外線、極端紫外線、X線などの帯域でコロナやフレアなどを観測します。また、JAXAの太陽観測機「ひので」(p.185)のように、フレアと磁場の関係を解明するために、可視光望遠鏡を搭載している機体もあります。

波長の長い赤外線は、宇宙空間に漂うガスや塵の雲を素通りしたり、その背後にある天体も観測することができます。また、年老いた星など、エネルギーが低くて低温な天体を観測する場合にも、波長が長くて熱源に敏感な赤外線や電波が利用されます。「ジェイムズ・ウェッブ宇宙望遠鏡」(p.006)は、宇宙で最初に光を発した天体「ファーストスター」を見つけ出そうとしていますが、約136億年前に生まれたその古くて遠い星が発する可視光線は、宇宙の膨張によって波長が長く引き伸ばされるため、現在の地球近傍に届くころには赤外線に変化します。こうした現象を「宇宙論的赤方偏移」(p.152)といいます。

波長ごとの観測機の種類	機体例(参照ページ)	主な観測対象
ガンマ線観測機	フェルミガンマ線宇宙望遠鏡(p.186)①	高エネルギーな電磁波の天体・現象 ブラックホール・超新星の周辺の天文現象 超新星(Supernova)、超新星残骸(SNR)、 ガンマ線バースト(GRB)、X線バースト(XRB)、 パルサー(Pulsar)、クエーサー(Quasar)、ジェット(Jet)、 太陽(The Sun)、宇宙磁場に関わる現象(Magnetosphere)、 プラズマ(plasma)、太陽系天体のオーロラ(Aurora)など
X線観測機	IXPE(p.218)②	
紫外線観測機	GALEX(p.170)③ ハッブル宇宙望遠鏡(p.102)④	
可視光観測機 トランジット系外惑星探索衛星	ハッブル宇宙望遠鏡(p.102)④ TESS(NASA)⑤	可視光の帯域の天体・現象 系外惑星(Exoplanet)、太陽など
赤外線観測機	ハッブル宇宙望遠鏡(p.102)④ ジェイムズウェッブ宇宙望遠鏡(p.216)⑥	赤外線の帯域の天体・現象 深宇宙(Deep Space)、 暗黒物質(Dark Matter)、暗黒エネルギー(Dark Energy) 系外惑星(Exoplanet) 潜在的に危険な小惑星(PHA)など
宇宙マイクロ波背景放射観測機	プランク(p.195)⑦	マイクロ波の帯域の天体・現象 宇宙マイクロ波背景放射(CMB)
電波観測機	はるか(p.121)⑧ 地上の電波望遠鏡	電波の帯域の天体・現象

重力波観測機	LISAパスファインダー(p.208)⑨	重力波の歪み

これと同じ原理によって、ビッグバンの発生後に放出された光はマイクロ波に変異しますが、現在それは「宇宙マイクロ波背景放射（CMB）」（p.154）として観測されています。

昨今、太陽系の外に存在する「太陽系外惑星」（p.158）の探査がトレンドになっていますが、これを観測する「トランジット系外惑星探査衛星」は、可視光カメラを使用しています。これらの機体が搭載する観測機器は、主に恒星の光度の変化を計測するのが目的であり、天体の詳細を観測するほど解像度が高くありません。そのため、こうした探査機が発見した系外惑星は、ハッブルやジェイムズ・ウェッブなどによって追調査されています。

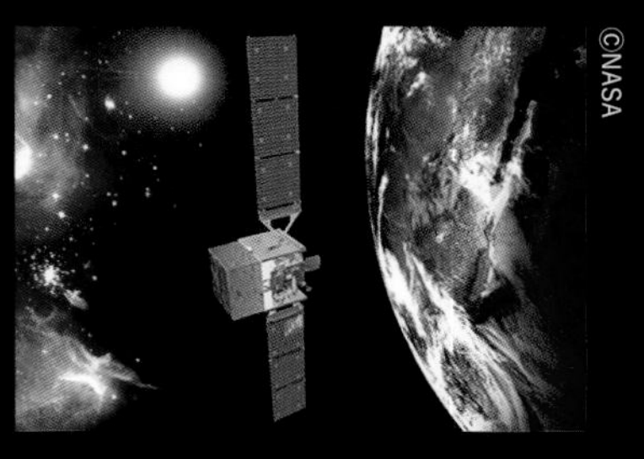

①『フェルミ』（NASA）
ガンマ線観測機
超新星残骸やパルサーなどが発するガンマ線バースト源を年間で1,200個以上観測（p.187参照）。

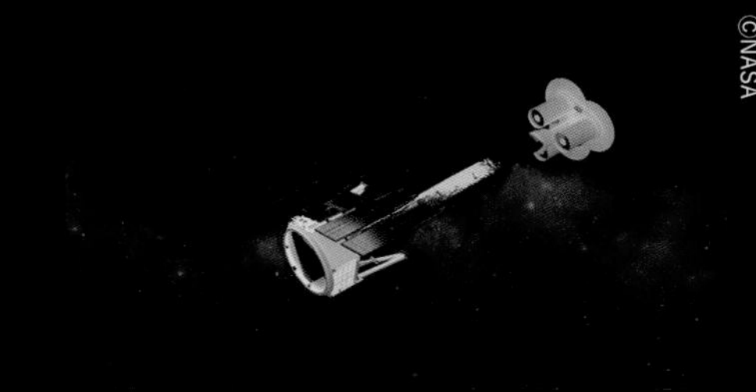

②『IXPE』（NASA）
X線観測機
X線望遠鏡とともに「偏光検出器」を搭載。ブラックホールや中性子星の磁場を分析する最新鋭機（p.218参照）。

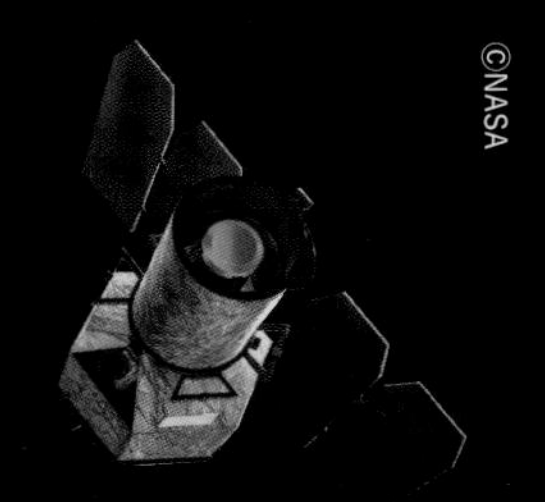

③『GALEX』（NASA）
紫外線観測機
紫外線望遠鏡で全天イメージング・スキャンを実施。4年間で1,000万個の銀河を含む星図を作成（p.170参照）。

④『ハッブル』（NASA/ESA）
可視光・紫外線・赤外線望遠鏡
可視光・紫外線・赤外線が観測できる望遠鏡。現役運用されている宇宙望遠鏡としてはもっとも古い（p.102参照）。

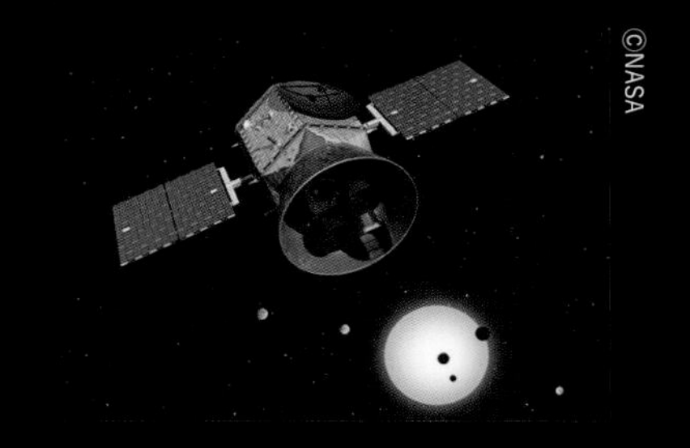

⑤『TESS』（NASA）
トランジット系外惑星探査衛星
2018年の打ち上げ以後、非常に早いペースで系外惑星の候補を数多く発見し続けている系外探査衛星（p.212参照）。

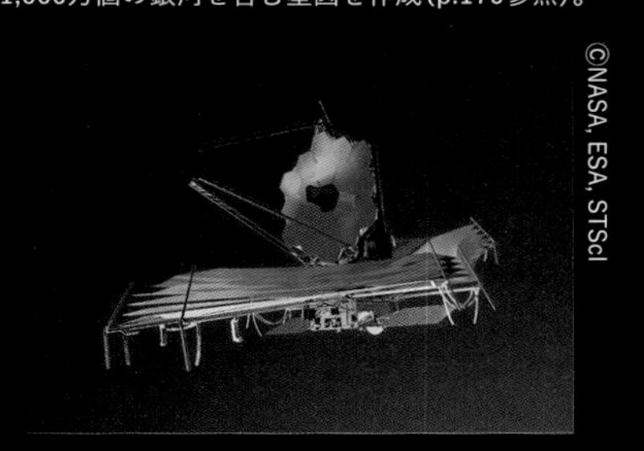

⑥『ジェイムズ・ウェッブ』（NASA）
赤外線観測機
史上最高に高性能な赤外線観測器を搭載した大型の赤外線望遠鏡。宇宙で最初に生まれた星を探す（p.006・216参照）。

⑦『プランク』（ESA）
マイクロ波観測機
プランクが観測した宇宙マイクロ波背景放射により、宇宙の年齢が138億年であることが確認された（p.195参照）。

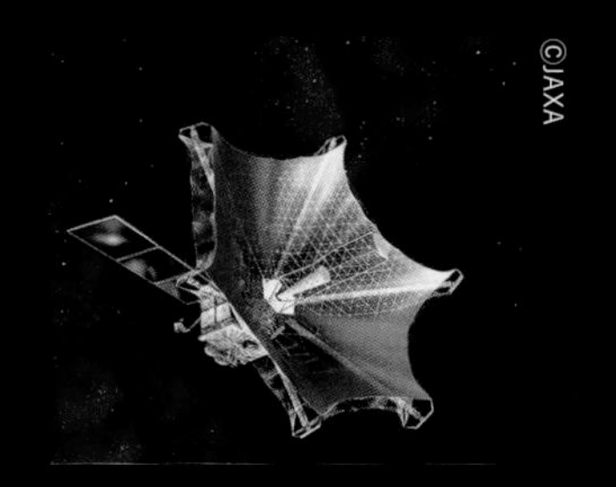

⑧『はるか』（JAXA）
電波観測機
アンテナを地上の大型電波望遠鏡とリンクさせ、地球直径の3倍のアンテナを仮想創出することに成功（p.121参照）。

⑨『LISAパスファインダー』（ESA）
重力波観測機
電磁波ではなく、重力波を観測する特殊な機体。宇宙空間で重力波による空間のわずかな歪みを観測（p.208参照）。

宇宙望遠鏡の超基本

06 波長ごとに「撮像」して「合成」する

BASIC GUIDANCE *part 6*

Theme: 「波長」「露出」の違いと「フィルター」の活用

フィルム用のカメラで写真や映像を撮ることを「撮影」といいますが、デジカメやCCDカメラで可視光線を含む電磁波の「像」を電気信号に変換して記録することを「撮像」といいます。

私たちが目にする天体写真の多くは、複雑な行程を経て合成されています。そして、その合成の方法もさまざまです。

映像観測(イメージング)の場合、宇宙望遠鏡は集光した光を、個々の波長にわけて保存し、データ化します。そのため天体からの光はフィルターに通され(下図)、特定の色(波長)の光だけを観測機器に取り込みます。一方、分光観測の場合は、光を分光器に取り込み、波長ごとにバラバラに分解したうえで、それを個々に記録します。こうして得られた撮像データは地上局に送られ、専門家によってあとから色がつけられ、1枚のカラー画像として再現されます。このため、天体画像のカラーは任意の色、つまり擬似カラー表示であることに注意が必要です。

それぞれの物質(原子や分子)は特定の波長の光を吸収すると前述しましたが(p.140参照)、その一方で、それぞれの元素は特定の波長の光を放出します。これを「輝線」といいます。

右ページの上図は、ハッブルが撮像した「南のかに星雲」の画像であり、個々のフィルターによって抽出された輝線の画像が4枚並んでいます。もとはグレースケール(濃淡のあるモノクロ)の画像ですが、フィルターごとに酸素(緑)、水素(黄色)、窒素(オレンジ)、硫黄(赤)と、それぞれに着色されていて、いちばん左ではそれらがすべて合成されています。こうした合成によって、その天体が持つ物質の分布と量が、1枚の画像から推察できるようになるのです。

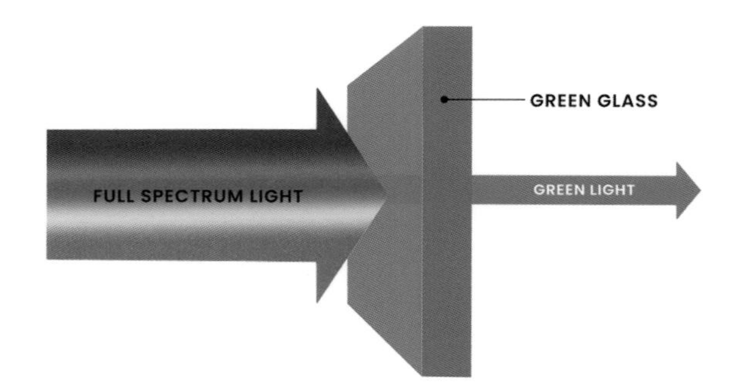

ハッブルのフィルターの基本原理
色ガラスの窓が特定の色の光だけを通過させ、スペクトルの他の色をフィルターで除去する。ハッブルのフィルターも同様に機能し、特定の色の光だけを通過させる。

また、同じ波長の光において、露出の違う画像を合成することもあります。そうした合成を行うことで、その天体を取り巻く物質を、より立体的に把握することが可能となります。

撮像データの合成は、複数の宇宙望遠鏡によるコラボレーションの場合もあります。右下のフロー図は、渦巻銀河「M106」の合成画像と、その元となったオリジナル画像です。その内訳は、

- ●「チャンドラ」(p.126)のX線
- ●「ハッブル宇宙望遠鏡」(p.102)の可視光線
- ●「スピッツァー」(p.176)の赤外線
- ●「カール・ジャンスキー超大型干渉電波望遠鏡群」(VLA)の電波(マイクロ波〜超短波、米ニューメキシコ州)

です。こうした幅広い帯域の画像を重ねることで、ひとつの天体をより複合的に可視化することが可能となります。

NASAやESA(欧州宇宙機関)が運用する宇宙望遠鏡の撮像データは一般にも開放されていて、一般の天文家によって独自の合成が行われ、その作品が発表されています。

5機の宇宙望遠鏡による「かに星雲」の合成画像
「スピッツァー」の赤外線は黄、「XMMニュートン」の紫外線は青、「チャンドラ」のX線は紫。「ハッブル」の可視(緑)は、この星雲に浸透する高温のフィラメントを描写する。

©NASA, ESA, and J. DePasquale (STScI)

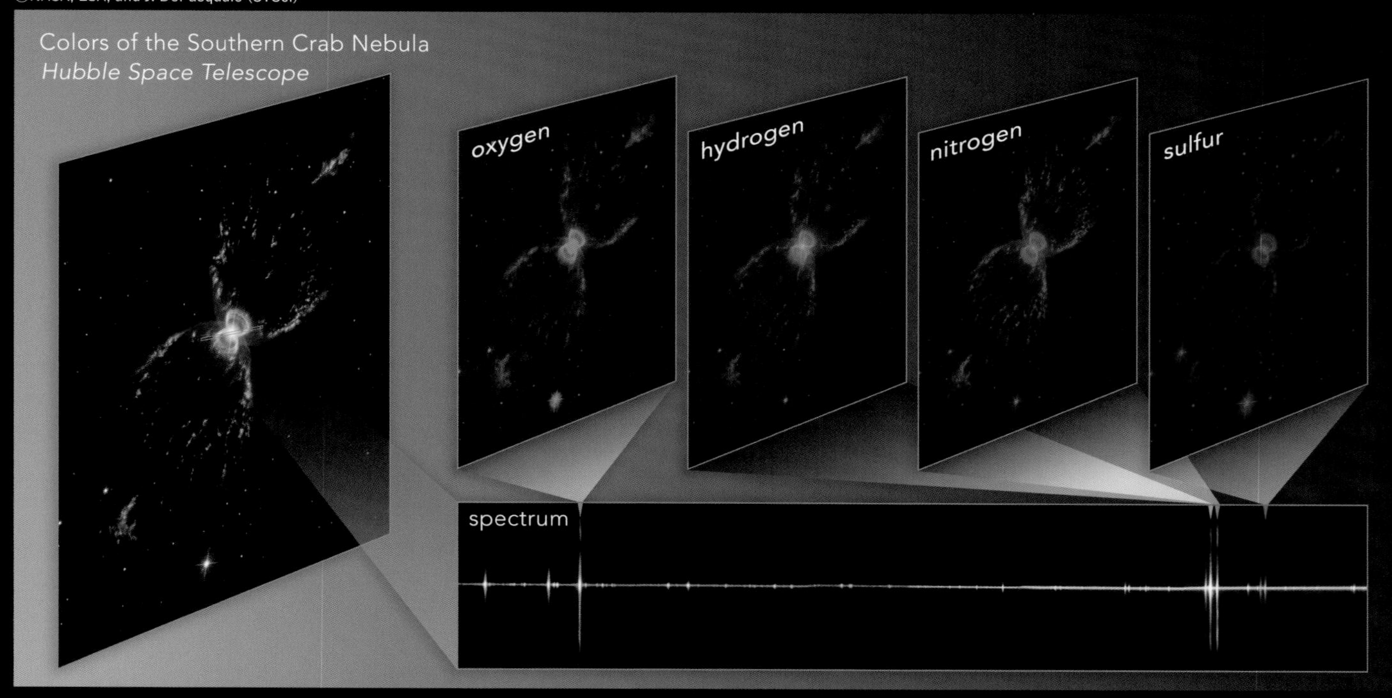

南のかに星雲「Hen2-104」の解剖

ハッブルが観測したスペクトルは、中央の2つの星が吹き飛ばした元素とその分布を明らかにした。右から「sulfer」は鉄、「nitrogen」は窒素、「hydrogen」は水素、「oxygen」は酸素を示す。

©NASA and STScI / Hajor

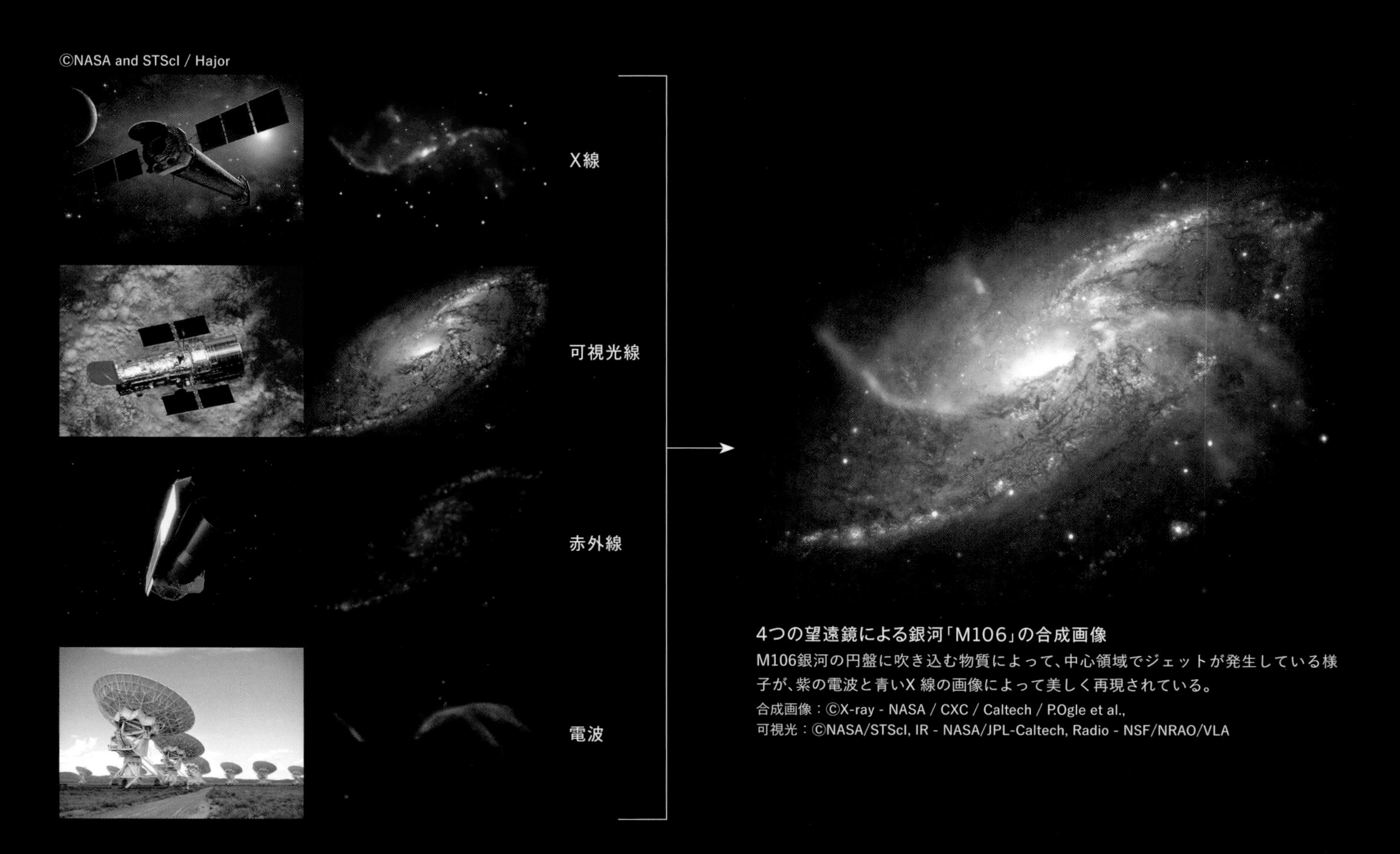

4つの望遠鏡による銀河「M106」の合成画像

M106銀河の円盤に吹き込む物質によって、中心領域でジェットが発生している様子が、紫の電波と青いX 線の画像によって美しく再現されている。

合成画像：©X-ray - NASA / CXC / Caltech / P.Ogle et al.,
可視光：©NASA/STScI, IR - NASA/JPL-Caltech, Radio - NSF/NRAO/VLA

宇宙望遠鏡の超基本

07 宇宙望遠鏡の基本構造とは?

BASIC GUIDANCE *part 7*

Theme: バス部、安定方式、スラスタ、ホイールの概要

宇宙望遠鏡などの宇宙機は、その基本構造として「バス部」と「ミッション部」(p.140参照)に大別できます。ミッション部には観測機器が搭載されるのに対し、バス部には機体自体を運用するための装置が搭載されます。バス部を構成するのは、本体フレーム、太陽電池パネル、通信用アンテナ、推進装置、姿勢制御装置、燃料タンク、電力系統、航法機器、遠隔制御装置などです。

下図は「TESS」(p.212)の構造図です。機体の下部がバス部、上部がミッション部です。機体の姿勢を制御する機構にはさまざまなタイプがありますが、TESSにはガスを噴出して機体姿勢を制御する「スラスタ」が装備されています。機体中央にはそのガスが充填された「推進剤タンク」があり、燃料にはヒドラジンを使用。それ以外の姿勢制御装置として「リアクションホイール」も搭載。これを回転させると、その反動によって機体は逆方向に回転します。

リアクションホイールや観測機器、星の位置を観測して機体の位置と姿勢を測定する「スタートラッカー」、「マスターコンピューター」、通信装置は、「太陽電池パネル」で発電された電気で駆動し、それを蓄電するバッテリーも搭載されています。「アンテナ」は地上局からの指令を受け、観測データを地上局に送ります。

機体本体となるバス部は、それぞれの宇宙望遠鏡のために個々に設計開発される場合もありますが、同じ型のものを流用する場合もあります。JAXAの惑星分光観測衛星「ひさき」(p.202)やジオスペース探査衛星「あらせ」は「スプリントシリーズ」と呼ばれ、同型のバスを使用しています。

宇宙空間には機体の姿勢を乱すさまざまな要因があります。低軌道にわずかに残る大気の抵抗や、地球が発する「地磁気」のほか、太陽から降り注ぐプラズマの風「太陽風」にもさらされます。こうした諸要素は、宇宙機の姿勢を乱します。

もし、機体姿勢を制御できなければ、アンテナを地上局に正しく向けられません。太陽電池パネルを太陽に向けられなければ発電ができません。望遠鏡を対象天体に正しく向けなければ観測ができません。こうした事態を避けるために、宇宙機には適切な姿勢制御が必要であり、その手段としては主に2つの方式があります。

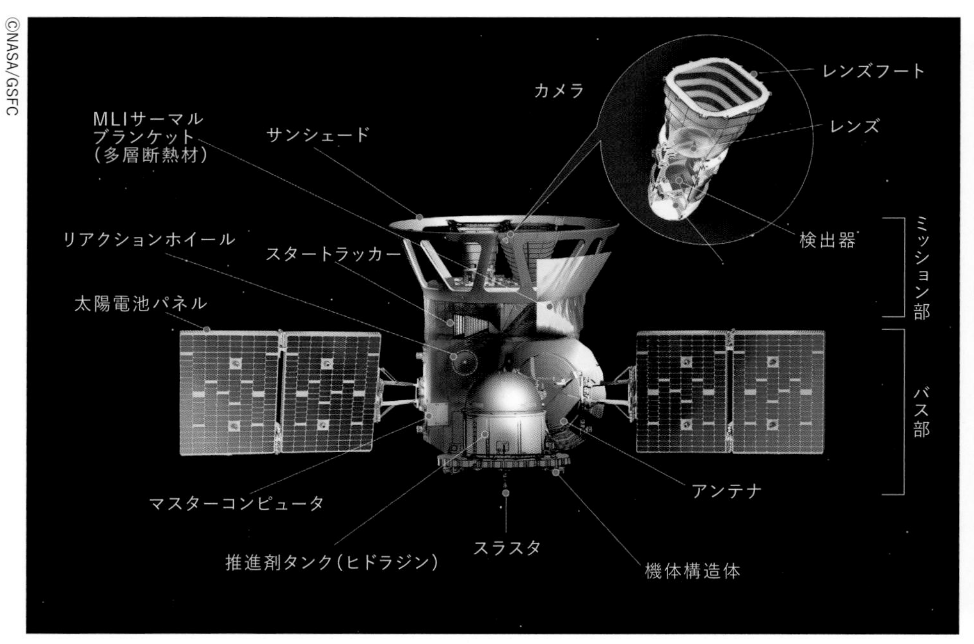

「TESS」の基本構造

NASAのトランジット系外惑星探索衛星「TESS」の構造図。機体上部が観測機器からなる「ミッション部」。下部が機体を運用するためのシステムが搭載された「バス部」。バス部は電力系統や姿勢制御装置などで構成されている。

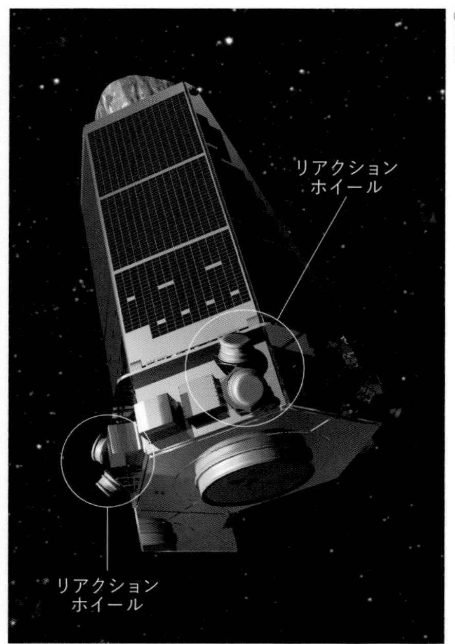

「ケプラー」のリアクションホイール

NASAの赤外線観測機「ケプラー」(p.190)の場合、リアクションホイールが機体外部に4基搭載されている。

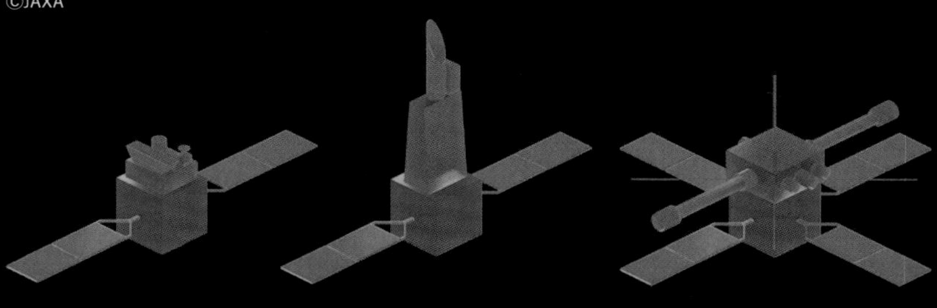

©JAXA

JAXAの「スプリント」シリーズ
JAXAの「スプリント」シリーズのバリエーション。中央が「ひさき」(SPRINT-A)。四角い箱形の小型バスに様々なモジュールを組み合わせることで、多様な科学ミッションに対応。

人工衛星の黎明期に多用されたのが「スピン安定方式」です。この方式では、機体をコマのように回転させて安定させます。機体全体が回転するものを「シングルスピン方式」と呼びますが、発展型の「デュアルスピン方式」では、機体の一部(デ・スパン部)は回転せず、ここにアンテナを設置すれば常に地球へ向けられ、観測機器を設置すれば正確に天体へ向けることが可能となります。

近年の主流は「三軸制御方式」です。シンプルな構造の「バイアス・モーメンタム方式」では、X・Y・Z軸に対応するリアクションホイールを持ち、それを回転させることで各軸における姿勢を調整しますが、発展型の「ゼロ・モーメンタム方式」では、それに加えてスラスタでも姿勢を制御します。どちらも角速度センサー、ジャイロセンサーなどが機体姿勢を検知します。

また、機体内に「磁気トルクコイル」を搭載し、それが地球の地磁気に引き寄せられることを利用した姿勢制御方式もあり、かつては三軸制御方式と併用して使用されていました。

©NASA/M. Soluri

ハッブル宇宙望遠鏡のスタートラッカー
3つの筒状のものがハッブルのスタートラッカー。超特大サイズだ。シルバーのボックスは、2つのジャイロスコープが入った角速度センサーユニット。

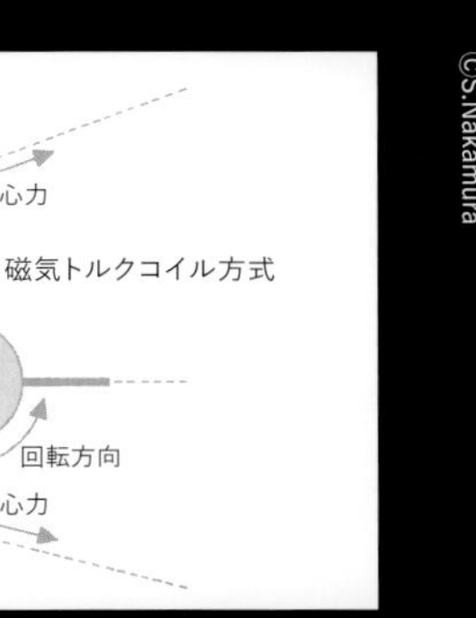

©S.Nakamura

磁気トルクコイル方式
磁気トルクコイルが地球の地磁気に引き寄せられることで機体姿勢を制御。とくにJAXAの観測衛星において、三軸制御方式と併用して使用されていた。

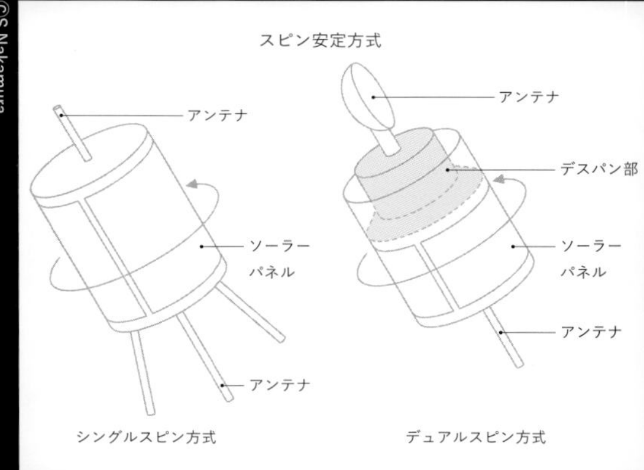

©S.Nakamura

スピン安定方式
コマのように機体全体を回転させることで安定させる方式。シングルスピン方式ではすべてが回転する。発展型のデュアルスピン方式ではアンテナなど一部を静止できる。

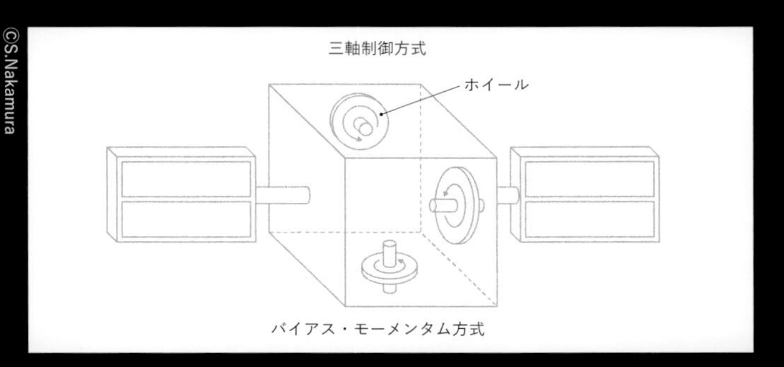

©S.Nakamura

バイアス・モーメンタム方式
比較的シンプルな構造の三軸制御方式。X・Y・Z軸に対応するリアクションホイールを基本的には3つ搭載。その回転力の反動で、各軸における機体姿勢をコントロールする。

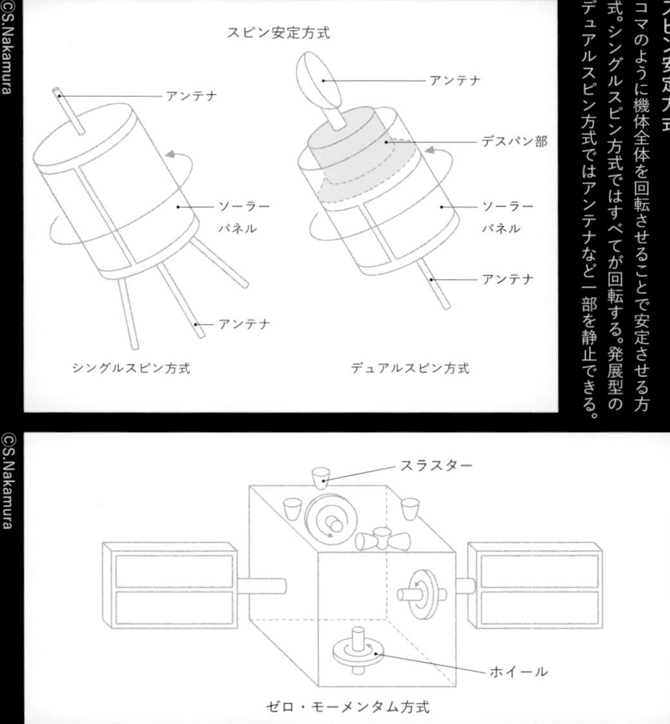

©S.Nakamura

ゼロ・モーメンタム方式
バイアス・モーメンタム方式の発展型の三軸制御方式。X・Y・Z軸に対応するリアクションホイールのほかにスラスタも搭載。より積極的に機体姿勢が制御できる。

観測手法

01 高エネルギーな電磁波の観測方法とは?

OBSERVATION METHOD *Part 1*

Theme: ガンマ線、X線を観るための観測機器

ガンマ線やX線は、「高エネルギー」な電磁波として分類され、それは電磁波が持つ固有のエネルギーが高いことを意味します。エネルギーを表す単位「電子ボルト」(eV、p.138参照)で考えてみると、X線(1 – 100keV)のエネルギーは可視光線(1eV)の1,000倍から10万倍、ガンマ線(100KeV-100MeV)は100万倍から1億倍ものエネルギーを持つことがわかります。そのため、ガンマ線やX線を観測する望遠鏡は、可視光線などの光を観測するものと、その構造が違います。

可視光線、紫外線、赤外線などの観測では、「光学望遠鏡」の主鏡や副鏡に、光をほぼ垂直に当てて反射させています(p.140)。しかしガンマ線やX線の場合には、波長が短いために拡散しづらく、かつ高エネルギーなため、ミラーに垂直に当てると通過してしまい、反射してくれません。こうした性質を「透過性」が高いといいます。

そのため「X線望遠鏡」や「ガンマ線望遠鏡」では、入射する光を非常に浅い角度でミラーに反射させ、わずかに屈折させることで集光します。こうしたミラーを「かすめ入射鏡」(下図)といいます。また、このタイプの望遠鏡のミラーは、その表面が金や白金などでコーティングされ、光の透過率を下げると同時に、その反射率が高められています。

電波が持つ固有のエネルギーは低く(eV値が低い)、ただし波長が長いため、宇宙空間に漂うガスや塵などの元素をゆらゆらと迂回することによって、その信号が観測者に届きます。

一方、ガンマ線やX線の場合は固有のエネルギーが高く、かつ波長の振幅が非常に細かくて拡散しづらいため、観測者に向かって真っすぐに突き進んできます。各電磁波におけるこうした特性の違いは観測対象によって使い分けられ、撮像した画像にもその違いが表れます。

では、どんな天体がガンマ線やX線を放出しているかというと、温度が高く、激しい運動をしている天体です(p.142)。太陽はもちろん、遠方の宇宙で発生する超新星爆発やガンマ線バースト(GRB)、高速回転する中性子星(パルサー)、ブラックホールから放出されるジェットなど、質量が高い恒星の終焉前後に起こる天文現象では、とくに強い放射線が放出されます。また、木星、土星、天王星からもX線が放出されていることが確認されていますが、これは太陽が発したX線を散乱した結果だと考えられています。

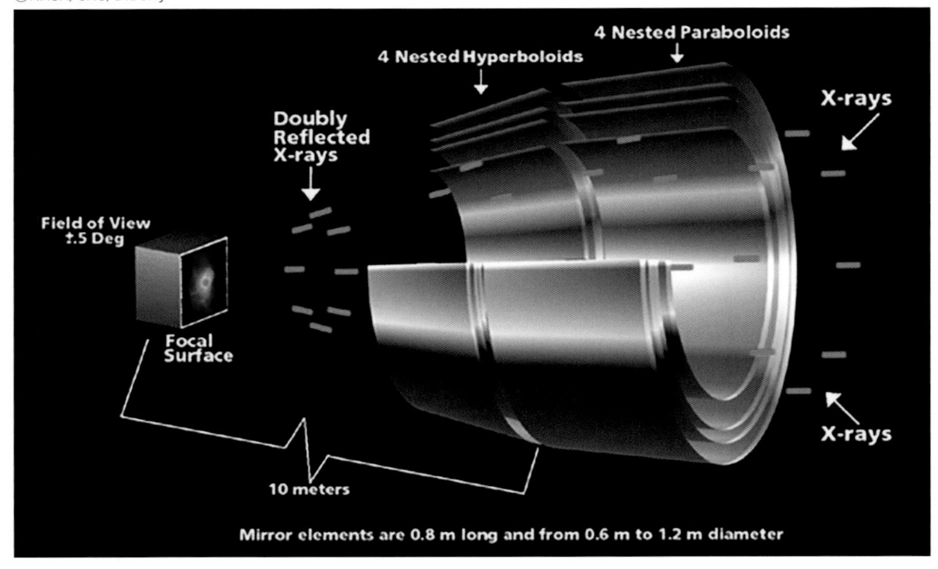

X線望遠鏡のミラーユニット

X線は銃弾のように飛来するため、入射するX線とほぼ平行にミラーを配置。そのユニットはガラスでできた樽のような形状になる。

X線衛星「ひとみ」のミラー

JAXAの「ひとみ」(p209)にはNASAのゴダードチームが開発した軟X線用のミラーが搭載されている。

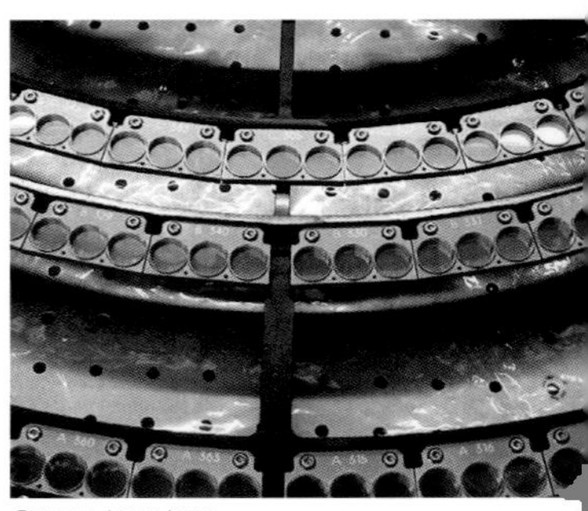

チャンドラの分光計「LETG」

NASAの「チャンドラ」(p126)が搭載する軟X線分光計「LETG」の「グレーティング」(p141)。

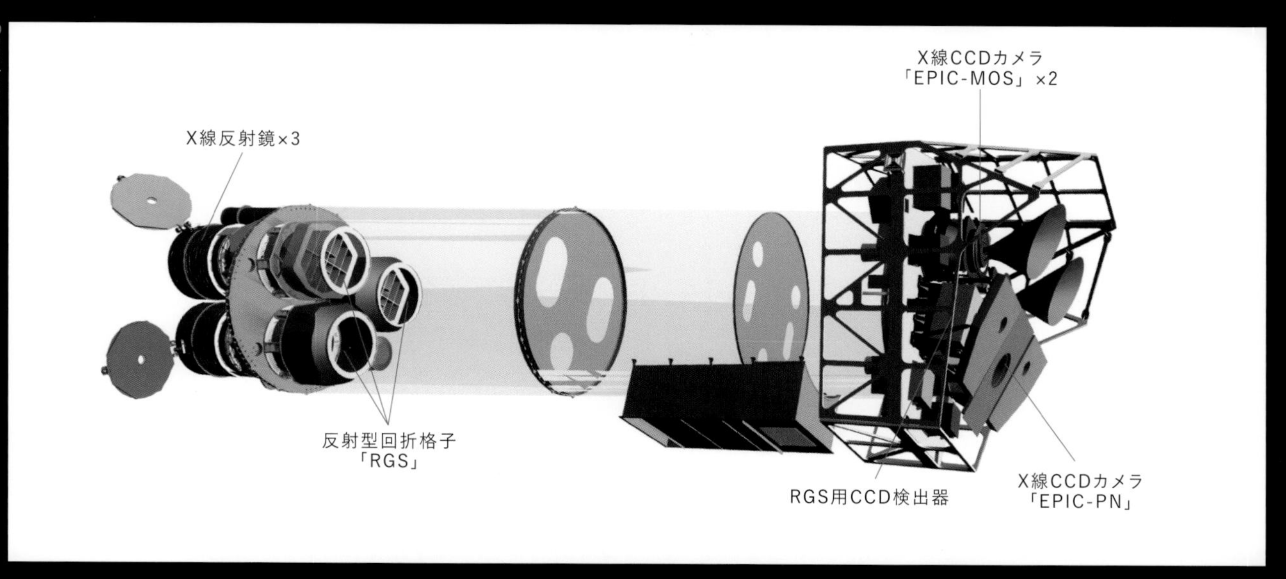

©ESA/XMM-Newton

X線望遠鏡「XMMニュートン」の構造図

ESAの「XMMニュートン」は3つのX線望遠鏡を搭載。X線望遠鏡はかすめ入射方式を採用するため、レンズから検出器やカメラまでの距離が長くなる傾向にある。

©John Paice

「IXPE」による「はくちょう座X-1」の観測イメージ図

NASAのX線観測機「IXPE」(p.218)は、同天体にあるブラックホールの降着円盤から放出されるX 線を観測。その規模と形状、流れの方向を明らかにしている。

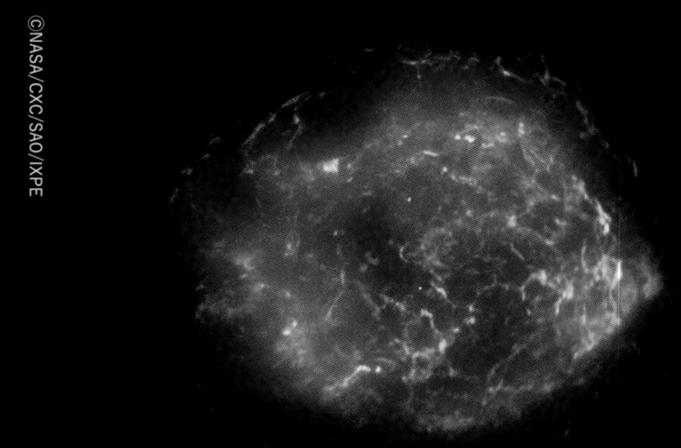

©NASA/CXC/SAO/IXPE

「IXPE」による「カシオペヤ座A」の観測

「IXPE」が最初に観測した「カシオペヤ座」。爆発による衝撃波が周囲のガスを高温に加熱し、宇宙線粒子を加速して、X 線に輝く雲を形成している。

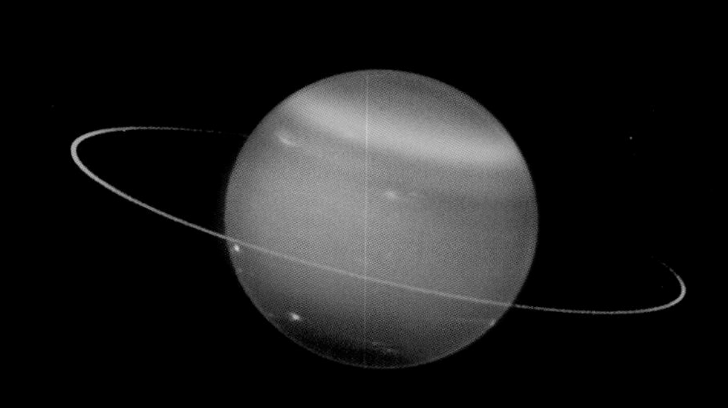

X線：©NASA/CXO/University College London/W. Dunn et al
可視光線：©W.M. Keck Observatory

チャンドラが撮影した天王星のX線画像

チャンドラのX線(紫色)と、その他は地上のケック望遠鏡の撮像画像による合成画像。太陽が発したX線を散乱、または天王星のリングに荷電粒子が衝突して生成された。

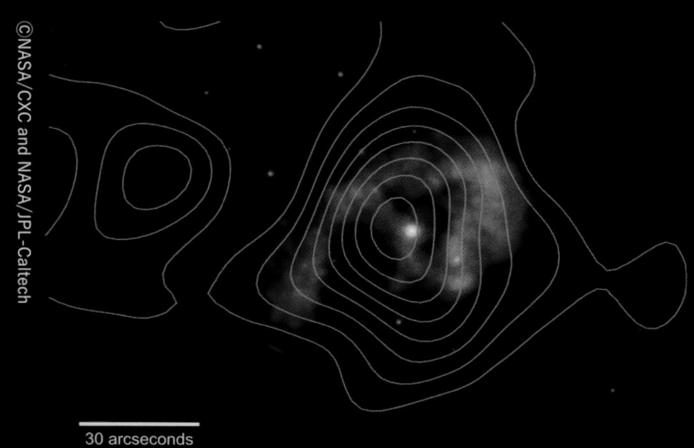

©NASA/CXC and NASA/JPL-Caltech

「イータ カリーナ星雲」のX線画像

NASAの「チャンドラ」が撮像。赤は300-1,000 eV、緑は1,000 ～ 3,000 eV、青は3,000 ～ 10,000 eVのX線。緑のガイド線は「NuSTAR」による過去の観察との比較を示す。

観測手法

02 ガンマ線バーストの検出とは?

OBSERVATION METHOD *Part 2*

Theme: 宇宙でもっとも明るい閃光を捕捉する方法

宇宙においてもっとも明るく、もっとも高いエネルギーが放出される現象が「ガンマ線バースト」(GRB)です。この天文現象は1960年代、他国の核実験を監視する米国の軍事衛星「ヴェラ」(p.082参照)によって偶然発見されました。

ガンマ線バーストによって放出されるエネルギーは、太陽が100億年間に放出する量に匹敵するといわれ、もし直進性の高いそのエネルギー放射が直撃すれば、地球上の生物は激減すると考えられています。

ガンマ線バーストの閃光は、数秒から数時間という非常に短い時間しか観測できず、主にはガンマ線によって観測されます。ただし、その残光「アフターグロー」は、数日間にわたってX線で観測される場合もあります。

その閃光が2秒未満のものは「ショートガンマ線バースト」と呼ばれ、その発生原因としては中性子星(p.045)の連星の合体などが考えられています。また、閃光が2秒以上続く「ロングガンマ線バースト」は、「Ic型超新星爆発」(p.043)、つまり恒星がその終末に爆発する際、水素やヘリウムの外層を吹き飛ばすときに発生すると分析されています。

このガンマ線バーストを観測するためにNASAは「SAS-B」(p.085)、「HEAO」(p.088、092)、「コンプトンガンマ線観測衛星」(p.112)、「HETE 2」(p.164)、「スウィフト」(p.182)、「フェルミガンマ線宇宙望遠鏡」(p.186)などを打ち上げてきました。また、ESA(欧州宇宙機関)は、「COS-B」(p.087)、「インテグラル」(p.168)、ロシアは「グラナート」(p.101)など、世界各国が数多くのガンマ線観測機を打ち上げています。

ガンマ線バーストは観測できる時間が非常に短く、全天のどこで発生するか予測できません。そのため昨今ではその発生が確認されると、その位置情報は即座にNASAのゴダード宇宙飛行センターに送られ、さらに「ガンマ線座標ネットワーク」(GCN)に転送され、そこから世界中の観測者に向けて発信、追跡調査が行われます。この情報は一般の個人でも受け取ることが可能です。

新たなガンマ線バーストが発見されると、その名称の頭には「GRB」、その後には発見年月日が付けられます。2022年10月9日、NASAの「スウィフト」が観測した「GRB221009A」は、その光が10時間以上にわたって観測され、他の宇宙望遠鏡、地上の大型望遠鏡、多くの天文マニアによって追跡観測が行われました。このGRBは超新星爆発、またはブラックホールが誕生したことによって発生した可能性が高いとされています。

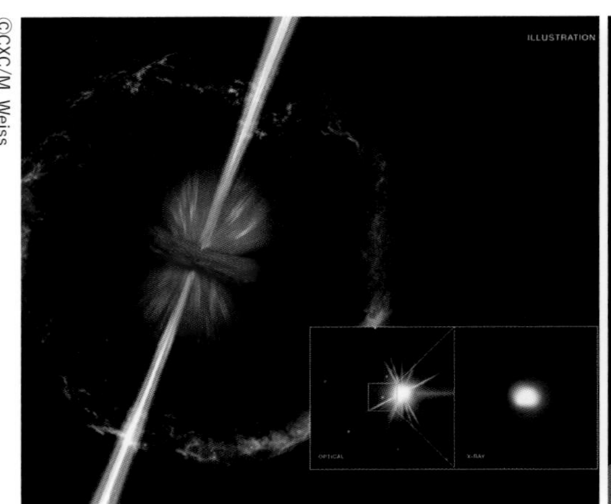

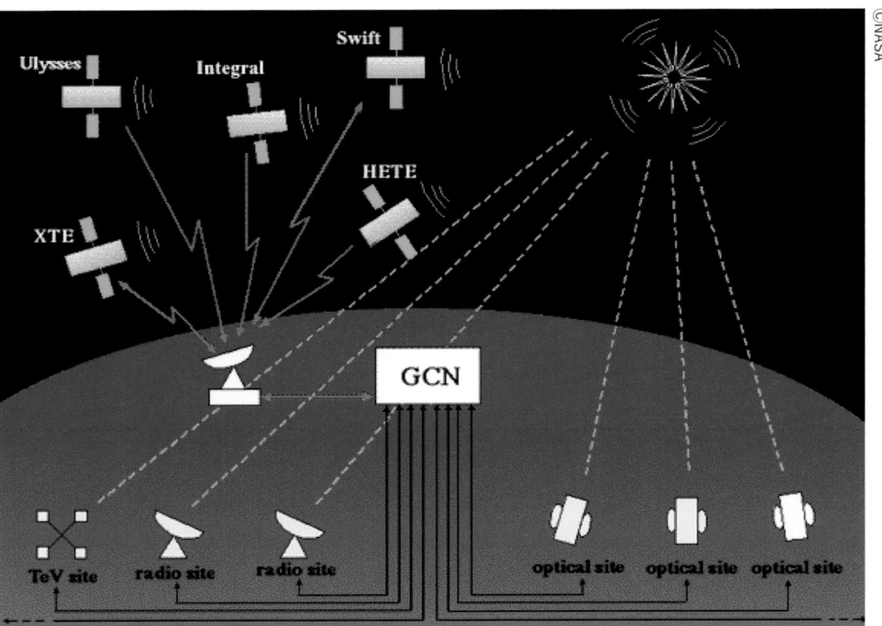

ガンマ線バーストと「GCN」
中性子星の合体によって発生したGRBの想像図。中心からGRBが放出されている。合体によって生じた残骸が中央に落下することでGRBの力に転化される。右下のふたつの写真は、右がX線、左が可視光によって観測された画像。右イラストは「ガンマ線座標ネットワーク」の概念図。

観測手法

03 太陽を観測する方法とは?

OBSERVATION METHOD *Part 3*

Theme: コロナとフレアからわかること

ブラックホールや超新星爆発は、恒星によって引き起こされる天文現象です。また、恒星とともに存在する惑星においても、その誕生から大気の分布に至るまで、すべては恒星に支配されています。あらゆる天文現象の主役となる恒星、そのひとつである「太陽」を研究することは、宇宙の謎の解明につながります。

しかし、太陽に関して、多くのことが解明されていません。「プラズマ」とは、非常に高いエネルギーによって、原子核の周囲を回っていた電子が原子から離れ(電離)、中性分子、プラスイオン、マイナスイオンがバラバラになった状態を意味します。太陽表面(光球)の温度は約6,000度ですが、そのわずか数千km上空には、100万度以上のプラズマからなる「コロナ」が覆い、爆発的に発生する「フレア」はその温度がいっきに1,000万度まで上昇します。ただし、どのような仕組みでフレアが発生し、なぜそれほど急激に温度が上昇するのかが判明していません。

1990年代以降、NASAの「SOHO」(1995年)や「TRACE」(1998年)が打ち上げられるなど、人工衛星による太陽観測が本格化しましたが、日本はそれに先駆け、1981年に「ひのとり」(p.093参照)を打ち上げています。1991年には「ようこう」(p.113)、2006年には「ひので」(p.185)がそれに続き、世界でも先進的な太陽研究を続けてきました。

日本の太陽観測衛星「ひので」は、太陽活動の謎に迫ろうとしています。プラズマであるフレアの発生には太陽磁場が大きく関係していると考えられていますが、その生成や変遷の過程を解明するために「可視光磁場望遠鏡」(SOT)を搭載。その観測によって、コロナ活動の原因となる太陽表面からコロナへの磁気エネルギーの輸送過程や、フレアの爆発におけるエネルギー解放の過程などを解明しようとしています。

また、コロナやフレアからは強力なX線、紫外線が放射されるため、X線望遠鏡「XRT」、極端紫外線撮像分光装置「EIS」なども装備。そうした総合的な観測を通して、宇宙天気の予測の改善を目指した研究も実施されています。こうした調査によって太陽プラズマ現象に関する理解は着実に深まっています。

下のイラストには、太陽、太陽圏、地球空間などを調査する各国の探査機が描かれていますが、これらは観測データを持ち寄ることによって総合的な「太陽物理学システム天文台」(HSO)の役割を果たし、太陽系全体の、より俯瞰的なデータを得ることに貢献しています。このイラストには日本の「ひので」、ESAの「ソーラーオービター」(2020年)も描かれています。

©JAXA

JAXAの太陽観測衛星「ひので」
国立天文台とJAXAが協力して2006年に打ち上げ。3つの観測装置は過去最高のスペックを誇り、太陽風の流源の特定、黒点における微細な磁場構造など、太陽物理研究において新たな発見を成し遂げている。

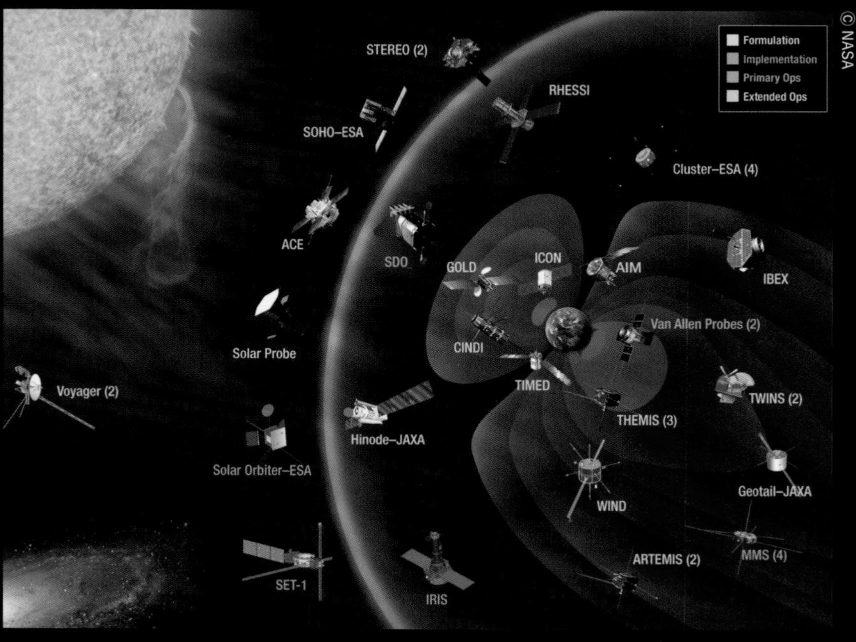

© NASA

「太陽物理学システム天文台」(HSO)
太陽物理学の科学調査を行う各国の衛星によって「太陽物理学システム天文台」(HSO) が構成されている。この図では各ミッションの進捗がNASAの規定により、「計画作成」(黄)、「実施予定」(オレンジ)、「初期運用」(緑)、「拡張運用」(青)の4種に分類されている。

観測手法

04 なぜ赤外線で宇宙を観るのか?

OBSERVATION METHOD *Part 4*

Theme: 透過性の高い赤外線で遠くて古い天体を観る

それぞれの電磁波をとらえる観測機器は、それぞれの物質が放つ波長をキャッチすることで、その波長でしか見ることができない像を写し出します。赤外線を観測する場合には、可視光線と同様、「光学望遠鏡」「光学式測定器」などが使用されます。

宇宙空間にはガスや塵などが存在していますが、赤外線はそれらの物質が出す熱をキャッチすることができ、チリのさらに遠方に広がる天体を写し出すことができます。

また、138億年前にビッグバンが発生して以来、宇宙は膨張し続けています。たとえば、宇宙空間に最初に生まれた星が光を発したのは136億年ほどまえと予測されていますが、その光が136億年の間、ずっと飛び続ける間も宇宙は膨張しているため、その空間を飛ぶ可視光線の波長も引き延ばされます。その結果、その光が現在の私たちのところに届くころには、波長の長い赤外線に変異します。この現象を「宇宙論的赤方偏移」といいます。

そのため、遠くて古い銀河を観測しようとする場合には、赤外線による観測機器が使用されます。2021年12月に打ち上げられた「ジェイムズ・ウェッブ宇宙望遠鏡」(p.006)は、宇宙空間で最初に光を発した星「ファーストスター」、すなわち最初の銀河を見つけるために、遠くて深い宇宙を赤外線によって観測しています。

近赤外線(0.7μm - 2μm)をのぞく赤外線のほとんどの帯域は、地球の大気に吸収されてしまうため、宇宙空間からの観測が有利です(p.139)。また、宇宙望遠鏡の機体自体が発する熱からも赤外線が放射されますが、それは遠方の星の微弱な赤外線の光をとらえる際に弊害となります。そのため赤外線宇宙望遠鏡には冷却装置が搭載される場合が多く、観測機器の温度が絶対零度近くまで下げられています。冷却剤としては液体ヘリウムなどが使用されていますが、そのガスがなくなると観測精度が維持できなくなるため、赤外線望遠鏡の運用は基本的に停止されます。

また、ジェイムズ・ウェッブが、地球から150万km離れたラグランジュ点L2ポイント(p.012)に配置されているのは、太陽、地球、月から放射される赤外線の影響を低減するためです。

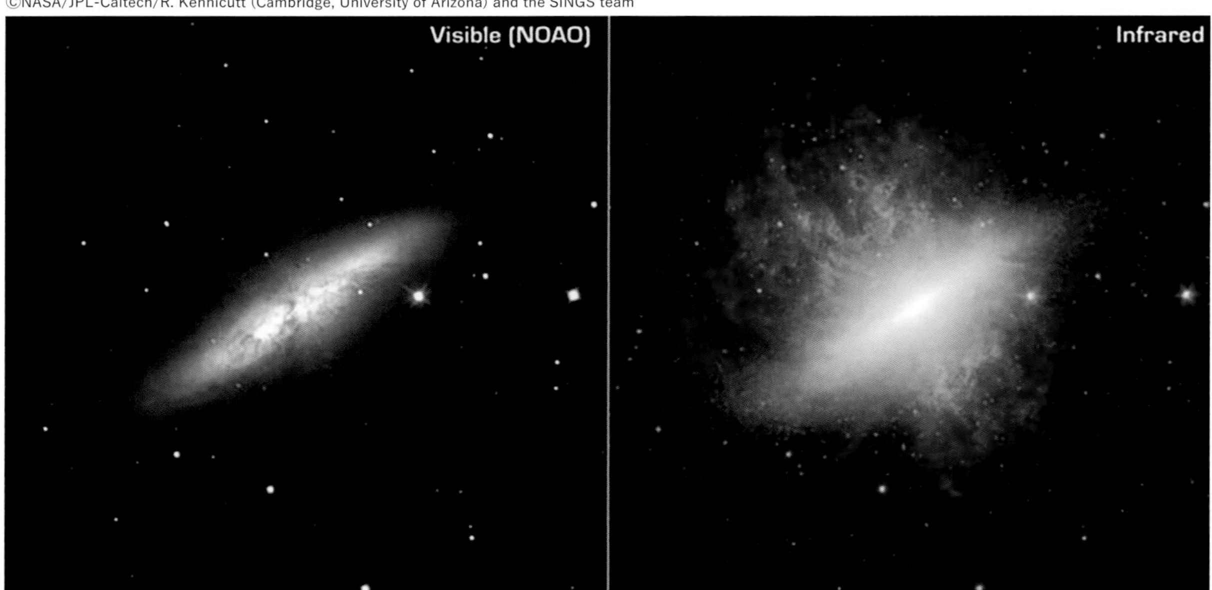

可視光線と赤外線による画像の違い

左は可視光波長で撮影された「M82」銀河の画像。右は同銀河を「スピッツァー」が赤外線で撮像した画像で、3つの波長の赤外線画像が合成されている。もっとも長い波長)は赤、つぎに緑、そして青でコード化されている。このように違う波長によって観測することで、まったく違う天体の姿が明らかになる。

©NASA, ESA, Leah Hustak (STScI)

WHEN SPACE EXPANDS, LIGHT STRETCHES

Since the big bang, the physical space of the universe has been expanding. Stars and galaxies maintain their size, but the space ***between*** them grows.

BIG BANG

EXPANSION OVER TIME

INCREASING WAVELENGTH

1 Wavelength

1 Wavelength

1 Wavelength

As light travels through expanding space, it is stretched to longer wavelengths.

ビッグバンと宇宙論的赤方偏移

ビッグバン(右)と、その後の宇宙の膨張を説明した図。ビッグバンから時間が経過するとともに宇宙が膨張し、それによって宇宙空間を飛ぶ電磁波の波長が引き延ばされ、赤方偏移を起こす様子が描かれている。

遠くて古い光ほど赤方偏移は大きくなる

遠い星ほど赤方偏移の度合いは高まる。「ハッブル」(左)が観測できるのは近赤外線まで。JWSTはさらに波長の長い中間赤外線、遠赤外線でさらに古くて遠い天体を観測することが可能。

©NASA, ESA, Leah Hustak (STScI)

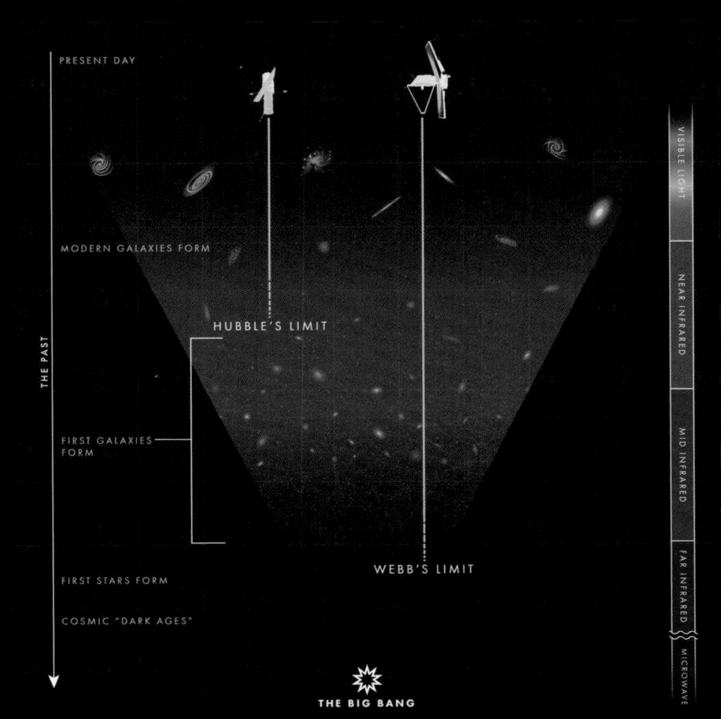

©NASA

「スピッツァー」の冷却システム

「スピッツァー」の構造図。冷却剤となるヘリウムのタンクが機体中央に位置する。その冷却ガスによって観測機器を極低温まで冷却。ソーラーパネルは太陽熱を遮る役割も果たす。

観測手法

05 宇宙マイクロ波背景放射とは?

OBSERVATION METHOD *Part 5*

Theme: ビッグバン発生の確証を得た観測

1964年、米ニュージャージー州にある「ベル研究所」に勤めていたアーノ・ペンジアス(米国、1933年生)とロバート・ウィルソン(米国、1936年生)は、新しく開発された高感度アンテナを設置しているとき、不可思議な電波ノイズに気づきます。あまりに強い電波だったため、ふたりはそれが地上から発せられた電波による干渉であり、おそらくニューヨークが発生源だろうと予想しました。

しかし、調査してもその発生源は見つかりません。アンテナ自体を調べると、そこにはハトの糞がたくさん付着していました。ふたりはそれを掃除しますが、やはりノイズは消えません。

電波干渉の原因となり得るすべての要素を排除したペンジアスとウィルソンは、この謎の電波が「宇宙から飛来しているもの」と結論づけ、論文にまとめ、世界に公表します。結果、これが史上はじめて「宇宙マイクロ波背景放射」(Cosmic Microwave Background, CMB)の検出を報告した論文となりました。これによってふたりは1978年、ノーベル物理学賞を受賞しています。

「宇宙マイクロ波」とは、電子レンジやスマートフォンにも使用される電波の一種であるマイクロ波が、宇宙から飛来することを意味します。「背景放射」とは、それが宇宙のあらゆる方向から降り注いでいることを意味します。

この発見に先立ち、1929年にはエドウィン・ハッブル(米国、1889-1953年)によって、「遠くの銀河ほど速く地球から遠ざかっている」ことが地上望遠鏡の観測によって確認され、「宇宙が膨張していること」が発見されていました。また、ビッグバン宇宙論を提唱した理論物理学者のジョージ・ガモフ(米国、1904-1968年)は、「ビッグバンの発生時に放出された光が、現在においてはマイクロ波として観測できるはず」と、1948年ごろに予告していました。なぜならビッグバンのあと、宇宙は膨張し続けているからです。

ビッグバンによって放出された光は、約138億年かけて地球へ飛んできたわけですが、その光が移動する間、宇宙空間は膨張し続けているため、光の波長も引き延ばされます。その結果、波長が短い可視光線が、波長の長いマイクロ波へと変異したと考えられるのです。ハッブルが発見したこの現象を「ハッブル・ルメートルの法則」といいます。

ペンジアスとウィルソンの発見から四半世紀後の1989年、NASAは探査機「COBE」(コービー、p.100参照)を打ち上げます。ベル研究所のアンテナよりもはるかに高精度な観測機器を搭載した同機は、ビッグバンが実際に発生した証拠となるデータを提示しました。それを明らかにした天文物理学者であるジョージ・スムート(米国、1945年生)とジョン・マザー(米国、1946年生)は、2006年、やはりノーベル物理学賞を受賞しています。

その後、2001年にはNASAの「WMAP」(p.166)、2009年にはESA(欧州宇宙機関)の「プランク」(p.195)が打ち上げられ、より精度高くCMBの分布が確認されました。

COBEは地球周回軌道を航行しましたが、WMAPは史上はじめて太陽と地球における「ラグランジュ点L2」という特殊なポイントに投入されました。この領域に配置された物体には、太陽と地球の重力が働くと同時に、太陽を公転する地球に引かれ、またその際、機体には遠心力も働きます。この3つの力が機体に働く結果、その物体は地球と太陽との位置関係を保ちながら、その領域に留まることができます。WMAPとプランクは、太陽、地球、月から発せられる熱の影響が少ないこの静かな領域で、「宇宙の晴れ上がり」(p.048)の光を観測したのです。

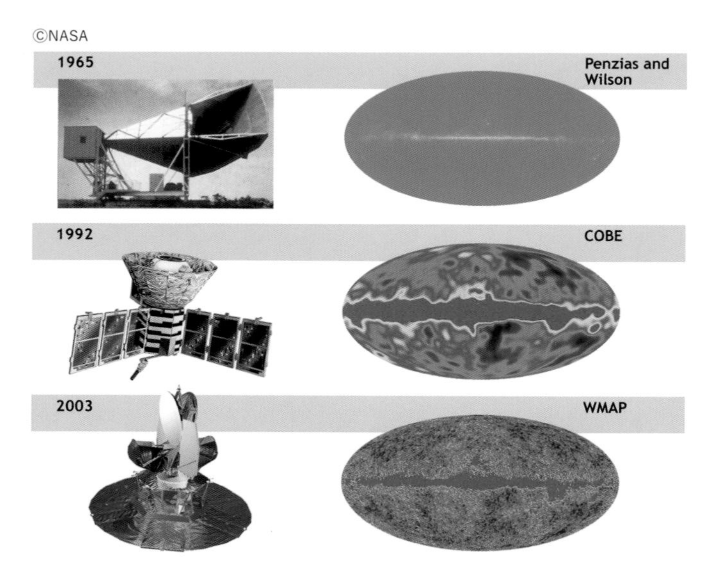

宇宙マイクロ波背景放射(CMB)

1965年に宇宙マイクロ波背景放射をはじめてとらえたベル研究所のホーンアンテナと、「COBE」と「WMAP」によるCMB全天マップ。精度の違いがよくわかる。

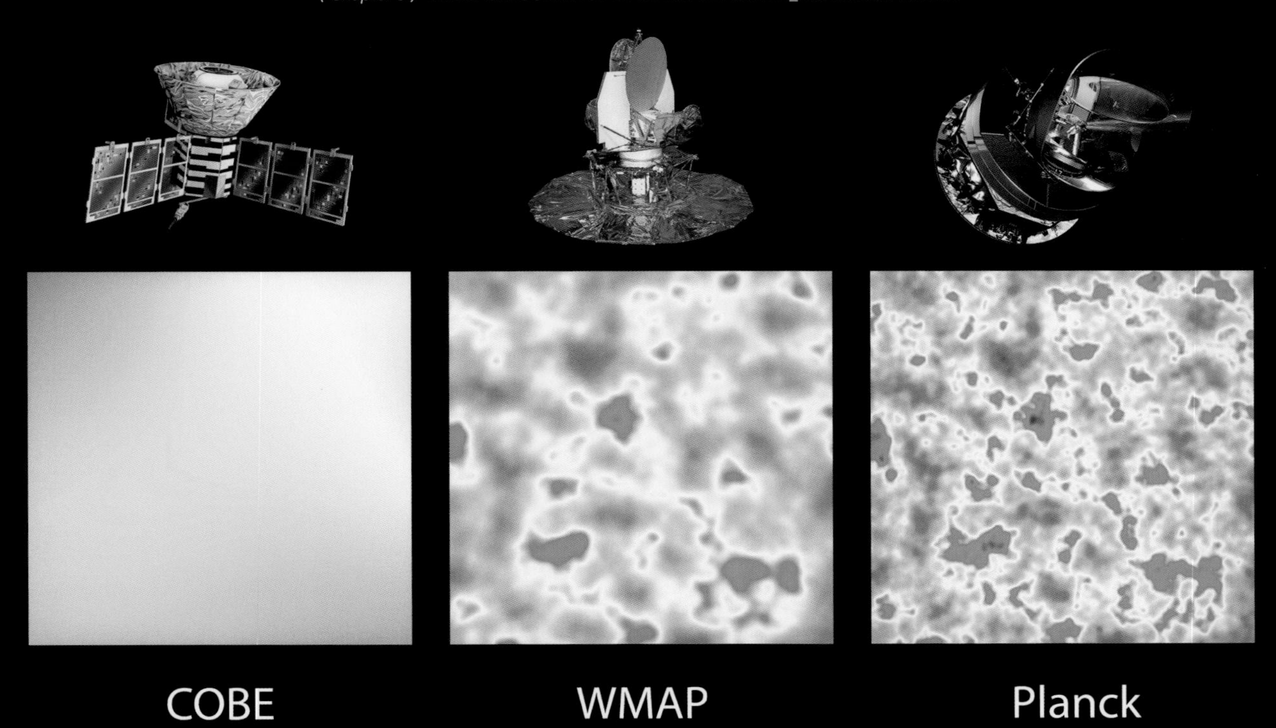

歴代CMB観測機の解像度の比較

3 機の解像度(10平方度)の比較。その精度はWMAPによって格段に高められ、さらにプランクはWMAPの2.5 倍の解像度を誇る。

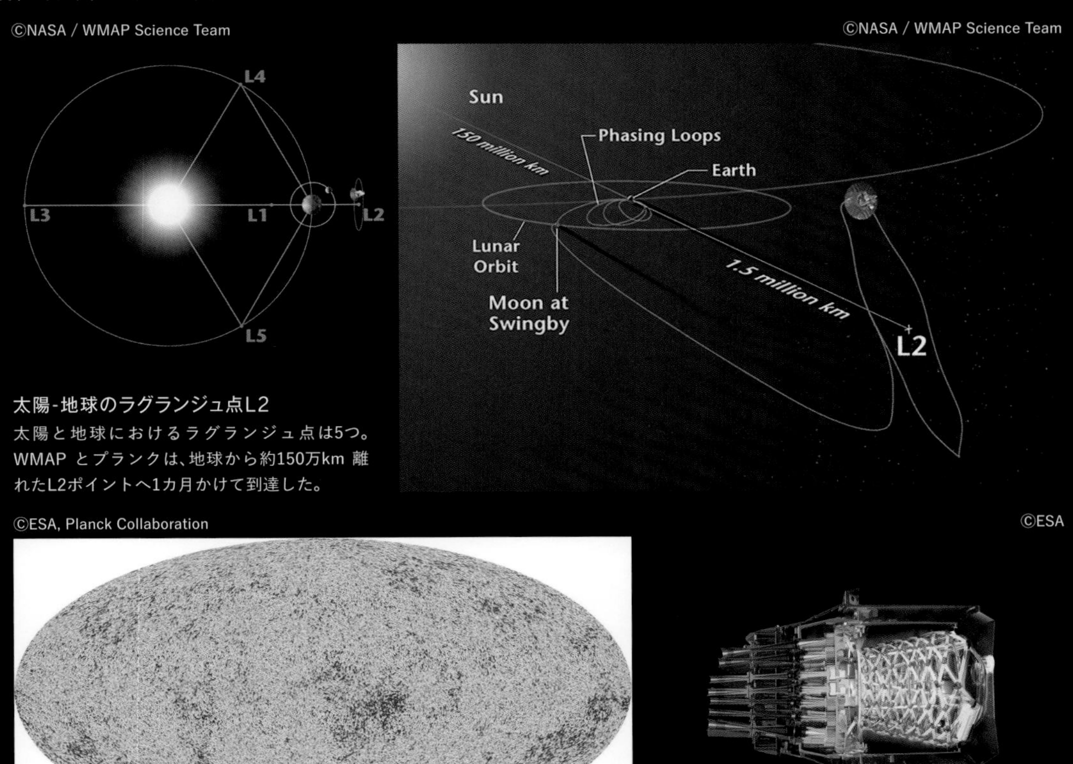

太陽-地球のラグランジュ点L2

太陽と地球におけるラグランジュ点は5つ。WMAP とプランクは、地球から約150万km 離れたL2ポイントへ1カ月かけて到達した。

プランクのCMB全天マップと観測機器

左は2013年3月にプランクが取得したデータ。CMBの異方性(ムラ)を示す全天マップ。右はプランクの高周波装置「HFI」。

観測手法

06 全天カタログと位置天文衛星

OBSERVATION METHOD *Part 6*

Theme: 星の地図を作る方法と重要性

地球から全方向に拡がる宇宙を「全天」といいます。1960年代に宇宙望遠鏡や天文観測衛星による天文観測がはじまると、あらゆる電磁波の帯域によって「全天マップ」が作成され、天体や、X線やガンマ線の発生源などの位置が記録されてきました。

ハンメル図法によって描かれた世界地図が楕円形であるように、全天マップの多くは楕円形として表されます。つまりこの1枚のマップに全方向の宇宙が網羅されています。当書の4章(p.078)と6章(p.162)では、各観測衛星が作成した全天マップを数多く紹介していますが、それらが捕捉した天体はカタログ化され、または統合されてデータベース化されています。

天文観測衛星が全天マップを作成する際、機体を回転させながら宇宙を帯状に切り取り、場合によっては数年にわたってスキャンしていきます。こうした手法は「サーベイ観測」または「掃天観測」と呼ばれます。全天をスキャンするには、スキャンの幅が広いほうが短時間で完了しますが、幅が狭く、機体の回転が遅いほど、取得された画像の解像度が高くなります。

観測衛星の黎明期には、天体、またはX線発生源の方位情報を得ることが主な目的とされましたが、1989年にはESA(欧州宇宙機関)の「ヒッパルコス」(p.098)が、史上初の位置天文学衛星として打ち上げられ、太陽系近傍の恒星の年間視差を精密に測定しました。これにより、恒星までの距離や、恒星の固有運動がわかります。ヒッパルコスは可視光線によって全天をサーベイして11万8,218個の恒星を観測し、「ヒッパルコス星表」や「ティコ星表」を作成しています。

また2013年には同じくESAが、天の川銀河の詳細な三次元地図を作るために「ガイア」を打ち上げました。同機は約10億個の星の位置を年周視差を用いて測定し、そのうちもっとも明るい1億5,000万個の天体の移動速度と軌道を計測。当書の207ページで紹介する動画では、4万個の星々が今後40万年で移動する様子を視聴することができます。

ⒸNASA / MIT

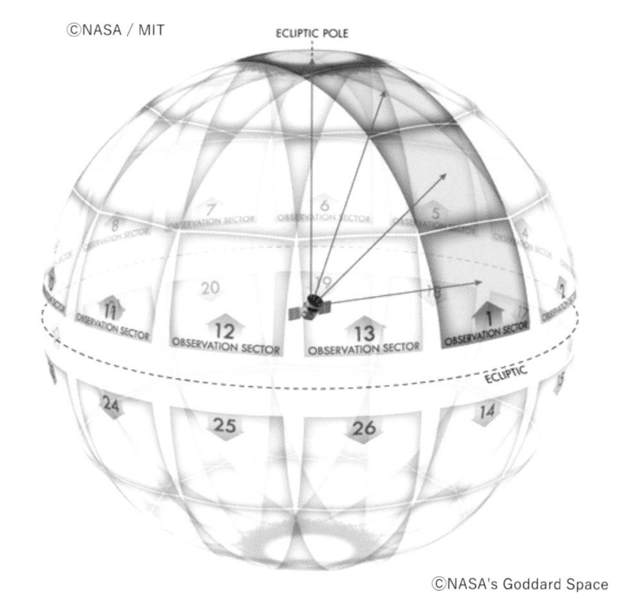

ⒸNASA's Goddard Space Flight Center

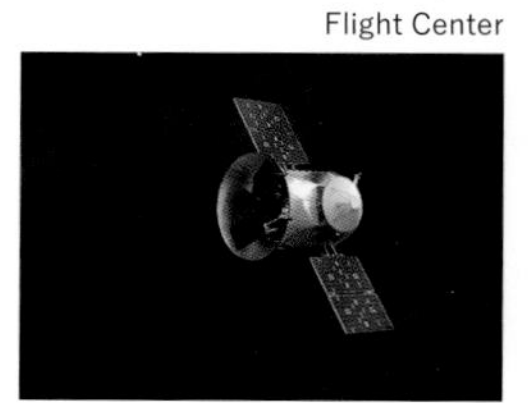

「TESS」によるサーベイ観測
NASAのトランジット系外惑星探索衛星「TESS」は、全天を26の観測セクターに分割して、最初の1年間で南半球をサーベイ観測。2年間でほぼすべての領域をスキャンした。

ⒸJHUAPL / NASA

ⒸJHUAPL / NASA

NASAの「FUSE」の全天マップ
探査機「FUSE」が遠紫外線波長によって作成した全天マップ。青は熱い星、水色は低温な星、さらに薄い水色は変光星、緑は星雲、ピンクは天の川銀河の天体など、天体が色分けされている。

観測手法

07 重力レンズ効果とは?

OBSERVATION METHOD *Part 7*

Theme: 光の屈折を利用して、見えない星を見る

遠くにある天体の光が、途中にある大きな重力場によって曲げられる現象を「重力レンズ」といいます。これは1912年、アルバート・アインシュタインによってはじめて理論化され、その後、彼の「一般相対性理論」に取り込まれました。

重力レンズがはじめて観測されたのは、1979年、キットピーク国立天文台(米アリゾナ州)によって撮像された「QSO 0957+561A/B」。手前にある銀河がレンズの役目を果たし、ひとつのクェーサーが二重に見えることから「ツインクエーサー」とも呼ばれます。

重力レンズでは、銀河や銀河団など大きな重力場を持つ天体の裏側に位置する、本来であれば見えないはずの天体の光が、屈折することによって観測者に届きます。その際、手前の天体の重力が強い場合には、奥に位置する遠方の光は数倍に増光され、また、その光は細長く弧を描いたような歪んだ像、または多重像として観測されることもあります。

右上の画像は、ハッブルが撮影し、2020年12月に公開されたもので、光源となる天体がレンズ天体の真後ろにあるため、「アインシュタインリング」という環状の像が形成されています。この銀河の光は20倍に増幅されていて、それは口径2.4mのハッブルの望遠鏡を48mに拡大したのと同等の効果をもたらしています。こうした光源の像を調べることで、レンズ天体の質量やその分布を知ることができ、銀河や銀河団の総質量を測る有力な手段とされています。また、重力レンズの増光効果を利用することで、本来なら観測できないような暗い天体を調べることも可能となります。

右下の画像は、同一天体の異なる時期の光が、重力レンズによって同一のタイミングで観測された例を示しています。これはハッブルが撮像し、2022年11月に公表されたものです。

その図の上方のボックスには銀河団「Abell 370」の一部領域が写されています。そのなかの小ボックスは、さらに遠方にある超新星が多重レンズ化された領域を示し、それをクローズアップした下のボックスでは、ひとつの超新星が3つの光路で写し出されています。

下のボックスを見ると、爆発した超新星を含む遠方の銀河の光が、屈折しながらハッブルに届く様子が描かれていますが、その光の経路はそれぞれ距離が違います。つまり、同一の天体が放った光であるにもかかわらず、それぞれの光は同天体の3つの異なる時期を反映した光であり、それがハッブルのもとへ同時に届いたことを意味しています。

ハッブルが撮影した「アインシュタインリング」
ろ座にある銀河「GAL-CLUS-022058s」が重力レンズによりアインシュタインリングを形成。その姿から「溶融リング」とも呼ばれる。その距離は94億光年と測定された。

銀河団「Abell 370」による重力レンズ効果
銀河団の強大な重力により、その背後の超新星爆発の光が曲げられて拡大。3つの異なる時期の姿が1枚の画としてとらえられている。

観測手法

08 トランジット法とは?

OBSERVATION METHOD *Part 8*

Theme: 太陽系の外にある、見えない惑星を観る

夜空に輝く星は、それが太陽系内の天体でなければ、太陽系の外にある恒星です。恒星とはみずから光を発する天体ですが、その周りを公転する惑星は光を発していないため、地上から発見することは困難でした。

そうした太陽系の外側にある惑星を「太陽系外惑星」、または「系外惑星」といいます。その存在がはじめて報告されたのは1995年10月。ジュネーブ天文台に在籍するミシェル・マイヨールとディディエ・ケローは、「ペガスス座51番星」を検出することに成功したと発表しました。

こうした系外惑星の探査を目的とした最初の観測衛星は、2006年に欧州宇宙機関(ESA)が打ち上げた「COROT」(p.186)です。この機体は「トランジット系外惑星探査衛星」と呼ばれ、つまり「トランジット法」によって、光を発しない遠方の系外惑星を見つけ出します。

地球周回軌道に投入されたCOROTは、恒星を観測します(右上図)。もしその恒星の周りを公転する惑星があり、その軌道面が偶然にも恒星の前を横切る軌道であった場合には、その惑星は恒星の手前を横切ります。そのとき、恒星の光度がほんのわずかに下がります。それを検出するのがトランジット法です。こうした観測方法によってCOROTは、計32個の系外惑星を発見しています。

続いて2009年にはNASAが「ケプラー」(p.190)を打ち上げます。ケプラーは、1万分の1の光度変化を捕捉でき、同じくトランジット法によって、なんと2,662個以上の系外惑星を発見しました。数多くの系外惑星を発見したケプラーではありますが、この観測機の主なターゲットは「地球型系外惑星」でした。

発見した系外惑星が、その公転軌道の中心にある恒星に近すぎると温度が高すぎ、離れすぎていると水が凍っていると考えられます。恒星から適度な距離にあれば、人類でも居住できるような環境である可能性が高く、生物がいるかもしれません。その適度な距離にある領域を「ハビタブル・ゾーン」(居住可能な領域)といいます。系外惑星がその領域にあるかどうかは、系外惑星の恒星からの距離と、恒星の明るさから推測できます。

こうした観測によってケプラーは2015年、地球から1,400光年離れた位置に、ハビタブル・ゾーンにある地球型系外惑星を史上はじめて発見。恒星である「Kepler-452」を公転するその惑星は、「Kepler-452b」と命名されました。

さらに、2018年4月には、NASAが「TESS」(p.212)を打ち上げます。TESSは2020年1月に、ハビタブル・ゾーンにある地球サイズの系外惑星「TOI 700 d」をかじき座の方角に発見。その距離は地球から101.6光年であり、同条件下にある地球型の系外惑星としては、地球から近い位置にあるもののひとつです。

TESSは2022年11月までに5,241個の系外惑星の候補をリストアップしており、そのうち273天体が太陽系外惑星であることが確認されています。その後も新たな系外惑星の候補が発見され続けており、その検証が続けられています。

系外惑星「TOI-700 d」のイメージ図

2020年にNASAの「TESS」によって発見された地球型の系外惑星。地球からの距離は101.6光年、かじき座の方角にある。地球の1.7倍の質量を持つと推測されている。

©NASA/Ames

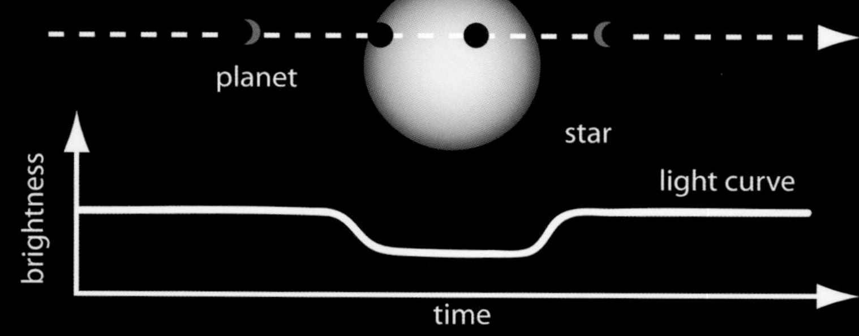

トランジット法の解説図

遠方にある恒星の手前を、その恒星を公転する惑星が横切る(トランジット)とき、恒星の光度がわずかに変化する。この光度変化を観測するのがトランジット法。その観測で惑星の公転周期と、直径がわかる。

©NASA/JPL-Caltech

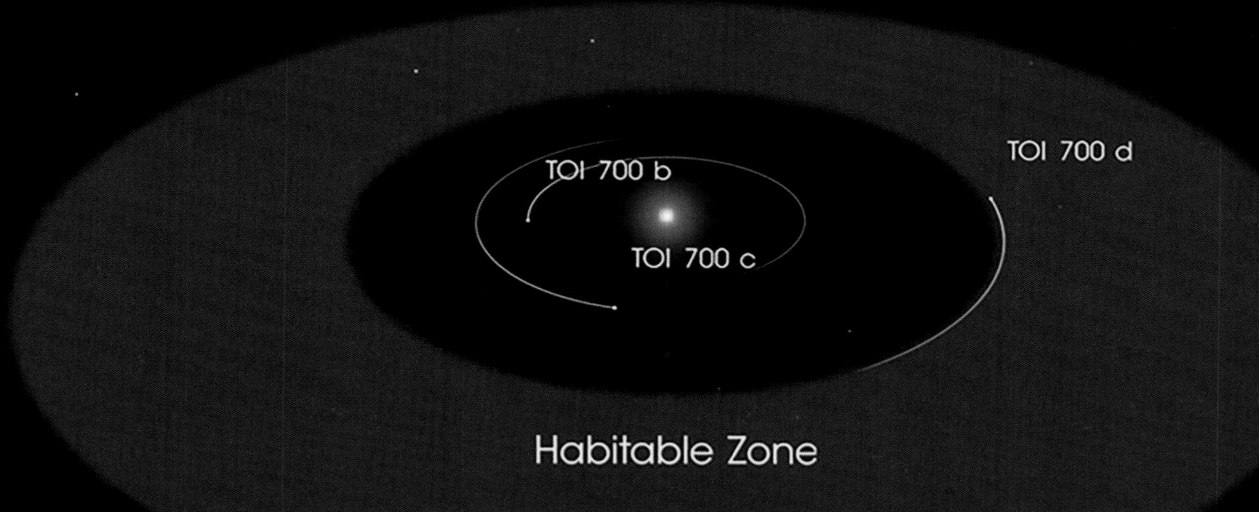

©NASA's Goddard Space Flight Center

TESSが発見した「TOI 700d」とそのシステム

恒星「TOI 700」を3つの惑星が公転している。グリーンはハビタブル・ゾーンを意味し、その領域に地球型系外惑星「TOI 700d」はある。この領域にあれば暑すぎず、凍らず、生命が居住できる。

TESSが観測した北半球の宇宙

画像の左には天の川銀河が見える。TESSは打ち上げから約2年間の初期ミッションで、全天の85%をスキャンした。大きな楕円軌道を航行し、その遠地点は月の公転軌道にほぼ届く。

©NASA/MIT/TESS and Ethan Kruse (USRA)

観測手法

09 見えないダークマターを観る

OBSERVATION METHOD *Part 9*

Theme: 暗黒物質と暗黒エネルギーの解明

宇宙の謎を解明するうえで、いまもっとも注目されているのが「ダークマター」(暗黒物質)と「ダークエネルギー」(暗黒エネルギー)です。

私たちの太陽系は天の川銀河に属し、その巨大な銀河の周りを公転しています。天の川銀河の運動は、その総質量による重力が、銀河全体を引きつけているため成立します。しかし、天の川銀河の総質量を算出してみると、もっと質量がないと個々の恒星の公転運動が成立せず、天の川銀河がバラバラになってしまうことがわかりました。つまり、そこには見えない物質、検出できないエネルギーがあると考えらえます。こうした推察からその存在が示唆されているのがダークマターです。

ダークマターは天体を引きつけるなど重力には相互作用するものの、電磁波にはまったく反応しません。また、我々が知る通常の物質は、全宇宙のエネルギーの4.9%に過ぎず、それ以外の26.8%はダークマター、68.3%はダークエネルギーが占めていると考えられています。

その見えない物質とエネルギーの観測を、ハッブル宇宙望遠鏡が試みました(下図)。

図の左側にハッブルがあります。右へいくと遠くて古い宇宙へと向かいます。1枚目のスライドは35億年前、2枚目は50億年前、3枚目は65億年前の宇宙です。ハッブルは重力レンズ(p.157)の効果を活用し、深宇宙にある銀河の質量を計測。それぞれの距離にある、それぞれの時代に誕生した銀河を観測することで、その分布を明らかにしました。この画像から天文学者は、その領域、その時間における重力の分布を予想します。

下のボックスに描かれている雲は、それらスライド画像から得られたデータをもとに、宇宙における重力の分布を3Dマップ化したものです。つまり、これがダークマターの分布に重なるものだと仮定できます。

その形状を見ると、ビッグバン(図の右側に存在)から間もないころは、比較的まとまった形で存在していたダークマターは、時間が経過する、つまり図の左へ移行するにつれて、いびつな形に変形していきます。これは続々と形成された銀河や銀河団の重力の影響を受けた結果だと考えられます。

天の川銀河がバラバラにならずに形作られたのは、重力場を提供するダークマターが分布していたおかげであり、それを基礎として物質が集合した結果、天の川銀河が形作られました。この3Dマップが示すハッブルの観測は、宇宙進化の過程とその構造を理論的に裏付けるものであり、ダークマターの解明に貢献しています。

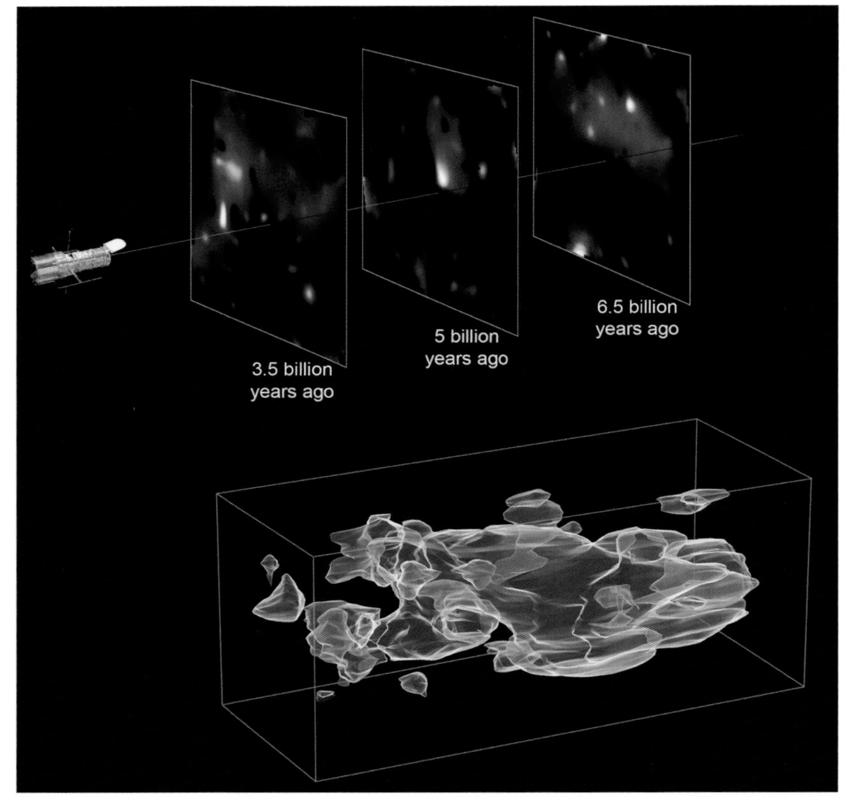

ダークマターの分布を表す3Dマップ
ハッブルの観測データから作成。右へ向かうほど遠く、古く、ビッグバンの発生時に近づく。上のスライドは各距離、各時点の宇宙の姿を反映。下は、その画像から推察された重力とダークマターの分布図。

観測手法

10 宇宙望遠鏡による太陽系の惑星観測

OBSERVATION METHOD *Part 10*

Theme: 地球の近くから、太陽系の惑星を観測する

宇宙望遠鏡は、太陽系内の観察においても重大な発見を数多く残し、成果を上げています。

右上のイラストは、海王星の衛星の軌道を表しています。海王星に到達し、その近傍から観測を行ったのはボイジャー2号(1989年到達)だけであり、その際に同機は6個の衛星を新たに発見していました。その後、ハッブル宇宙望遠鏡が2004年から2009年に撮影したアーカイブデータを検証した結果、14個目となる新たな衛星「S/2004 N 1」、通称「ヒッポカンプ」が発見されました。

その下の画像は、ハッブルが紫外線でとらえた木星の衛星「エウロパ」です。2枚の画像は異なる時期に撮像されたもので、同天体の同じ場所からプルーム(間欠泉)が噴出している様子がとらえられています。プルーム自体は1990年代後半にNASAの木星探査機「ガリレオ」によって発見されていましたが、ハッブルの観測によって、こうした活動が継続的に発生していることが判明しました。

1994年には、シューメーカー・レヴィ第9彗星が木星に衝突する様子をハッブルがとらえています。下の画像は、その連続する写真の合成画像です。6億7,000万kmの遠方で発生したこの天文現象を、これほどの解像度でとらえられたのはハッブルだけでした。

また、木星(p.033)や土星(右下)、天王星(p.149参照)などで発生するオーロラも、ハッブル、チャンドラ、ジェイムズ・ウェッブなど、地球近傍にある宇宙望遠鏡によって撮像されています。

©NASA, ESA, and A. Feild (STScI)

ハッブルが発見した海王星の衛星

左下が衛星「ヒッポカンプ」。ハッブルが撮影した写真を分析した結果2013年に発見。同衛星の符号が「S/2004 N 1」なのは2004年のデータにすでに写っていたため。

©NASA, ESA, W. Sparks (STScI), and the USGS Astrogeology Science Center

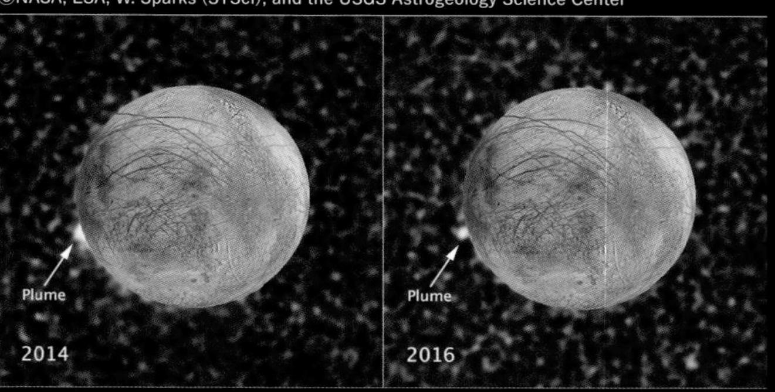

木星の衛星「エウロパ」のプルーム

左が2014年、右が2016年の画像。氷の衛星「エウロパ」の同じ領域から、高度100km(右)におよぶプルームが噴出する様子が、ハッブルの紫外線カメラによって撮像された。

木星への彗星衝突と、土星のオーロラ

左はシューメーカー・レヴィ第9彗星が木星に衝突する様子をとらえた有名な合成図。ハッブルが1994年に撮像したものを合成。右はハッブルのACSカメラが紫外線波長でとらえた土星のオーロラ。

©NASA, ESA, H. Weaver and E. Smith (STScI) and J. Trauger and R. Evans (JPL)

©NASA, ESA, J. Clarke (Boston University), and Z. Levay (STScI)

Chapter 6

CHRONICLE of SPACE TELE
2000-2040s

宇宙望遠鏡の軌跡2000-2040s

文観測機器の精度や感度が急速に進化した結果、われわれ人類は、
くの天体を新たに発見し、未知の天文現象を知りました。
023年時点では、20機以上の天文観測衛星がさまざまな軌道上にあり、
量のデータが次々に送られてきています。その高精度なデータからは、
上で算出され、理論の範囲で語られていた仮設が次々に証明されていて、
ッグバンの発生時期が判明、宇宙の最初の銀河の光さえとらえられようとしています。

Planck ©ESA (images by AOES Medialab)

Contents

164 2000.10/9 HETE 2
166 2001.6/30 WMAP
168 2002.10/17 インテグラル
170 2003.4/28 GALEX
176 2003.8/25 スピッツァー宇宙望遠鏡
182 2004.11/20 スウィフト / ニール・ゲーレルス・スウィフト
183 2005.7/10 すざく
184 2006.2/21 あかり
185 2006.9/23 ひので
186 2006.12/27 COROT
187 2008.6/11 フェルミガンマ線宇宙望遠鏡
190 2009.3/7 ケプラー
194 2009.5/14 ハーシェル宇宙天文台
195 2009.5/14 プランク
196 2009.12/14 WISE / NEO WISE
197 2011.5/16 AMS-02
198 2012.6/13 NuSTAR
202 2013.9/14 ひさき
204 2013.12/19 ガイア
208 2015.12/3 LISAパスファインダー
209 2016.2/17 ひとみ
210 2017.6/3 NICER
212 2018.4/18 TESS
214 2019.7/13 スペクトルRG
215 2019.12/18 CHEOPS
216 2021.12/25 ジェイムズ・ウェッブ宇宙望遠鏡
218 2021.12/9 IXPE
219 2022.6/26 NASAサウンディングロケット・ミッション
220 2023年 ユークリッド
221 2023-2024 XRISM
222 2024年 巡天
223 2025年 SPHEREx
224 2026年 PLATO
225 2026-2027 ナンシー・グレース・ローマン宇宙望遠鏡
226 2028.6 NEOサーベイヤー
227 2035-2037 アテナ / LISA
228 2040s HWO

表記に関して

●宇宙機の所属国を示す「Country」において、ESA(欧州宇宙機関)が運用する機体の場合、国名を「EU」、国旗は欧州旗で表しています。

●本書で紹介している年月日は、特記があるもの以外、すべてUTC(協定世界時)で表記しています。

Date:

2000.10/9

ガンマ線・X線探査機／打上日

Country: USA

High Energy Transient Explorer, HETE 2

HETE 2

「ガンマ線バーストの発生源と正体を解明」

©NASA

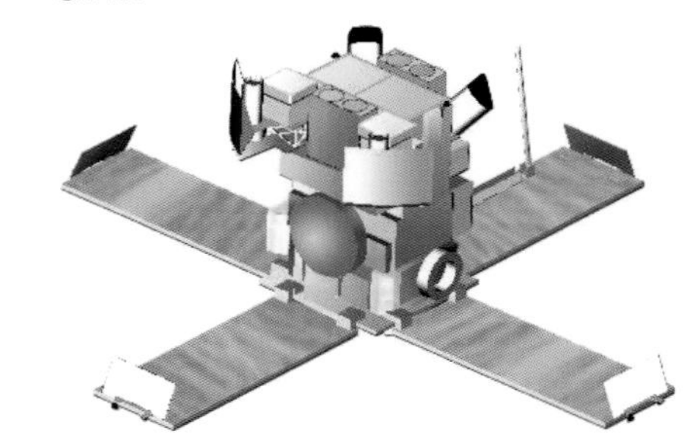

軌道上ではつねに反太陽方向を向き、1年で天球の60%を観測する。先に打ち上げられた『HETE 1』(1996年)は、太陽光パネルが開かずに運用に失敗した。

運用Data:

国際標識／ 2000-061A
別名／エクスプローラー 79
運用／ NASA(米航空宇宙局)
打上日／ 2000年10月9日
射場／マーシャル諸島
ロケット／ペガサスXL(空中射出)
運用停止／ 2007年3月

機体Data:

バス寸法／ 1.0×0.5×0.5m
打上時質量／ 124kg
観測目的／ガンマ線、X線
主要ミッション機器／
・ガンマ線検出器(FREGATE) 6-400keV
・広視野X線検出器(WXM) 2-25KeV
・軟X線カメラ(SXC) 0.5-10KeV

軌道Data:

軌道／地球周回軌道、楕円軌道
軌道高度／近590km、遠650km
傾斜角／ 1.95度

©NASA

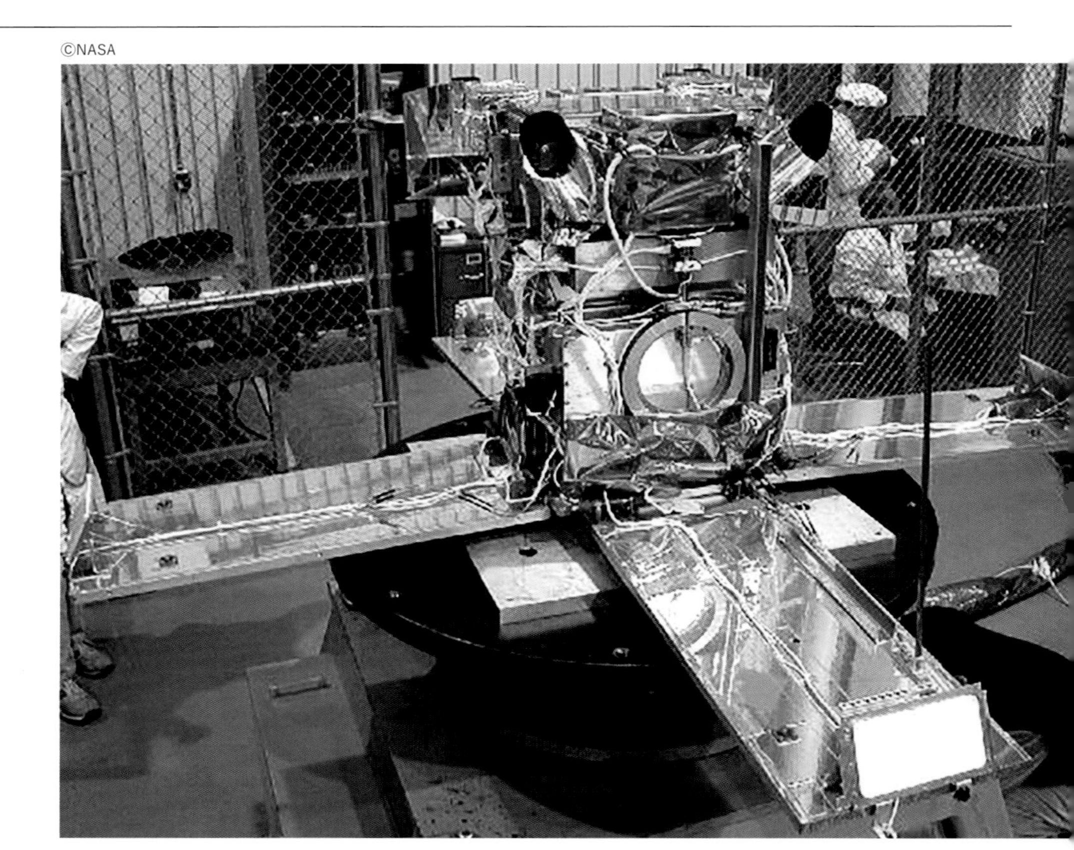

HETE 2は国際的なプロジェクトであり、日本からは理研が参加。ハードウェアや地上局のシステムなどを構築した。

©NASA ©NASA

全高1mのHETE 2は小型ロケット「ペガサスXL」で打ち上げられた。航空機スターゲイザーの機体下部に搭載されたペガサスXLは、空中で切り離されると5秒後にロケットを噴射、上昇する。

巨大な星が爆発してその一生を終えるとき、ガンマ線バースト(GRB)呼ばれる強烈な閃光を放ちます。その光はガンマ線で数秒から数時間、X線で数日間だけ観測できますが、それを捕捉するのが『HETE 2』(ヘティー・ツー)です。この観測衛星にはガンマ線検出器、広視野X線検出器、軟X線カメラなどが搭載され、継続的に空をスキャンします。ガンマ線バーストが発生すると、その位置を割り出し、ほぼリアルタイムで「ガンマ線バースト座標ネットワーク」(GCN、右図参照)に座標を送信。その情報をもとに地上の大型望遠鏡や他の観測衛星が追跡観測します。HETE 2は2003年 3月 、強力なガンマ線バースト源「GRB 030329」を発見。その正体が太陽の数十倍の質量をもつ超巨大星の大爆発であることを明らかにしました。

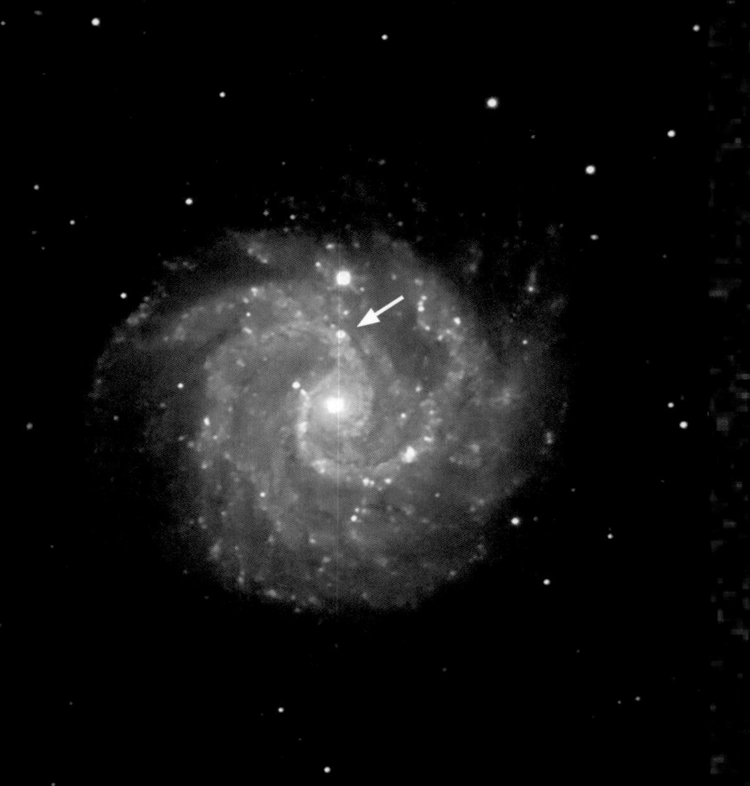

HETE 2が発見したガンマ線バースト「GRB 030329」。渦巻銀河 「NGC 3184」の矢印の位置にあるのがタイプIc型超新星。その光は可視光でも確認された。

HETE 2が発見したガンマ線バースト「GRB 030329」(左写真の矢印)を、ハッブルが追跡して撮影した画像。これほど明確に残光が残ることは非常に珍しい。

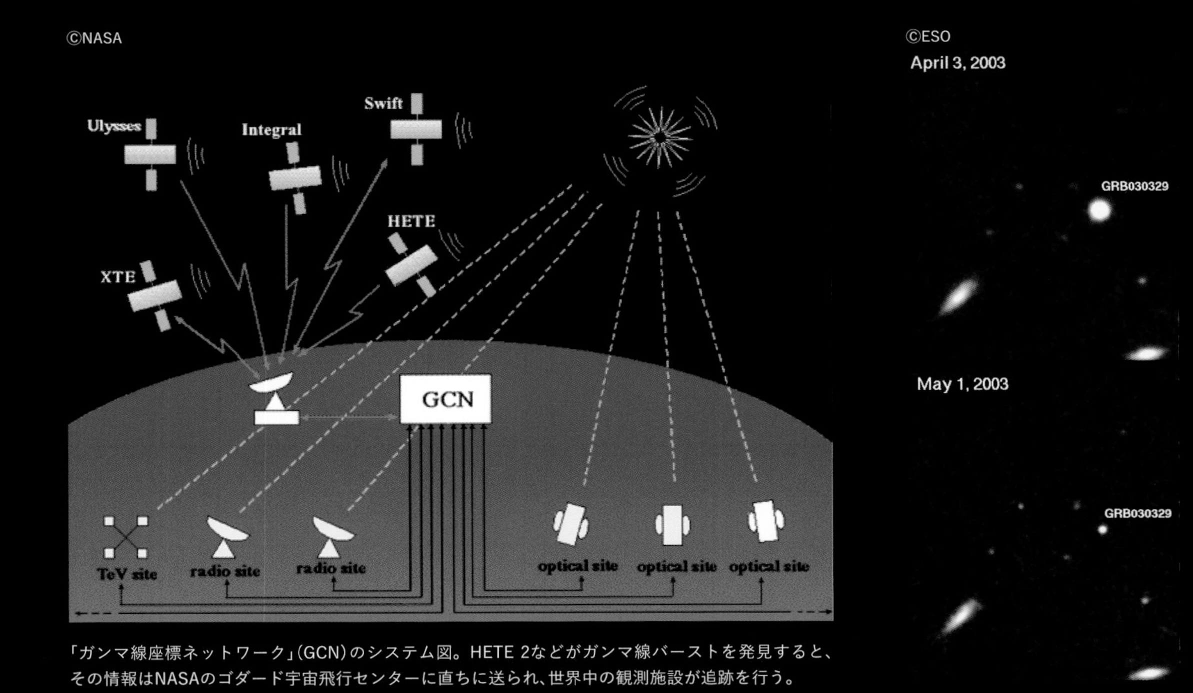

「ガンマ線座標ネットワーク」(GCN)のシステム図。HETE 2などがガンマ線バーストを発見すると、その情報はNASAのゴダード宇宙飛行センターに直ちに送られ、世界中の観測施設が追跡を行う。

上写真と同じガンマ線バースト「GRB030329」を追跡観測した画像。上は2003年4月3日、下は同年5月1日に撮像したもの。その光度が減退していくことを示す。

Date:

2001.6/30

宇宙マイクロ波背景放射探査機／打上日

Country: USA 

Wilkinson Microwave Anisotropy Probe, WMAP

WMAP ウィルキンソン・マイクロ波異方性探査機

「宇宙年齢・宇宙の広さをマイクロ波で特定」

ⒸNASA

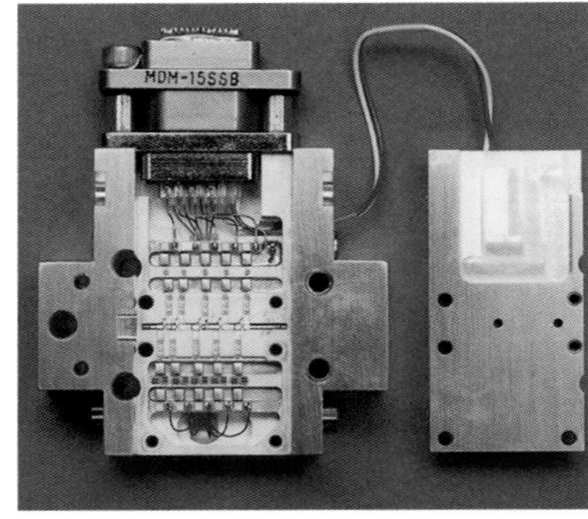

Vバンド（61GHz）のマイクロ波を増幅させるアンプリファイア。こうしたアンプが5基搭載された。

運用Data:

国際標識／ 2001-027A
別名／エクスプローラー 80
ウィルキンソン・マイクロ波異方性探査機
運用／ NASA（ゴダード宇宙飛行センター）
協働／ジョンズ・ホプキンズ大学
　　　プリンストン大学
打上日／ 2001年6月30日
射場／ケープ・カナベラル空軍基地
ロケット／デルタII
運用停止／ 2010年9月8日

機体Data:

機体寸法／ D 3.6×H 5.1m
打上時質量／ 840kg
観測目的／マイクロ波
主要ミッション機器／
・グレゴリー式反射鏡
（23・33・41・61・94 GHz）
・疑似相関微分放射計

軌道Data:

軌道／太陽-地球ラグランジュ点L2
　　　リサージュ

ⒸNASA

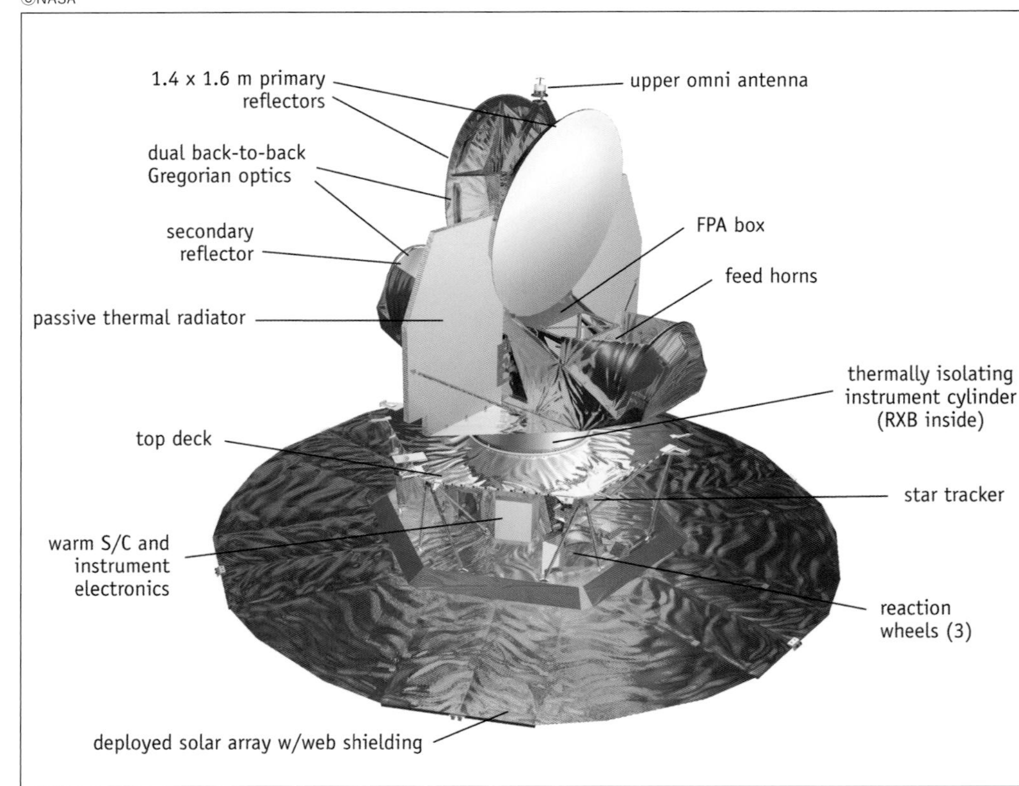

WMAPの構成図。上部にある丸い部分は反射鏡。下部にある円盤は太陽電池パネル。

ⒸNASA

デルタIIによって打ち上げられたWMAPは、太陽と月のラグランジュ点L2（p.013）の周りを周回するリサージュという特殊な軌道に投入された。その領域は地球から150万km離れている。

ビッグバン直後に放出された光が136億年かけてやっと地球に届いています。宇宙は膨張し続けているため、その光は波長が長くなり、現在の地球ではマイクロ波（p.154参照）として観測できます。これはドップラー効果で音が低く聴こえる現象に似ています。こうしたマイクロ波を捕捉したのが『WMAP』（ダブルマップ）です。WMAPは、「宇宙マイクロ波背景放射」と呼ばれるマイクロ派の、わずかな変動パターンをマッピングし、かつてなく解像度が高いマイクロ波全天図を作成。宇宙を満たすCMBの温度差（異方性）を観測することにより、宇宙年齢が約137億年であること（その後プランクの調査により約138億年に訂正）、現在の宇宙の大きさが780億光年以上であること、暗黒物質や暗黒エネルギー（p.049）の総量などを調べました。

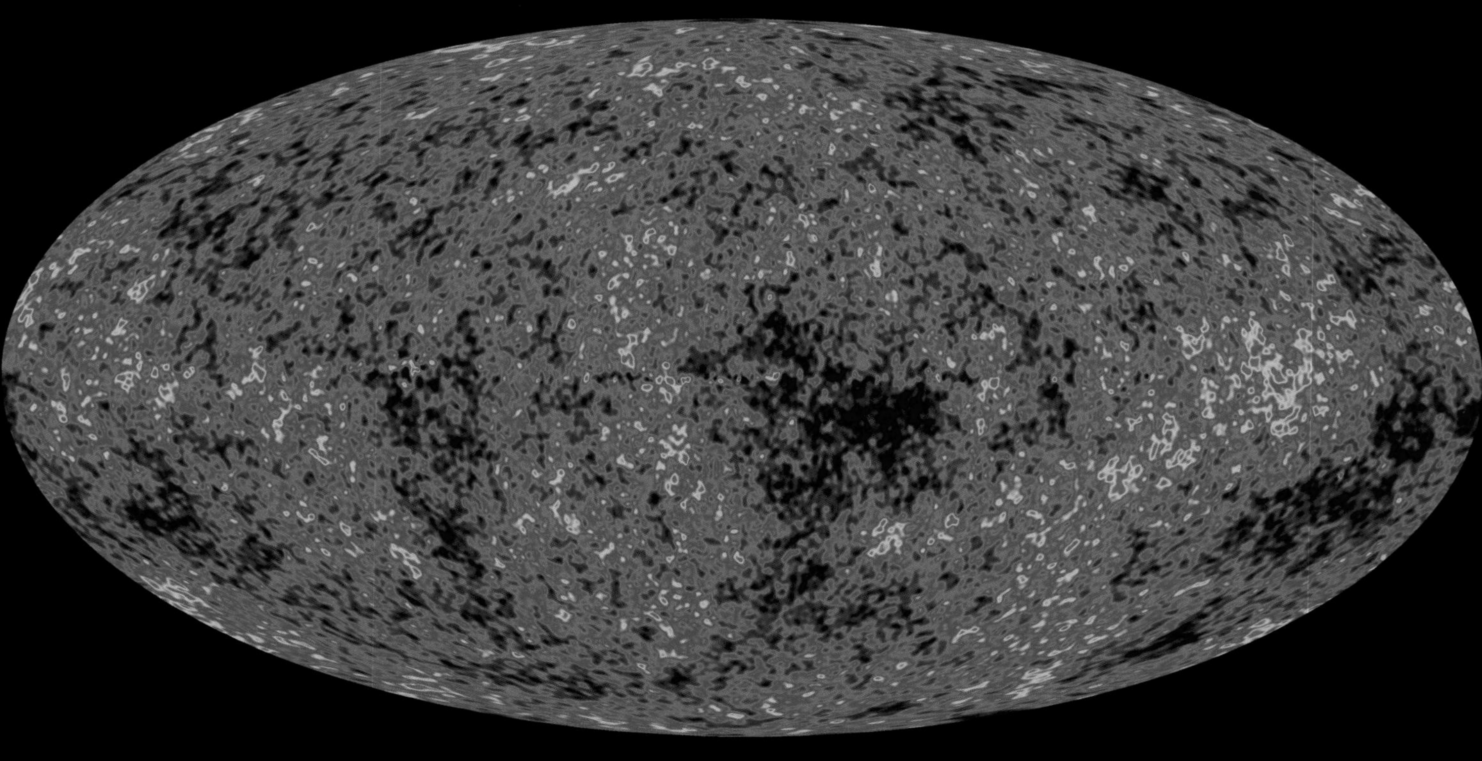

9年間のWMAPデータから作成された初期宇宙の詳細な全天マップ。角分解能は0.2度。137.7億年前の温度変動を色の違いで表示。

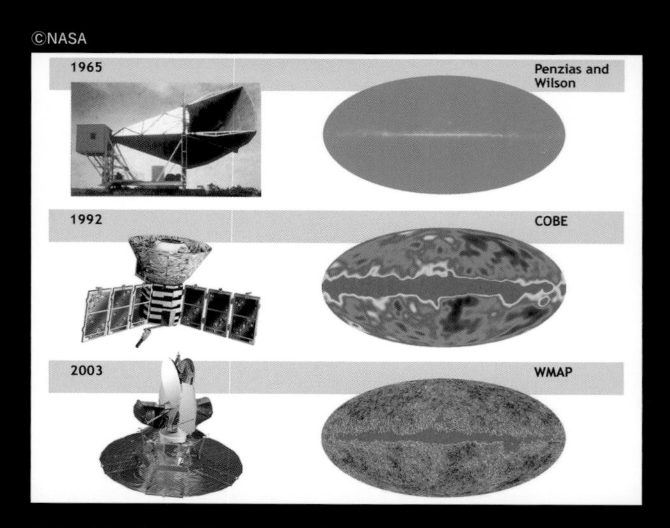

宇宙マイクロ波背景放射の全天マップの進化。上は1965年にCMB を最初に発見したベル研究所、中央は1992年のCOBE(p.100)、下はWMAPマップ。

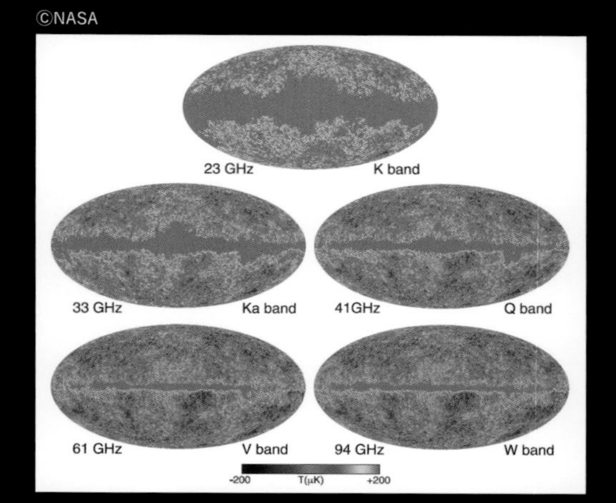

WMAPの周波数別のデータ。周波数23GHz(最頂部)でもっとも強い電波を捕捉している。各マップの中央に広がるのは天の川銀河。

Date:

2002.10/17

ガンマ線観測衛星／打上日

Country: EU 

International Gamma-Ray Astrophysics Laboratory,INTEGRAL

インテグラル

「高感度なガンマ線機器で高エネルギー天体を多数発見」

ⒸESA

インテグラルはカザフスタンのバイコヌール宇宙基地から3段式のプロトンKによって打ち上げられた。

運用Data:

国際標識／2002-048A
運用／ESA（欧州宇宙機関）．
打上日／2002年10月17日
射場／バイコヌール宇宙基地
ロケット／プロトン-K ブロックDM2
協力／NASA（米航空宇宙局）
ロスコスモス

機体Data:

バス寸法／3.0×4.0×5.0m
打上時質量／4,000kg
観測目的／ガンマ線、X線、可視光線
主要ミッション機器／
・撮像装置（IBIS）15ke-10MeV
・分光計（SPI）20KeV-8MeV
・X線モニター（JEM-X I）3-35KeV
・光学モニター（OMC I）500-850nm
・放射環境モニター（IREM）

軌道Data:

軌道／地球周回軌道、長楕円軌道
軌道高度／近639km、遠15万3,000km
傾斜角／51.7度

ⒸESA

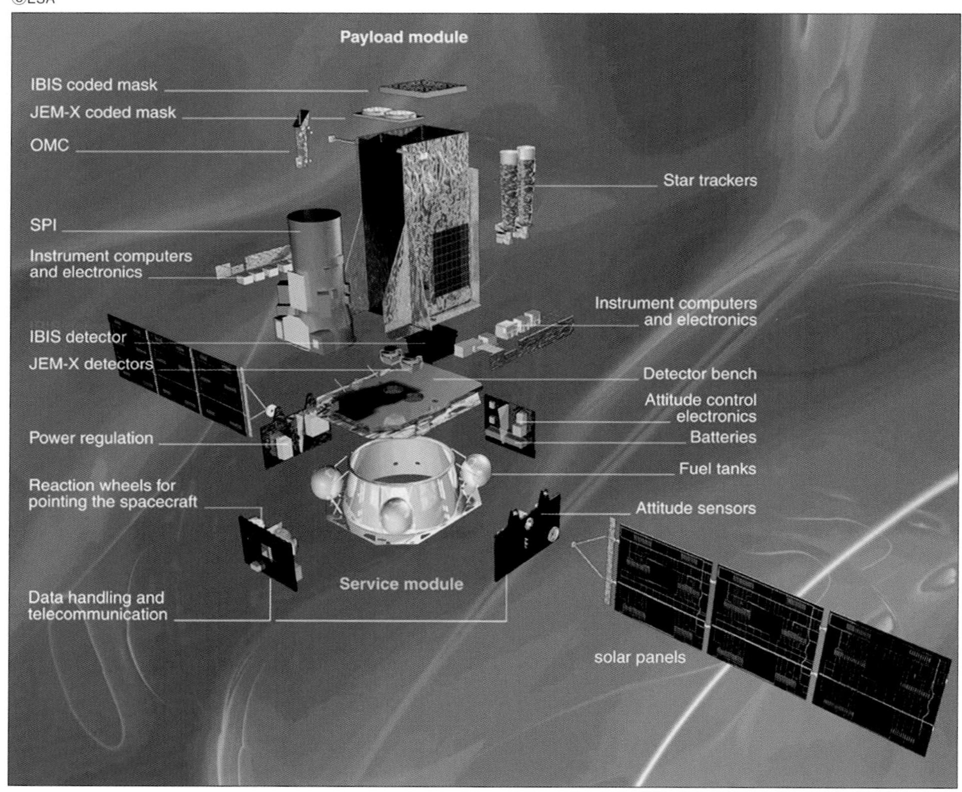

本体（立方体）の左にある円筒形の部位が分光計「SPI」。本体のすぐ下にある黒い箱が撮像装置「IBIS」。

ESA（欧州宇宙機関）のガンマ線観測衛星『インテグラル』は、打ち上げ時の2002年において、もっとも感度の高いガンマ線観測装置を搭載し、ESAの観測機としてはもっとも重い機体でした。ロシアのプロトンKロケットによって遠地点15万3,000kmの長楕円軌道に投入されたインテグラルは、撮像装置「IBIS」や分光計「SPI」などを搭載。ガンマ線、X線、可視光線で同時に観測できる史上はじめての観測衛星です。それらの機器によって、ガンマ線バースト、超新星爆発、クエーサー、ブラックホールなど、極度に高いエネルギーを放出する天体を観測。その結果、連星によるクエーサー「V404 Cygni」、ガンマ線バースト「GRB 030227」、マグネター「SGR 1935+2154」など、数多くの天体を発見しています。

Movie

『軌道上の15年間』

時間／02:57
言語／曲のみ
ⒸESA

インテグラルの軌道の軌跡を描いた動画。光がさえぎられる時間を最短にし、地上局との通信時間を最長にするため、遠地点が常に地球の北半球に位置する特殊な軌道に投入。

\Check!/

©ESA / ICRAR

ブラックホールの周囲を光速で回る物質が作る円盤（降着円盤）と、そこから放出されるジェットのイラスト。インテグラルはこうした天体「V404 Cygni」を発見。

©ESA

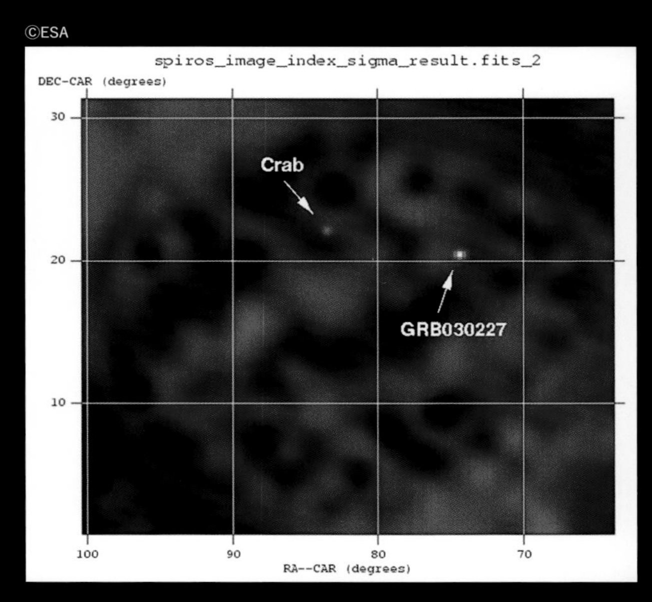

2003年2月に分光計「SPI」がとらえたガンマ線バースト「GRB 030227」。18秒間のデータから生成。これはインテグラルが捕捉した4番目のガンマ線バースト。

©ESA

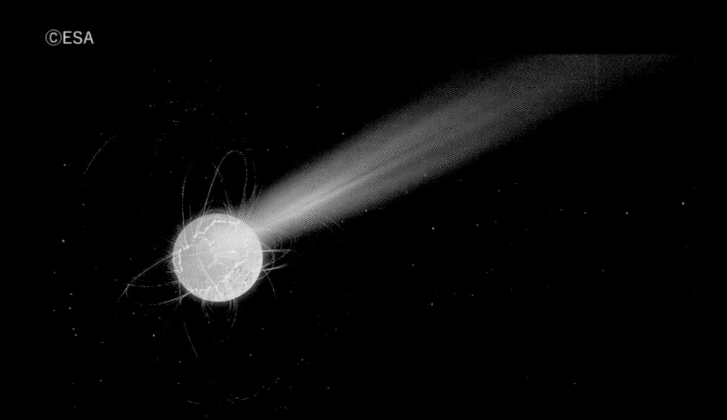

2014年4月に観測されたマグネター「SGR1935 +2154」（p.045）のイメージ図。X線と電波を放出。非常に珍しいことに2020年4月、再び活発化した。

Date:

2003.4/28

紫外線宇宙望遠鏡／打上日

Country: USA

Galaxy Evolution Explorer, GALEX

GALEX

「1,000万個の銀河を含む星図を4年間で作成」

ペガサスXL(p.164)ロケットの先端部(フェアリング)に搭載されるGALEX。同ロケットは航空機スターゲイザーの機体下部に搭載され、空中で射出された。

運用Data:

国際標識／ 2003-017A
別名／エクスプローラー 83
運用／ NASA(米航空宇宙局)
打上日／ 2003年4月28日
射場／ケープ・カナベラル空軍基地
ロケット／ペガサスXL(空中射出)
運用停止／ 2013年6月28日

機体Data:

バス寸法／ H 2.5×W 1.0m
打上時質量／ 277kg
観測目的／紫外線
主要ミッション機器／
・光電検出器
・リッチー・クレチアン式望遠鏡(55cm口径)
・ビームスプリッター

軌道Data:

軌道／地球周回軌道、円軌道
軌道高度／近691km、遠697km
傾斜角／ 29度

Movie

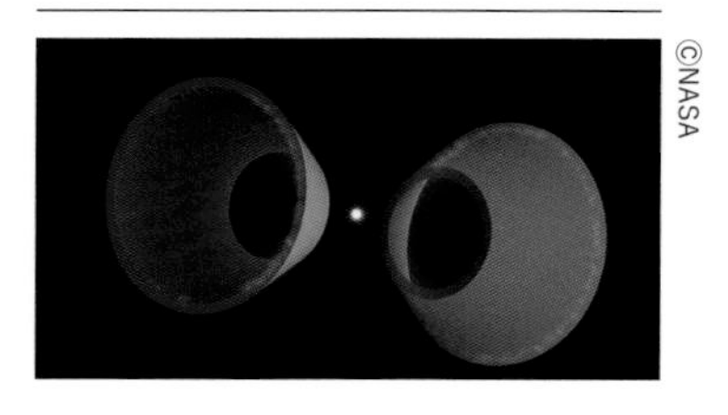

©NASA

『ブルーリング星雲の幾何学』

時間／ 00:18
言語／ 無音
©JPLraw

「ブルーリング星雲」(右ページ上)がなぜこのように見えるのか。その特異な構造がGALEXの研究チームによって解明された際、この動画が公表された。

\Check!/

©NSA

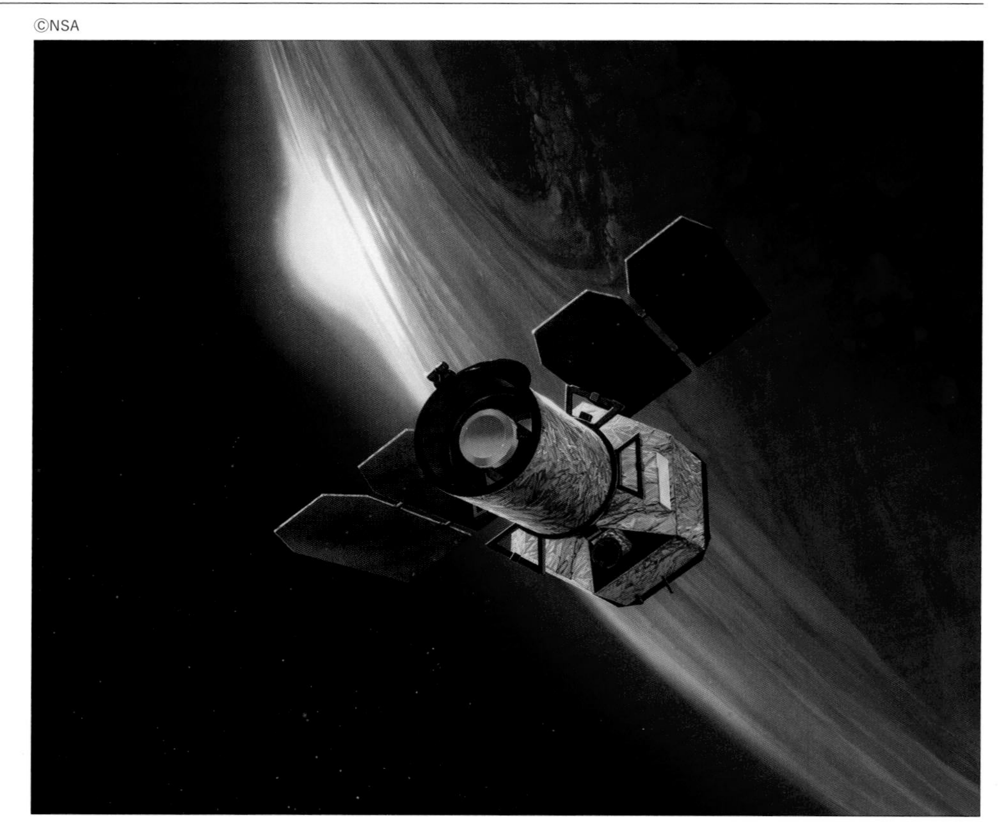

GALEX本体の全長は2.5m、打上時の質量は277kg。約700km上空の地球周回軌道に投入された。

NASAの「スモール・エクスプローラー・プログラム」(SMEX)の7番目の観測衛星が、この紫外線宇宙望遠鏡『GALEX』(ギャレックス)です。過去最高に感度の高い機器を搭載し、全天イメージング・スキャンを実施。初期の4年間で約1,000万個の銀河を含む星図を作成し、さらに天の川銀河にもっとも近い200個の銀河を個別に調査しました。また、宇宙深部の撮像を行い、遠方の銀河の形状、光度、サイズ、距離を測定し、宇宙の起源を研究するためのデータを豊富に取得しました。GALEXが最初に観測したのはヘルクレス座でしたが、初観測にその天体が選ばれたのはコロンビア号に由来しています。約3ヵ月前、同機と交わされた最後の交信がその星座の直下であり、犠牲者7名を弔う意味が込められていました。

「ブルーリング星雲」の構造は16年間にわたって謎だったが、2020年11月、2つの恒星が合体した際の残骸であることをGALEXの研究チームが解明した。

左は銀河「UGC 1382」を可視光で見た画像。しかし、この天体をGALEXが紫外線カメラで観測したところ、スパイラルアームが出現(中央)。さらに、「WISE」(p.196)の赤外線カメラによる水素ガス(右の緑色の部分)の画像を合成した結果、この天体が天の川銀河の7倍の規模を持つことが判明。

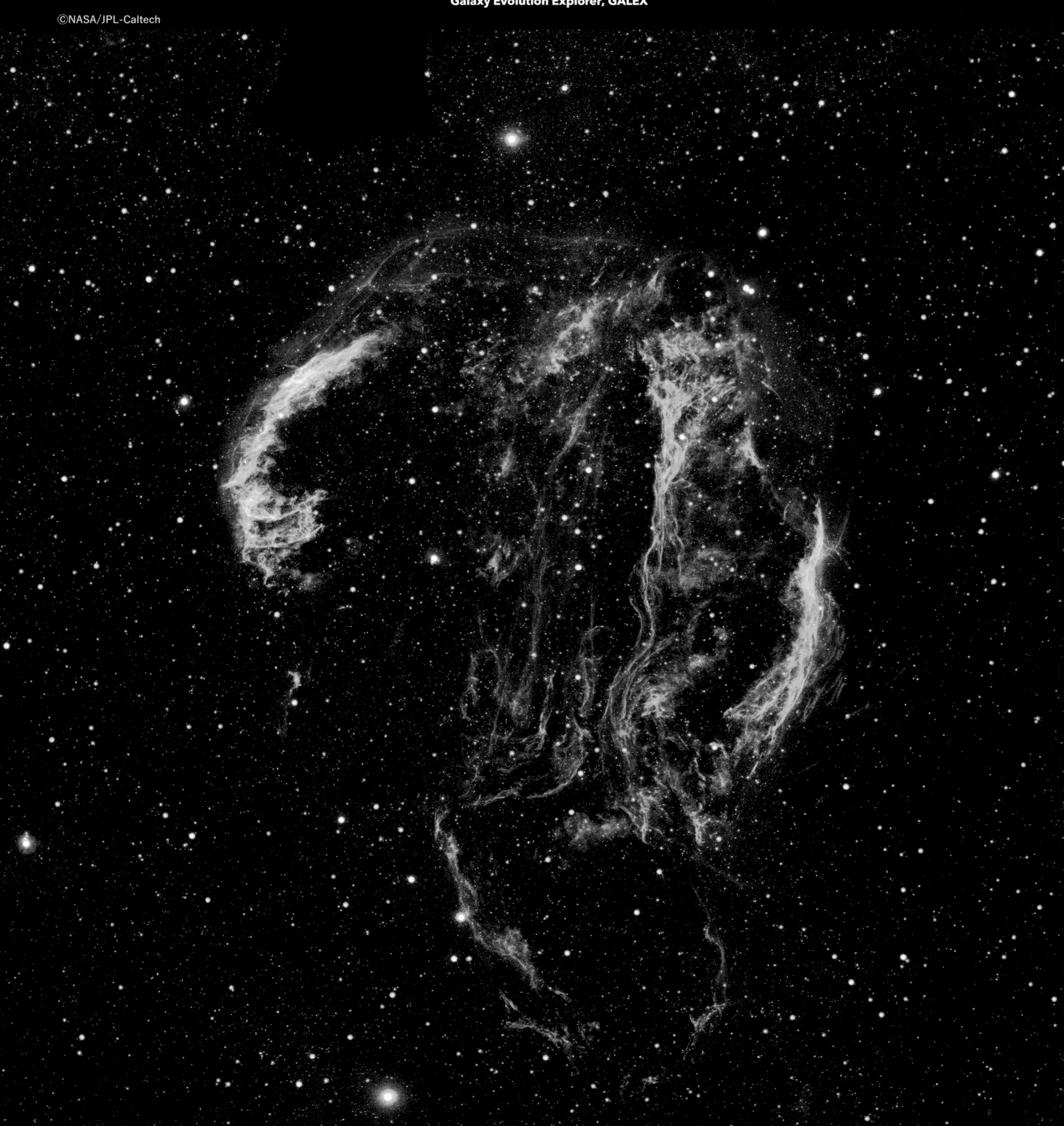

はくちょう座にある「網目状星雲」は、通称「シグナス・ループ」と呼ばれている。GALEXの紫外線画像では、高温の塵とガスによる細いひげが輝いて見える。5,000～8,000 年前に形成されたこの超新星残骸は、地球から1,500光年離れた場所にあり、地上から観測すれば、満月の 3 倍以上の大きさになる。

この棒渦巻銀河「NGC 6872」の画は、GALEXの遠紫外線、「スピッツァー」(p.176)の赤外線、チリに建つ「ヨーロッパ南天天文台」の可視光データによる合成画像。この天体の幅は52万2,000光年あり、天の川銀河の5倍以上の大きさを誇る。2013 年、GALEX のアーカイブデータから、既知の渦巻銀河のなかで最大であることが判明した。

「ミラ」という名の赤色巨星(p.042)。天体自体は右手にある。寿命が近づくこの星は、3万年の間に地球3,000個分に等しい物資を放出し、それが彗星のように見える。この天体は過去400年以上にわたり観測されてきたが、GALEXが撮像した紫外線データによって、はじめてこの尾が確認された。尾の長さは13光年におよぶ。

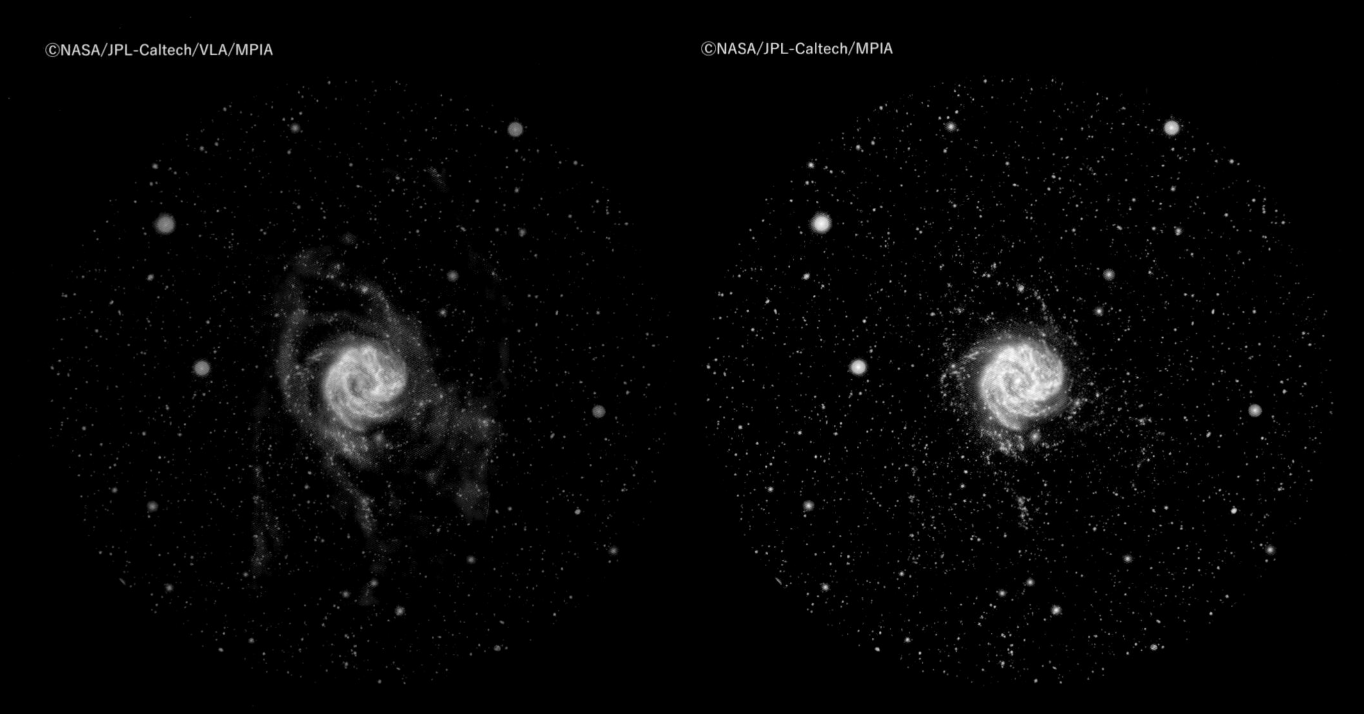

うみへび座にある棒渦巻銀河「M83」。左はGALEXの紫外線データと、米ニューメキシコ州にある「アメリカ国立電波天文台」のデータの合成画像。遠紫外光は青色、近紫外光は緑色、波長21cmの電波放出は赤色で表現されている。右はGALEXの紫外線データのみの画像。上下に伸びるアームのもっとも長い部分は約14万光年。

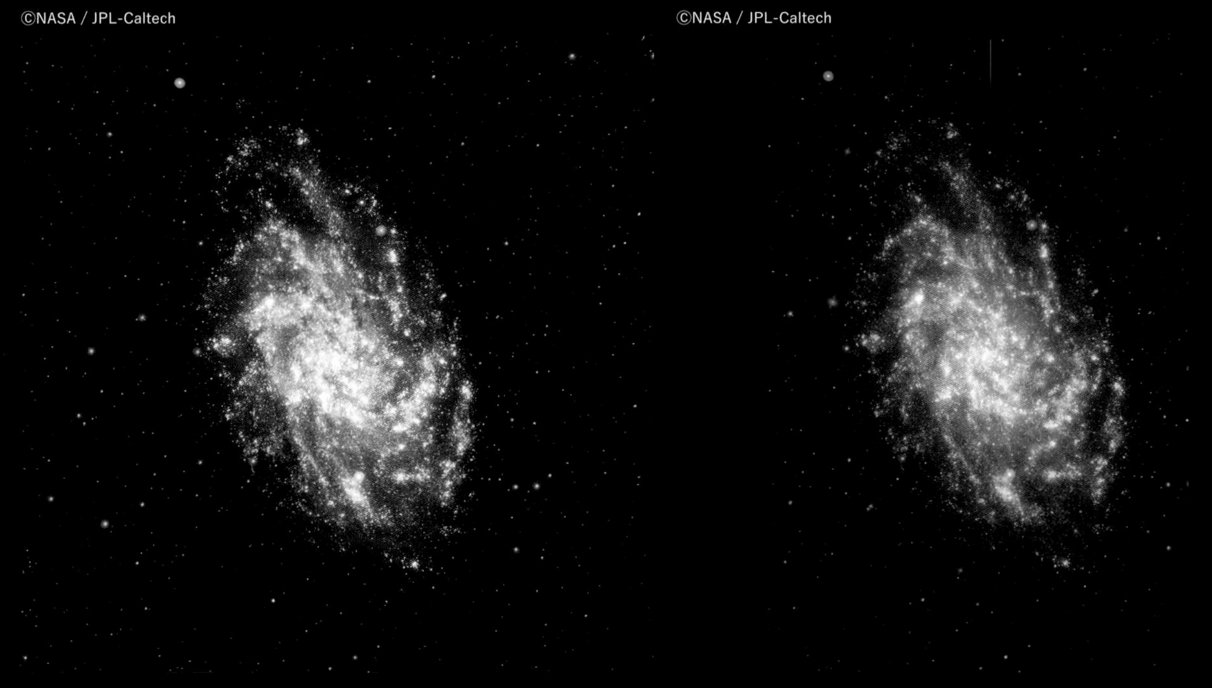

左は、GALEXの紫外線カメラによる銀河「M33」。明るい領域は過去数百万年で星形成が活発だった場所を意味する。右は「スピッツァー」(p.176)の赤外線画像を足した合成。

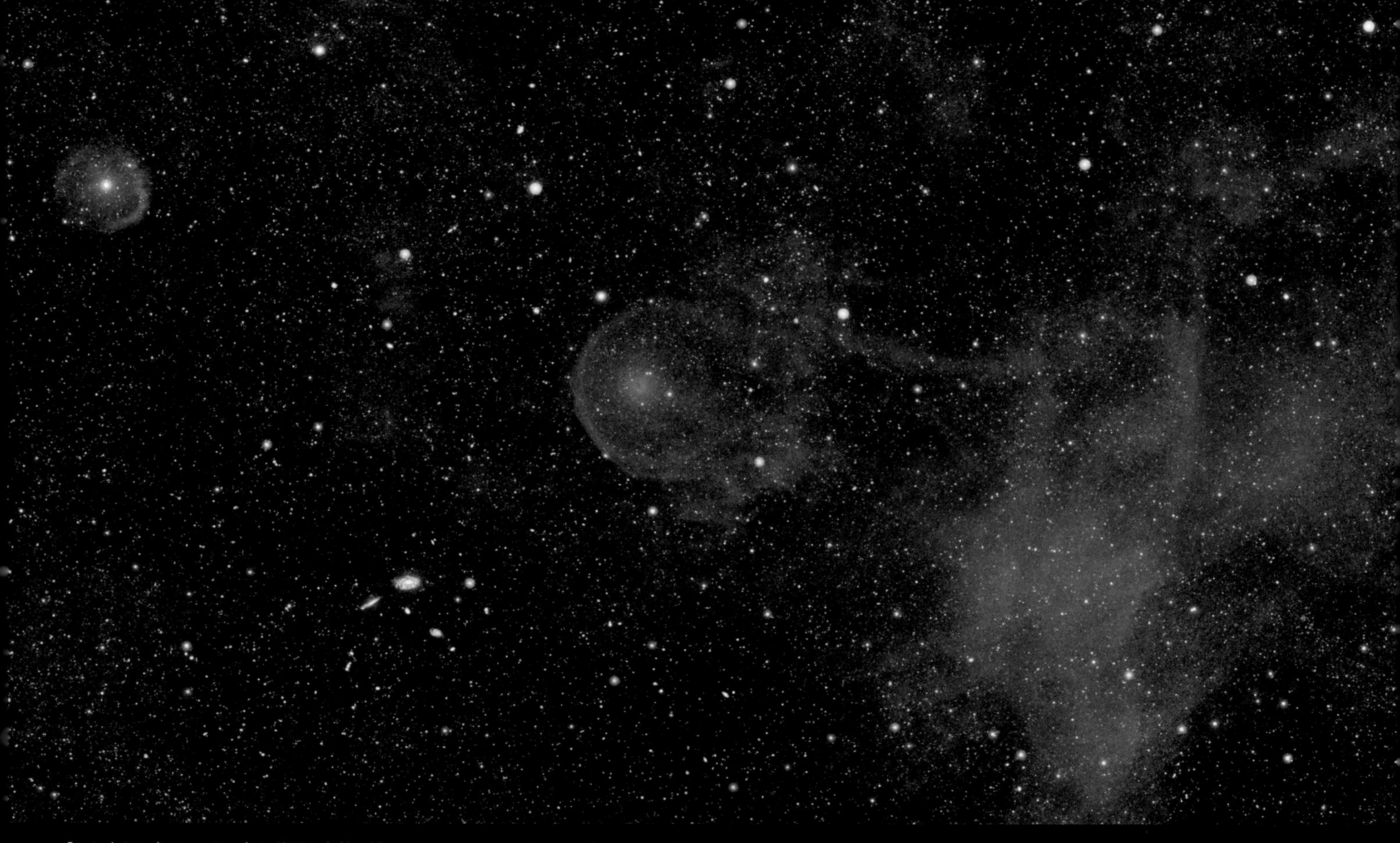

「しし座CW」（IRC +10216）は、膨張と収縮を繰り返すことによって明るさが変化する脈動変光星。画の右から左へ秒速 91kmの速度で移動している。その異常な速度によって周囲のガスを過熱し、進行方向に磁気圏とガスとの境界「バウショック」を形成、球状の固まりに見えている。その直径は2.7光年、冥王星軌道の2,100 倍の大きさ。

「らせん星雲」としても知られる惑星状星雲「NGC 7293」の紫外線画像。水素、ヘリウム、炭素など、燃やすものが尽きた恒星がガスを外側に排出し、白色矮星に進化する過程。

Date:
2003.8/25
赤外線宇宙望遠鏡／打上日

Country: USA
Spitzer Space Telescope, SST

スピッツァー宇宙望遠鏡
「太陽系外惑星や、“もっとも遠い銀河”を発見」

ⒸNASA / JPL-Caltech

スピッツァーは、地球を追いながら太陽を回る「地球後縁・太陽周回軌道」に投入された。

運用Data:
国際標識／ 2003-038A
運用／ NASA（米航空宇宙局）
打上日／ 2003年8月25日
射場／ケープ・カナベラル空軍基地
ロケット／デルタII
運用停止／ 2020年1月30日

機体Data:
バス寸法／－
打上時質量／ 865kg
観測目的／赤外線
主要ミッション機器／
・赤外線カメラ（IRAC）
3.6・4.5・5.8・8μm
・赤外線分光計（IRS）
5.3-14・10-19.5・14-40・19-37μm
・55cm口径マルチバンド光度計（MIPS）

軌道Data:
軌道／太陽周回軌道（地球追随）
軌道高度／近1.003au、遠1.026au
離心率／ 0.011
傾斜角／ 1.13度
軌道周期／ 373.2日

ⒸNASA / JPL-Caltech

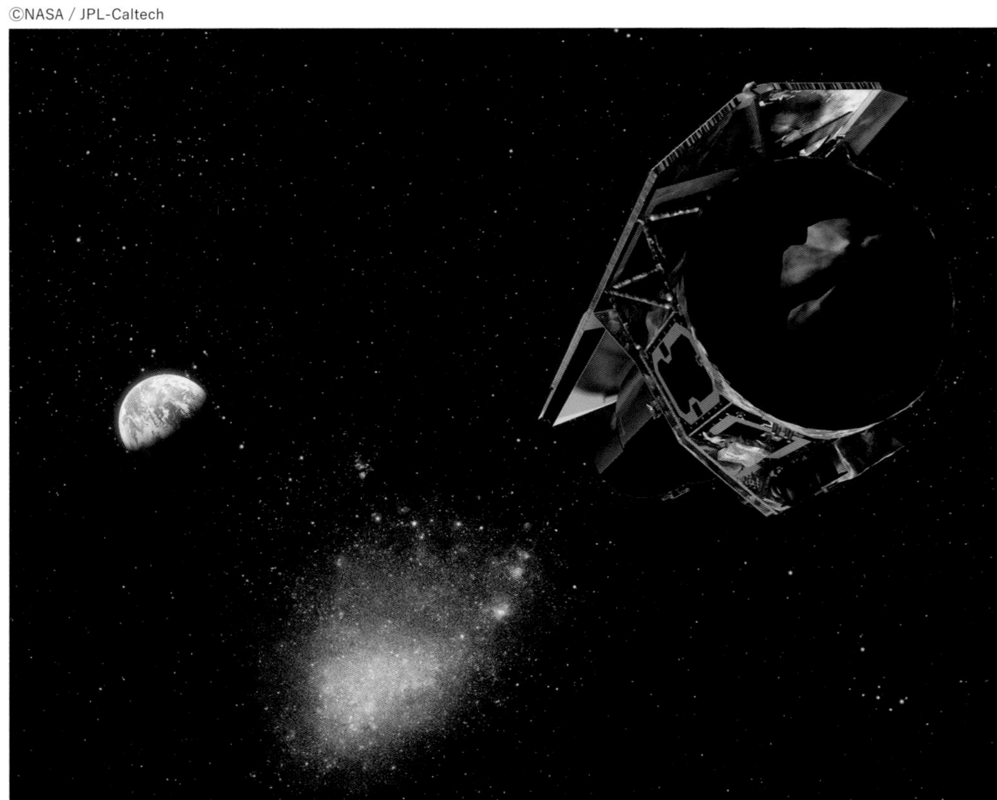

スピッツァーはグレート・オブザバトリー計画において唯一、スペースシャトルで打ち上げられなかった観測衛星である。

NASAの「グレート・オブザバトリー計画」（p.052参照）の4番目の機体である『スピッツァー』は、口径85㎝のリッチー・クレチアン式望遠鏡を搭載した赤外線宇宙望遠鏡であり、134億年前に発せられた最古の銀河のひとつ「GN-z11」の光をとらえることに成功しました（宇宙誕生は138億年前とされる）。赤外線によって精度高く天体を観測するには、太陽電池パネルを兼ねたシールドで太陽光からの熱を遮り、観測機器を液体ヘリウムで極低温まで冷やす必要がありました。その液体ヘリウムは打ち上げから5年半で枯渇しましたが、その後も赤外線カメラ「IRAC」によって10年以上観測を続け、数多くの成果を残し、2020年1月に運用が終了しました。機体は現在も太陽を周回し続けています。

Movie

『小さな星を回る大きな星』
時間／ 02:10
言語／ 英語、日本語翻訳可
ⒸNASA Goddard

トランジット系外惑星探索衛星「TESS」（p.212）とスピッツァーが、小さな星の周りを周回する大きな星を、史上はじめて発見。この特異な天体「WD 1856 b」をNASAが解説。

\Check!/

エリダヌス座の銀河「NGC 1291」。赤い外輪は宇宙塵と衝突して加熱する新しい星の集団。中央の星はリングよりも短い波長の光を生成、青色に着色されている。

スピッツァーと「チャンドラ」(p.126)、スペインの「カラーアルト天文台」のデータによる超新星残骸「ティコ」の合成画像。緑と黄は膨張する破片を表している。

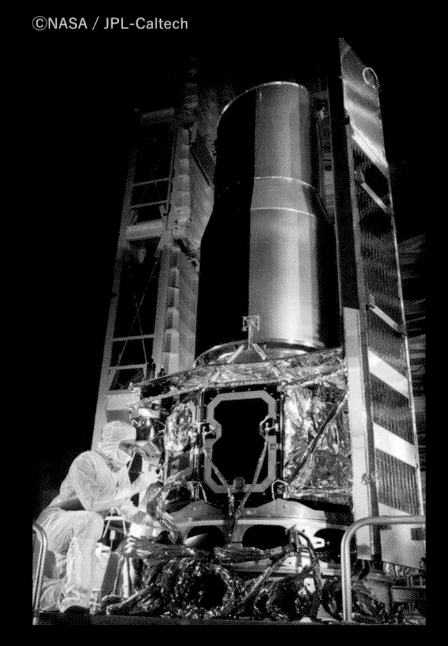

打ち上げ前の最終チェックを受けるスピッツァー。作業員の前にあるメンテナンスハッチのなかに液体ヘリウムのタンクが内蔵されている。

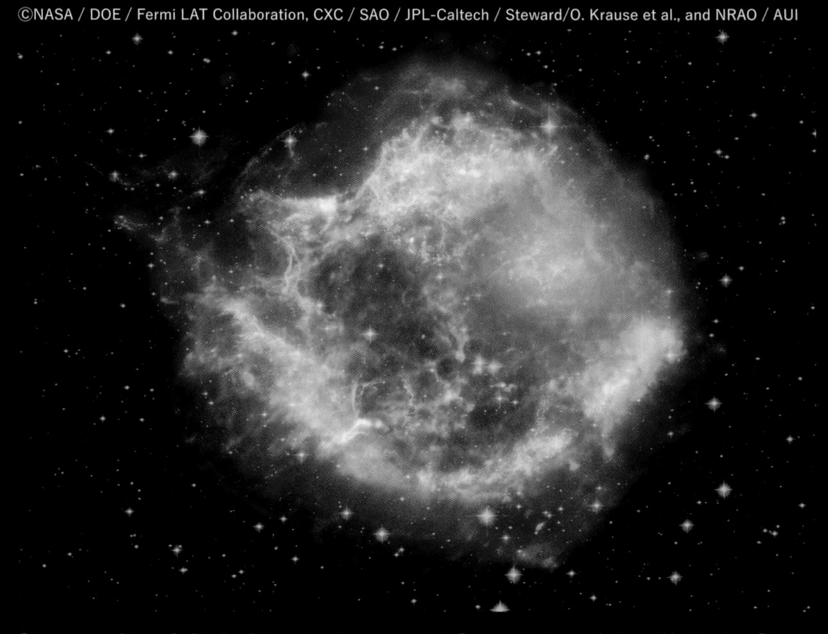

「カシオペヤ座A」の合成画像。赤はスピッツァー、ピンクは「フェルミガンマ」(ガンマ線)、青・緑は「チャンドラ」(X線)、黄色はハッブル(可視光)、オレンジは「カール・ジャンスキー電波望遠鏡」(電波)を示す。

地球から1,450光年の距離にある「オリオン大星雲」(M42)の合成画像。青い光はスピッツァーと「WISE」(現在はNEO WISE、p.196参照)の赤外線カメラがとらえた温かい塵。赤い部分はESA(欧州宇宙機関)の「ハーシェル」(p.194)の遠赤外線とマイクロ波データによるマイナス 260度 の冷たい塵を示している。
©ESA/NASA/JPL-Caltech

みずがめ座の近くに位置する惑星状星雲「らせん星雲」(NGC 7293)。明るい惑星状星雲のなかではもっとも地球に近い星雲のひとつ。中央に白色矮星があり、直径2光年の領域を塵とガスが覆っている。この画像はスピッツァーの赤外線カメラ(IRAC)と、マルチバンド光度計(MIPS)のデータで構成されている。
©NASA / JPL-Caltech / Kate Su (Steward Obs. U. Arizona)

「ケフェウス座」のBとCという領域の画像。この画像の大部分を占める緑の領域は星雲またはガス。赤味を帯びた明るい領域は、星々の放射で加熱された塵。スピッツァーのマルチバンド光度計(MIPS)がとらえた光の波長によって色が決定されている。青は3.6 ミクロン、シアン(明るい青)は4.5ミクロン、グリーンは8ミクロン、赤は24ミクロン。
©NASA/JPL-Caltech

Date:

2004.11/20

ガンマ線バースト探査機／打上日

Country: USA

Neil Gehrels Swift Observatory

スウィフト／ニール・ゲールレス・スウィフト

「ガンマ線バーストの閃光を世界へ即時伝達」

©NASA

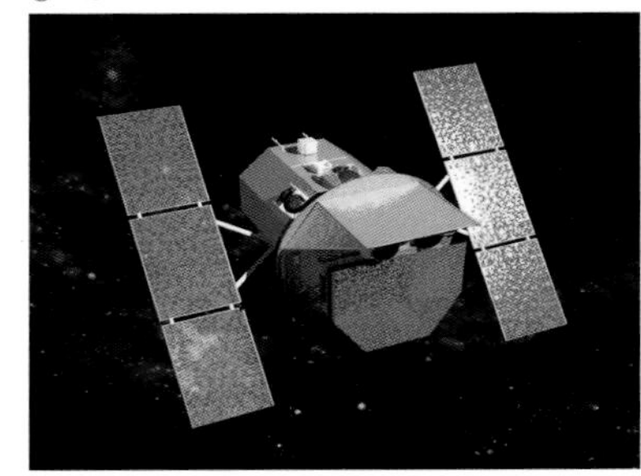

機体前方に突き出したシェードの下にX線望遠鏡「X RT」と、紫外線/可視光光学望遠鏡「UVOT」を搭載。その下の半円形の板がガンマ線望遠鏡「BAT」。

運用Data:

国際標識／ 2004-047A
別名／エクスプローラー 84
運用／ NASA(米航空宇宙局)
打上日／ 2004年11月20日
射場／ケープ・カナベラル空軍基地
ロケット／デルタII

機体Data:

バス寸法／–
打上時質量／ 1,470kg
観測目的／
ガンマ線、X線、紫外線、可視光線
主要ミッション機器／
・ガンマ線バースト望遠鏡(BAT)
・X線望遠鏡(XRT)
・紫外線/可視光光学望遠鏡(UVOT)

軌道Data:

軌道／地球周回軌道、略円軌道
軌道高度／近585m、遠604km
傾斜角／ 20.6度

©NASA / Swift/Stefan Immler (GSFC) and Erin Grand (UMCP)

©NASA / CXC / University of Amsterdam / DSS

上は「UVOT」で撮影された「M31」。下は超新星残骸「RCW103」。中央にパルサー「1E161348-5055」がある。

ブラックホールの謎を解明するためにNASAが打ち上げた『スウィフト』は、ガンマ線バースト(p.043・150参照)の観測に特化した探査機です。ガンマ線バーストという宇宙現象は、ガンマ線検出器ではほんの数秒、長くても数分しか感知できない放射線による閃光です。スウィフトはその発生源を広視野のガンマ線望遠鏡「BAT」で観測。機体を自律的に回転させて50秒以内に位置を特定すると同時に、その残光をX線望遠鏡「XRT」、紫外線と可視光の望遠鏡「UVOT」によって高精度に観測します。この一連の動作はすべて自動化されていて、ガンマ線バーストの発生から70秒後には「ガンマ線バースト座標ネットワーク」(GCN)にデータが転送され、すぐさま世界に一般公開しています。

Movie

『アンドロメダ銀河ツアー』

時間／ 03:05
言語／ 英語、日本語翻訳可
©NASA Goddard

スウィフトの画像のなかでアンドロメダ銀河「M31」を撮像したものはとくに有名。これはその解説動画。使用したカメラによって様々な色合い、表情を見せる。

\Check!/

Date:

2005.7/10

X線天文衛星／打上日

Country: Japan 

Astro-E2

すざく

「銀河団の衝突による衝撃波を史上はじめて確認」

©JAXA

全長6.5m、太陽電池パドルの全幅は5.4mというサイズ感。X線による天文観測がJAXAのお家芸であることを、あらためて世界にアピールした。

運用Data:

国際標識／ 2005-025A
運用／ JAXA(宇宙航空研究開発機構)
打上日／ 2005年7月10日
射場／内之浦宇宙空間観測所
ロケット／ M-V(6号機)
運用停止／ 2015年6月

機体Data:

バス寸法／ 6.5×2.0×1.9m
質量／ 1,700kg
観測目的／ X線
主要ミッション機器／
・40cm口径X線望遠鏡(XRT)
・高分解能X線分光器(XRS)
・X線CCDカメラ(XIS)
・硬X線検出器(HXD)

軌道Data:

軌道／地球周回軌道、円軌道
軌道高度／ 550km
傾斜角／ 31度

©JAXA

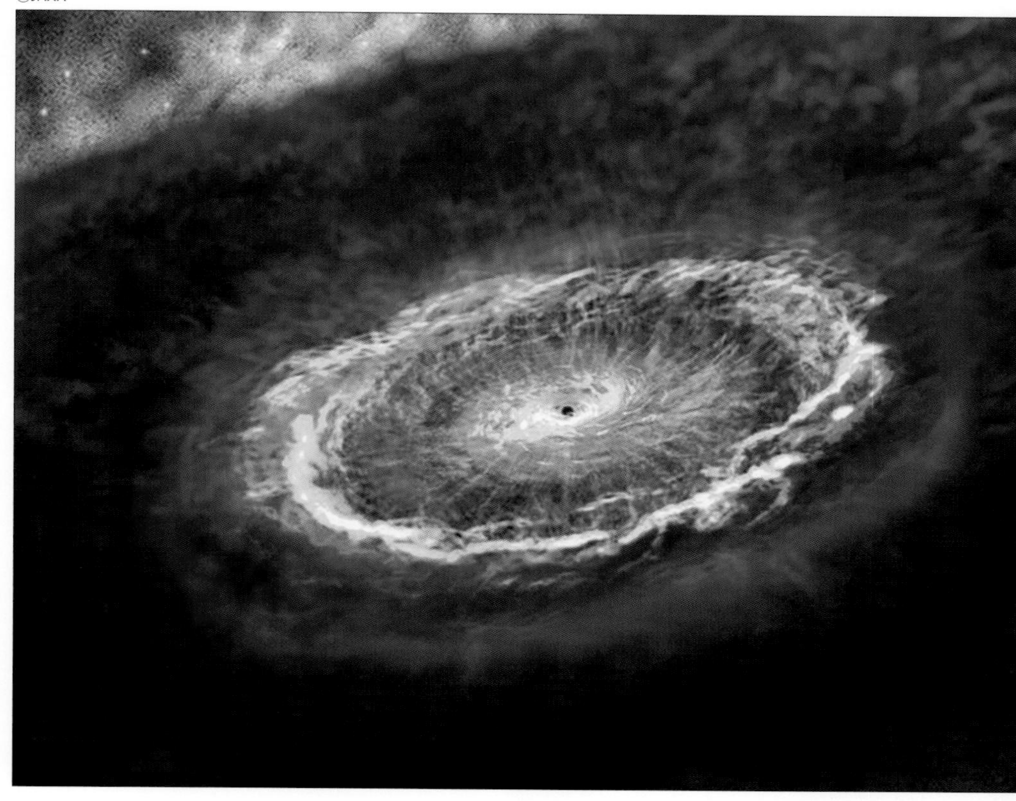

超巨大ブラックホールの周辺では、物質が摩擦で高温となり強烈な電磁波を放射。活発な星形成活動が発生する。

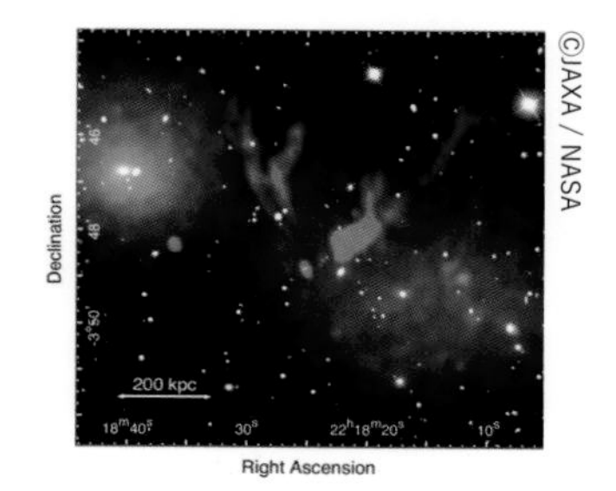

©JAXA / NASA

すざく、チャンドラ(p.126)、XMM(p.132)などが協力し、大規模な多波長観測を実施。銀河団が衝突する際の衝撃波をはじめてキャッチした。

JAXAのX線天文衛星「ASTRO-E」は、M-Vロケット(4号)の不具合により打ち上げに失敗しましたが(2000年)、その再挑戦として2005年に打ち上げられたのがこの『すざく』です。口径40㎝のX線望遠鏡「XRT」、高分解能X線分光器「XRS」などを搭載し、従来に比べて広いエネルギー帯域(0.3 ～ 600keV)を、世界最高レベルの感度で観測。遠距離にある銀河団の高温ガスや、高温プラズマのX線分光観測などを行い、ブラックホールへ流入する物質の運動を予測するためのデータを収集。ブラックホールの謎を解明すべく、多大な貢献を果たしました。2019年には、すざくのデータを活用した国際共同研究チームによって、銀河団どうしが衝突する際の衝撃波が、史上はじめて確認されました。

Date:

2006.2/22 JST

赤外線天文衛星／打上日

Country: Japan

ASTRO-F

あかり

「日本初の赤外線天文衛星」

©JAXA

あかりは地球を南北方向に周回する太陽同期軌道に投入された。この軌道は太陽光を一定角度に保つことができ、天文観測器のほか地球観測衛星でも活用される。

運用Data:

国際標識／ 2006-005A
運用／ JAXA（宇宙航空研究開発機構）
打上日／ 2006年2月22日（JST）
射場／内之浦宇宙空間観測所
ロケット／ M-V（8号機）
運用停止／ 2011年11月24日

機体Data:

バス寸法／ 1.9×1.9×3.2m
質量／ 952kg
観測目的／赤外線
主要ミッション機器／
・リッチー・クレチアン式望遠鏡（68.5cm口径）
・遠赤外線観測器（FIS）
・近・中間赤外線カメラ（IRC）

軌道Data:

軌道／地球周回軌道、円軌道
太陽同期軌道
軌道高度／ 700km
傾斜角／ 98.2度

©JAXA

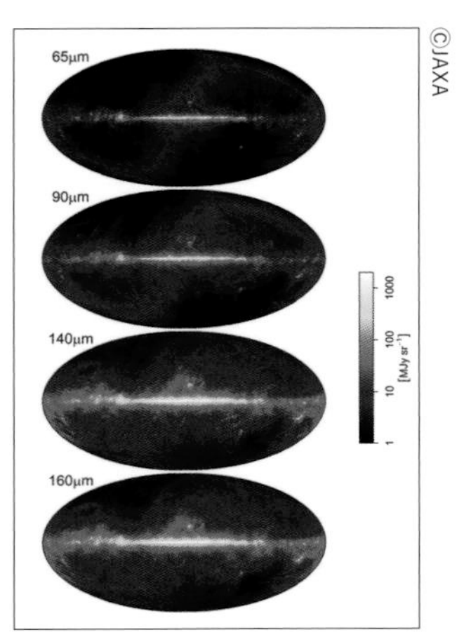

4種の赤外線波長で作成された全天マップ。上から65、90、140、160μm。波長の長い画像（下）は、低温の星間物質の分布を示している。

©JAXA

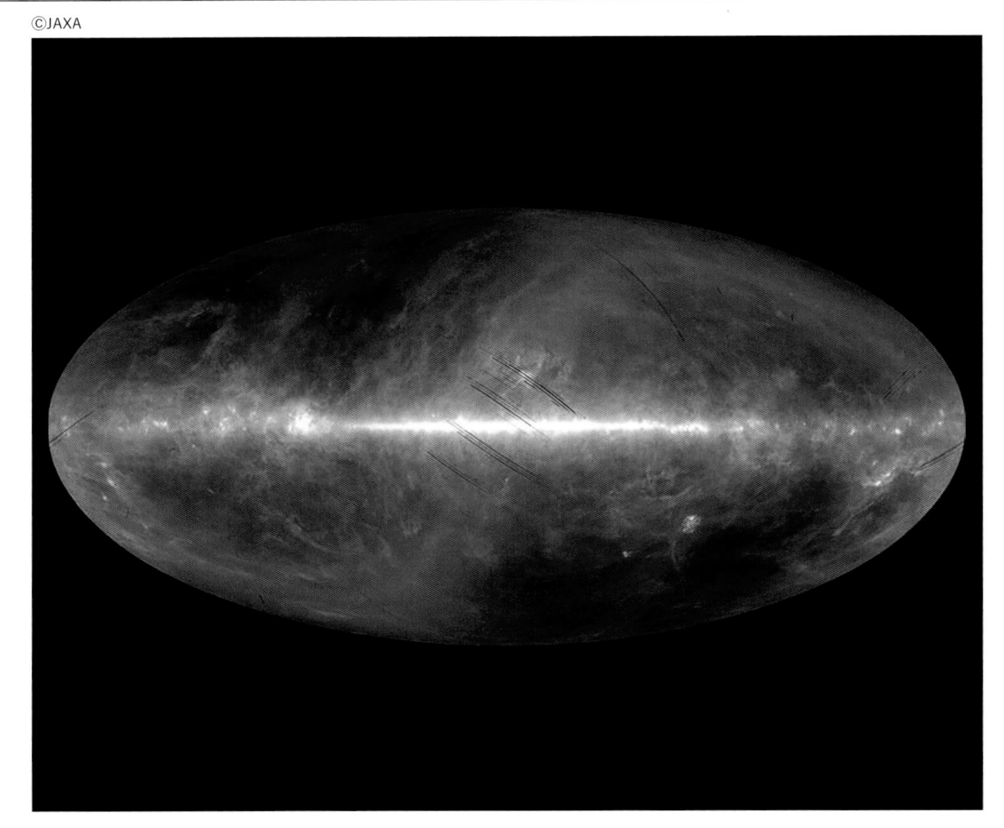

あかりの全天の遠赤外線画像。青（90μm）と赤（140μm）の2色合成。中央に水平に広がるのは天の川銀河。

JAXAが2006年に打ち上げた『あかり』は、日本初の赤外線天文衛星です。それまでの観測機器よりはるかに高い解像度の観測機器を搭載し、1983年に打ち上げられたIRAS（p.094参照）と比較した場合、その感度と解像度は、数倍から数十倍の高さを実現していました。観測装置を冷却するための液体ヘリウムを搭載していましたが、2007年にそれを使い切ったあとも近赤外線による観測を継続。結果、5年9ヵ月にわたって運用され、かつてなく精度の高い赤外線全天マップを作成しました（上画像）。この全天マップは、左にある4枚の画像を合成して生成されていますが、うち波長の短い上2枚はIRASによるデータ、波長の長い下2枚は、あかりが遠赤外線で新しく撮像したデータです。

Date:

2006.9/23 JST

太陽観測衛星／打上日

Country: Japan 

SOLAR-B

ひので

「国立天文台とJAXAが打ち上げた太陽観測衛星」

©JAXA

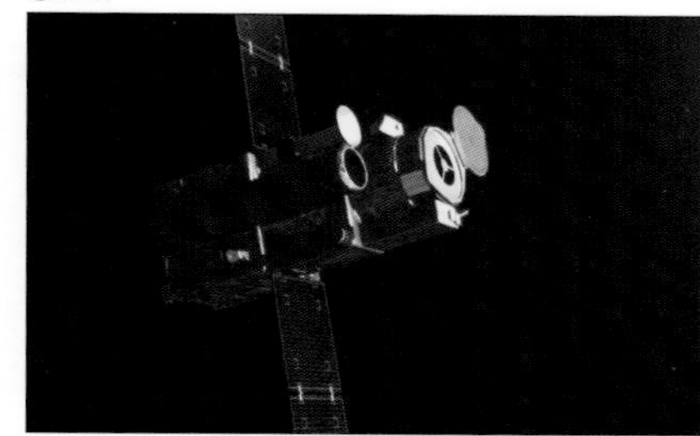

軌道上の太陽天文台として運用されている「ひので」は、1981年の「ひのとり」(p.093)、1991年の「ようこう」(p.113)、に続く、日本3機目となる太陽観測衛星。

運用Data:

国際標識／ 2006-041A
運用／ JAXA(宇宙航空研究開発機構)
打上日／ 2006年9月23日(JST)
射場／内之浦宇宙空間観測所
ロケット／ M-V(7号機)

機体Data:

バス寸法／ 1.6×1.6×4.0m
質量／ 900kg
観測目的／可視光線、X線、紫外線
主要ミッション機器／
・口径50cm可視光磁場望遠鏡(SOT)
・X線望遠鏡(XRT)
・極端紫外線撮像分光装置(EIS)

軌道Data:

軌道／地球周回軌道、円軌道
太陽同期軌道
軌道高度／ 680km
傾斜角／ 98度

©NAOJ/JAXA

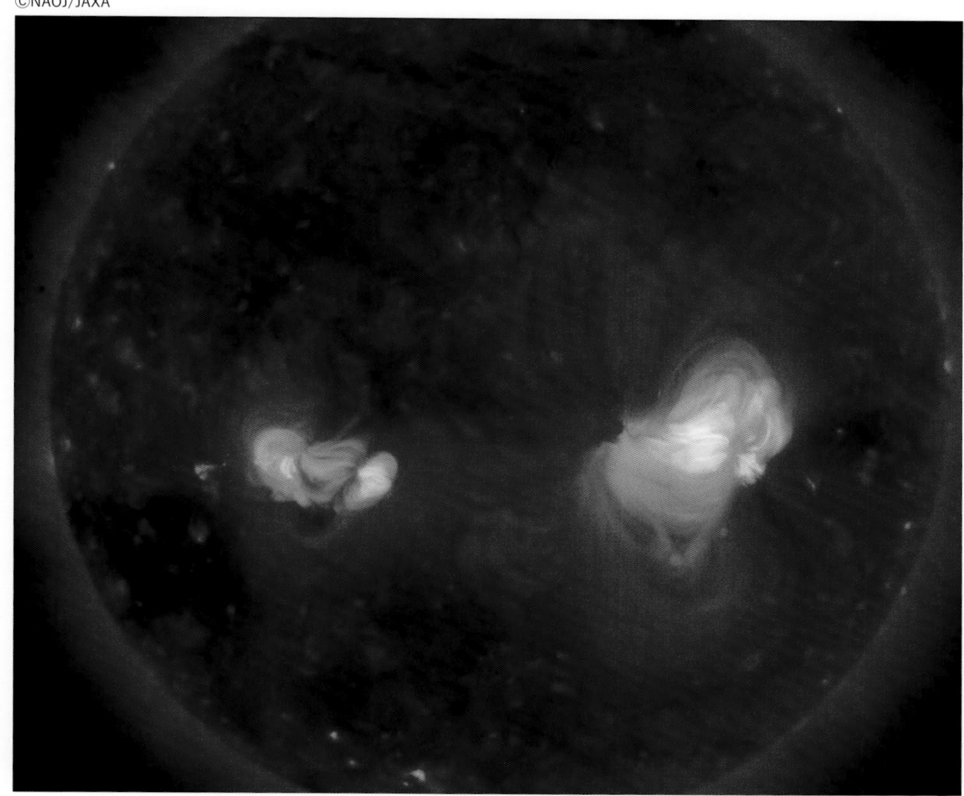

「ひので」が撮像した2つの太陽フレア。磁場のエネルギーが短時間で熱と運動に変換。その下には黒点がある。

©JAXA

最終的なチェックをクリーンルーム内で受ける「ひので」。サーマルブランケットに包まれた機体本体(バス部)の全高は4mにおよぶ。

日本の国立天文台(NAOJ)とJAXAが協力して開発したのが太陽観測衛星「ひので」です。0.2-0.3秒角という世界最高レベルの解像度を誇る可視光磁場望遠鏡「SOT」とともに、X線望遠鏡「XRT」、極端紫外線撮像分光装置「EIS」という、波長の違う3つの電磁波によって太陽を観測。太陽磁場の生成や変遷の過程など、いまだ謎が多い太陽活動において、数々の新たな発見を成し遂げています。望遠鏡の開発はNASA、イギリスのSTFC(科学技術施設研究会議)との国際協力のもとで進められ、同機の運用にはESA(欧州宇宙機関)、ノルウェー宇宙センター(NSC)なども参画。その観測計画はこれらの研究チームのほか、世界の研究者からの提案に基づいて行われ、取得された科学データは、誰もが研究などに利用できるよう公開されています。

Date:

2006.12/27

トランジット系外惑星探査衛星／打上日

Country: France / ESA

Convection, Rotation and planetary Transits

COROT

「史上初の“系外惑星”探査衛星」

©ESA

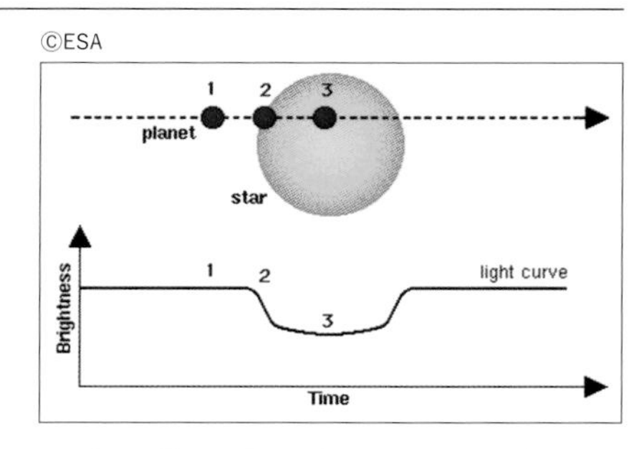

上は恒星を横切る惑星の動き。下は、その際の恒星の光度を示している。COROTのCCD検出器は1億分の1の光度変化を検出することが可能だ。

運用Data:

国際標識／ 2006-063A
運用／ ESA（欧州宇宙機関）
CNRS（フランス国立科学研究センター）
打上日／ 2006年12月27日
射場／バイコヌール宇宙基地
地ロケット／ソユーズ2
運用停止／ 2012年11月2日

機体Data:

バス寸法／ H 4.2×パドルW 9.0m
打上時質量／ 650kg
観測目的／可視光線
主要ミッション機器／
・27cm口径反射式望遠鏡
・CCD検出器×4
・光学カメラ×2

軌道Data:

軌道／地球周回軌道、円軌道
太陽同期軌道
軌道高度／近872km、遠884km
傾斜角／ 90度

©ESA

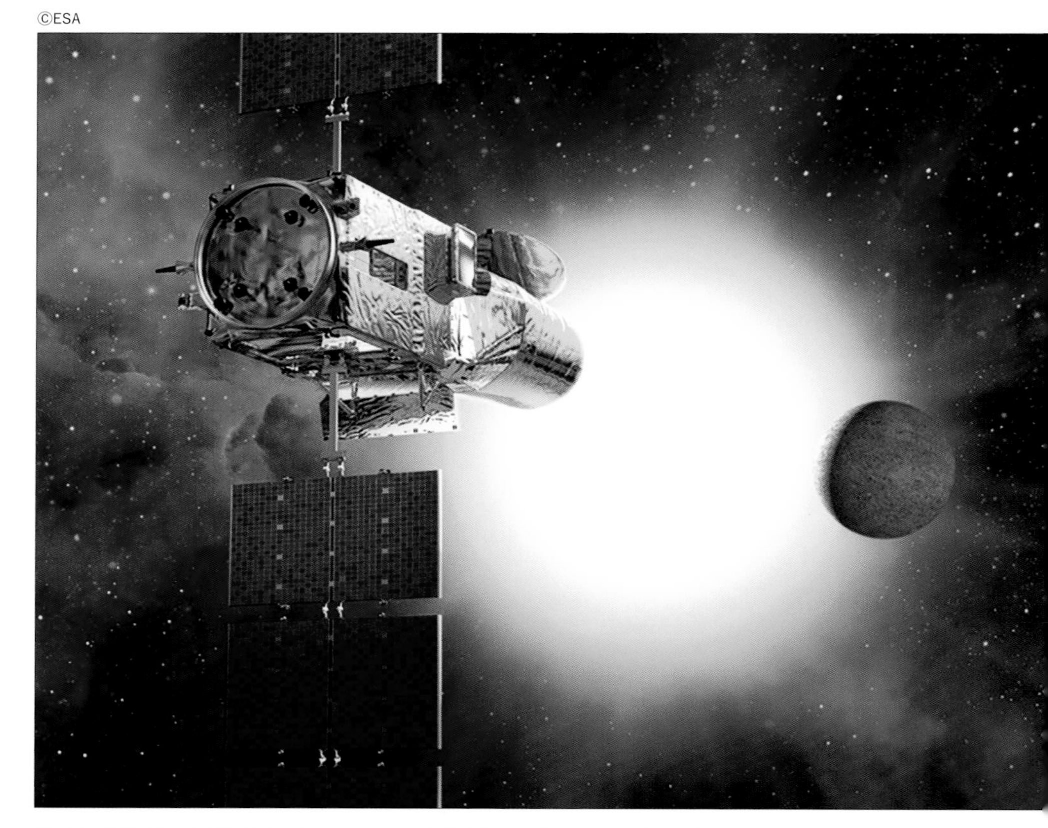

世界初の系外惑星探査衛星「COROT」のイメージ。6年間運用され、計32個の系外惑星を発見した。

©ESA

2009年に発見されたスーパーアース「CoRoT-7b」のイメージ。この天体の半径は地球の1.59倍、公転周期20時間。いっかくじゅう座の方角にある。

系外惑星とは、太陽系外に存在する惑星のことを意味します。自ら輝く恒星と違い、光を発しない系外惑星は地球から見えず、はじめてその存在が報告されたのは1995年のことです。そして2006年には、CNRS（フランス国立科学研究センター）が『COROT』（コロー）を打ち上げます。この世界初の系外惑星探査衛星は4基のCCDを搭載し、遠方に輝く恒星を観測します。その光度がわずかに下がると、手前を系外惑星が横切ったと判断、つまり、その恒星の周りを系外惑星が周回していることがわかります。こうした「トランジット法」（p.158参照）によってCOROTは、打ち上げから3カ月後、系外惑星「CoRoT-1b」を発見。2009年には、はじめての地球に似た岩石惑星「CoRoT-7b」を発見しました。

Date:

2008.6/11

ガンマ線宇宙望遠鏡／打上日

Country: USA 

Fermi Gamma-ray Space Telescope

フェルミガンマ線宇宙望遠鏡

「暗黒物質の解明のためガンマ線バーストを観測」

ⒸNSA

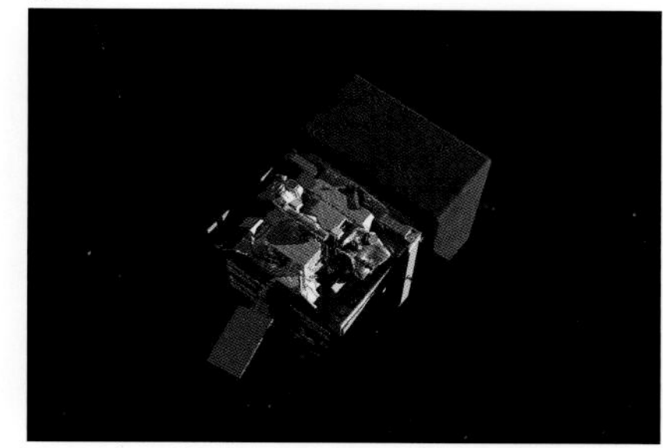

フェルミが搭載する大面積の広角望遠鏡「LAT」は、CGRO（p.112）が搭載した「EGRET」の後継機。

運用Data:

国際標識／ 2008-029A
別名／国際ガンマ線宇宙望遠鏡（GLAST）
運用／ NASA（米航空宇宙局）DOE（米エネルギー省）
打上日／ 2008年6月11日
射場／ケープ・カナベラル空軍基地
ロケット／デルタII

機体Data:

バス寸法／ L 2.8×2.5m
打上時質量／ 4,303kg
観測目的／ガンマ線
主要ミッション機器／
・広角望遠鏡（LAT）
・ガンマ線バーストモニター（GBM）

軌道Data:

軌道／地球周回軌道、略円軌道
軌道高度／近542km、遠562km
傾斜角／ 25.6度

ⒸNASA's Goddard Space Flight Center

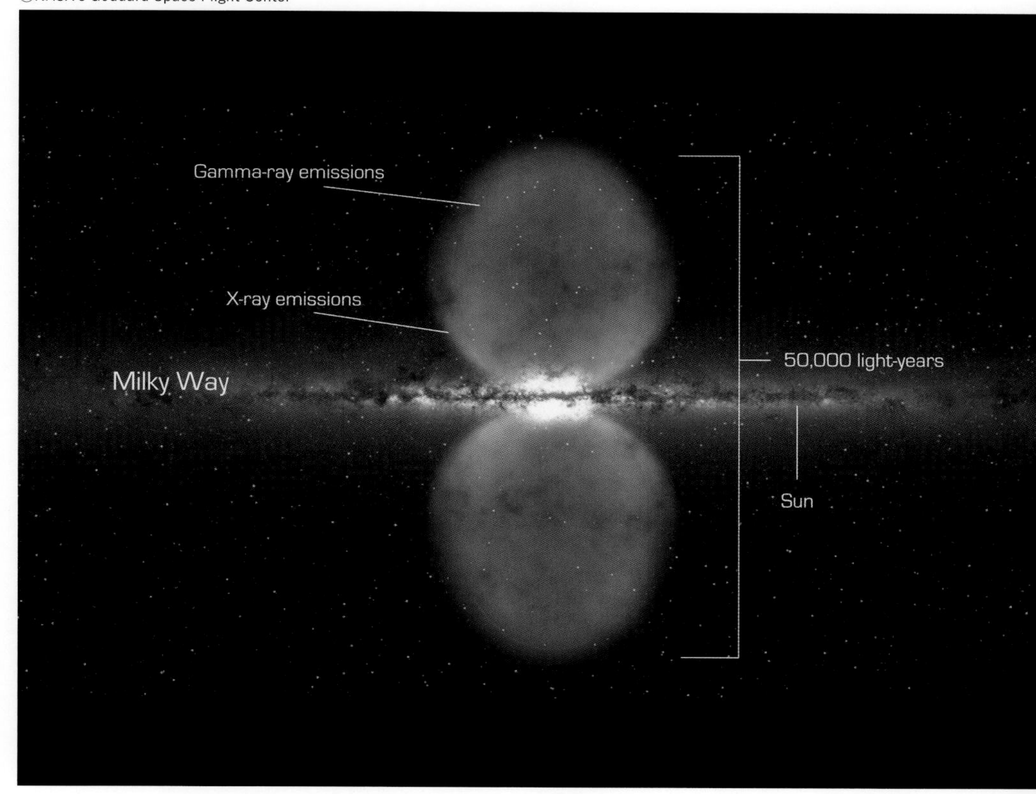

左右に伸びるのが天の川銀河。その中心から南北に「フェルミバブル」が5万光年にわたって広がる。

パルサーや活動銀河核（AGN、p.044参照）などが発する高エネルギーなガンマ線源を観測し、宇宙線、暗黒物質、星間物質などを解明するために打ち上げられたのが『フェルミガンマ線宇宙望遠鏡』です。大面積の広角望遠鏡「LAT」と、ガンマ線バーストモニター「GBM」を搭載。打ち上げから5年間で1,200個以上のガンマ線バースト（p.043・150）、500回以上の太陽フレアを観測し、ガンマ線による全天マップ「GLAST」を作成しました。2020年9月にはフェルミが取得したデータから、天の川銀河から放出される「フェルミバブル」が発見されたとNASAが公表。これは天の川銀河中心のブラックホールから南北方向に放射される「ジェット」だと考えられています。フェルミは日本をはじめ世界各国が参加する国際共同研究です。

Movie

『フェルミバブルの発見』

時間／ 01:32
言語／ 英語、日本語翻訳可
ⒸNASA Goddard

フェルミが発見した「フェルミバブル」をNASAのゴダード宇宙飛行センターが視覚的に紹介。ブラックホールから噴出されるバブルの構造を3D動画などで解説。

\Check!/

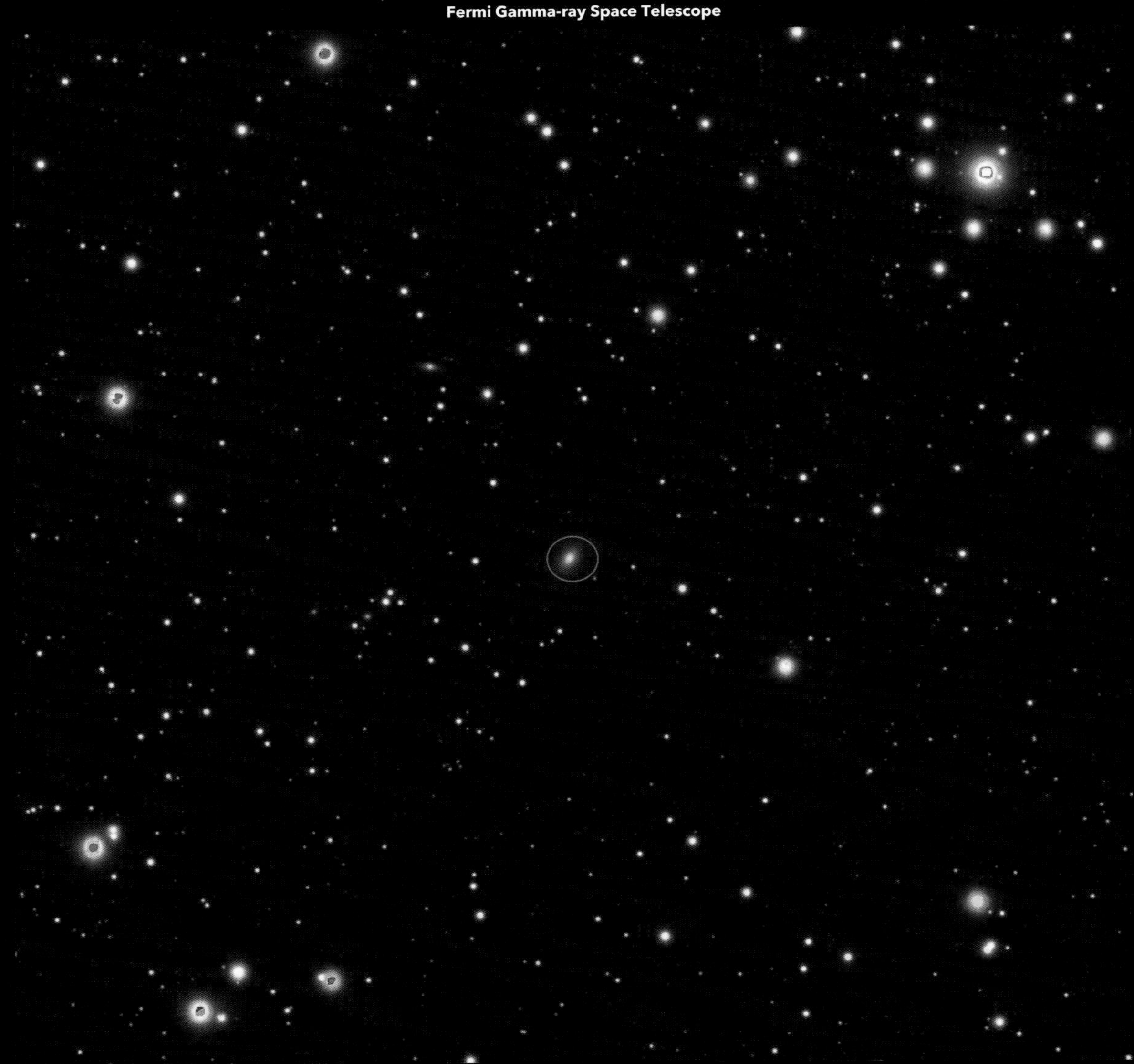

丸で囲まれているのは楕円銀河「TXS 0128+554」。カシオペヤ座に位置するこの銀河は地球から5億光年。中心には太陽の質量の10億倍の超大質量ブラックホールがある。フェルミは2015年、この天体がガンマ線の発生源であることを観測。その後、チャンドラ、ハワイの「VLBA電波望遠鏡」が追跡調査を行った。
©Sloan Digital Sky Survey

上記天体の構造を説明したイメージ図。追跡調査によってジェットの噴出（ピンクの部分）が確認された。それが周辺の物質と衝突すると、電波で観測できる円盤状の「ローブ」を形成。NASAはこの構造を「ダースベーダーが乗るタイファイターに似ている」と表現している。

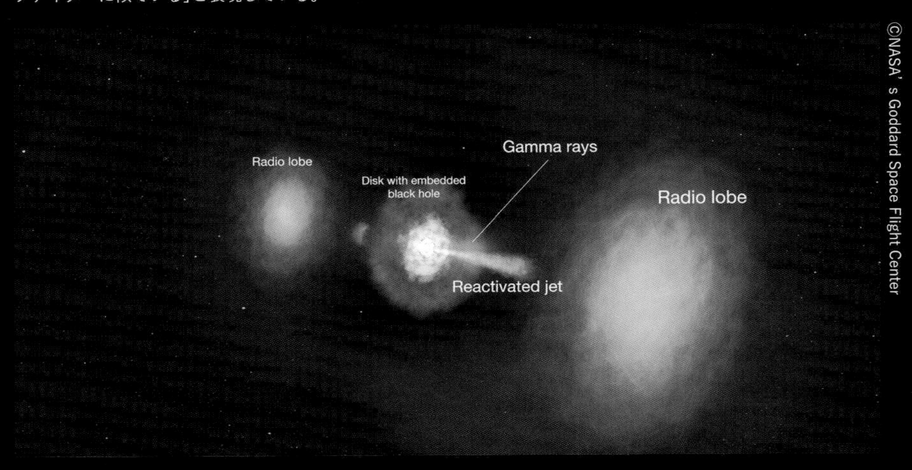

©NASA' s Goddard Space Flight Center

2021年12月11日、フェルミと「スウィフト」(p.182)はガンマ線バースト「GRB 211211A」を観測。これはそのイメージ図。ガンマ線バーストが2秒以上続く場合はブラックホールの誕生、2秒以内は中性子星の合体だと考えられているが、両機が発見したGRBは後者だと分析された。

Date:

2009.3/7

トランジット系外惑星探査機／打上日

Country: USA / EU  

Kepler Space Telescope

ケプラー

「2,600個以上の太陽系外惑星を発見」

©NASA / Tim Pyle

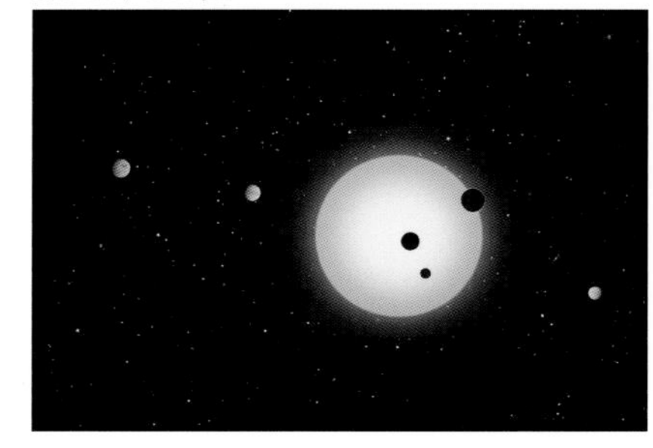

2010年8月、恒星「Kepler-11」の手前を3つの系外惑星が横切るのが観測された。これはそのイメージ図。注目される恒星「Kepler-452」の公転周期は385日。

運用Data:

国際標識／ 2009-011A
運用／ NASA（米航空宇宙局）
打上日／ 2009年3月7日
射場／ケープ・カナベラル空軍基地
ロケット／デルタII
運用停止／ 2018年10月30日

機体Data:

バス寸法／ H 4.7m×W 2.7m
打上時質量／ 1,052kg
観測目的／可視光線
主要ミッション機器／
・140cm反射鏡
・CCDイメージ・センサー（225万画素）×42

軌道Data:

軌道／太陽周回軌道（地球追随）
軌道高度／近0.97671au、遠1.0499au
軌道長半径／ 1.0133au
離心率／ 0.036116
傾斜角／ 0.4474度
軌道周期／ 372.57日

©NASA

Movie

『最初に発見した5つの世界』

時間／ 03:36
言語／ 英語、日本語翻訳可
©Deep Astronomy

2010年1月にケプラーが発見した最初の5つの系外惑星を、宇宙ドキュメンタリー·チャンネルが映像化。トランジット法をわかりやすく解説。

\Check!/

©NASA

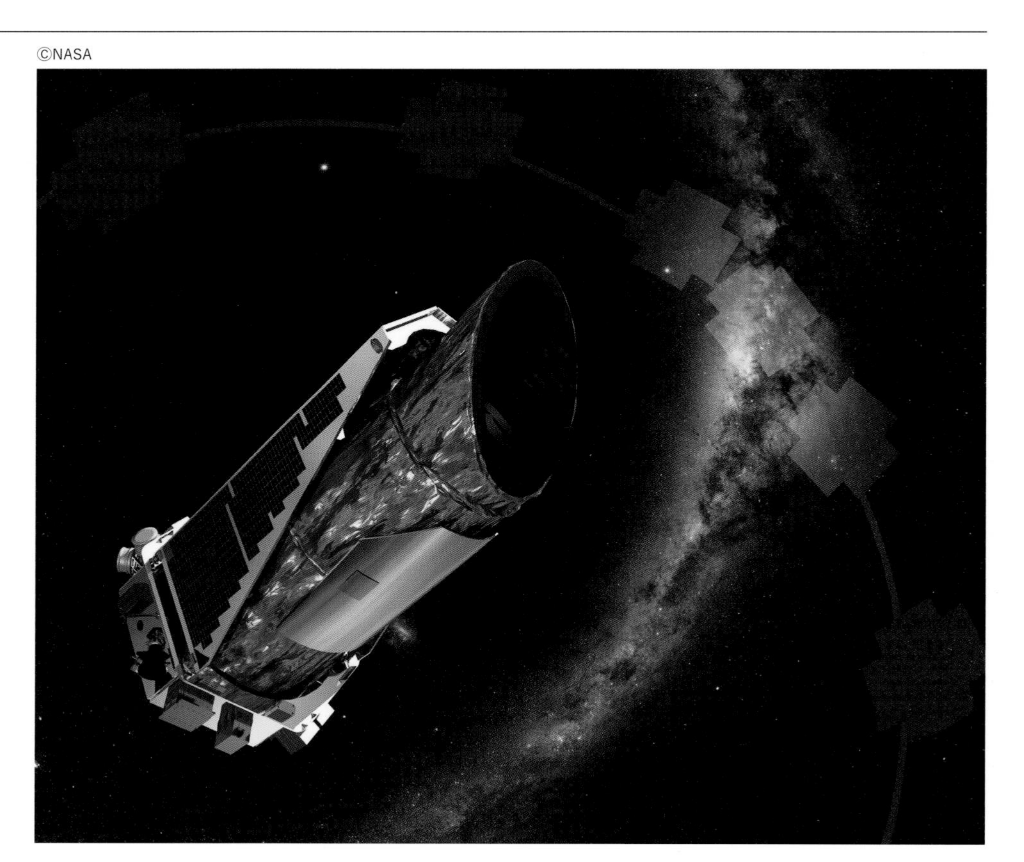

225万画素のCCDイメージセンサを42枚搭載。これは撮影用ではなく、光度変化を検知するための観測機器。

トランジット系外惑星探査機と呼ばれるNASAの『ケプラー』は、太陽系以外にある惑星を探すための探査機です。ESAのCOROT（p.186参照）と同様、自ら光を発しない、地球からは見えない惑星を探すには、「トランジット法」（p.158）が使用されます。つまり、その惑星が恒星の手間を横切るときの、恒星のわずかな光度変化を測定します。この手法によってケプラーは、燃料が枯渇して運用停止されるまでの9年間で約50万個の恒星を観測し、なんと2,600以上の太陽系外惑星を発見。そのうちのひとつ、約1,400光年離れたはくちょう座に発見した系外惑星「Kepler-452b」は、その太陽と同等の質量を持つ恒星「Kepler-452」から適度な距離を保ち、生命が居住可能な環境「ハビタブルゾーン」にある可能性が示唆されています。

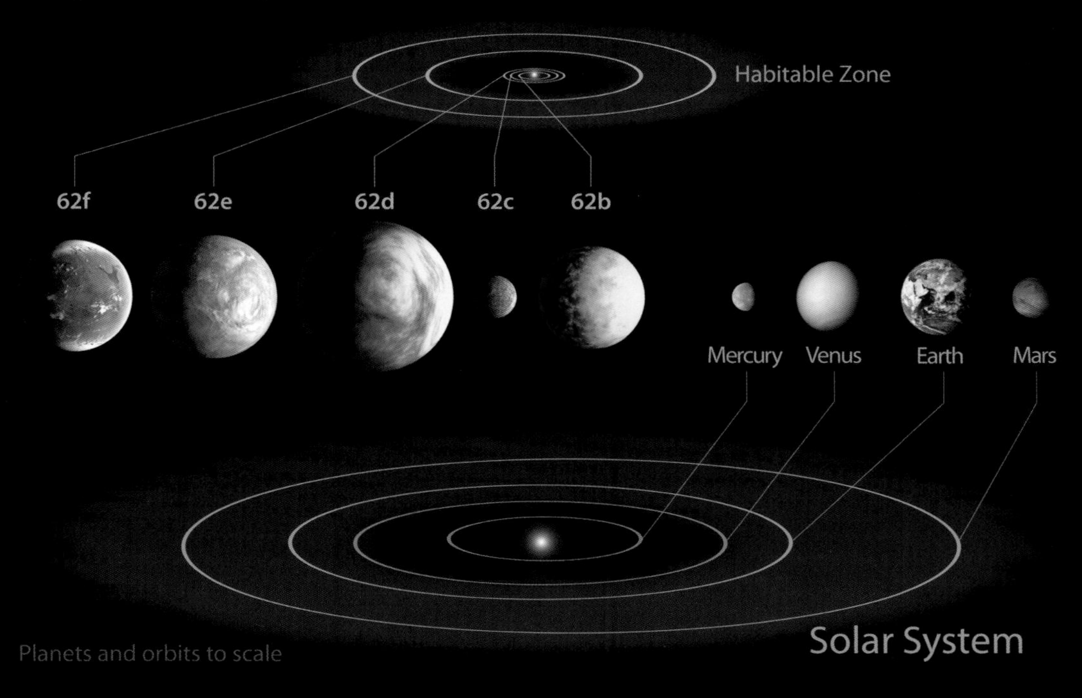

2010年にケプラーが最初に見つけた系外惑星のイメージ図。恒星「Kepler-62」を公転するそれらの惑星と、太陽系の惑星のサイズの比較。

Photo : NASA / JPL-Caltech

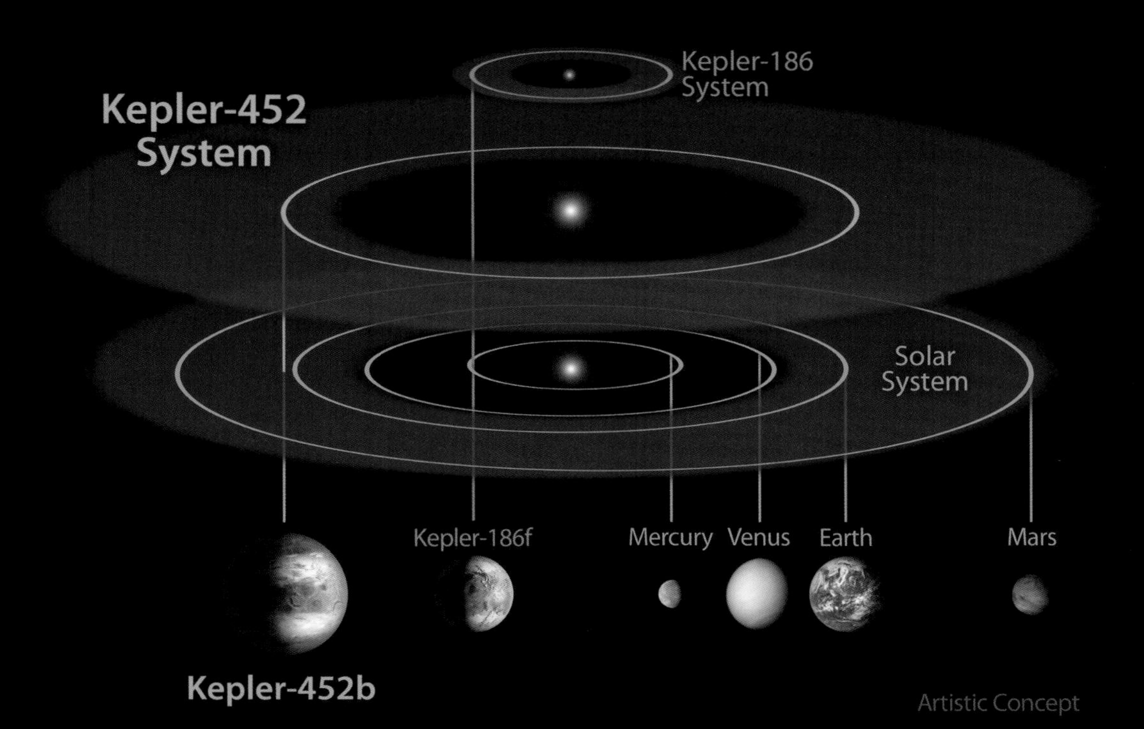

恒星「Kepler-452」を公転する系外惑星「Kepler-452b」は、人類が居住できる可能性がある「ハビタブルゾーン」で発見された史上初の系外惑星。

Kepler's Second Light: How K2 Will Work

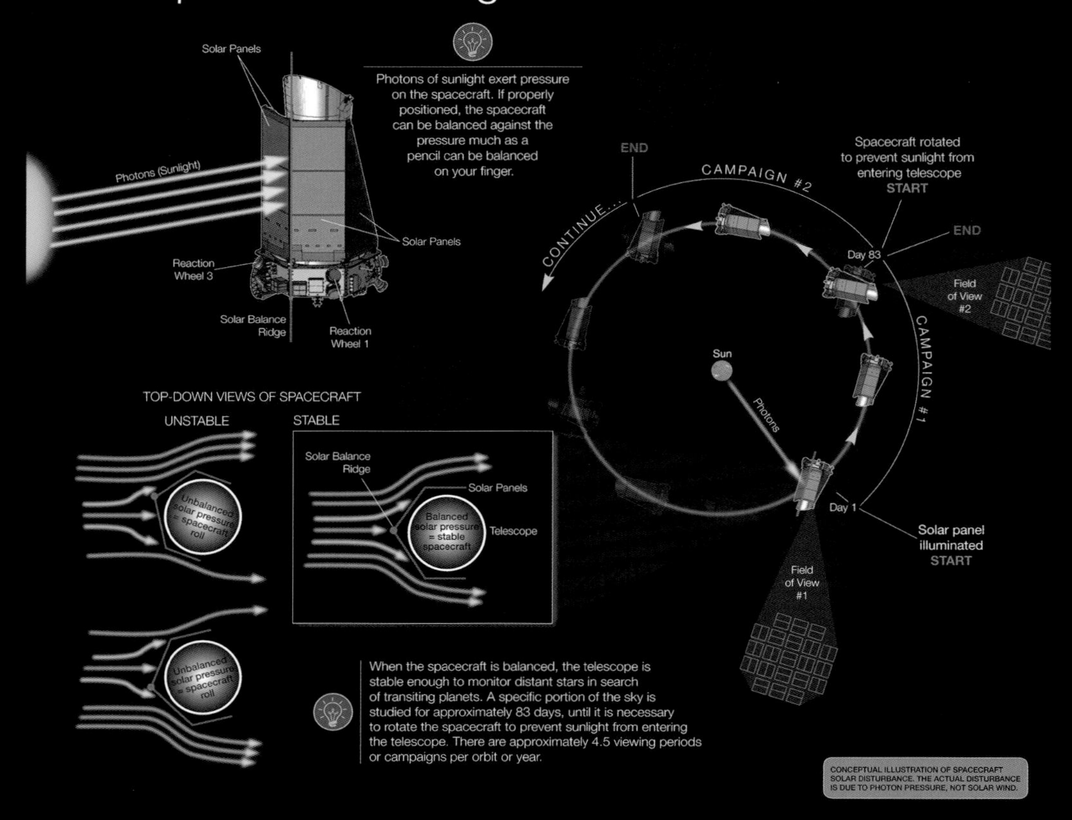

ケプラーは2013年8月までは、はくちょう座の方向（右下図）にある約10万個の恒星だけをモニターした。しかしその後、姿勢制御系のトラブルによって同一方向を監視できなくなり、この図のようにモニター方向を変えながら観測するK2ミッションが実施された。

Planetary Systems by Number of Known Planets

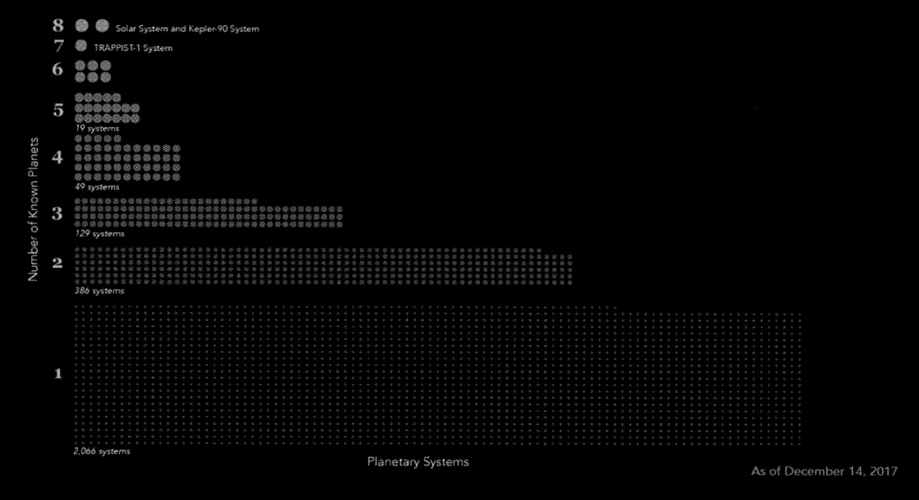

ケプラーの成果をまとめたグラフ。各ドットは恒星を示し、左に並ぶ数字は、その恒星が持つ惑星の数。運用停止直前（2017年）に公開。

©NASA/Ames Research Center/Jessie Dotson and Wendy Stenzel

Exoplanet Discoveries

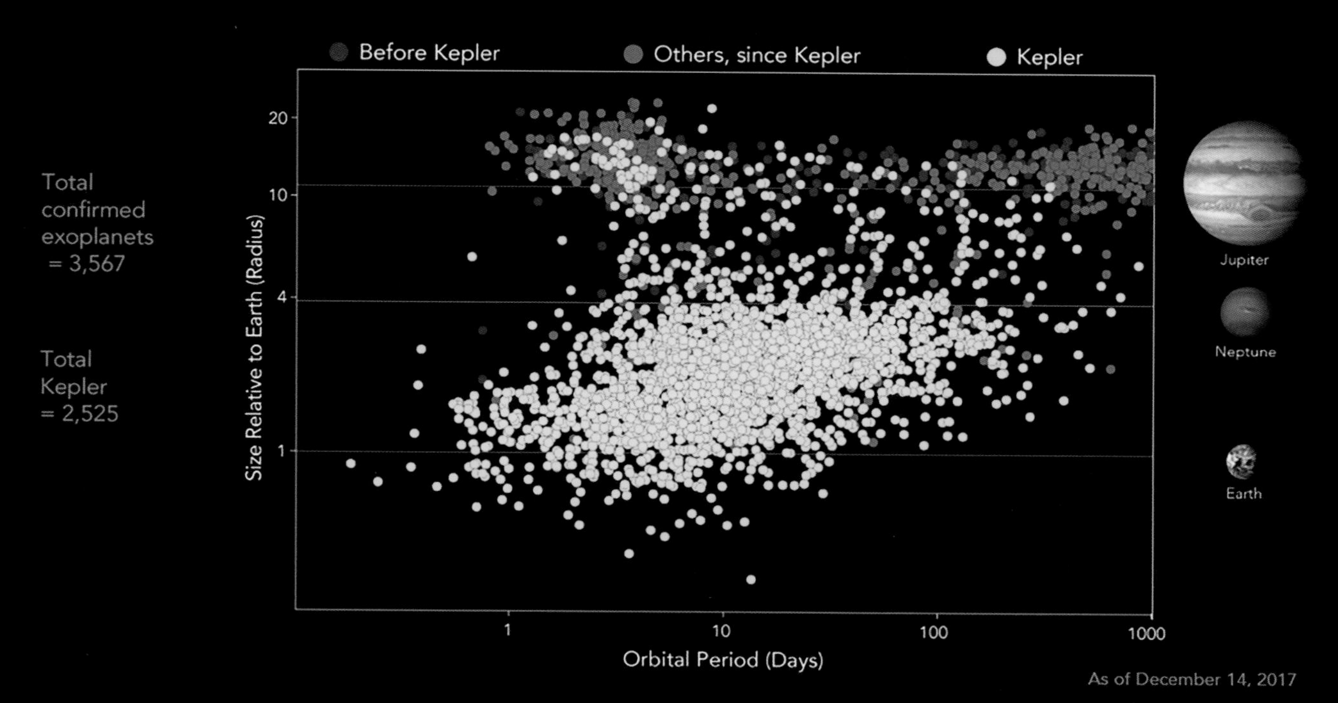

2017年までに発見された系外惑星の数とサイズを表した図。タテ軸はサイズ、横軸はその公転周期を示す。3,500以上の系外惑星のうち、2,500以上をケプラーが発見した。

©Carter Roberts

©NASA/Ames Research Center

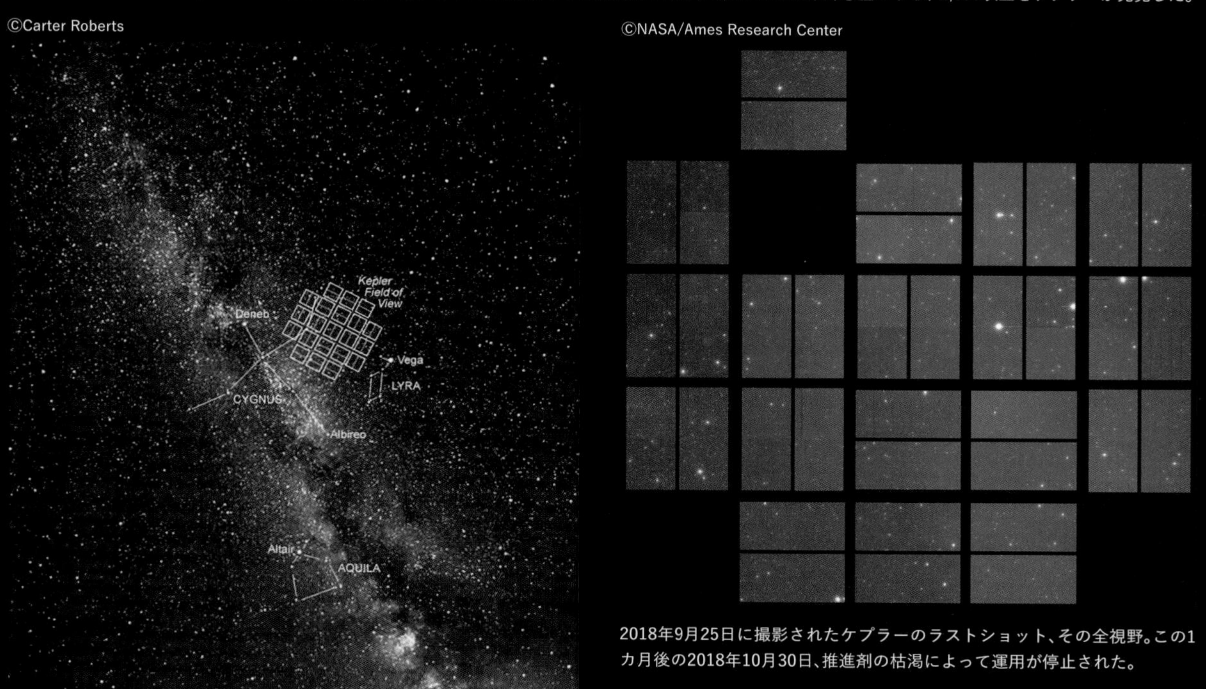

2018年9月25日に撮影されたケプラーのラストショット、その全視野。この1カ月後の2018年10月30日、推進剤の枯渇によって運用が停止された。

ケプラーの視野領域と天の川銀河。いかに狭い範囲を密度高く観測したかがわかる。左手にはくちょう座、右にこと座、下方にりゅう座が描かれている。

Date:

2009.5/14

遠赤外線・サブミリ波宇宙天文台／打上日

Country: EU

Herschel Space Observatory

ハーシェル宇宙天文台

「宇宙空間に酸素分子をはじめて検知」

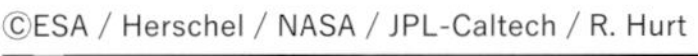
©ESA / Herschel / NASA / JPL-Caltech / R. Hurt

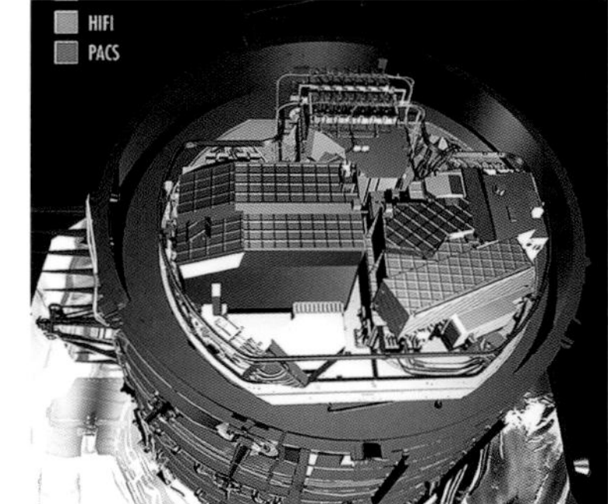

青がスペクトル測光撮像器「SPIRE」、ゴールドが遠赤外線の分光計「HIFI」、ピンクがカメラ·分光計「PACS」。

運用Data:

国際標識／ 2009-026A
運用／ ESA(欧州宇宙機関)、
協働／ NASA(米航空宇宙局)
打上日／ 2009年5月14日
射場／ギアナ宇宙センター
ロケット／アリアン5 ECA
運用停止／ 2013年4月29日

機体Data:

バス寸法／ H 4.2×W 4.2m
打上時質量／ 3,300kg
観測目的／赤外線
主要ミッション機器／
・遠赤外線ヘテロダイン分光計(HIFI)
・光伝導体アレイカメラ・分光計(PACS)
・スペクトル測光撮像器(SPIRE)

軌道Data:

軌道／太陽-地球ラグランジュ点L2
ハロー

Movie

『3万7000の科学観測』

Check!

時間／ 00:48
言語／ 曲のみ
©ESA

ハーシェルが2009年5月から2013年4月までの間に観測した領域を示したアニメーション。画面の右から左へ移動する天体は太陽系の惑星。

©ESA

カシオペヤ座の分子雲。右上の空洞がW3、その左下に隣接するW4、左がW5であり、これら領域で星が生まれる。

©ESA

機体のスケルトン図。頂部は望遠鏡、中央が冷却器。右面はサンシールドと太陽電池パネル。機器を冷却する液体ヘリウムを2300リットル搭載。

ESAの『ハーシェル』は、2009年5月、『プランク』(p.195参照)とともにアリアン5 ECAによって打ち上げられ、ともにラグランジュ点のL2ポイント(p.013)へ投入されました。遠赤外線からサブミリ波(マイクロ波の一部)をカバーする史上はじめての観測機であり、主鏡直径3.5mの宇宙望遠鏡は当時最大でした。初期宇宙の銀河の形成過程や、星形成とその星間物質との相互作用、宇宙全体の分子化学、太陽系小天体の大気などの解明を主な目的として、運用期間中の約4年間で3万5,000回以上の観測を実施。約600の観測プログラムから2万5,000時間以上の科学データを収集しました。また、宇宙空間に存在する酸素分子を、史上はじめて明確に検知。超遠方銀河までを観測し、星の生成率を調べるなど、多くの成果を残しました。

Date:

2009.5/14

宇宙マイクロ波背景放射望遠鏡／打上日

Country: EU 

Planck

プランク

「宇宙の年齢が138億年であることを確認」

ⒸESA

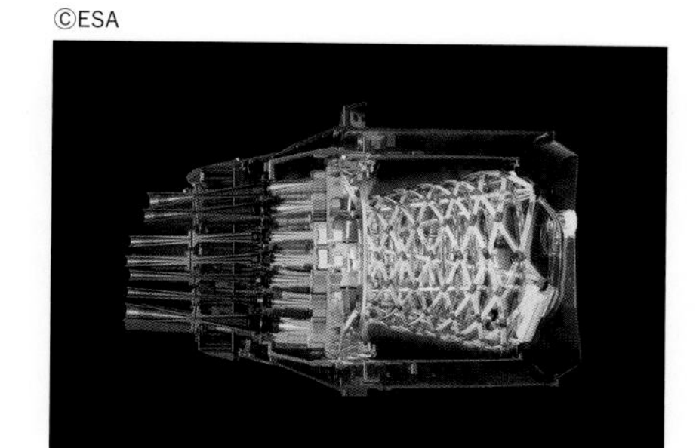

プランクが搭載する高周波装置「HFI」は、NASAの一機関であるジェット推進研究所（JPL）が開発製造。52個のボロメータ検出器が電磁波を捕捉する。

運用Data:

国際標識／ 2009-026B
運用／ ESA（欧州宇宙機関）
打上日／ 2009年5月14日
射場／ギアナ宇宙センター
ロケット／アリアン5 ECA
運用停止／ 2013年10月23日

機体Data:

バス寸法／ H 4.2×W 4.2m
打上時質量／ 1,800kg
観測目的／マイクロ波
主要ミッション機器／
・低周波装置（LFI）
・高周波装置（HFI）

軌道Data:

軌道／太陽-地球ラグランジュ点L2
リサージュ

Movie

ⒸESA

『プランクの伝説』

時間／ 01:58
言語／ 曲のみ、英語字幕
ⒸESA

プランクがどのように全天をサーベイ観測したのか、CMBのどんなデータを取得したのかがコンパクトにまとめられたアニメーション動画。

\ Check! /

ⒸESA

宇宙マイクロ波背景放射の異方性（ムラ）を示すプランク·マップ（2013年3月）。

前ページで紹介した「ハーシェル」と、同じロケットに搭載されて打ち上げられた『プランク』は、宇宙マイクロ波背景放射（CMB、p.154参照）を観測るための宇宙望遠鏡であり、それはESA（欧州宇宙機関）にとって最初のCMB観測機でした。NASAの『WMAP』（2001年打上、p.166参照）が広域なCMB調査をしたのに対し、このプランクは狭視野·高感度な望遠鏡を搭載。CMB全体の温度変化を、それまでのどの観測機よりもはるかに高い感度、角度分解能、広い周波数帯域で測定しました。その結果、高精度な宇宙背景放射マップを作製。また、ビッグバンからわずか38万年後の、非常に若い宇宙の残像をとらえたことにより、宇宙の年齢が138億年であることが解明され、2013年3月22日、ESAによって発表されました。

Date:

2009.12/14

広域赤外線探査衛星／打上日

Country: USA 

Near-Earth Object Wide-field Infrared Survey Explorer, NEOWISE

WISE / NEO WISE

「赤外線波長で全天の天文調査」

へびつかい座ゼータ星が放出する極端な量の紫外線が、周囲の星間ガスと塵（緑）を加熱する様子。

運用Data:

国際標識／ 200-071A
別名／エクスプローラー 92
運用／ NASA（米航空宇宙局）
打上日／ 2009年12月14日
射場／ヴァンデンバーグ空軍基地
ロケット／デルタII

機体Data:

バス寸法／–
打上時質量／ 661kg
観測目的／赤外線
主要ミッション機器／
・40cm口径望遠鏡
・検出器（3.4・4.6・12・22μm）

軌道Data:

軌道／地球周回軌道、円軌道
　　　太陽同期軌道
軌道高度／ 525km
傾斜角／ 97.5度

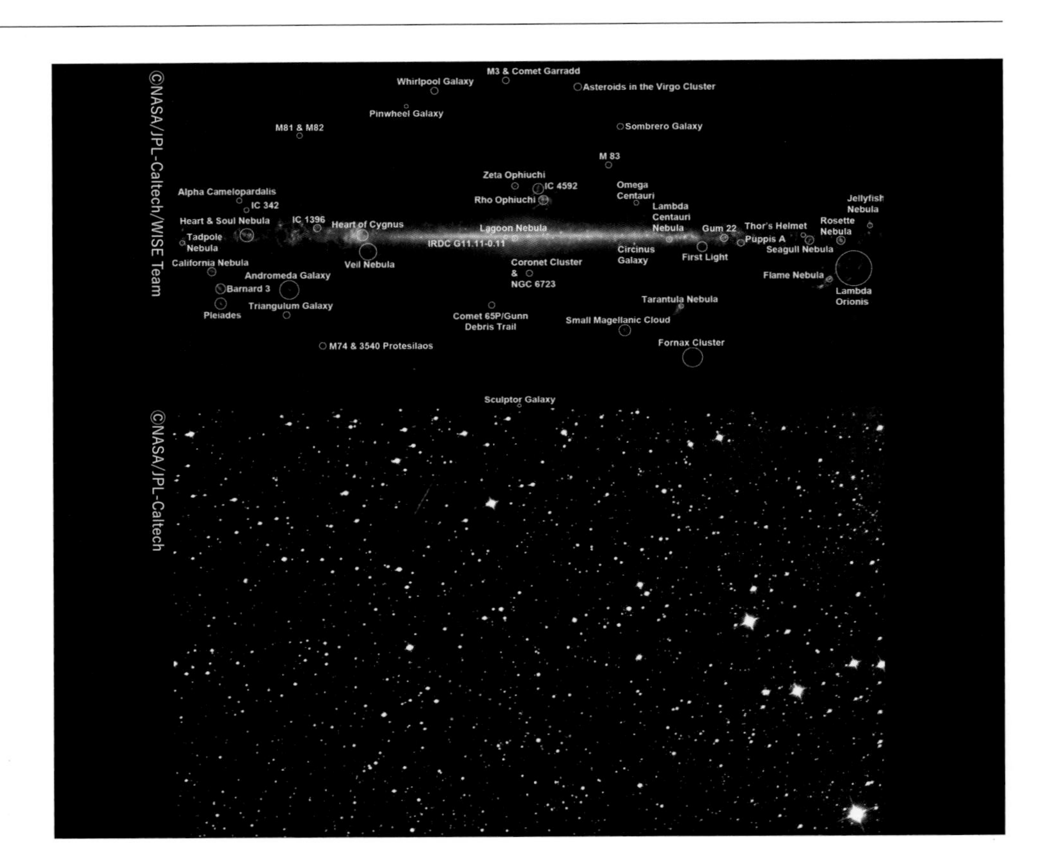

WISEの赤外線全天マップ（上）。中央は天の川銀河。下は2013年、2年間の休眠から覚めて最初に撮影されたうお座の領域。

2001年にトラブルを起こした『WIRE』（p.124参照）に継ぐ観測機として、NASAは2009年12月、同じく赤外線観測機である『WISE』（ワイズ）を打ち上げます。同機は口径40㎝の赤外線望遠鏡と4つの検出器を搭載。その感度は1980年代のIRAS（p.094）やCOBE（p.100）の1,000倍を誇ります。初期ミッションの10ヵ月間には、地球周回軌道上で11秒ごとに計150万枚の画像を撮影し、赤外線による全天マップを作製。太陽系内においては2010年までに15万4,000個以上の天体を観測し、3万3,500個以上の新しい小惑星と19個の彗星を発見しました。2011年にはいちど休眠しましたが、2014年に新たなミッションが与えられ、以後は『NEO WISE』と名を変えて、地球接近天体（NEO）を発見するための観測機として継続運用されています。

Movie

『宇宙の変化を解明する』

時間／ 02:14
言語／ 英語、日本語翻訳可
©NASA/JPL

NEO WISEのミッション概要を紹介した動画。同機が全天をスキャンする様子が3D動画で描かれている。18枚の全天画像も紹介。

\Check!/

Date:

2011.5/16

アルファ磁気分光器／打上日

Country: USA 

Alpha Magnetic Spectrometer 02

AMS-02

「ISSからダークマターと反物質を探す」

©NASA

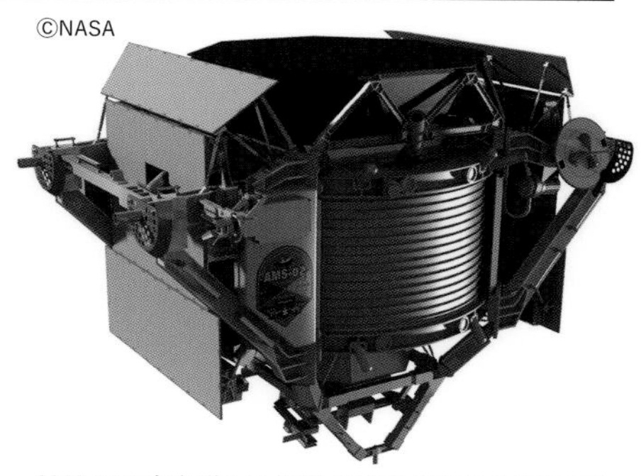

AMS-02は永久磁石を搭載。強力な磁場により宇宙放射線を検出器の中心部に導き、宇宙線の組成やゆらぎなどのデータを集め、暗黒物質や反物質の証拠を探す。

運用Data:

運用／ NASA（米航空宇宙局）
打上日／ 2011年5月16日
射場／ケネディ宇宙センター
ロケット／スペースシャトル（STS-134）

機体Data:

バス寸法／－
質量／ 6,918kg（内1,200kgは磁石）
観測目的／素粒子
主要ミッション機器／
・素粒子検出器

軌道Data:

軌道／地球周回軌道
円軌道（ISS軌道）
軌道高度／近413km、遠422km
傾斜角／ 51.6度

©NASA/AMS 2

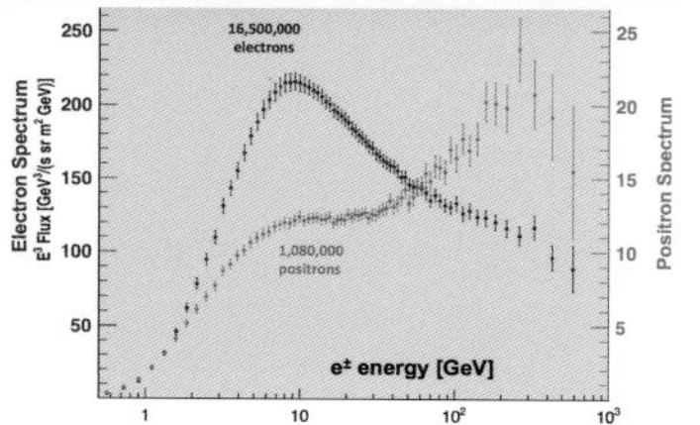

上／ AMS-02をISSへ輸送したエンデバー号（STS-134）。
下／青は電子束、赤は陽電子束のスペクトラム。こうした観測により2013年、暗黒物質の証拠の検出が示唆された。

©NASA

AMS-02はISSのS3トラスに設置されている。

1998年の「AMS-01」（p.122参照）に続き、2011年にNASAが打ち上げたのが『AMS-02』です。アルファ磁気分光器であるAMS-01は、スペースシャトルに搭載されて12日間だけ運用されましたが、このAMS-02はISS（国際宇宙ステーション）に設置され、長期間にわたって宇宙放射線を観測しています。宇宙放射線とは、宇宙を飛び交う高エネルギーな放射線であり、その物質としてはアルファ粒子やリチウム、ベリリウム、ホウ素、鉄などの原子核などが挙げられます。こうした物質を宇宙空間で観測・検出することで、いまだ正体がつかめていない「ダークマター」（p.049・160）や、地球の自然界には存在しない「反物質」（通常とは電荷が逆の素粒子を持つ物質）を調査。宇宙の起源に関する謎を解明しようとしています。

Date:

2012.6/13

核分光X線宇宙望遠鏡／打上日

Country: USA 

Nuclear Spectroscopic Telescope Array, NuSTAR

NuSTAR

「超大質量ブラックホールの自転速度測定に成功」

©NASA/JPL-Caltech/Orbital Sciences Corporation

バス部の幅は1.2m。軌道に乗るとこの小さなバス部からマストが伸長し、7日間かけて伸ばしていく。

運用Data:

国際標識／2012-031A
別名／エクスプローラー93
運用／NASA(米航空宇宙局)
打上日／2012年6月13日
射場／マーシャル諸島
ロケット／ペガサスXL(空中射出)

機体Data:

寸法／L 10.9×W 1.2m
打上時質量／171kg
観測目的／X線
主要ミッション機器／
・ヴォルターI式望遠鏡
・斜入射焦点光学機器×2
・検出器×2

軌道Data:

軌道／地球周回軌道、円軌道
軌道高度／近596.6km、遠612.6km
傾斜角／6.027度

©NASA / JPL-Caltech

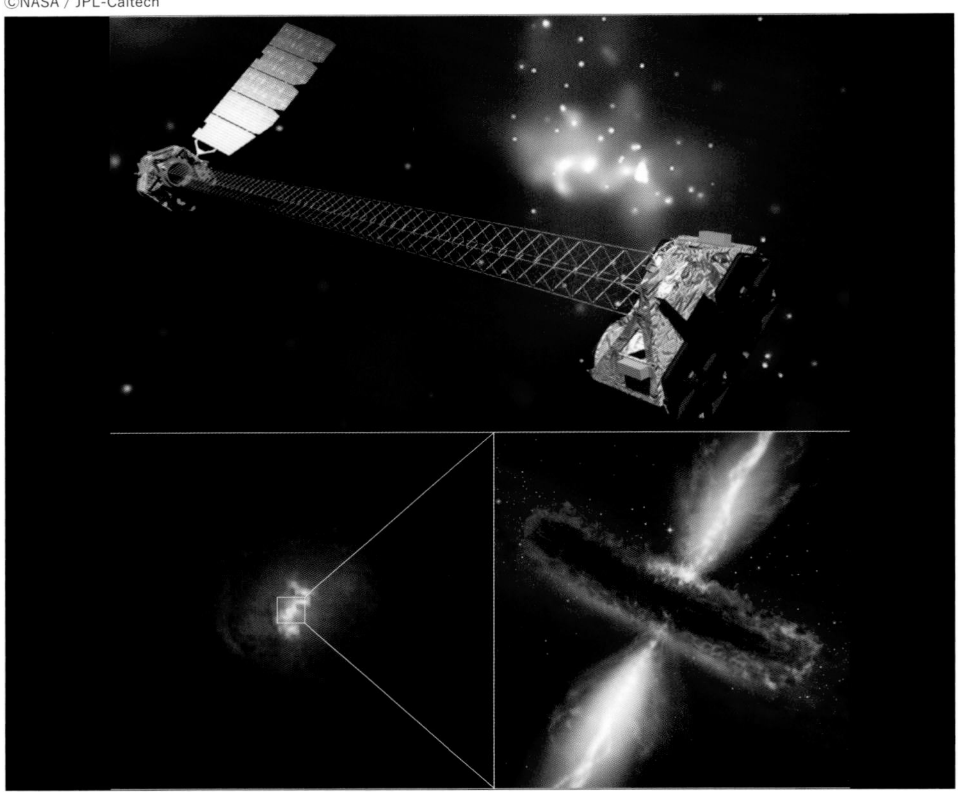

長いマストは望遠鏡の焦点距離が10.15mのため。レーザー計測でレンズと焦点面の正確な相対位置が決定される。

©NASA

NuSTAR はNASAによる小型探査機計画「SMEX」の11番目の機体。その打ち上げは低コストなペガサスXLロケットで行われ、大型機から空中射出された(p.164)。

電磁波の波長は「ミリ」や「ナノメートル」(nm)などの単位で表されますが、その波長が短いものほどエネルギー量(電子ボルト、keV)が高くなります(p.138参照)。NASAの『NuSTAR』(ニュースター)は、それまでのX線観測衛星が計測できなかった高エネルギーのX線(3～79 keV)をはじめて観測しました。それを発する天体とは、ブラックホールや中性子星、超新星、ガンマ線バーストなど。NuSTARは、天の川銀河の中心にあるとされる大質量ブラックホールや、天の川銀河外の天体の観測を主な目的とし、未知の天体現象を数多く観測。2013年2月にNASAは、NuSTARとXMMニュートン(p.132)の取得データによって、超大質量ブラックホール「NGC 1365」の自転速度の測定に成功したと発表しました。

NuSTARの高エネルギー X線がとらえたりょうけん座にある子持ち銀河「M51」と、その子である「M51b」。緑色のスポットは、超大質量ブラックホールなどを取り巻く物質によって作成されたX線の放射。
©NASA / JPL-Caltech, IPAC

「神の手」と呼ばれるコンパス座のパルサー「PSR B1509-58」が1秒間に7回自転し、それが放出する粒子が周囲の磁場と作用して輝く様子がNuSTAR の高エネルギー X線観測ではじめてとらえられた。チャンドラ(p.126)による低エネルギー X線光(緑と赤)との合成画像。
©NASA/JPL-Caltech/McGill

NuSTAR が発見した葉巻銀河「M82」のパルサー「M82 X-2」(中央ピンク色の部分)。白い星の光と茶色の塵は「キットピーク国立天文台」の可視光線、ピンクの硬X線はNuSTAR、青い軟X線はチャンドラのデータ。
©NASA/JPL-Caltech/SAO/NOAO

2014 年、NuSTARとスウィフト(p.182)は、銀河「マルカリアン335」にある超大質量ブラックホールからの X線フレアをはじめて観測した。これはその発生シーケンスを説明したイメージ図。紫色のコロナが内側に集まり(左)、そのエネルギーが高まるとブラックホールの円盤を輝かせ(中央)、やがてブラックホールから分離(右)する。
©NASA/JPL-Caltech/R. Hurt (IPAC)

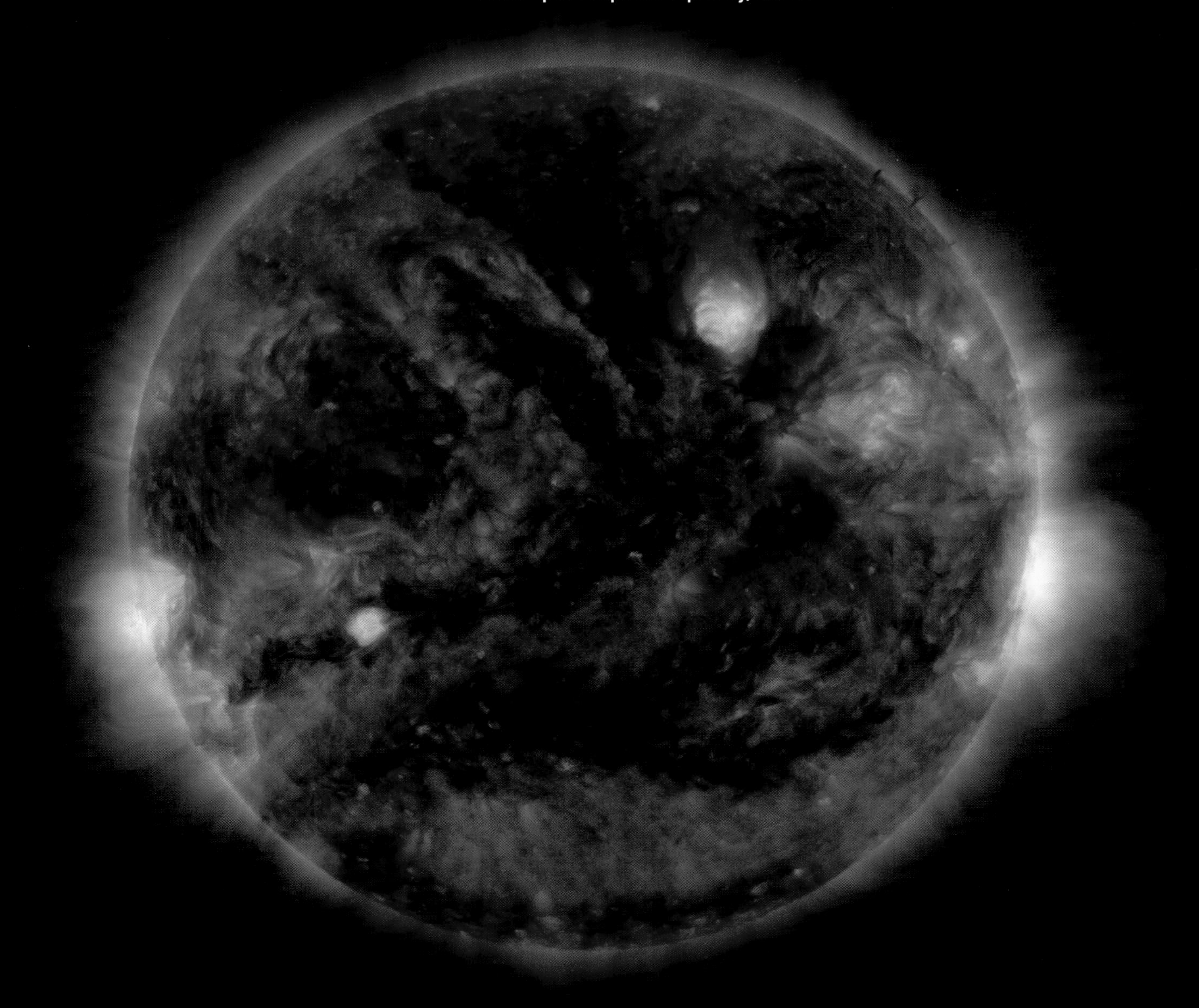

2015年4月29日のほぼ同時期に、NuSTARを含む3機が太陽を撮影。これはその合成画像。NuSTARの画像は小さな画像を組み合わせて作成されている。
©NASA/JPL-Caltech/GSFC/JAXA

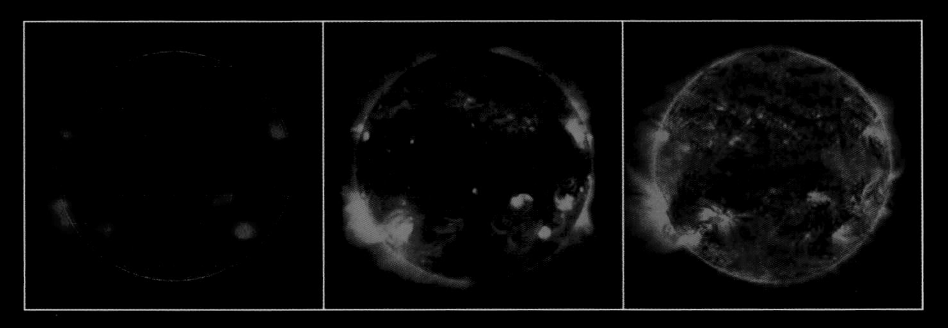

青はNuSTARの高エネルギー X線、緑は日本の太陽観測衛星「ひので」(2006年9月打上)の低エネルギー X線、赤はNASAの太陽観測機「SDO」の極紫外線データを使用。上の写真の黄色は、同じく「SDO」のデータによるもの。
©NASA/JPL-Caltech/JAXA

Date:

2013.9/14

惑星分光観測衛星／打上

Country: Japan 

SPRINT-A

ひさき

「世界初の惑星観測用宇宙望遠鏡」

ⒸJAXA

本体部分の全高は約4m。薄膜太陽電池やリチウムイオン・キャパシタ蓄電池の実証実験なども行っている。

運用Data:

国際標識／ 2013-049A
運用／ JAXA（宇宙航空研究開発機構）
打上日／ 2013年9月14日
射場／内之浦宇宙空間観測所
ロケット／イプシロン（試験機）

機体Data:

寸法／ 4.0×1.0×1.0m
質量／ 348kg
観測目的／極端紫外線
主要ミッション機器／
・極端紫外線分光器（EXCEED）

軌道Data:

軌道／地球周回軌道、楕円軌道
軌道高度／近947km、遠1,157km
傾斜角／ 29.7度

ⒸJAXA

太陽電池パドルを展開したときの全幅は約7m。画面右に突き出すのが望遠鏡「EXCEED」。その横の四角柱が分光器（EUV）。

JAXAが2013年9月に打ち上げた『ひさき』は、世界ではじめての惑星観測用宇宙望遠鏡であり、遠地点1,157㎞の地球周回軌道から太陽系内の惑星を観測しています。極端紫外線は、惑星大気やプラズマが発する電磁波の多くが集中する電磁波帯域ですが、それを観測するために、極端紫外線分光計「EXCEED」を搭載。金星や火星における太陽風との関係を調査し、それら惑星の大気がなぜ宇宙空間に逃げ出したのか、そのメカニズムをの解明に挑んでいます。また、木星の衛星「イオ」から流出するプラズマ領域の観測によって、木星のプラズマ環境のエネルギーがどのように供給されているか、初期の太陽系環境はどのようなものだったのかを明らかにしようとしています。

Movie

ⒸJAXA

『惑星分光観測衛星ひさき』

時間／ 05:06
言語／ 曲のみ、日本語字幕
ⒸJAXA相模原チャンネル

イプシロン·ロケットの試験初号機による打ち上げ、機体の詳細構造のほか、木星のオーロラ、衛星イオ、火星の大気などの科学目標がわかりやすく解説された3D動画。

\Check!/

©JAXA

2015年、木星の長時間観測によってオーロラの突発的増光（オーロラ爆発）を捕捉した際のイメージ図。これが木星の高速自転により発生する現象であることを初めて明らかにした。

©JAXA

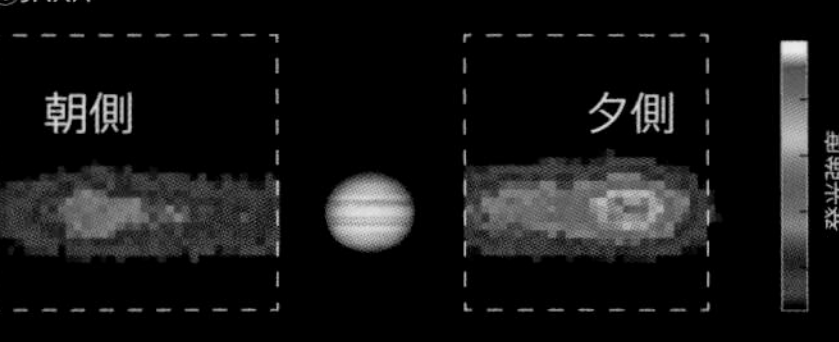

ひさきが2014年1月に捉えた木星周辺のプラズマ。太陽に近い「朝側」より「夕側」に強くスペクトルが表れ、太陽風との関係が示唆されている。

©JAXA/ISAS

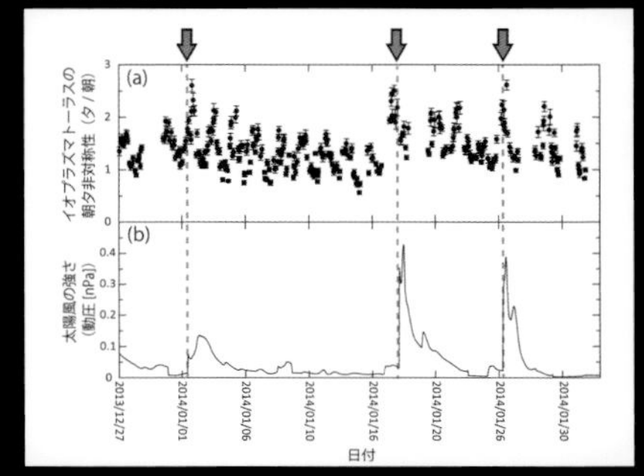

上(a)はプラズマ量の時間変化。下(b)は太陽風の強さの時間的変化。その関連が示唆されている。

©JAXA

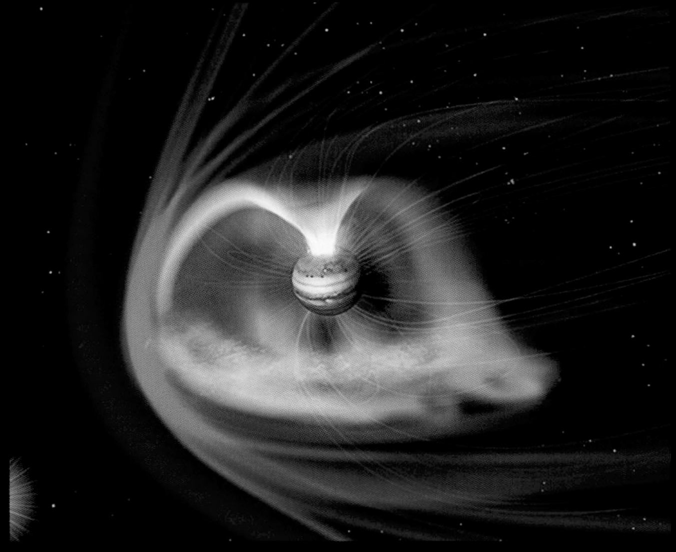

木星のオーロラのイメージ。酸素や硫黄イオンが光速に近い速度で木星大気に衝突して発光すると考えられる。その現象と太陽風の関係をチャンドラなどと協力して調査。

Date:

2013.12/19

高精度位置天文衛星／打上日

Country: ESA 

Gaia

ガイア

「星の位置と速度を精密捕捉、動く天の川マップを作成」

©ESA - C. Vijoux

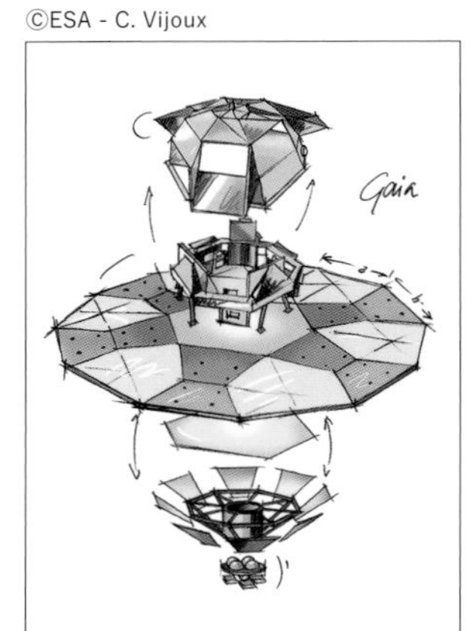

帽子のツバのような形状をしたサンシールドの直径は10m。中心部の上部に観測機器を搭載。下部がバス部。

運用Data:

国際標識／ 2013-074A
運用／ ESA（欧州宇宙機関）
打上日／ 2013年12月19日
射場／ギアナ宇宙センター
ロケット／ソユーズ 2.1b

機体Data:

寸法／ D 10m
質量（推進剤含まず） ／ 1,630kg
観測目的／可視光線
主要ミッション機器／
・アストロ（望遠鏡システム） ×2
・青色＆赤色光度計（BP / RP）
・視線速度分光計（RVS）

軌道Data:

軌道／太陽-地球ラグランジュ点L2
リサージュ

©ESA - D. Ducros

太陽と地球の重力と、機体にかかる遠心力が釣り合うラグランジュ点L2。そのポイントを周回するリサージュ軌道を航行。

天の川銀河の3次元マップを描くことを主な目的として、ESAはヒッパルコス（p.098）の後継機として『ガイア』を打ち上げました。高精度位置天文衛星と呼ばれるこの機体は、約10億個の星の位置と運動と明るさを測定し、そのうちもっとも明るい1億5,000万個の天体の視線速度とその軌道を測定。これによって天の川銀河の初期の形成や、その後の動的·化学的な星の進化を読み取ることが可能になりました。206ページの画像は、ガイアの取得データで作られた全天マップ。これらの星が40万年でどのように移動するかが、YouTube動画で視聴できます。また、太陽系内に無数に存在する小さな天体や、太陽系外惑星の天体の軌道の確認、遠方にある数十万のクエーサーなど、包括的な天体調査を実施し、多くの発見を成し遂げています。

Movie

©ESA -M.Pedoussaut

『Waiting for Gaia』

時間／ 07:02
言語／ 英語、日本語翻訳可
©ESA

\Check!/

ガイアのミッション概要をESAの担当者や天文学者が解説。機体製造、ソユーズによる打ち上げシーンのほか、3D動画による航行軌道や観測手法、搭載機器の説明も。

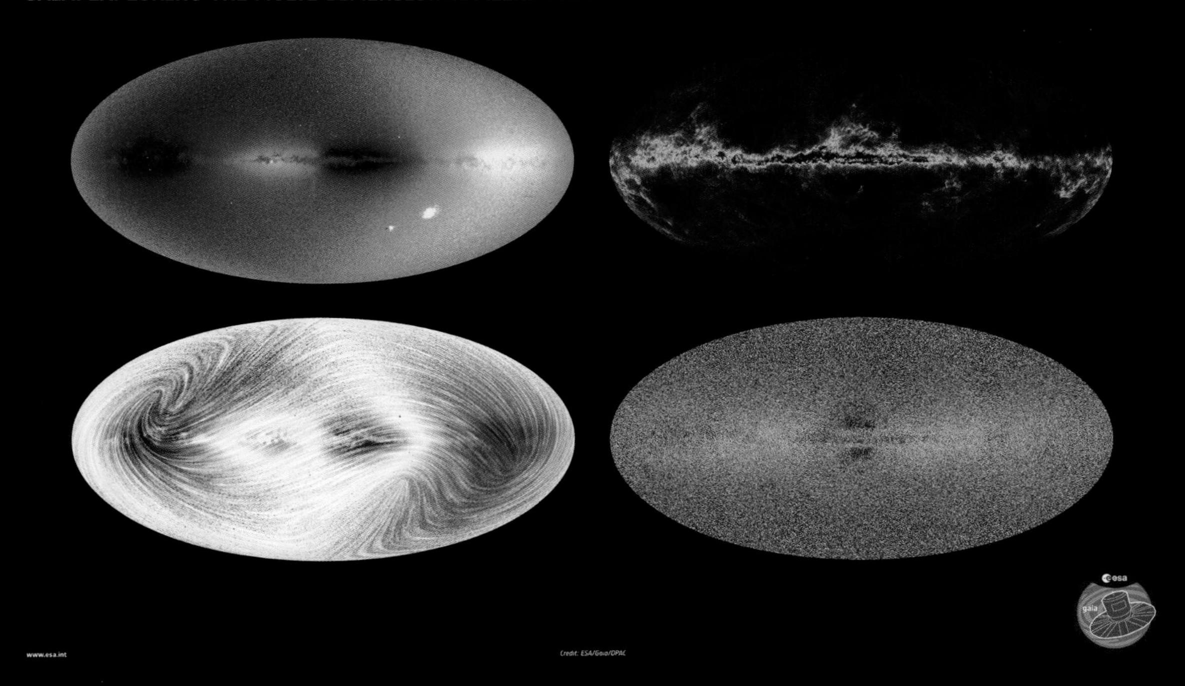

GAIA: EXPLORING THE MULTI-DIMENSIONAL MILKY WAY
www.esa.int
Credit: ESA/Gaia/DPAC

ガイアの全天マップ。左上は天の川銀河の奥行きの速度(視線速度)を示す。右上はガスの分布、左下は星々の固有の動き、右下は金属の含有状態。

ロシアの協力により、フランス領にあるギアナ宇宙センターからロシア製のソユーズ2.1bによって打ち上げられた。

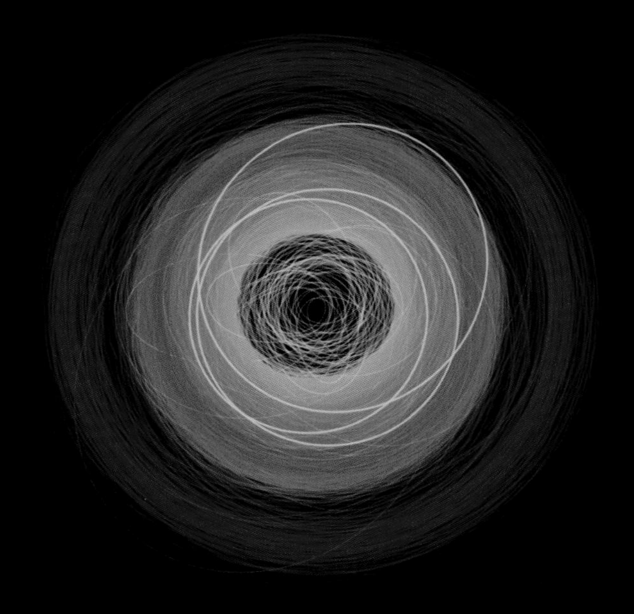

ガイアは太陽系の小惑星も定期的に観測。中心に太陽があり、黄色とオレンジは火星と木星の間にあるメインベルトの小惑星、暗い赤は木星の軌道付近のトロヤ群小惑星を示す。

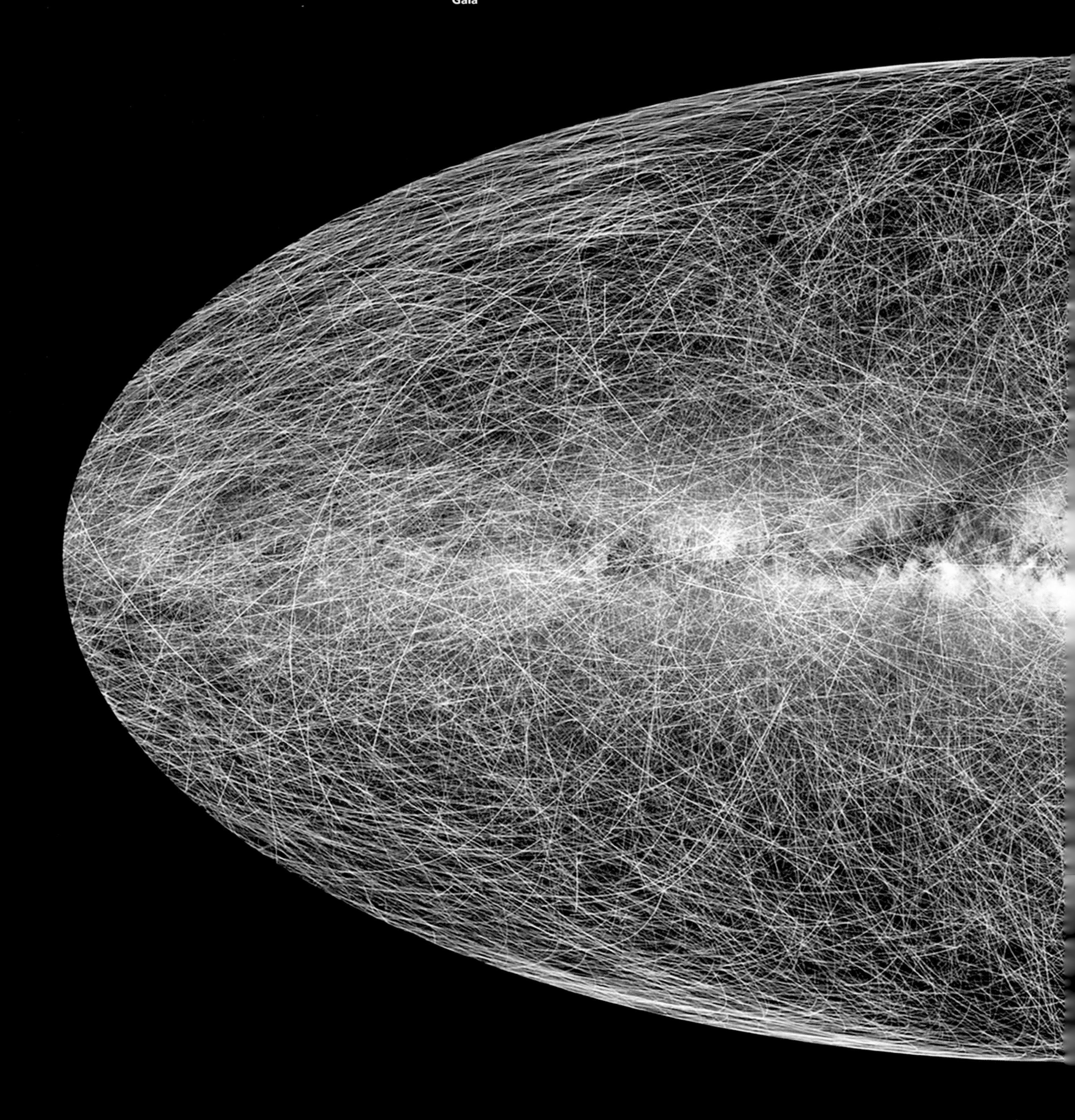

ガイアが取得した天の川銀河の3次元地図データ。太陽系から326光年以内にある4万個の星が、これからの40万年でどのように動くかを示している。
©ESA / Gaia / DPAC, CC BY-SA 3.0 IGO. Acknowledgement: A. Brown, S. Jordan, T. Roegiers, X. Luria, E. Masana, T. Prusti and A. Moitinho

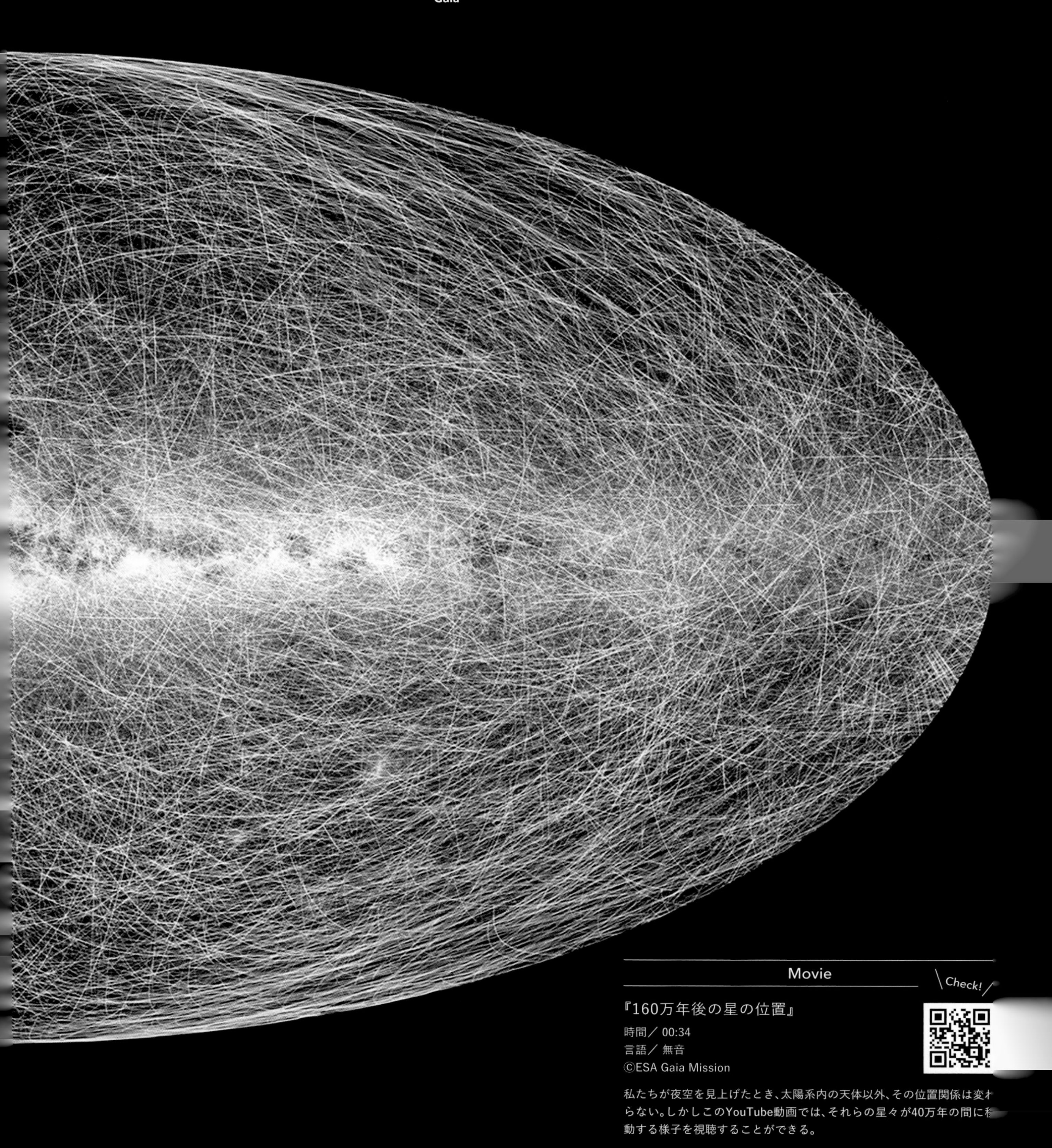

Movie

\ Check! /

『160万年後の星の位置』

時間／ 00:34
言語／ 無音
ⒸESA Gaia Mission

私たちが夜空を見上げたとき、太陽系内の天体以外、その位置関係は変わらない。しかしこのYouTube動画では、それらの星々が40万年の間に移動する様子を視聴することができる。

Date:

2015.12/3

宇宙重力波望遠鏡／打上日

Country: EU / USA 

Laser Interferometer Space Antenna Pathfinder, LISA Pathfinder

LISA パスファインダー

「時空の歪みを計測するための先行テスト機」

©ESA - C. Vijoux

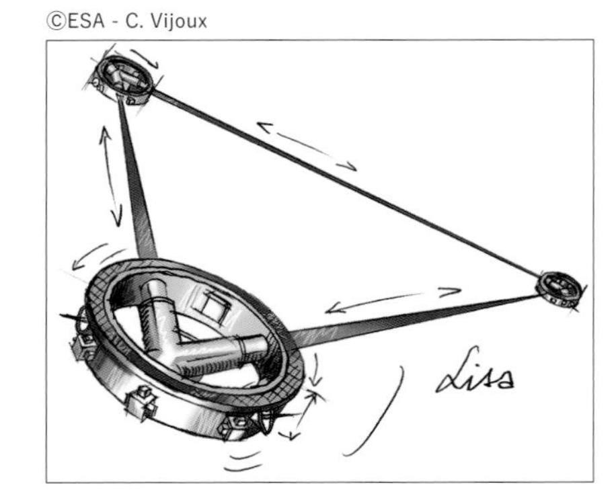

軌道上にあるLISAのイメージ図。各機は正三角形を描いて配置。その干渉計は最長500万kmまで伸ばせる。

運用Data:

国際標識／ 2015-070A
運用／ ESA（欧州宇宙機関）
NASA（米航空宇宙局）
打上日／ 2015年12月3日
射場／ギアナ宇宙センター
ロケット／ヴェガ
運用停止／ 2017年6月30日

機体Data:

バス寸法／ D 2.1 × H 2.9m
打上時質量／ 1,100kg
観測目的／重力波
主要ミッション機器／
・LISAテクノロジーパッケージ（LTP）
（干渉計のミラー、慣性基準として機能）
・外乱低減システム（DRS）
（マイクロ推進スラスタ×2）
（制御ソフトウェア・コンピュータ・ユニット）

軌道Data:

軌道／太陽-地球ラグランジュ点L1
リサージュ

©ESA / ATG medialab

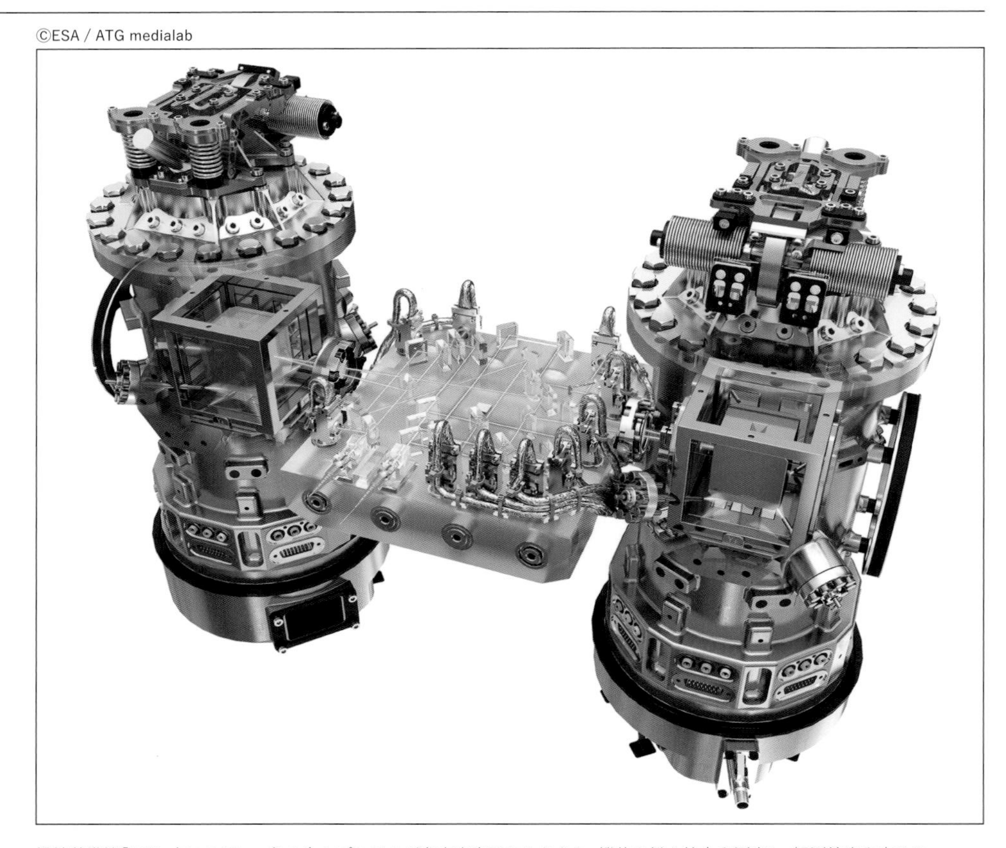

慣性基準機「LTP」内には46mm角の金とプラチナが各真空容器に入れられ、機体に働く抗力を測定し、観測精度を高める。

アインシュタインの一般相対性理論では「時空は歪む」とされていますが、その歪みを検出するための重力波観測機が『LISA』（2037年打上予定、p.227参照）であり、その技術を実証するのがこの『LISAパスファインダー』です。この一連の計画では同型機を3機打ち上げ、500万km離れた正三角形の各頂点に3機を配置し、相互にレーザーを発射・捕捉します。宇宙空間に重力波が発生すれば、3機のレーザー照準はわずかにズレるはずであり、また、3機の距離が離れているほどズレは大きく、明確に検出できます。観測精度を上げるには各機体が完全な無重力状態にあり、機体に働く天体からの重力を差し引く必要がありますが、その抗力を計測する慣性基準機「LTP」のテストを、LISAパスファインダーは担いました。

Movie

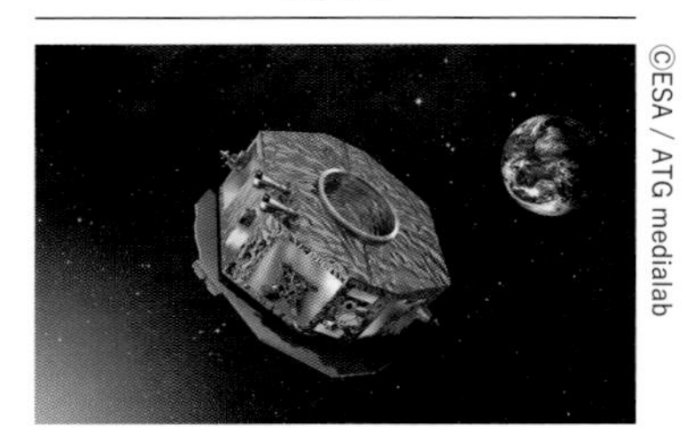

©ESA / ATG medialab

『ミッション概要』

時間／ 02:52
言語／ 英語、日本語翻訳可
©ESA

\Check!/

特殊な慣性基準機「LTP」の構造や、重力波の観測方法などを、美しい3D動画とともにESAの担当科学者が解説。

Date:
2016.2/17

X線天文衛星／打上日

Country: Japan 

ASTRO-H

ひとみ

「ブラックホールや超新星に挑むも通信途絶」

©JAXA

従来の10倍の精度を持つ軟X線分光器、広視野CCDカメラ、10倍以上高感度な硬X線·軟ガンマ線検出器を搭載。

運用Data:

国際標識／ 2016-012A
運用／ JAXA(宇宙航空研究開発機構)
打上日／ 2016年2月17日
射場／種子島宇宙センター
ロケット／ H-IIA(30号機)
運用停止／ 2016年4月28日

機体Data:

寸法／ L 14m
質量／ 2,700kg
観測目的／ X線
主要ミッション機器／
・軟X線分光器(SXS)
・X線CCDカメラ(SXI)
・硬X線撮像検出器(HXI)
・軟ガンマ線検出器(SGD)
・軟X線望遠鏡(SXT-S, SXT-I)
・硬X線望遠鏡(HXT)

軌道Data:

軌道／地球周回軌道、円軌道
軌道高度／ 575km
傾斜角／ 31度

©JAXA

ひとみはハッブル(全長13.2m)よりも大きく、全長14m。当時としてはXXM(16m)に次ぐ、史上2番目に巨大な宇宙望遠鏡。

©Hitomi collaboration / JAXA / NASA / ESA / SRON / CSA

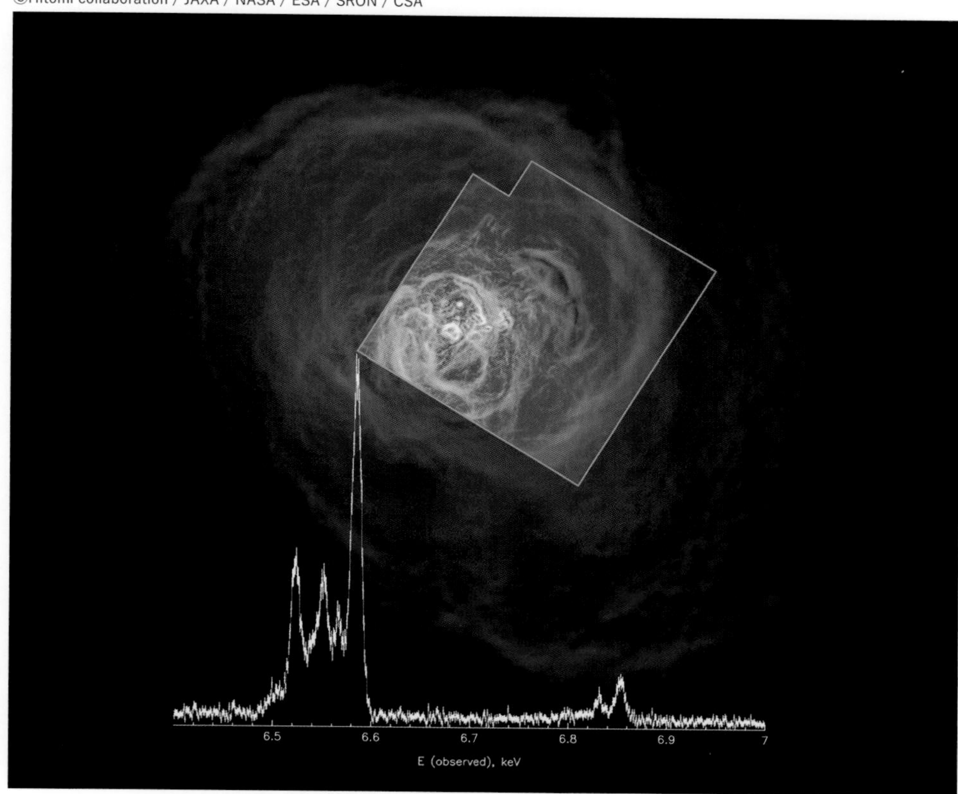

ひとみは「SXS」でペルセウス座銀河団を23万秒観測。その精度は予想値より高く、従来の20倍以上だった。

日本のX線観測は、1979年の「はくちょう」(p.091参照)からはじまり、「てんま」(p.095)、「ぎんが」(p.097)、「あすか」(p.115)、「すざく」(p.183)が継承し、2016年2月には『ひとみ』が打ち上げられました。従来機よりも広い観測帯域と、10倍以上の感度を持つ機器を搭載し、ブラックホールや超新星爆発など、高エネルギーな天体現象を観測することを主な目的としていました。しかし、打ち上げから約1ヵ月後の3月26日、ひとみからの通信が突如途絶。その通信は回復することなく、翌月にはその運用が断念されました。ハワイにある「すばる望遠鏡」で軌道上のひとみを確認したところ、機体は11個の物体に分解していることが判明。姿勢制御装置の不具合によって、機体が異常な高速回転をした結果だと考えられています。

Date:

2017.6/3

中性子星内部組成探査装置／打上日

Country: USA 

Neutron star Interior Composition Explorer, NICER

NICER

「ISSからX線バーストを長期にわたり観測」

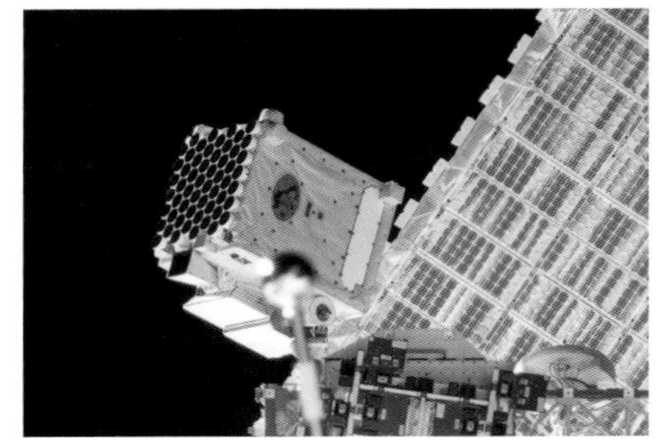

X線検出レンズが56個集合したX線タイミング機器「XTI」を観測対象にむける。本体には星の位置を捕捉するためのスタートラッカーを搭載している。

運用Data:

運用／ NASA（米航空宇宙局）
打上日／ 2017年6月3日
射場／ケネディ宇宙センター
ロケット／ファルコン9
輸送機／無人補給船カーゴ·ドラゴン

機体Data:

バス寸法／–
打上時質量／–
観測目的／X線
主要ミッション機器／
・X線タイミング機器（XTI）
（X線コンセントレータXRC）
（シリコン・ドリフト検出器SDD）
・X線集光器（XRC）
・フォーカル・プレーン・モジュール（FRM）
（Amptekシリコン・ドリフト検出器SDD）

軌道Data:

軌道／地球周回軌道
円軌道（ISS軌道）
軌道高度／近413km、遠422km
傾斜角／ 51.6度

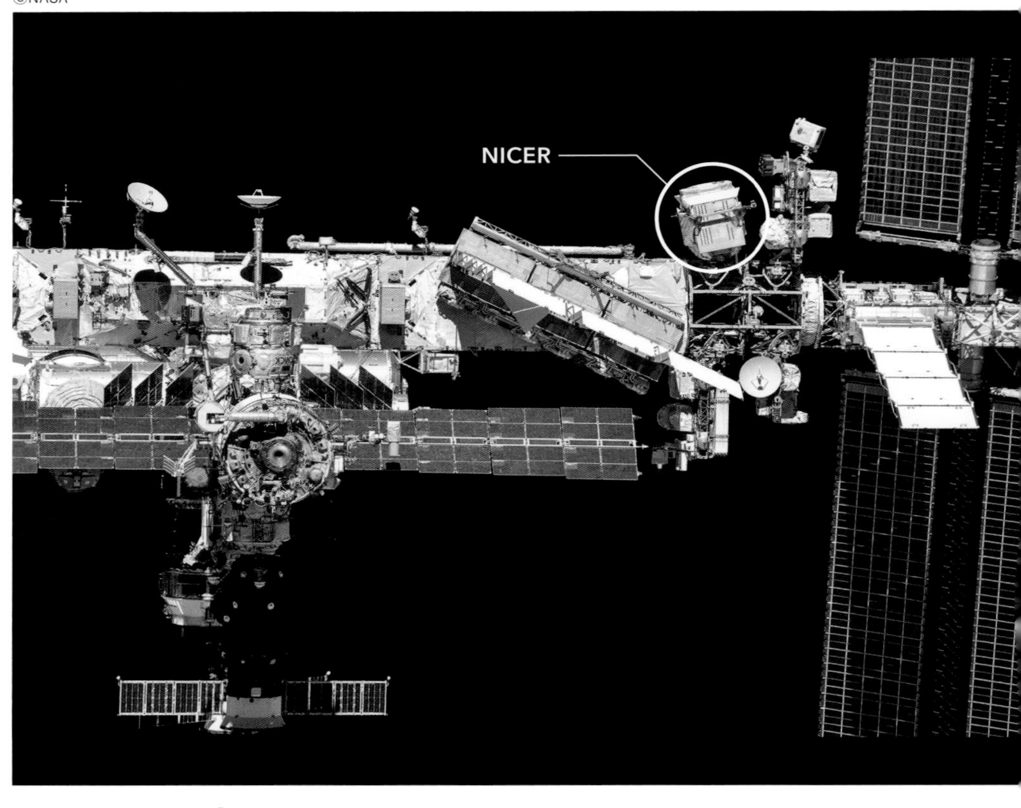

中性子星内部組成探査装置『NICER』は、ISSのトラス部分に設置されている。

NICERは2017年6月、スペースX社のISS無人補給機ドラゴンに搭載され、同社のファルコン9ロケットで打ち上げられた。

巨大な恒星が爆発した後に出現する中性子星（p.147参照）は、直径がわずか十数kmしかなく、しかし太陽の1.4倍以上の質量を持ち、おまけに超高速で自転していると考えられています。そんな特殊な天体の内部組成を明らかにするのが、この『NICER』です。この観測機は無人補給機「カーゴ·ドラゴン」に搭載され、ISS（国際宇宙ステーション）へ輸送、そのトラス部に設置されました。NICERは、過去最高レベルの感度を持つ軟X線観測機器によって、中性子星の半径を高精度に測定し、その内部構造、動的現象の起源、メカニズムを解明します。同様な観測は「ロッシRXTE」（p.119）でも行われましたが、NICERは、さらにソフトな軟X線の帯域（0.2～12keV）でも動作するなど、分解能や感度などが格段に向上しています。

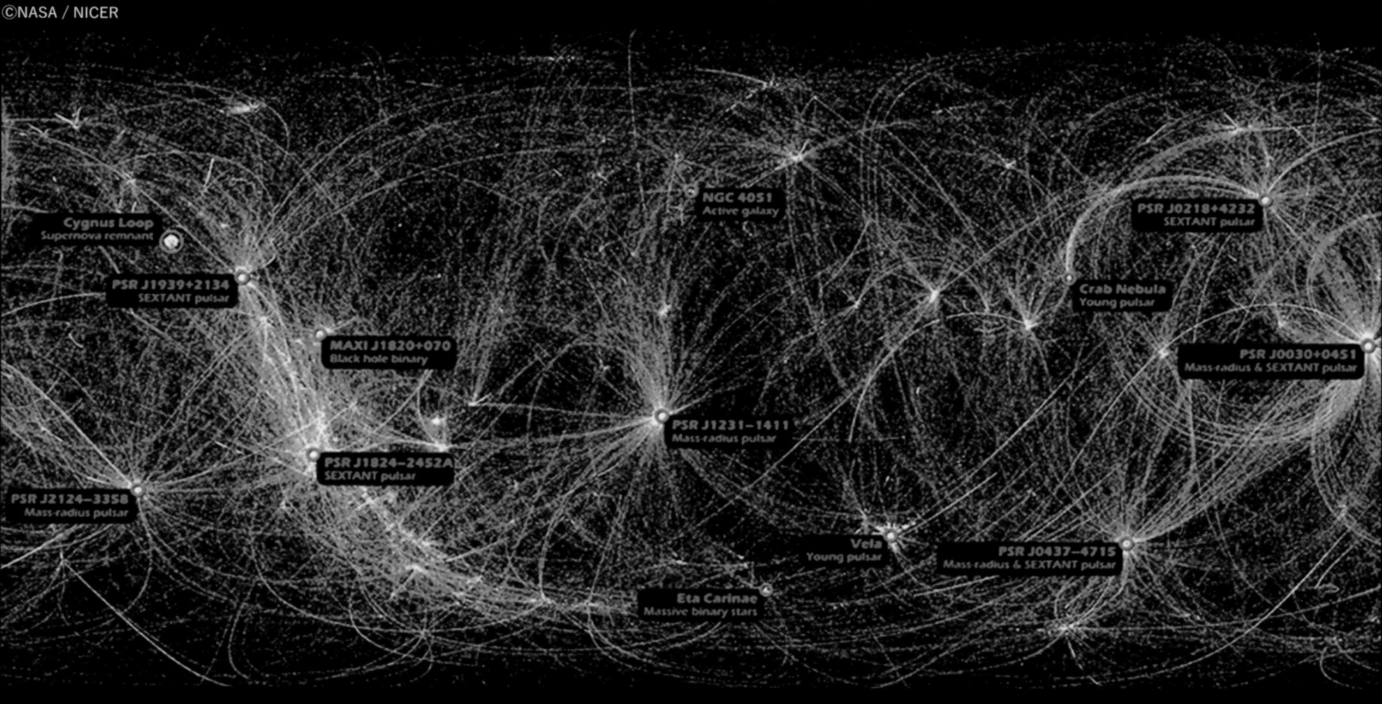

NICERによって記録された22ヵ月間のX線データ。パルサーなど際立つ対象を識別して観測している。

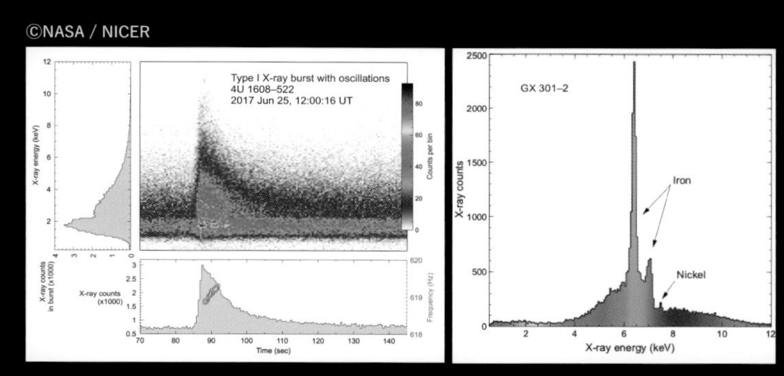

左はNICER が観測した低質量連星「4U1608-522」にある中性子星のX線バースト。毎秒619回転していることが示されている。右は、NICERが検出した連星「GX301-2」のX線バースト。連星の一方である中性子星が放出。もう一方の巨大な星を引き寄せている状態と予想された。

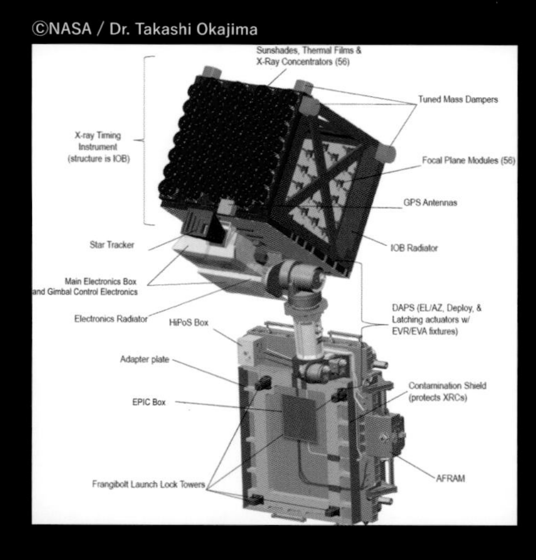

NICERの構成図。上の青い部分がX線タイミング機器「XTI」。光子のエネルギーとその到着時間を記録する。その機器のすぐ下部に配置されているのがスタートラッカー。

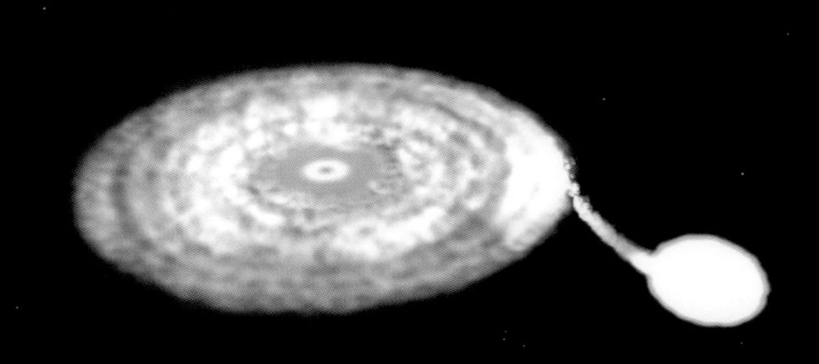

2018年、パルサー「J17062」が超小型の連星に存在することをNICERのデータから天文学者が発見。ふたつの天体は共通の重心をわずか38分で周回していることが判明。

Date:

2018.4/18

トランジット系外惑星探査衛星

Country: USA

Transiting Exoplanet Survey Satellite, TESS

TESS

「系外惑星TOI-700d、人類が居住可能な天体を発見?」

©NASA / MIT Lincoln Laboratory

TESSの「フライトレンズ」。MITリンカーン研究所のエンジニアによって耐熱試験「ホット&コールド・テスト」が行われる様子。

運用Data:

国際標識／2018-038A
別名／エクスプローラー 95
運用／NASA(米航空宇宙局)
打上日／2018年4月18日
射場／ケープ・カナベラル空軍基地
ロケット／ファルコン9

機体Data:

バス寸法／–
打上時質量／–
観測目的／可視光線
主要ミッション機器／
・広視野CCDカメラ×4
（各レンズは7群、600-1000nm、視野角24×96度、F値1.4）

軌道Data:

軌道／地球周回軌道、長楕円軌道
月共鳴軌道(P/2)
軌道高度／
近10万8,000km、遠37万5,000km
軌道長半径／24万km
離心率／0.55
傾斜角／37度
軌道周期／13.7日

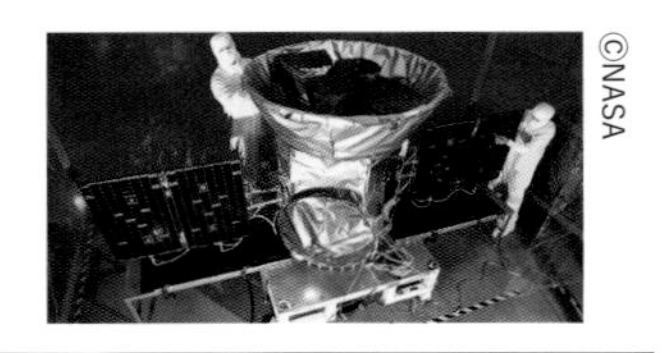

©NASA

Movie

『地球サイズの惑星を発見』

時間／ 03:16
言語／英語、日本語翻訳可
©NASA Goddard

TESSのトランジット法による観測や系外惑星「TOI-700 d」をNASAが3D動画でわかりやすく解説。スピッツァーの取得データとの比較も。

\Check!/

©NASA / Goddard / Chris Meaney

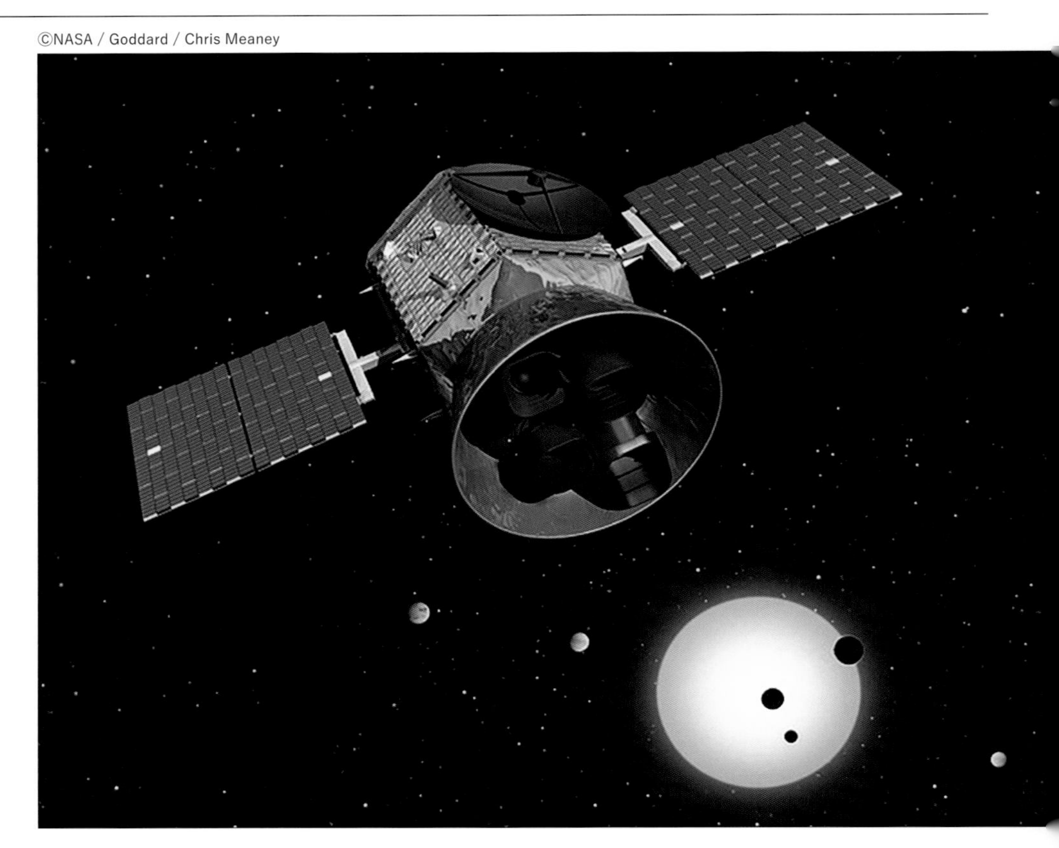

人類が居住可能な太陽系外の惑星を探し出すTESS。月共鳴軌道という非常に珍しい軌道に投入された。

ケプラー(p.190参照)に続いてNASAが打ち上げた『TESS』(テス)は、トランジット法(p.158)によって系外惑星を探査する機体です。NASAとマサチューセッツ工科大学(MIT)が共同で開発したTESSは、暑すぎず凍らないハビタブルゾーン(居住可能領域)にある系外惑星、つまり、恒星から適度な距離を保って公転する天体の発見を主な任務としています。2019年には、地球サイズの系外惑星「HD 21749c」や、ハビタブルゾーン内を公転する「グリーゼ357d」などを発見。さらに2020年1月には、ハビタブルゾーン内にある地球サイズの岩石惑星「TOI-700 d」を発見しました。地球からこの「TOI-700 d」の距離は101.6光年。その温度はマイナス4.3度から22度と推定され、地表には大気と海があるのではないかと考えられています。

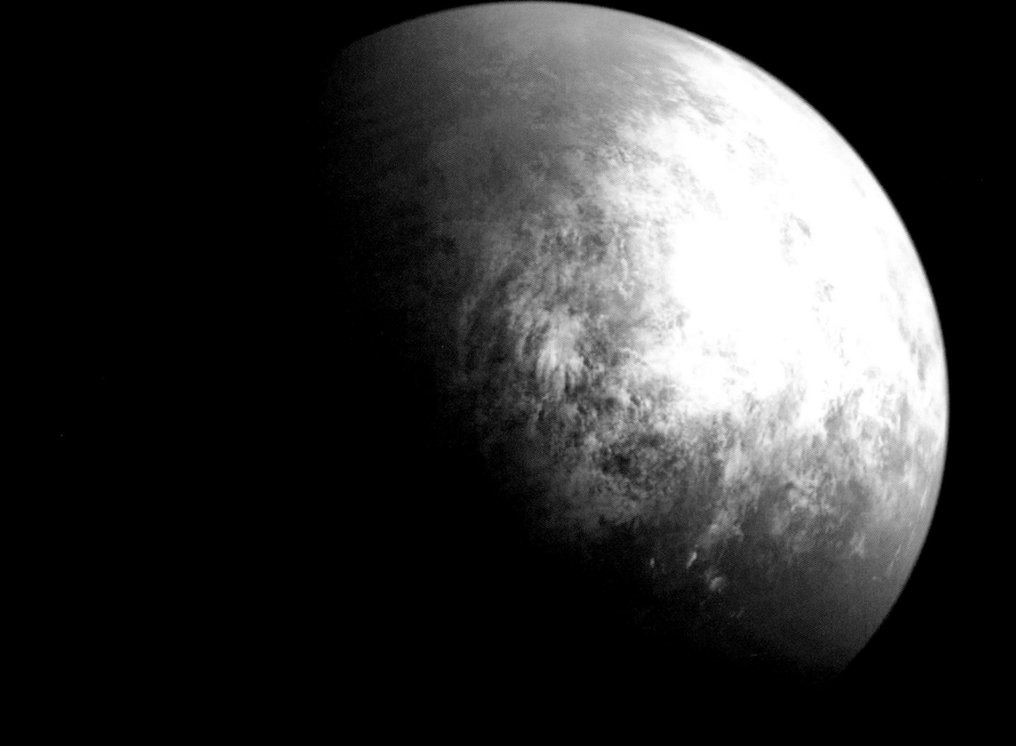

ある地球サイズの系外惑星「TOI-700 d」のイメージ図。太陽系から101.6光年離れたかじき座の恒星「TOI-700」を公転している。

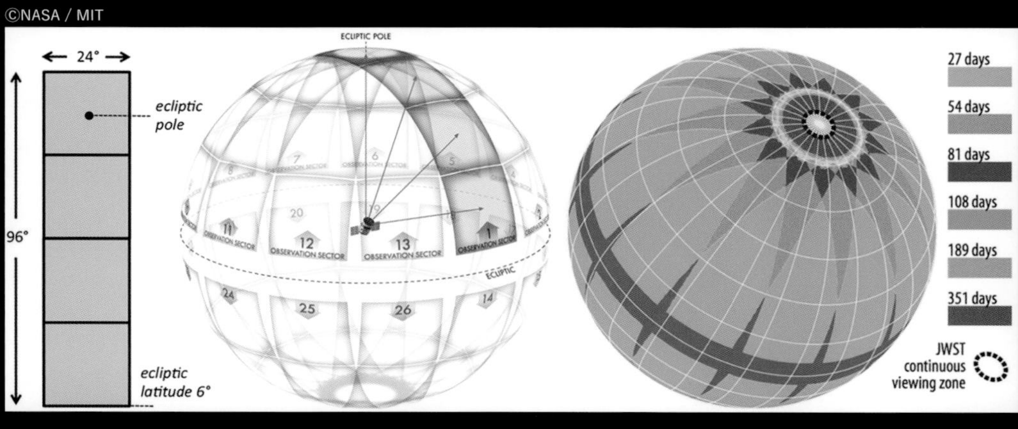

TESSは天空を26の観測セクターに分割して観測(左図)。最初の1年では南の空を調査した。右は、2年間のミッションでカバーする空の領域。図の右にはそれに費やす日数が表記されている。黄道(天球上における太陽の見かけ上の通り道)以外、ほぼ全天が網羅されている。

Date:

2019.7/13

X線宇宙望遠鏡／打上日

Country: Russia / Germany 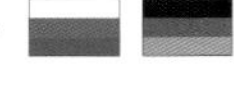

Spektr-RG

スペクトルRG

「新しい銀河団や超大質量ブラック ホールをX線で探査」

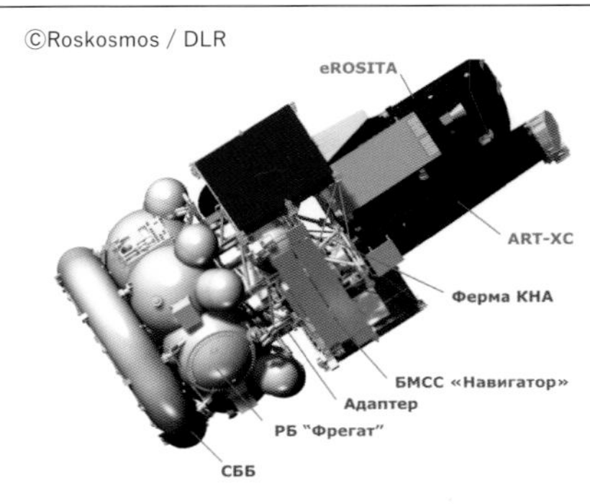

スペクトルRGの部位説明図。右手が2つのX線望遠鏡からなるミッション機器。中央が電子機器、左手がバス部。機体の製造はロシアのラボーチキン社による。

運用Data:

国際標識／ 2019-040A
運用／ IKI（ロシア宇宙科学研究所）
DLR（ドイツ航空宇宙センター）
打上日／ 2019年7月13日
射場／バイコヌール宇宙基地
ロケット／プロトンM

機体Data:

バス寸法／–
打上時質量／ 2,267kg
観測目的／ X線、紫外線
主要ミッション機器／
・ヴォルター式軟X線望遠鏡「eROSITA」（0.3 ～ 10keV）
・ヴォルター式中X線望遠鏡「ART-XC」（4 ～ 30keV）

軌道Data:

軌道／太陽-地球ラグランジュ点L2
ハロー

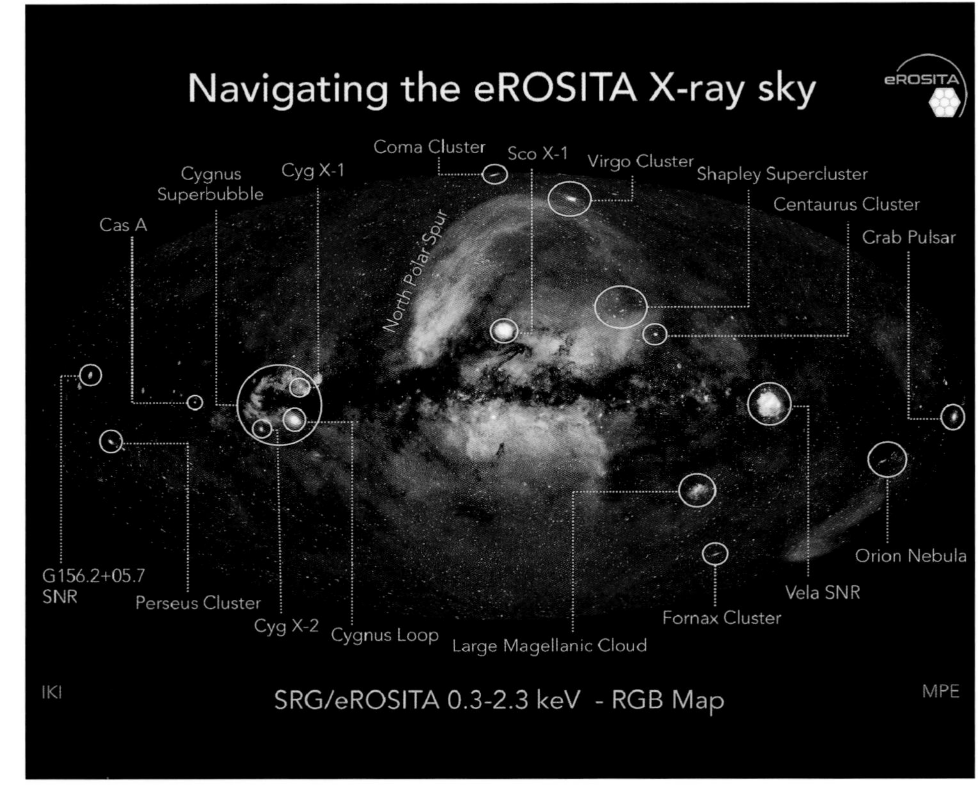

軟X線望遠鏡「eROSITA」のデータを抽出して作成された0.3 ～ 2.3keV 帯域の全天マップ。数々のX線源が示されている。

中央にある大型望遠鏡がドイツ製の軟X線望遠鏡「eROSITA」。その上に見える黒い筒がロシア製の中X線望遠鏡「ART-XC」。

ロシア宇宙科学研究所（IKI）とドイツ航空宇宙センター（DLR）の協力によって打ち上げられたX線望遠鏡『スペクトルRG』には、2基のヴォルター式望遠鏡が搭載されています。そのひとつ「eROSITA」は、ドイツが開発した軟X線望遠鏡であり、0.3 ～ 10keVの帯域を観測できる観測器はこれが世界ではじめてです。この観測器で高精度な全天スキャンを7年間にわたって実施し、10万個の銀河団をマッピングする予定であり、銀河団や活動銀河核の新たな検出が期待されます。もう1基の「ART-XC」はロシアが開発した中X線望遠鏡であり、こちらは4 ～ 30keVの帯域で観測を行い、超大質量ブラックホールを探査します。スペクトルRGは、地球から150万km離れた、太陽と地球のラグランジュ点L2に投入されています。

Date:

2019.12/18

トランジット系外惑星観測衛星／打上日

Country: EU / Switzerland

Characterising Exoplanets Satellite, CHEOPS

CHEOPS

「スーパーアースを探す系外惑星探査機」

©NASA

ウクライナ侵攻以前は、フランス領ギアナの射場から、ロシア製のソユーズ2・1bが打ち上げられていた。

運用Data:

国際標識／ 2019-092B
運用／ ESA(欧州宇宙機関)、
SSO(スイス宇宙局)
打上日／ 2019年12月18日
射場／ギアナ宇宙センター
ロケット／ソユーズ2.1b・フレガート

機体Data:

バス寸法／ 1.6×1.6×1.5m
打上時質量／ 280kg
観測目的／可視光線、赤外線
主要ミッション機器／
・リッチー・クレチアン式望遠鏡(32cm口径)

軌道Data:

軌道／地球周回軌道、円軌道
太陽同期軌道(Dawn/Dusk)
軌道高度／ 700km
傾斜角／ 98度

©ESA

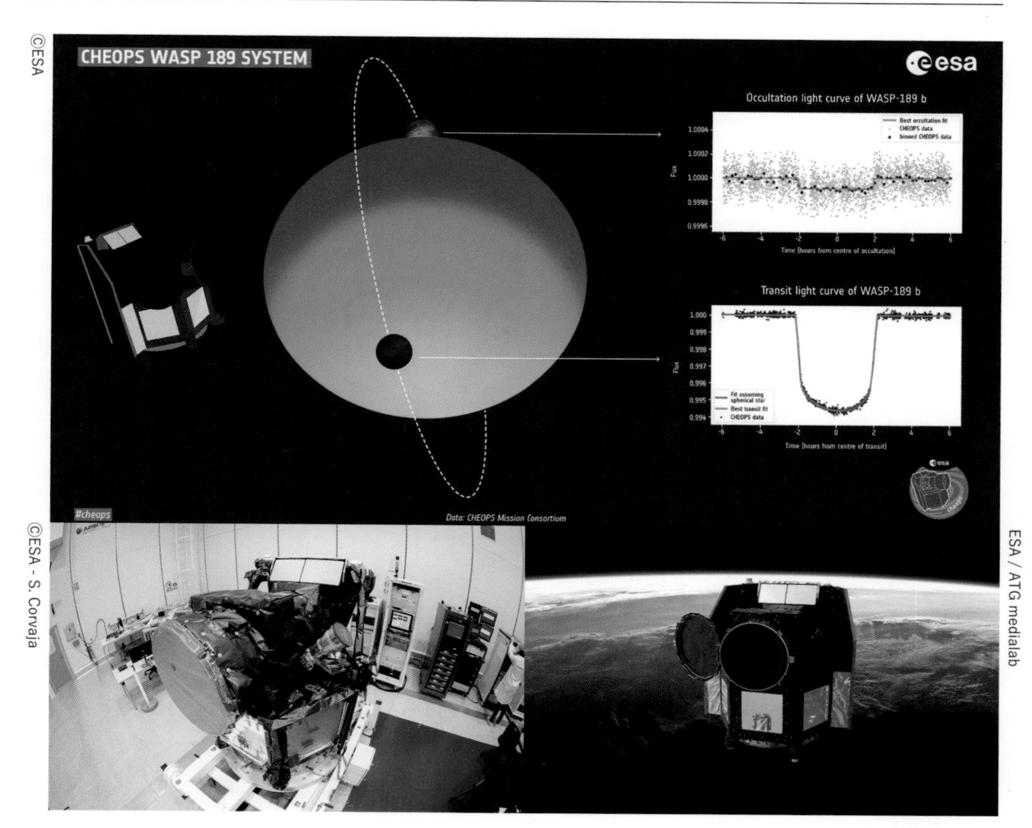

©ESA - S. Corvaja

ESA / ATG medialab

上は「WASP-189 b」の光度変化を示したグラフ。機体製造はエアバス社(下左)。一辺1.6mのバスの上に望遠鏡を搭載(下右)。

2006年に「COROT」(p.186参照)からはじまったESA(欧州宇宙機関)による太陽系外惑星(p.158)の探査は、この『CHEOPS』(ケオプス)により継続されています。地球の数倍程度の質量を持ち、岩石や金属などの固体を主成分とする地球型の系外惑星は「スーパーアース」と呼ばれますが、CHEOPSはそのスーパーアースと、海王星と同程度のサイズまでの系外惑星の観測を実施。地球の朝と夜の境界線を常に航行するドーン・ダスクと呼ばれる太陽同期軌道を航行し、その軌道上から夜側の天球を観測しています。スペインと南アフリカに設置された地上のロボット望遠鏡「WASP」によって、2018年に発見された系外惑星「WASP-189 b」を、2020年、CHEOPSが詳細に追加観測しました。

Movie

『ケオプスの準備』

時間／ 03:22
言語／ 英語、日本語翻訳可
©ESA

ESAがCHEOPSミッションを紹介。機体の組み立てや最終テストの様子のほか、開発担当者などがCHEOPSのミッションを解説する。

\Check!/

Date:

2021.12/25

赤外線宇宙望遠鏡／打上予定

Country: USA / EU / Canada

James Webb Space Telescope,JWST

ジェイムズ・ウェッブ宇宙望遠鏡

「宇宙最古の光、ファーストスターを探査」

©ESA/NASA

ジェイムズ・ウェッブは、NASA、ESA、カナダのCSAなどによる共同プロジェクト。その打ち上げはESAが担当。アリアン5ECAが使用された。

運用Data:

国際標識／ 2021-130A
運用／ NASA(米航空宇宙局)
　ESA(欧州宇宙機関)
　CSA(カナダ宇宙庁)
打上予定／ 2021年10月31日
射場／ギアナ宇宙センター
ロケット／アリアン5 ECA

機体Data:

サンシールド寸法／ 21.197×14.162m
打上時質量／ 6,200kg
観測目的／赤外線
主要ミッション機器／
・6.5 m口径カセグレン式反射望遠鏡(0.6-28μm)
・近赤外線カメラ(NIRCam)
・近赤外線分光器(NIRSpec)
・中間赤外線観測装置(MIRI)
・高精度ガイドセンサー(FGS)

軌道Data:

軌道／太陽-地球ラグランジュ点L2
　ハロー

©NASA/Goddard/Chris Gunn

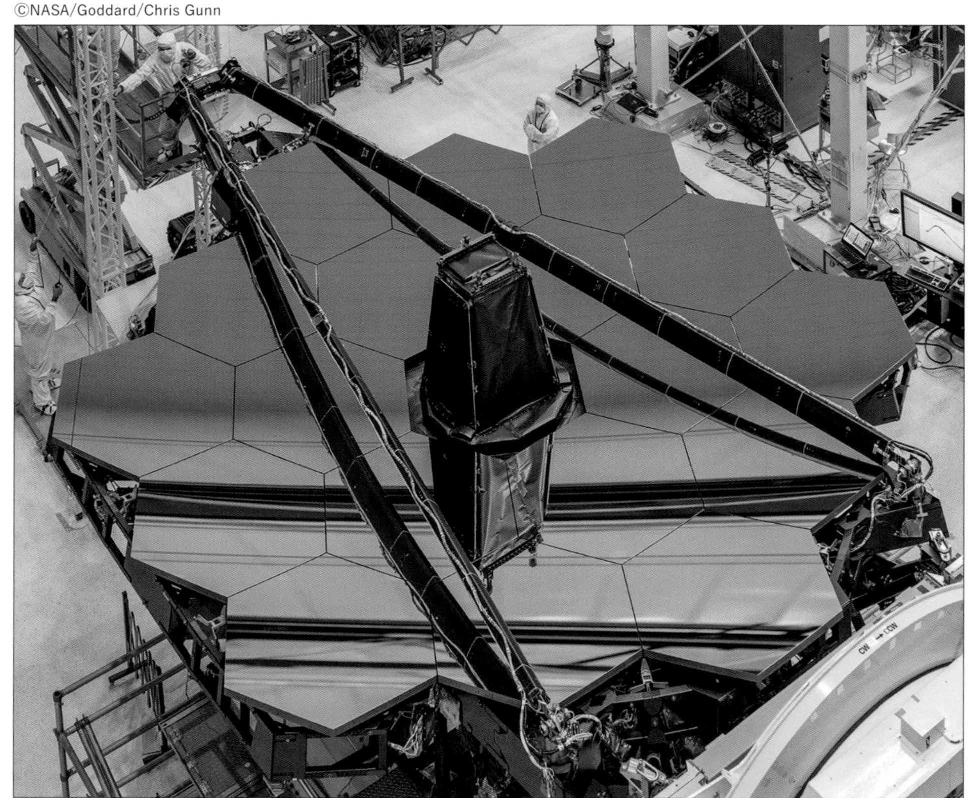

主鏡の口径は6.5mであり、ハッブル(口径2.4m)の2.7倍、面積は7倍以上。

赤外線宇宙望遠鏡『ジェイムズ・ウェッブ宇宙望遠鏡』(p.006)は、「ファーストスター」の観測を主な目的のひとつとしています。宇宙に最初の星(恒星)が生まれたのは、ビッグバンの発生から約2億年、いまから136億年前だと考えられていますが、それを見つけ出すのです。136億年前に、地球から136億光年離れた場所で生まれた星の光は、135億年飛び続け、いまやっと地球に届いています。その星の光が地球に届く間、宇宙全体が膨張し続けていたため、光はその波長が引き延ばされ、現在の地球周辺では赤外線として観測できるはずです。ジェイムズ・ウェッブはその光を大型の赤外線望遠鏡でとらえます。その性能はかつてないほど高く、東京から550km離れた大阪にあるサッカーボールを観測できるほどの解像度を誇ります。

Movie

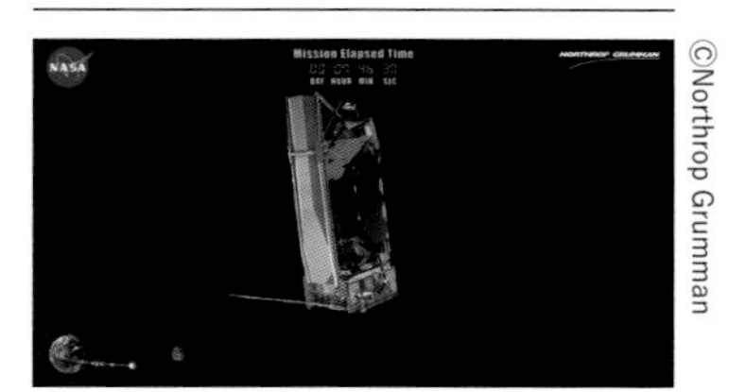

©Northrop Grumman

『打ち上げと機体展開』

時間／ 12:02
言語／ 英語、日本語翻訳可
©Northrop Grumman

打ち上げられた機体は目標軌道へ向けて航行する間、約2週間かけて機体各部を展開していった。この3D動画ではその行程を詳細に描いている。

\Check!/

©Adriana Manrique Gutierrez, NASA Animator

ノースロップ·グラマン社での組み立て風景。ミラーが畳まれたこの形状でロケットの頂部に搭載され、打ち上げられる。

©NASA

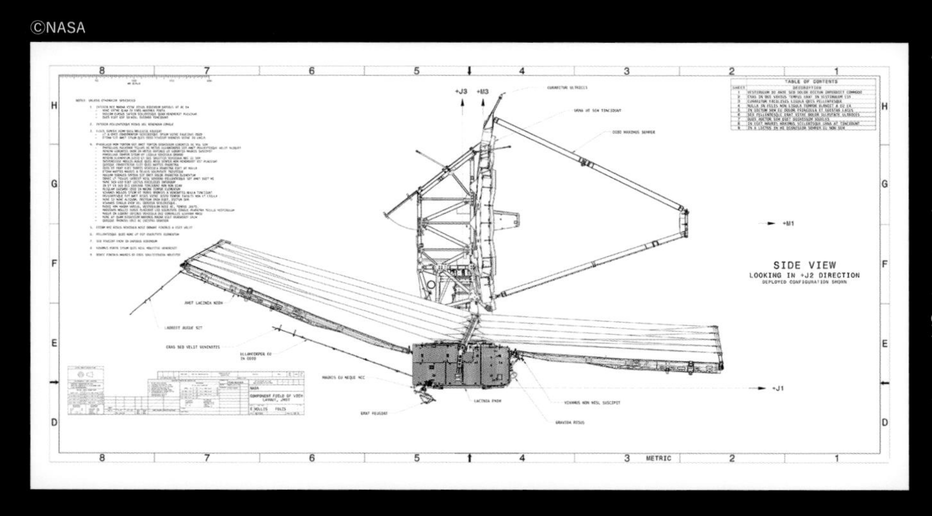

展開されたサンシールドはテニスコートとほぼ同じサイズ。計画開始時の1996年、その予算は5億ドル。その後予算は膨らみ、2022年度に生涯費用は97億ドルと算出された。

©NASA / Goddard / Drew Noel

金でコーティングされたベリリウム反射鏡の単体。これが18枚組み合わさって口径6・5mの反射鏡主鏡を構成する。

Date:

2021.12/9

X線宇宙望遠鏡／打上日

Country: USA / Italy

Imaging X-ray Polarimetry Explorer, IXPE

IXPE

「X線の“ズレ”を観測、磁場環境を解明する」

©NASA/MSFC

軌道に投入されたIXPEは、太陽電池パネルを展開した後、望遠鏡が搭載されたブームを4m伸ばす（画の上方）。これはカメラの焦点距離が4mのため。

運用Data:

国際標識／ 2021-121A
別名／エクスプローラー 97
運用／ NASA（米航空宇宙局）
　　ASI（イタリア宇宙庁）
打上日／ 2021年12月9日
射場／ケネディ宇宙センター
ロケット／ファルコン9

機体Data:

寸法／ D 1.1 m×L 5.2m
打上時質量／ 330kg
観測目的／ X線
主要ミッション機器／
・集光用ミラーモジュール×3
　（直径300mm）
・X線検出器（GPD）ユニット×3
　（2-8keV）

軌道Data:

軌道／地球周回軌道、円軌道
軌道高度／ 540km
傾斜角／ 0.2度

X-ray: ©Chandra: NASA/CXC/SAO, IXPE: ©NASA/MSFC/J. Vink et al.; Optical: ©NASA/STScI

IXPEが最初に撮影した「カシオペヤ座A」少々分かりづらいが、青がチャンドラ、ターコイズブルーがIXPEの画像。

©Ball Aerospace

機体製造は米コロラド州にあるボール・エアロスペース社が担当。偏光検出器（GPD）はイタリア宇宙機関（ASI）が国立天体物理学研究所（INAF）などの協力のもと開発。

NASAとASI（イタリア宇宙機関）が協力し、2021年12月に打ち上げたのが『IXPE』です。このX線宇宙望遠鏡は、ブラックホール、中性子星、超新星残骸など、高いエネルギーを放出する天体を観測します。最大の特徴は、3台のX 線望遠鏡とともに搭載された「偏光検出器」です。X線などの電磁波は、電界と地界が交わる波として空間を進みます（p.137参照）が、縦方向に波を描く電界が、横方向にズレる（偏光する）場合があります。IXPEの偏光検出器（GPD）は、このズレの大きさと方向を計測。それにより、観測したブラックホールや中性子星などのX線源が、どんな磁場を出しているか、その天体の周囲がどんな磁場環境なのか、それが他の天体やガスにどんな影響を与えているか、などを解明。宇宙における磁場の地図を作成します。

Date:

2022.6/26-

X線観測用サウンディング・ロケット／打上日

Country: USA / Australia 

NASA Sounding Rocket Mission

NASAサウンディングロケット･ミッション

「弾道飛行で高度330kmへ、宇宙からのX線を観測」

©NASA/ESA

2022年6月の打ち上げでは、地球からもっとも近い恒星「ケンタウルス座アルファ星」のA（左）とBが放出する紫外線が調査された（画像はハッブルのもの）。

運用Data:

国際標識／弾道軌道のため不符号
運用／ NASA（米航空宇宙局）
打上日／ 2022年6月26日～
射場／アーネム宇宙センター（ASC）
ロケット／ブラックブラントIX

機体Data:

寸法／最大直径0.46×L 5.3m
打上時質量／–
観測目的／ X線
主要ミッション機器／
・X 線量子熱量計（XQC）
・準軌道イメージング分光器（SISTINE）
・デュアルチャンネル極紫外線連続分光器（DEUCE-ELA）、ほか
※1度の打ち上げで1基搭載

軌道Data:

軌道／弾道飛行
軌道高度／ 240-330km
※打ち上げごとに異なる。

©Berit Bland

Movie

『サウンディング・ロケットとは？』

時間／ 02：26
言語／ 英語、日本語翻訳可
©NASA Wallops

ブラックブラントIXに搭載されたカメラからのリアル映像を収録。また、ロケットの軌道や、搭載されたペイロード（検出器）が展開する様子が3D動画で描かれている。

\Check!/

©NASA/GSFC / Australia Sounding Rocket Campaign

©NASA Wallops/Brian Bonsteel

「NASAサウンディング･ロケット･ミッション」では、ブラックブラントIXロケットがオーストラリアから打ち上げられた。

人工衛星が一般的でなかった時代、宇宙を調べる観測機器は気球に搭載されましたが、その後、「サウンディング･ロケット」（観測用ロケット）が登場します。これは人工衛星とは違って、高度100km以上とされる宇宙には到達するものの、地球周回軌道には乗らず、そのまま地表に落ちてきます。こうした飛び方を「弾道飛行」といいます。搭載機器は宇宙空間に留まる数分の間に、宇宙から飛来する電磁波などを検出し、データを地上に送信、または機体をパラシュートで回収します。人工衛星と比べてコストが安いサウンディング･ロケットは、いまも世界中の研究機関や大学などが使用中。2022年6月からは、NASAとウィスコンシン大学などによって「X線量子熱量計実験」が開始され、計7 機のロケットが打ち上げられています。

Date:

2023

近赤外線宇宙望遠鏡／打上予定

Country: EU 

Euclid

ユークリッド

「暗黒エネルギー、暗黒物質の謎を解き明かす」

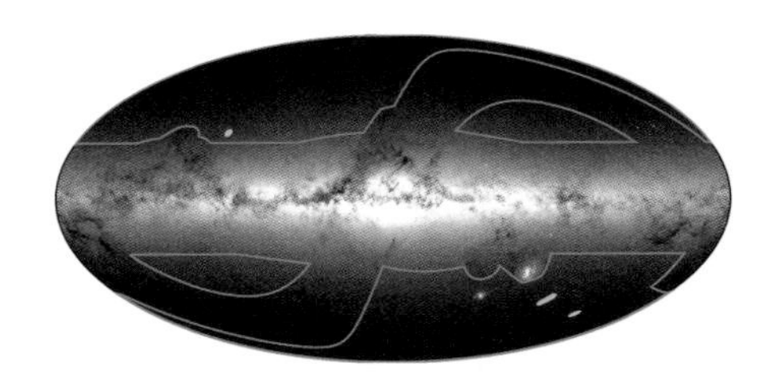

青い領域が調査対象エリアであり、天球の35%以上を占める。黄色で示す3ヵ所の「ディープ・フィールド」は、より詳細な調査が行われる予定。
©ESA / Gaia / DPAC; Euclid Consortium.
Acknowledgment: Euclid Consortium Survey Group

運用Data:

運用／ ESA（欧州宇宙機関）
打上予定／ 2023年
射場／ギアナ宇宙センター
ロケット／ファルコン9

機体Data:

バス寸法／–
打上時質量／ 2,160kg
観測目的／近赤外線、可視光線
主要ミッション機器／
・3ミラー・コルシュ型望遠鏡
・可視光画像装置（VIS）
・近赤外線カメラ/分光計（NISP）

軌道Data:

軌道／太陽-地球ラグランジュ点L2
ハロー

©ESA/ATG medialab

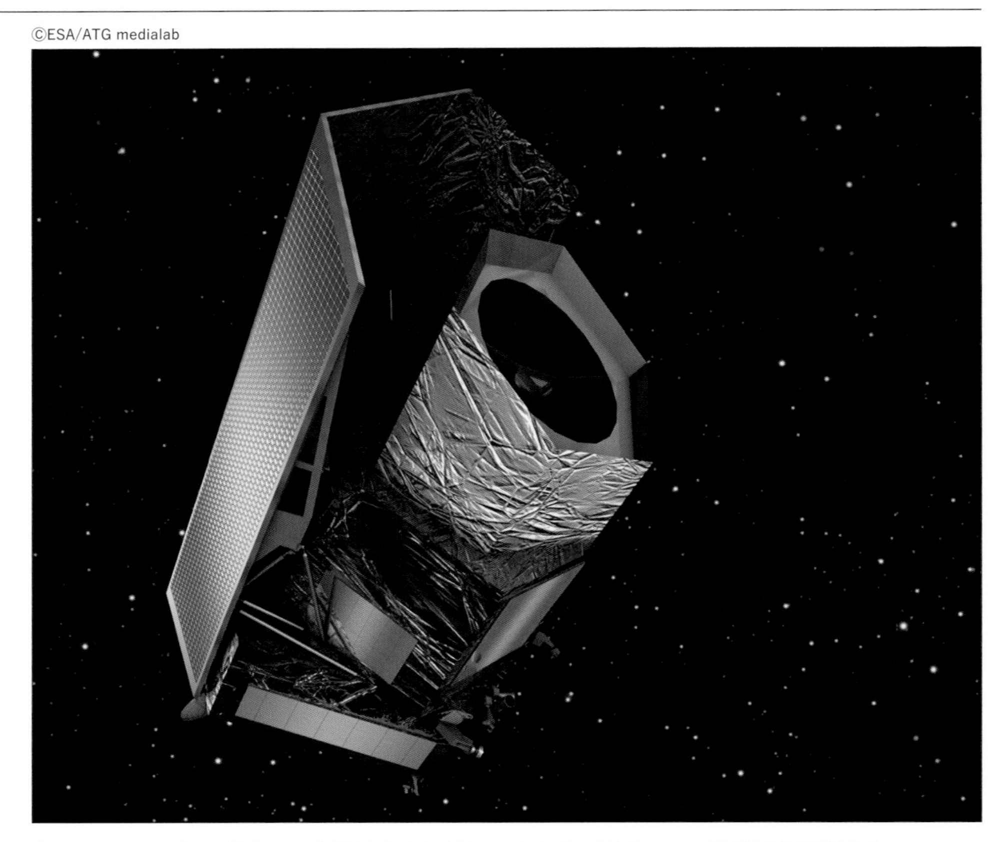

太陽電池パネルは、太陽や地球からの赤外線を遮断する役割も果たす。白い望遠鏡の下には極低温冷却装置を搭載。

ESA（欧州宇宙機関）が2023年に打ち上げ予定の近赤外線宇宙望遠鏡が『ユークリッド』です。過去138億年にわたる宇宙の膨張と、その加速度を調査するために、天球の35%以上（上図の青い囲み内）を可視光と近赤外線で観測。最大20億個の銀河と、それに関連する暗黒エネルギー、暗黒物質などを探査し、その分布を3Dマッピングします。また、とくに3点に絞られたディープ・フィールド（上図の黄色い領域）の詳細な観測も実施する予定。直径1.2mの望遠鏡と、可視波長カメラ、近赤外線カメラと分光計からなる観測機器を搭載したユークリッドは、当初、ロシアのソユーズによって打ち上げられる予定でしたが、2022年に勃発したウクライナ戦争でロシアとの関係が悪化。使用ロケットが米国のファルコン9に変更されました。

Movie

©ESA - S. Corvaja

『ダークマターを探査する』

時間／ 03:45
言語／ 英語、日本語翻訳可
©ESA

ユークリッドの担当や、ヒッグス粒子を発見した研究所「セレン」の科学者などが、ダークマターに関して言及。ユークリッドの構造や運用方法などが3D動画で描かれる。

Date:

2023-24

X線分光撮像衛星／打上予定

Country: Japan 

X-Ray Imaging and Spectroscopy Mission, XRISM

XRISM

「高温プラズマを精密撮像する日本のX線観測機」

©JAXA

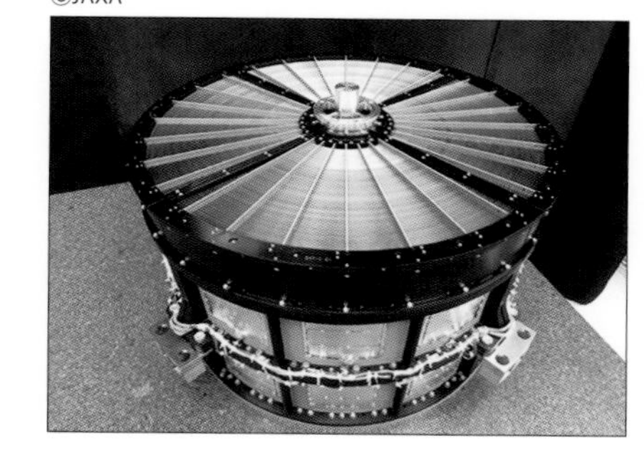

X線望遠鏡は円筒形の鏡をバウムクーヘンのように、同心円上に並べた構造。これによってX線を集める。その鏡の凹凸は数百万分の1㎜以下に抑えられている。

運用Data:

運用／ JAXA（宇宙航空研究開発機構）
打上予定／ 2023年度
射場／種子島宇宙センター
ロケット／ H-IIA

機体Data:

バス寸法／ 7.9×9.2×3.1m
質量／ 2,300kg
観測目的／X線
主要ミッション機器／
・軟X線分光装置
　マイクロカロリメータ（Resolve）
・軟X線撮像検出器（Xtend）

軌道Data:

軌道／地球周回軌道、円軌道
軌道高度／ 550km
傾斜角／ 31度

©JAXA

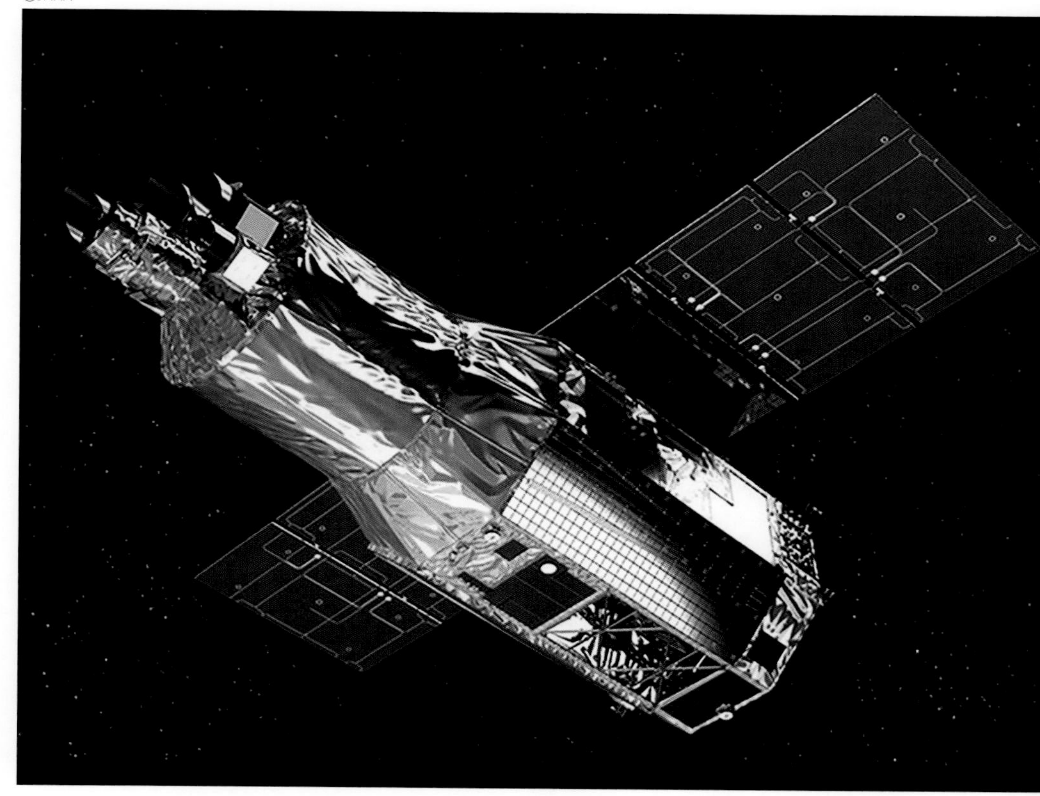

機体製造はNECスペーステクノロジーが担当。XRISMプロジェクトはNASAやESAとの国際協力ミッションでもある。

©JAXA

XRISMは当初、三菱重工製のH-IIAロケットによって、2021度中に種子島宇宙センターから打ち上げられる予定だったが、機体調整のため2023年度中の打ち上げに延期された。

JAXAにおいて7機目となるX線観測衛星が『XRISM』です。「ひとみ」（2016年打上、p.209参照）で発生したトラブルを徹底究明し、その再発防止策にもとづいて設計されたこの機体は、X線分光撮像衛星と呼ばれています。広い波長域で画像を撮るX線CCDカメラや、軟X線撮像検出器「Xtend」、極超低温に冷やされたマイクロカロリメータ「Resolve」などを搭載し、天体の温度や組成などを精密に観測。星や銀河の間には、高温ガスのプラズマが吹き渡っていますが、XRISMはそのエネルギーや、そこに含まれる元素を検出すると同時に、その速さも計測し、それらのデータから宇宙全体の構造や成り立ちを解明します。XRISMは、地球を周回する高度550㎞の円軌道に投入されます。

Date:

2024

中国宇宙ステーション望遠鏡／打上予定

Country: China

Xuntian space telescope

巡天

「中国宇宙ステーション『天宮』とドッキング可能」

ⒸShujianyang

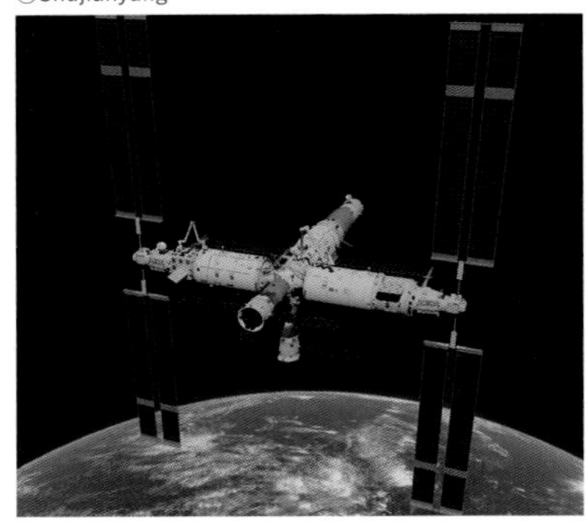

中国宇宙ステーション『天宮』。コアモジュールの左右に2つの実験棟が接続する。機体の手前と下部に宇宙船「神舟」、奥に補給船「天舟」がドッキングした様子。

運用Data:

運用／ CNSA（中国国家航天局）
打上日／ 2024年
射場／文昌衛星発射センター
ロケット／長征5B

機体Data:

寸法／ D 4.2m×L 13m
乾燥質量／ 15.5 t
観測目的／近紫外線、可視光線、近赤外線
主要ミッション機器／
・大型宇宙望遠鏡（開口部直径2m）
・Xuntianモジュール
（2.5ギガピクセルカメラ）
・テラヘルツモジュール
・マルチチャンネルイメージャー
・インテグラルフィールド分析器
・太陽系外惑星イメージングコロナグラフ

軌道Data:

軌道／地球周回軌道
天宮の位相軌道
軌道高度／約390km 〜
傾斜角／ 41.6度

ⒸJaimito130805

中国初の大型宇宙望遠鏡『巡天』。宇宙ステーション『天宮』にドッキングすることで長期運用やアップグレードが可能に。

ⒸCNSA

天宮の各モジュールや巡天の打ち上げを担う長征5号B。第1段ロケットを制御落下させる機能がなく、地表のどこに落ちるかわからない危険性が世界から指摘されている。

2021年、中国は同国3機目となる宇宙ステーションの建設を開始し、翌2022年11月、『天宮』を完成させました。宇宙ステーションの建設というのは、それを構成するモジュールをひとつずつ打ち上げ、宇宙空間でドッキング（統合）させていくことを意味します。3つのモジュールからなる天宮には3名のクルーが常駐し、さまざまな実験が行われています。ユニークなのはこのプロジェクトに、宇宙望遠鏡『巡天』が含まれていること。巡天は、天宮とほぼ同じ軌道に乗って地球を周回しながら天文観測を行いますが、機材のメンテナンスやアップグレードをする際には、宇宙ステーション天宮にドッキング。天宮のロボットアームや、クルーの船外活動などによってその作業が行われます。

Date:
2025
近赤外線宇宙望遠鏡／打上予定

Country: USA 

Spectro-Photometer for the History of the Universe, Epoch of Reionization and Ices Explorer

SPHEREx
「過去のマップの色解像度をはるかに超越」

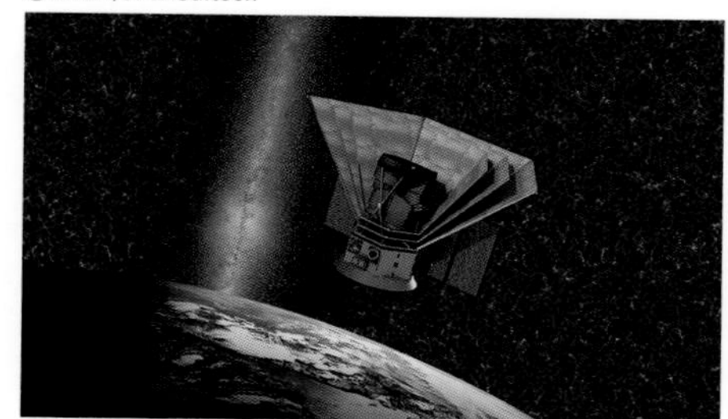
SPHERExは地球を南北方向に周回する極軌道に投入される。高度700mの軌道上から全天を精密に、広範囲の電磁波帯でスキャンを行う。

運用Data:
運用／ NASA（米航空宇宙局）
打上予定／ 2025年
射場／ヴァンデンバーグ宇宙軍基地
ロケット／ファルコン9

機体Data:
バス寸法／–
打上時質量／ 74.5kg
観測目的／近赤外線
主要ミッション機器／
・20 cm口径望遠鏡
・短波長・長波長検出器
（0.75- 2.42μm、2.42-3.82μm、
3.82-4.42μm、4.42-5.00μm）

軌道Data:
軌道／地球周回軌道、円軌道
極軌道
軌道高度／ 700km
傾斜角／ 97度

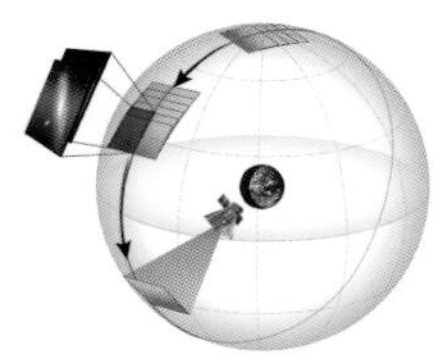

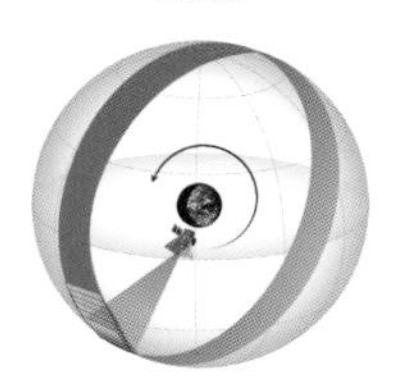
「LVF」というフィルターを通して空をスキャン、画像化する。1回の露光（撮影）で複数の波長を同時に検出。6ヵ月で全天のスキャンが完了する。

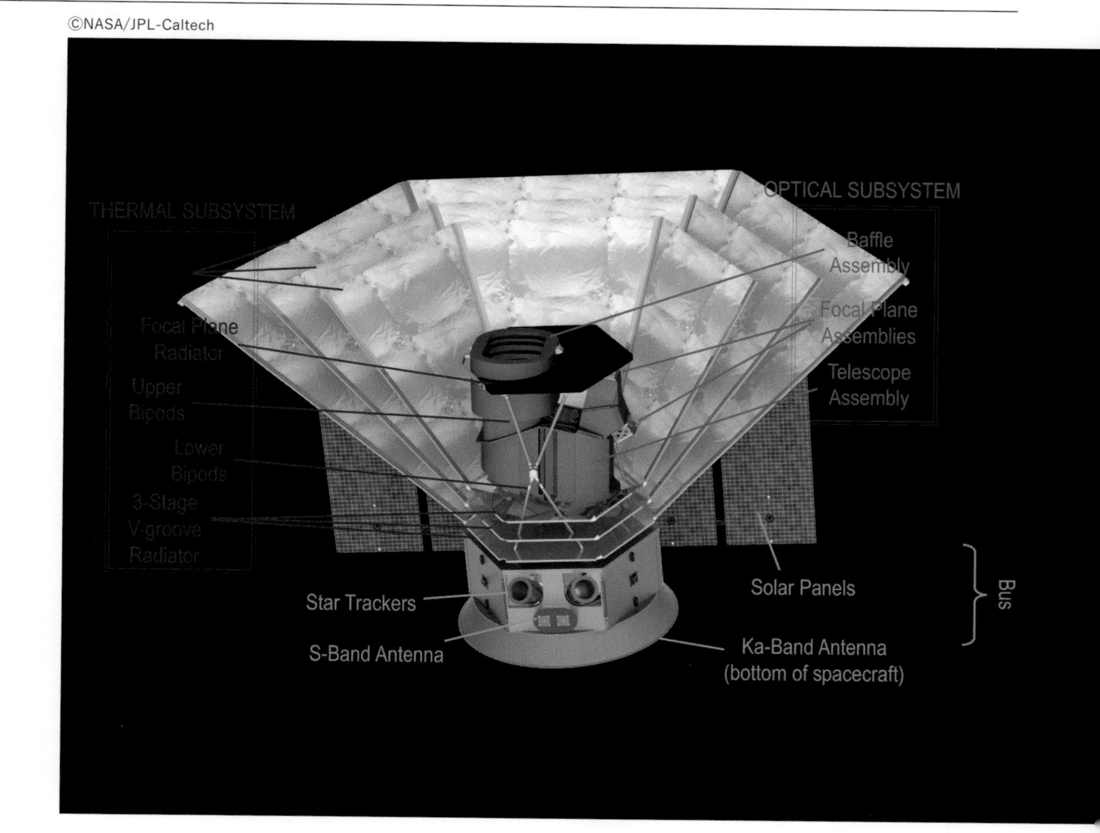

近赤外線望遠鏡SPHERExの構成図。上部に広がるシェードの中央が観測機器、その下がバス部。

NASAが2025年の打ち上げを予定する近赤外線宇宙望遠鏡が『SPHEREx』です。口径20cmの近赤外線望遠鏡によって3億個を超える銀河と、天の川に存在する1億個以上の天体データを収集。2年間のミッションで、全天を6カ月ごとに計4回にわたってマッピングする予定です。過去の全天マップの色解像度をはるかに超える96のカラーバンドでスキャンを行い、星、銀河、星雲（宇宙のガスや塵の雲）、その他多くの天体の大規模なデータベースを3次元データで作成します。また、NASAの「ジェームズ・ウェッブ宇宙望遠鏡」(p.216)や「ナンシー・グレース・ローマン宇宙望遠鏡」(p.225)、ESAの「ユークリッド」(p.220)などをサポートし、それら最新鋭機が観測すべき天体を特定する役目も果たします。

Date:

2026

トランジット系外惑星探査機／打上予定

Country: ESA 

Planetary Transits and Oscillations of Star, PLATO

PLATO

「系外惑星カタログの作成に挑む」

©ESA / C. Carreau

2006年、COROTからはじまったトランジット法による系外惑星探しは、ESAのお家芸ともいえる。ラグランジュ点(L2)に投入され、最大8.5年間運用予定。

運用Data:

運用／ESA(欧州宇宙機関)
打上予定／2026年
射場／ギアナ宇宙センター
ロケット／アリアン62

機体Data:

バス寸法／3.5×3.1×3.7m
打上時質量／2,300kg
観測目的／可視光線
主要ミッション機器／
・可視光カメラ6台×4セット
　高速カメラ×2台
　(各120mm口径)
・CCD×4基(4510×4510ピクセル)

軌道Data:

軌道／太陽-地球ラグランジュ点L2
　　　リサージュ

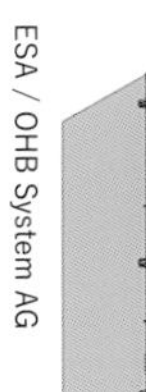

ESA / OHB System AG

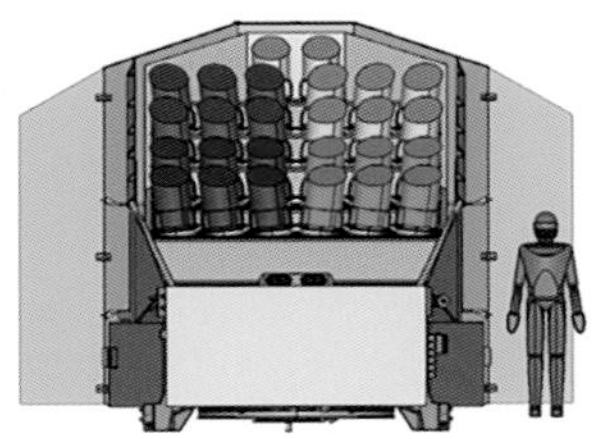

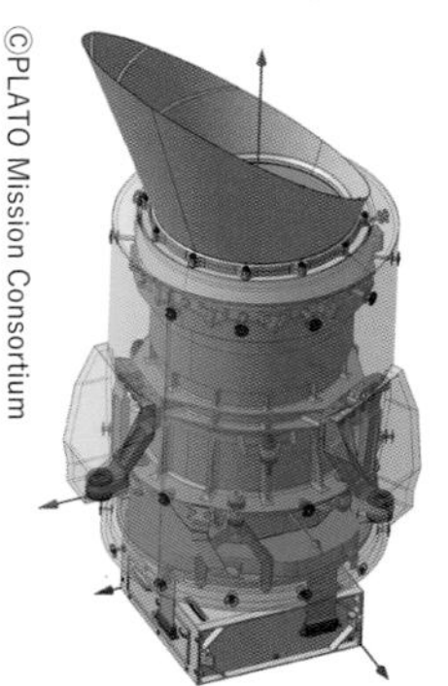

©PLATO Mission Consortium

上はミッション機器とヒトのサイズ比較。下はカメラの単体図。24基のカメラは25秒間隔、2基は2・5秒間隔で撮影を行う。

©ESA / ATG medialab

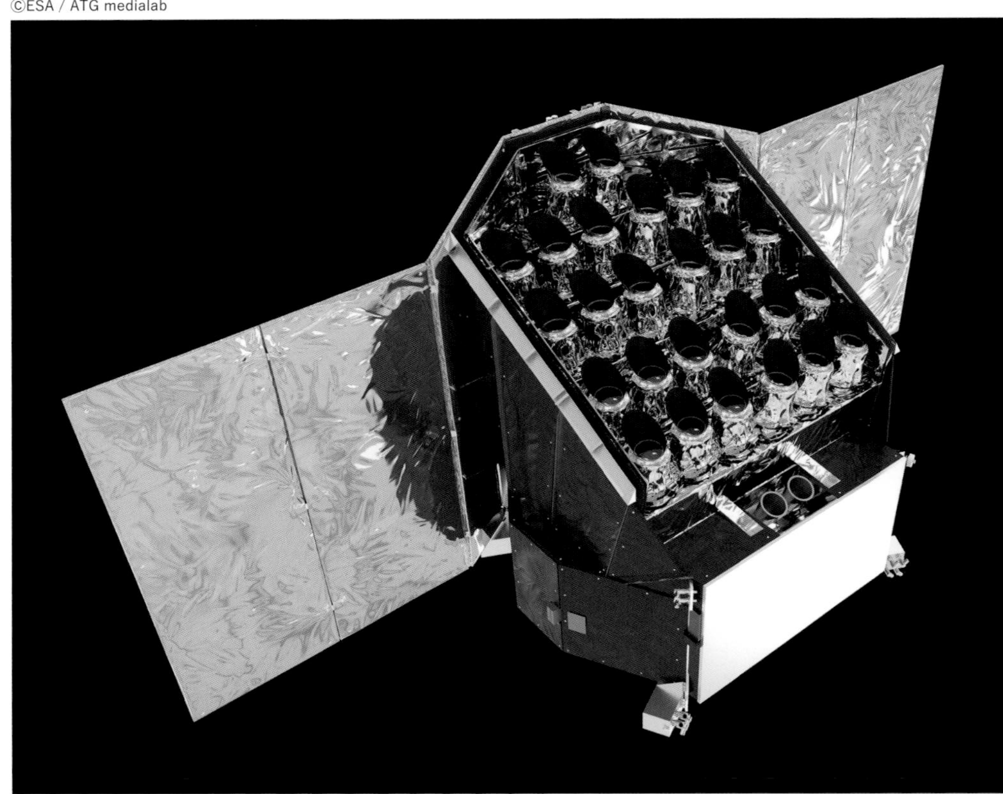

26台のカメラがペイロード・モジュールに収納される。太陽電池パドルを開いた全幅は約9m。

2019年の『CHEOPS』(p.215参照)に続き、ESA(欧州宇宙機関)が打ち上げを予定しているトランジット系外惑星探査機(p.158)が、この『PLATO』です。機体には26基の小型広視野望遠鏡がずらりと配列され、そこには光を検出するCCDが各4基、なんと計104基搭載。ハビタブルゾーンを周回する地球型の太陽系外惑星を、トランジット法によって探査します。このPLATOは、系外惑星の半径、質量、年齢を測定し、地球に似た何百もの岩石惑星や、巨大惑星の特徴を解析しつつ、史上初となる系外惑星カタログの作成に挑みます。かつてなく高精度な観測機器の開発は、ドイツ宇宙センター(DLR)や、イタリア宇宙機関(ASI)などが担当。ESAを構成する各国が総力を挙げて臨むプロジェクトです。

Date:

2026-2027

広視野赤外線宇宙望遠鏡／打上予定

Country: USA

Nancy Grace Roman Space Telescope

ナンシー・グレース・ローマン宇宙望遠鏡

「ハッブルよりも100倍広い範囲を観測」

©Ball Aerospace

ボール・エアロスペース社が開発製造した望遠鏡アセンブリ。8つのフィルターと2つの分光器などから構成。2023年1月時点でテストまで完了している。

運用Data:

運用／ NASA（ゴダード宇宙飛行センター）
打上予定／ 2026-2027年
射場／ケネディ宇宙センター
ロケット／ファルコン・ヘビー

機体Data:

バス寸法／ー
打上時質量／ 4,166kg
観測電磁波／近赤外線・可視光線
主要ミッション機器／
・2.4m望遠鏡
・広視野赤外線カメラ（WFI）
・コロナグラフ（CGI）

軌道Data:

軌道／太陽-地球ラグランジュ点L2
ハロー

©NASA / Goddard Space Flight Center

広視野赤外線カメラ（WFI）によって宇宙の膨張やダークマターなどを解明、宇宙誕生の謎に迫る。

NASAの『ナンシー・グレース・ローマン宇宙望遠鏡』は、視野の広い近赤外線望遠鏡を搭載した機体です。その機体名は、NASAの最初の主任天文学者であるナンシー・グレース・ローマン博士に由来。「ハッブルの母」としても知られる彼女は、ハッブルを開発・運用する際のアイデア創出からプログラム構築までを指揮しました。この機体が搭載する広視野赤外線カメラ（WFI）の主鏡は、ハッブルと同じ口径2.4mでありながら、ハッブルよりも100倍広い範囲の観測が可能。近赤外線と可視光線によって高精度な観測を行い、重力マイクロレンズと呼ばれる手法によって、暗黒エネルギーの分布を高精度に測定します。また、重力マイクロレンズ法を使用した系外惑星の探査も予定しています。

Movie

©NASA

『宇宙の視野を広げる』

時間／ 02：19
言語／英語、日本語翻訳可
©NASA Goddard

アインシュタインが提唱し、現在ではその効果が実際に確認されている重力マイクロレンズという天文現象を解説。ローマンにおけるその活用法が解説されている。

\Check!/

Date:

2028

赤外線宇宙望遠鏡／打上予定

Country: USA

NEO Surveyor

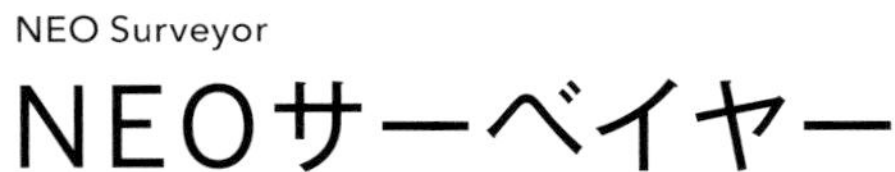

NEOサーベイヤー

「地球に衝突する可能性のある小惑星を監視」

ⒸNASA/Johns Hopkins APL/Steve Gribben

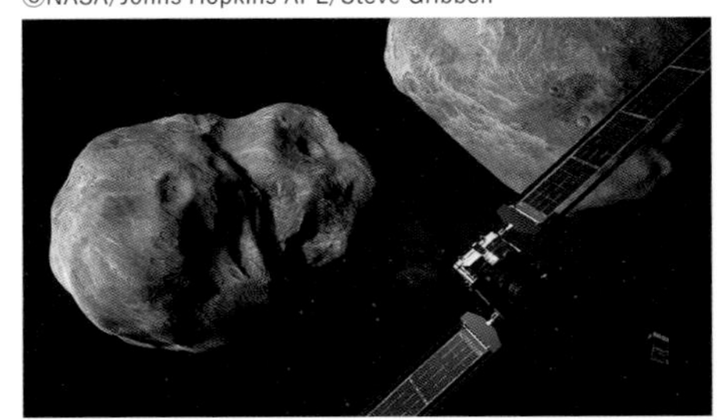

2022年9月にはNASAの「ダート」が、地球に衝突する可能性のある天体「ディモルフォス」に体当たりをして、その軌道を変更することに成功した。

運用Data:

運用／ NASA（JPL）
打上予定／ 2028年
射場／ケネディ宇宙センター
ロケット／未定

機体Data:

バス寸法／–
打上時質量／ 1,300kg
観測目的／赤外線
主要ミッション機器／
・50 cm口径赤外線望遠鏡
（4–5.2μm·6–10μm）
・テルル化水銀カドミウム
広域赤外線検出器（HAWAII）

軌道Data:

軌道／太陽-地球ラグランジュ点L1
ハロー

ⒸNASA/JPL-Caltech/University of Arizona

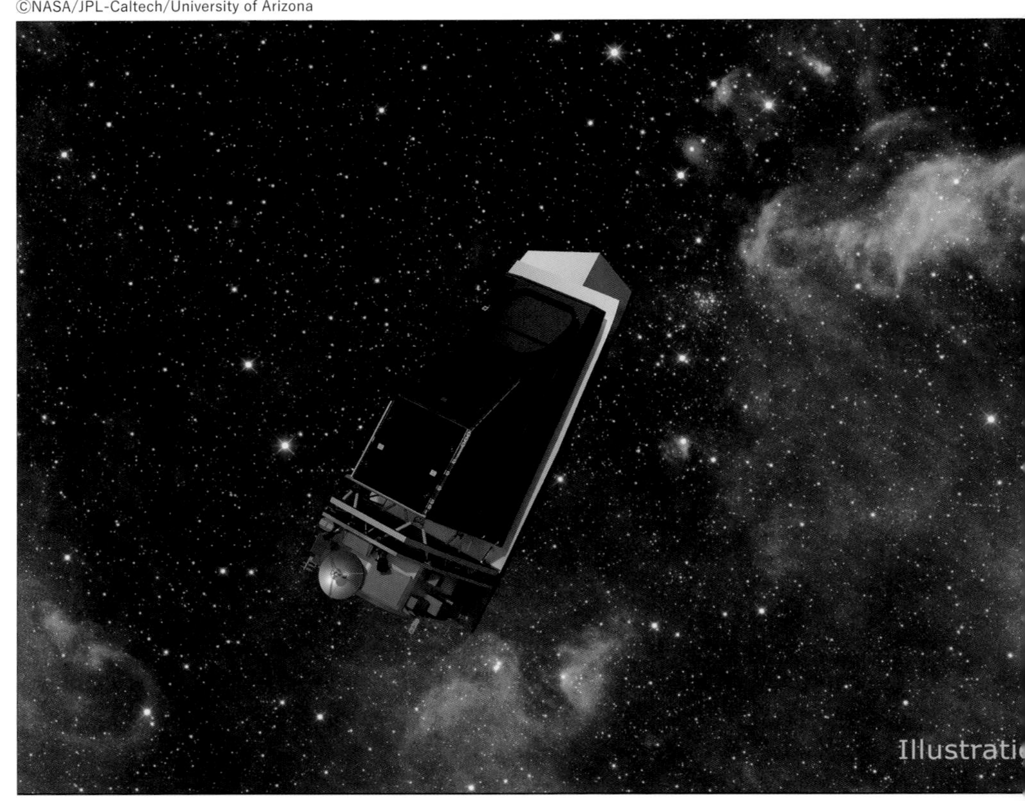

NASA惑星防衛調整局（PDCO）は2019年、国家安全保障を考慮し、通常とは別予算でNEOサーベイヤーの打ち上げを決定。

地球は太陽の周りを公転していますが、それと似た軌道上にたくさんの小惑星が存在しています。こうした小惑星を「NEO」（地球近傍小惑星）といいます。NEOのなかには、将来的に地球へ衝突する可能性があるものも含まれています。そうした危険な天体を事前に見つけるために、NASAは『NEOサーベイヤー』を打ち上げます。NEOはサイズがとても小さく、自ら光を発しないため、発見するのが非常に困難ですが、NEOサーベイヤーに搭載された広域赤外線検出器（HAWAII）は、太陽光の影響を受けることなく、熱源となる小惑星を検出することが可能です。NEOサーベイヤーは、同じくNEOの観測を続けている「NEO WISE」（p.196参照）の後継機であり、直径30mのNEOを数万個発見することが期待されています。

Movie

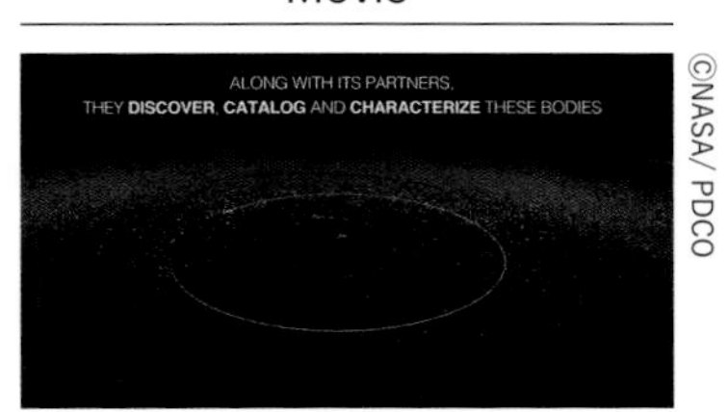

ⒸNASA/ PDCO

『知っておきたい地球接近天体』

時間／ 01:49
言語／ 英語字幕、日本語翻訳可
ⒸNASA Goddard

NASAの惑星防衛調整室（PDCO）によるNEOへの取り組みと、その危険性をアピールする動画。PDCOでは地球に近づくNEOや「PHA」（潜在的に危険な小惑星）の管理が行われている。

Date:

2035-37

宇宙望遠鏡(アテナ)・レーザー干渉計宇宙アンテナ(LISA) ／打上予定

Country: ESA 

Athena / LISA

アテナ / LISA

「望遠鏡とレーザー干渉計で重力波を測定」

©ESA - C.Carreau

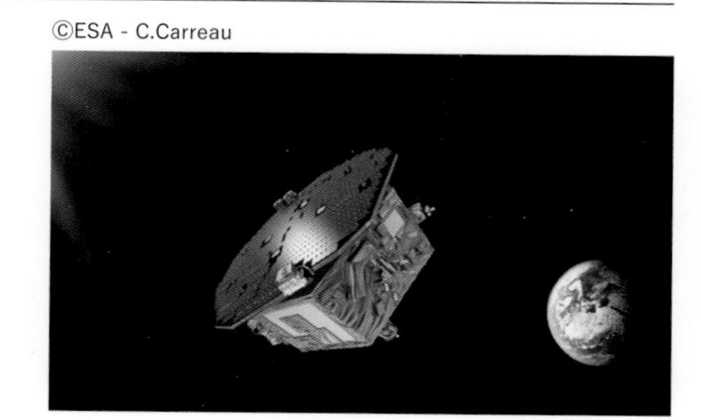

LISAは地球を追随する太陽周回軌道に3機投入される。アテナは地球から150万km離れた太陽と地球のラグランジュ点L1に配置される。

運用Data:

運用／ESA(欧州宇宙機関)
打上予定／アテナ：2035年
　　　　　LISA：2037年
射場／ギアナ宇宙センター
ロケット／アリアン64など

アテナ:

バス寸法・質量／未定
観測目的／X線
主要ミッション機器／
・ヴォルターⅠ式X線望遠鏡
・X線積分フィールド・ユニット(X-IFU)
・ワイド・フィールド・イメージャー(WFI)
軌道／太陽-地球ラグランジュ点L1
　　　ハロー

LISA:

※同型3機によるミッション
バス寸法・質量／未定
観測目標／低周波重力波
(0.1mHz-0.1Hz)
主要ミッション機器／
・望遠鏡(30cm口径) ×2
・重力センサー(GRS)
軌道／太陽周回軌道(地球追随)

©ESA - S. Poletti

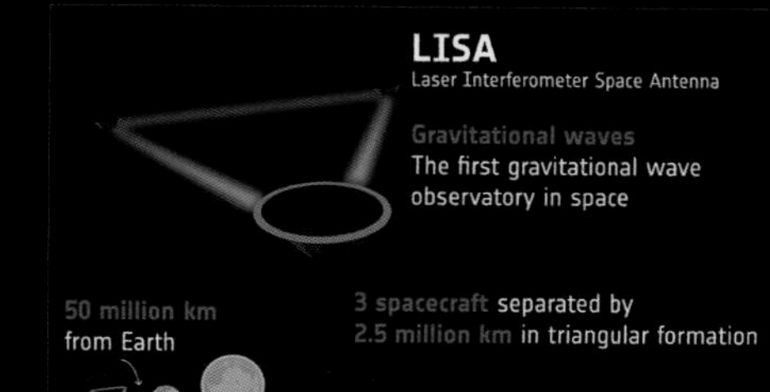

ESAが公表したアテナ(左)とLISAの解説イラスト。両機を連携して運用するプロジェクトの概要が描かれている。

©ESA

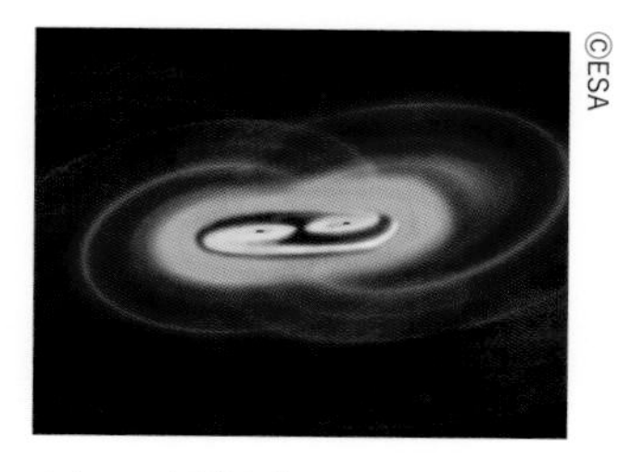

ふたつの大質量ブラックホールが融合し、重力波を放出する際のイメージイラスト。アテナとLISAはその検出に特化した史上初のプロジェクトとなる。

2015年に打ち上げられたESA(欧州宇宙機関)の『LISAパスファインダー』(p.208参照)は、重力波による空間の歪みを計測するための技術実証機でしたが、その本番機がこの『リサ』であり、2037年の打ち上げが予定されています。地球を追いながら太陽を周回する軌道に同型機3機が投入され、500万km離れた正三角形の各頂点にそれぞれを配置。相互にレーザーを発射·捕捉して、そのわずかなズレを検出し、ふたつの超大質量ブラックホールが衝突する際に発生する重力波を検出します。また、先行して2035年に打ち上げられる予定の高エネルギー宇宙望遠鏡『アテナ』は、過去最大級のX線観測機。ブラックホールの衝突など、高エネルギーな宇宙イベントを観測。LISAと連携して運用されます。

Date:

2040s

ハビタブル系外惑星探査機／打上予定

Country: USA 

Habitable World Observatory, HWO

HWO

「人類が居住可能な系外惑星を探す」

©NASA/JPL-Caltech

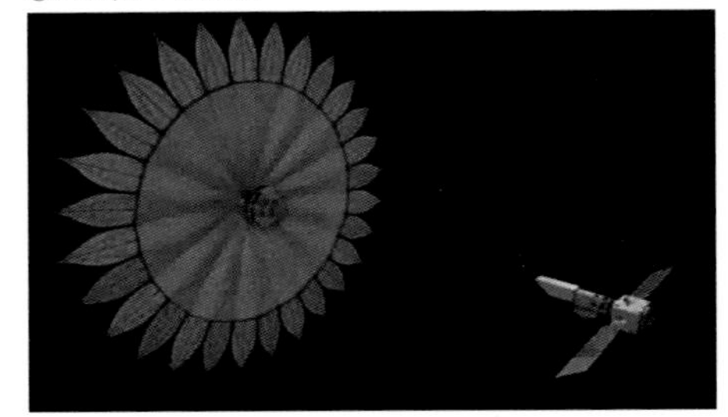

HWOでは「LUVOIR」型（下イラスト）になる可能性が高いが、NASAはかつて「HabEx」型の構想も公表。これはトランジット方式（p.158）のためのシステム。

運用Data:

別名／ LUVEx
(LUVOIR / HabEx)
運用／ NASA（ゴダード宇宙飛行センター）
打上予定／ 2040年代
射場候補／ケネディ宇宙センター
ロケット候補／ SLS、スターシップ

機体Data:

バス寸法・打上時質量／未定
観測目的／近赤外線、可視光、紫外線
主要ミッション機器／
・近赤外線・可視光・紫外線望遠鏡
（6m口径）

軌道Data:

軌道／太陽-地球ラグランジュ点L2

©NASA, ESA, CSA, L. Hustak (STScI)

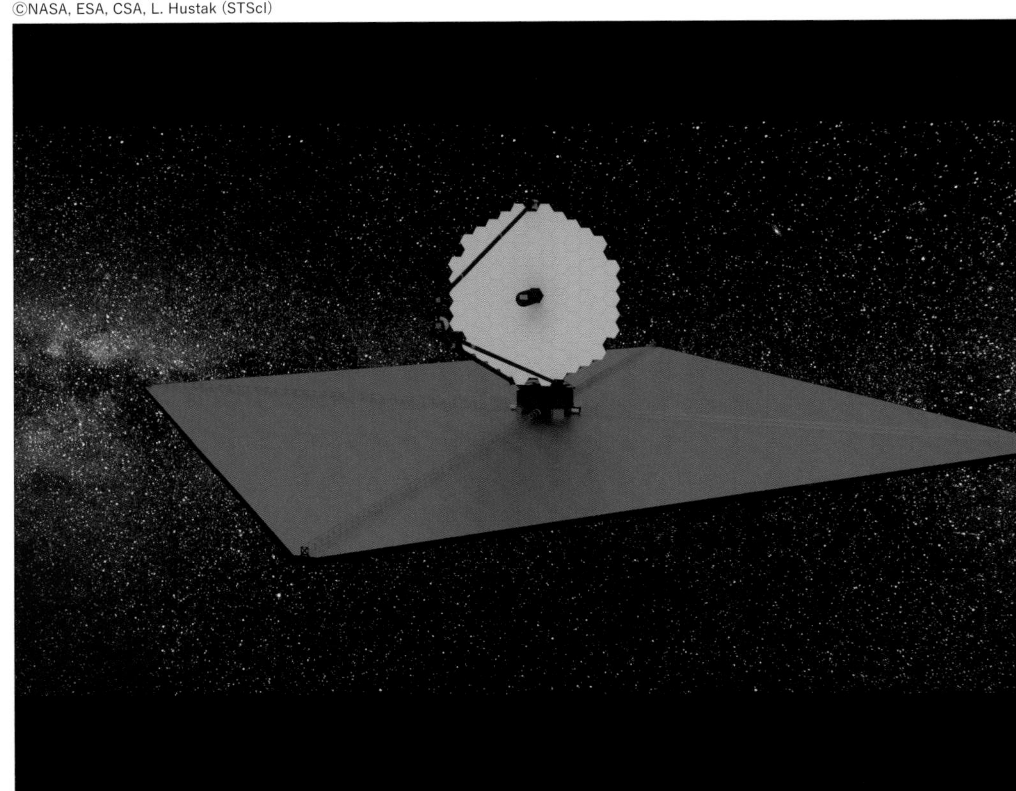

NASAが将来の宇宙望遠鏡として創案した「LUVOIR」。ウェッブと同様に大きなサンシールドが特徴。

©NASA GSFC / SpaceX

©NASA GSFC / NASA MSFC

提案書に掛かれたロケットへの搭載例。左はスペースX社のスターシップに搭載した場合。右はNASAのSLSロケットのフェアリング（頂部）に搭載した場合のイラスト。

老朽化したハッブル（p.102参照）の後継機として、2021年12月にはジェイムズ・ウェッブ（p.216）が打ち上げられましたが、NASAでは早くも次の後継機の準備が進められています。2023年1月に開催されたアメリカ天文学会で、NASAの天体物理学部門のディレクターであるマーク・クランピン氏は、次世代型宇宙望遠鏡『HWO』の構想を公表しました。HWOとは、「ハビタブル・ワールド・オブザーバトリー」（居住可能な世界天文台）という意味。『LUVEx』という名称でも知られるこの計画では、赤外線、可視光線、紫外線で天体を観測し、ヒトが居住可能な太陽系外惑星と、そこに生息し得る生命を探すことを目的とします。打ち上げは2040年代を予定。機体形状や詳細は未公表ですが、その進捗は今後、大きく報道されるに違いありません。

Chapter 7
SPACE TELESCOPE MISSION LIST 1961-2040s

宇宙望遠鏡ミッションリスト1961-2040s

前章までに紹介してきた機体の他に24機を加え
トータル104機の宇宙望遠鏡&天文観測衛星をリスト化。
1961年に打ち上げられた「エクスプローラー 11号」から
2040年代に予定されているプロジェクトまでの
打ち上げ年月日、軌道など、主に運用情報を掲載しています。

表記に関して

- ●打上日、運用停止日などの年月日は、特記があるもの以外、すべてUTC(世界標準時)で表記。
- ●「運用停止」が明確なものはその日付けを記載。不明確なものは大気圏再突入日を記載。
- ●「打上時質量」は、各運用団体が公表した燃料込みの質量(Mass)を基本的に記載。
  ただし、各団体によって公表基準が違うため、乾燥質量も含まれています。
- ●「軌道」にあるラグランジュ点は、すべて「太陽-地球」におけるラグランジュ点。
- ●「軌道高度」は、基本的にNASAのNSSDCAマスター・カタログを参照。
  ただし、各運用団体の公表によるものも含みます。

掲載ページ	機体名	種別	国 / 国際標識
080	エクスプローラー 11号	ガンマ線宇宙望遠鏡	米国 1961-013A
081	エアロビー 150	X線望遠鏡 サウンディングロケット	米国 –
082	ヴェラ1A / ヴェラ1B	核実験監視衛星	米国 1963-039A/C
082	ヴェラ2A / ヴェラ2B	核実験監視衛星	米国 1964-040A/B
082	ヴェラ3A / ヴェラ3B	核実験監視衛星	米国 1965-058A/B
082	ヴェラ4A / ヴェラ4B	核実験監視衛星	米国 1967-040A/B
082	ヴェラ5A / ヴェラ5B	核実験監視衛星	米国 1969-046D/E
082	ヴェラ6A / ヴェラ6B	核実験監視衛星	米国 1970-027A/B
083	OAO 2	紫外線天文衛星	米国 1968-110A
084	SAS-A「ウフル」	X線天文衛星	米国 1970-107A
–	OSO 7	太陽観測衛星 X線観測衛星	米国 1971-083A
083	OAO 3「コペルニクス」	X線·紫外線天文衛星	米国 1972-065A
085	SAS-B	ガンマ線小型天文衛星	米国 1972-091A
086	ANS「オランダ天文衛星」	X線·紫外線天文衛星	オランダ·米国 1974-070A
–	アリエル5号	X線天文衛星	英国·米国 1974-077A
–	アリヤバータ	ガンマ線、X線、紫外線天文衛星	インド 1975-033A
–	SAS-C	X線小型天文衛星	米国 1975-037A
–	OSO 8	太陽観測衛星 X線観測衛星	米国 1975-057A
087	COS-B	ガンマ線観測衛星	欧州 1975-072A
088	HEAO-1	高エネルギー天文観測衛星	米国 1977-075A
089	IUE	紫外線観測衛星	米·欧·英 1978-012A
090	HEAO-2「アインシュタイン観測機」	高エネルギー天文観測衛星	米国 1978-103A
091	はくちょう	X線天文衛星	日本 1979-014A
092	HEAO-3	高エネルギー天文観測衛星	米国 1979-082A
093	ひのとり	太陽観測衛星	日本 1981-017A
094	IRAS	赤外線天文衛星	米·蘭·英 1983-004A
095	てんま	X線天文衛星	日本 1983-011A

打上日(UTC) 運用停止(または再突入)	射場 ロケット	打上時 質量	軌道 軌道高度	軌道 傾斜角
1961年4月27日	ケープ・カナベラル	37.2kg	地球周回軌道、楕円軌道	28.9
1961年11月17日	ジュノII		近486km、遠1,786km	
1962年6月19日	ホワイトサンズ	68kg	弾道飛行	ー
1962年6月19日	エアロビー 150		遠325km	
1963年10月17日	ケープ・カナベラル	各150kg	地球周回軌道、楕円軌道	ー
ー	アトラス・アジェナ		ー	
1964年7月17日	ケープ・カナベラル	各150kg	地球周回軌道、楕円軌道	ー
ー	アトラス・アジェナ		ー	
1965年7月20日	ケープ・カナベラル	各150kg	地球周回軌道、楕円軌道	32.3
ー	アトラス・アジェナ		A衛星／近9万3,297km、遠13万km	
1967年4月28日	ケープ・カナベラル	各231kg	地球周回軌道、楕円軌道	ー
ー	タイタンIII-C		ー	
1969年5月23日	ヴァンデンバーグ	各259kg	地球周回軌道、楕円軌道	32.8
ー	タイタンIII-C		B衛星／近11万920km、遠11万2,283km	
1970年4月8日	ケープ・カナベラル	各261kg	地球周回軌道、楕円軌道	32.4
ー	タイタンIII-C		A衛星／近11万1,210km、遠11万2,160.00km	
1968年12月7日	ケープ・カナベラル	2150kg	地球周回軌道、円軌道	35
1973年1月	アトラス・セントール		近749km、遠767km	
1970年12月12日	サンマルコ(ケニア)	141.5kg	地球周回軌道、略円軌道	3.0
1973年3月	スカウト		近531km、遠572km	
1971年9月29日	ケープ・カナベラル	635kg	地球周回軌道、楕円軌道	33.1
1971年7月9日	デルタN		近321km、遠572km	
1972年8月21日	ケープ・カナベラル	2,150kg	地球周回軌道、略円軌道	35
1981年2月	アトラス・セントール		近739km、遠751km	
1972年11月15日	サンマルコ(ケニア)	166kg	地球周回軌道、楕円軌道	1.9
1973年6月8日	スカウト		近443km、遠632km	
1974年8月30日	ヴァンデンバーグ	129.8kg	地球周回軌道、楕円軌道、太陽同期軌道	98
1976年6月	スカウト		近266km、遠1,176km	
1974年10月15日	サンマルコ(ケニア)	130.5kg	地球周回軌道、略円軌道	2.9
1980年3月14日	スカウト		近512km、遠557km	
1975年4月19日	カプースチン・ヤール	360kg	地球周回軌道、略円軌道	50.7
1975年4月24日	コスモス3M		近568km、遠611km	
1975年5月7日	サンマルコ(ケニア)	196.7kg	地球周回軌道、円軌道	3.0
1979年4月9日	スカウト		近509km、遠516km	
1975年6月21日	ケープ・カナベラル	ー	地球周回軌道、円軌道	32.9
1978年10月1日	デルタ		近544km、遠559km	
1975年8月9日	ヴァンデンバーグ	277.5kg	地球周回軌道、長楕円軌道、極軌道	90.1
1982年4月25日	デルタ		近340km、遠9万9,876km	
1977年8月12日	ケープ・カナベラル	2,551.9kg	地球周回軌道、円軌道	23
1979年1月9日	アトラス・セントール		432km	
1978年1月26日	ケープ・カナベラル	669kg	地球周回軌道、楕円軌道、対地同期軌道	32.7
1996年9月30日	デルタ		近2万6,000km、遠4万2,000km	
1978年11月13日	ケープ・カナベラル	3,130kg	地球周回軌道、略円軌道	23.5
1981年4月26日	アトラス・セントール		近465km、遠476km	
1979年2月21日	鹿児島宇宙空間観測所	96kg	地球周回軌道、略円軌道	30
1985年4月15日	M-3C(4号機)		近545km、遠577km	
1979年9月20日	ケープ・カナベラル	2,660kg	地球周回軌道、円軌道	43.6
1980年6月1日	アトラス・セントール		近486.4km、遠504.9km	
1981年2月21日	鹿児島宇宙空間観測所	188kg	地球周回軌道、略円軌道	31
1991年7月11日	M-3S(2号機)		近576km、遠644km	
1983年1月25日	ヴァンデンバーグ	1,075.9kg	地球周回軌道、円軌道、太陽同期軌道	99.1
1983年11月21日	デルタ		近889km、遠903km	
1983年2月20日	鹿児島宇宙空間観測所	216kg	地球周回軌道、円軌道	32
1988年12月17日	M-3S(3号機)		近497km、遠503km	

掲載ページ	機体名	種別	国 / 国際標識
—	アストロン	X線·紫外線天文衛星	ソ連 1983-020A
096	EXOSAT	X線観測衛星	欧州 1983-051A
097	ぎんが	X線天文衛星	日本 1987-012A
098	ヒッパルコス	高精度位置天文衛星	欧州 1989-062B
100	COBE「コービー」	宇宙マイクロ波背景放射探査機	米国 1989-089A
101	グラナート	ガンマ線·X線宇宙天文台	フランス·ソ連 1989-096A
102	ハッブル宇宙望遠鏡	可視光·紫外線·近赤外線宇宙望遠鏡	米国·欧州 1990-037B
110	ROSAT	X線観測衛星	ドイツ 1990-049A
—	ガンマ	ガンマ線宇宙望遠鏡	ソ連·フランス 1990-058A
111	アストロ1	X線·紫外線望遠鏡ユニット	米国 1990-106A
112	コンプトンガンマ線観測衛星	ガンマ線観測衛星	米国 1991-027B
113	ようこう	太陽観測衛星	日本 1991-062A
114	EUVE	極紫外線観測衛星	米国 1992-031A
115	あすか	X線天文衛星	日本 1993-011A
—	ALEXIS	低エネルギー X線画像センサー	米国 1993-026A
116	SFU	宇宙実験·観測フリーフライヤ	日本 1995-011A
117	アストロ 2	紫外線望遠鏡ユニット	米国 1995-007A
118	ISO	赤外線宇宙天文台	欧州 1995-062A
119	ロッシXTE	X線放射時間観測探査機	米国 1995-074A
120	ベッポサックス	X線天文衛星	イタリア·オランダ 1996-027A
121	はるか	電波天文観測衛星	日本 1997-005A
—	ミニサット01	小型ガンマ線望遠鏡搭載衛星	スペイン 1997-018A
122	AMS-01	アルファ磁気分光器	x —
123	SWAS	サブミリメーター波天文衛星	米国 1998-071A
124	WIRE	広視野赤外線探査機	米国 1999-011A
—	ABRIXAS	全天広帯域X線画像探査衛星	ドイツ 1999-022A
125	FUSE	遠紫外線分光探査機	米·仏·加 1999-035A

打上日(UTC)	射場	打上時質量	軌道	軌道傾斜角
運用停止(または再突入)	ロケット		軌道高度	
1983年3月23日	バイコヌール	3,250kg	地球周回軌道、長楕円軌道	51.5
1989年6月	プロトン		近2,000km、遠20万km	
1983年5月26日	ヴァンデンバーグ	500kg	地球周回軌道、長楕円軌道	72.5
1986年4月9日	デルタ3914		近347km、遠19万1709km	
1987年2月5日	鹿児島宇宙空間観測所	420kg	地球周回軌道、略円軌道	31
1991年11月1日	M-3SII(3号機)		近530km、遠595km	
1989年8月8日	ギアナ	1,140kg	地球周回軌道、静止トランスファ軌道	6.8
1993年6月	アリアン4		近223km、遠3万5632km	
1989年11月18日	ヴァンデンバーグ	2,206kg	地球周回軌道、円軌道、太陽同期軌道	99
1993年12月23日	デルタ		900km	
1989年12月1日	バイコヌール	900kg	地球周回軌道、長楕円軌道	51.6
1999年5月25日	プロトンK		近2,000km、遠20万km(初期)	
1990年4月24日	ケネディ	11,600kg	地球周回軌道、略円軌道	28.48
	スペースシャトル(STS-31)		近586.5km、遠610.4km	
1990年6月1日	ケープ·カナベラル	2426kg	地球周回軌道、円軌道	53
1999年2月12日	デルタII		580km	
1990年7月11日	バイコヌール	7,000kg	地球周回軌道、略円軌道	51.6
1992年2月28日	ソユーズU2		近190km、遠233km	
1990年12月2日	ケネディ	—	地球周回軌道、略円軌道	28.5
1990年12月11日	スペースシャトル(STS-35)		近349km、遠352km	
1991年4月5日	ケネディ	16,329kg	地球周回軌道、楕円軌道	28.5
2000年6月4日	スペースシャトル(STS-37)		近362km、遠457km	
1991年8月30日	鹿児島宇宙空間観測所	約390kg	地球周回軌道、略円軌道	31
2004年4月23日	M-3SII(6号機)		近500km、遠600km	
1992年6月7日	ケープ·カナベラル	3,275kg	地球周回軌道、楕円軌道	28.4
2001年1月31日	デルタII		近515km、遠527km	
1993年2月20日	鹿児島宇宙空間観測所	420kg	地球周回軌道、略円軌道	31
2001年3月2日	M-3SII(7号機)		近525km、遠615km	
1993年4月25日	エドワーズ	113kg	地球周回軌道、楕円軌道	70
2005年4月29日	ペガサス(空中射出)		近749km、遠844km	
1995年3月18日	種子島	4,000kg	地球周回軌道、位相同期軌道	28.5
1995年4月25日	H-II(3号機)		486km	
1995年3月2日	ケネディ	—	地球周回軌道、円軌道	28.5
1995年3月18日	スペースシャトル(STS-67)		近349km、遠363km	
1995年11月17日	ギアナ	1,800kg	地球周回軌道、長楕円軌道、対地同期軌道	5.25
1998年5月16日	アリアン2		近1,000km、遠7万500km	
1995年12月30日	ケープ·カナベラル	3,200kg	地球周回軌道、円軌道	28.5
2012年1月5日	デルタII		409km	
1996年4月30日	ケープ·カナベラル	900kg	地球周回軌道、円軌道	3.9
2002年4月30日	アトラス·セントール		近575km、遠594km	
1997年2月12日	鹿児島宇宙空間観測所	830kg	地球周回軌道、長楕円軌道	31
2005年11月30日	M-V(1号機)		近560km、遠2万1,000km	
1997年4月21日	カナリア諸島	200kg	地球周回軌道、円軌道	150.9
2002年2月	ペガサスXL(空中射出)		近562km、遠581km	
1998年6月2日	ケネディ	—	地球周回軌道、円軌道	51.7
1998年6月12日	スペースシャトル(STS-91)		近326km、遠330km	
1998年12月6日	ヴァンデンバーグ	288kg	地球周回軌道、円軌道	69.9
2005年11月30日	ペガサスXL(空中射出)		近638km、遠651km	
1999年3月5日	ヴァンデンバーグ	250kg	地球周回軌道、略円軌道、太陽同期軌道	97
2011年5月10日	ペガサスXL(空中射出)		近409km、遠426km	
1999年4月28日	カプースチン·ヤール	550kg	地球周回軌道、楕円軌道	48
1999年5月1日	コスモス		近549km、遠598km	
1999年6月24日	ケープ·カナベラル	1,400kg	地球周回軌道、円軌道	25
2007年7月12日	デルタII		近752km、遠767km	

掲載ページ	機体名	種別	国	国際標識
126	チャンドラX線観測衛星	X線観測衛星	米国	1999-040B
132	XMMニュートン	X線観測衛星	欧州	1999-066A
164	HETE 2	ガンマ線·X線探査機	米国	2000-061A
–	オーディン	サブミリ波観測衛星	スウェーデン	2001-007A
166	WMAP	宇宙マイクロ波背景放射探査機	米国	2001-027A
168	インテグラル	ガンマ線観測衛星	欧州	2002-048A
–	CHIPSat	宇宙恒星間熱分析機	米国	2003-002B
170	GALEX	紫外線宇宙望遠鏡	米国	2003-017A
–	MOST	可視光線宇宙望遠鏡	カナダ	2003-031D
176	スピッツァー宇宙望遠鏡	赤外線宇宙望遠鏡	米国	2003-038A
–	韓国科学技術院衛星4号	紫外線宇宙望遠鏡	韓国	2003-042G
182	スウィフト / ニール·ゲーレルス·スウィフト	ガンマ線バースト探査機	米国	2004-047A
183	すざく	X線天文衛星	日本	2005-025A
184	あかり	赤外線天文衛星	日本	2006-005A
185	ひので	太陽観測衛星	日本	2006-041A
186	COROT	トランジット系外惑星探査機	フランス·欧州	2006-063A
–	AGILE	ガンマ線天文観測衛星	イタリア	2007-013A
187	フェルミガンマ線宇宙望遠鏡	ガンマ線宇宙望遠鏡	米国	2008-029A
190	ケプラー	トランジット系外惑星探査機	米国	2009-011A
194	ハーシェル宇宙天文台	サブミリ波宇宙天文台	欧州·米国	2009-026A
195	プランク	宇宙マイクロ波背景放射望遠鏡	欧州	2009-026B
–	MAXI	全天X線監視装置 (ISS「きぼう」船外実験プラットフォーム)	日本	–
196	WISE / NEO WISE	広域赤外線探査衛星	米国	2009-071A
197	AMS-02	アルファ磁気分光器	米国	–
–	スペクトルR	電波天文衛星	ロシア	2011-037A
198	NuSTAR	核分光X線宇宙望遠鏡	米国	2012-031A
–	BRITE-U / BRITE-A	可視光観測衛星	オーストリア	2013-009G/F

打上日(UTC)	射場	打上時質量	軌道	軌道傾斜角
運用停止(または再突入)	ロケット		軌道高度	
1999年7月23日	ケネディ	4,790kg	地球周回軌道、長楕円軌道	28.5
	スペースシャトル(STS-93)		近9,942km、遠14万km	
1999年12月10日	ギアナ	2,400kg	地球周回軌道、長楕円軌道	38.7
	アリアン5 ECA		近7,365km、遠11万4,000km	
2000年10月9日	マーシャル諸島	124kg	地球周回軌道、楕円軌道	1.95
2007年3月	ペガサスXL(空中射出)		近590km、遠650km	
2001年2月20日	スヴォボードヌイ	250 kg	地球周回軌道、円軌道	97.830
	スタールト1		622km	
2001年6月30日	ケープ·カナベラル	840kg	太陽-地球ラグランジュ点L2、リサージュ	—
2010年9月8日	デルタII		—	
2002年10月17日	バイコヌール	4,000kg	地球周回軌道、長楕円軌道	51.7
	プロトンK		近639km、遠15万3,000km	
2003年1月13日	ヴァンデンバーグ	60kg	地球周回軌道、円軌道	94
2008年4月	デルタII		近578km、遠594km	
2003年4月28日	ケープ·カナベラル	277kg	地球周回軌道、円軌道	29
2013年6月28日	ペガサスXL(空中射出)		近691km、遠697km	
2003年6月30日	プレセツク	51kg	地球周回軌道、円軌道	98.7
	ロコット		近819km、遠832km	
2003年8月25日	ケープ·カナベラル	865kg	太陽周回、地球後縁軌道	1.13
2020年1月30日	デルタII		近0.98AU、遠1.02AU	
2003年9月27日	プレセツク	120kg	地球周回軌道、円軌道	98.2
(停止)	コスモス3M		近675km、遠695km	
2004年11月20日	ケープ·カナベラル	1,470kg	地球周回軌道、略円軌道	20.6
	デルタII		近585m、遠604km	
2005年7月10日	内之浦宇宙空間観測所	1,700kg	地球周回軌道、円軌道	31
2015年6月	M-V(6号機)		550km	
2006年2月21日	内之浦宇宙空間観測所	952kg	地球周回軌道、円軌道、太陽同期軌道	98.2
2011年11月24日	M-V(8号機)		700km	
2006年9月23日(JST)	内之浦宇宙空間観測所	900kg	地球周回軌道、円軌道、太陽同期軌道	98
—	M-V(7号機)		680km	
2006年12月27日	バイコヌール	650kg	地球周回軌道、円軌道、太陽同期軌道、極軌道	90
2012年11月2日	ソユーズ2		近872km、遠884km	
2007年4月23日	サティシュ·ダワン	352kg	地球周回軌道、楕円軌道	2.5
	PSLV-C8		近524km、遠553km	
2008年6月11日	ケープ·カナベラル	4,303kg	地球周回軌道、略円軌道	25.6
	デルタII		近542km、遠562km	
2009年3月7日	ケープ·カナベラル	1,052kg	太陽周回、地球追随	0.45
2018年10月30日	デルタII		—	
2009年5月14日	ギアナ	3,300kg	太陽-地球ラグランジュ点L2、リサージュ	—
2013年6月17日	アリアン5 ECA		—	
2009年5月14日	ギアナ	1,800kg	太陽-地球ラグランジュ点L2、リサージュ	—
2013年10月23日	アリアン5 ECA		—	
2009年7月15日	ケネディ	520kg	地球周回軌道、円軌道(ISS軌道)	51.6
—	スペースシャトル(STS-127)		410km	
2009年12月14日	ヴァンデンバーグ	661kg	地球周回軌道、円軌道、太陽同期軌道	97.5
	デルタII		525km	
2011年5月16日	ケネディ	6,918kg	地球周回軌道、円軌道(ISS軌道)	51.6
	スペースシャトル(STS-134)		410km	
2011年7月18日	バイコヌール	3,295kg	地球周回軌道、長楕円軌道	42.46
2019年5月30日	ゼニット		近1万651km、遠33万8,542km	
2012年6月13日	マーシャル諸島	171kg	地球周回軌道、円軌道	6.027
	ペガサスXL(空中射出)		近596.6km、遠612.6km	
2013年2月25日	サティシュ·ダワン	7kg	地球周回軌道、円軌道、太陽同期軌道	98.62
(停止)	PSLV-CA		近776km、遠790km	

掲載ページ	機体名	種別	国	国際標識
202	ひさき	惑星分光観測衛星	日本	2013-049A
204	ガイア	高精度位置天文衛星	欧州	2013-074A
―	CALET	高エネルギー電子·ガンマ線観測装置 (ISS「きぼう」船外実験プラットフォーム)	日本	―
―	アストロサット	X線·遠紫外線宇宙望遠鏡	インド	2015-052A
208	LISAパスファインダー	宇宙重力波望遠鏡	欧州·米国	2015-070A
―	DAMPE「悟空」	ガンマ線観測衛星	中国	2015-078A
209	ひとみ	アルファ磁気分光器	日本	2016-012A
―	マイクロスコープ	一般相対性理論検証実験機	フランス	2016-025B
210	NICER	中性子星内部組成探査装置	米国	2017-030A
―	HXMT	硬X線変調望遠鏡	中国	2017-034A
212	TESS	トランジット系外惑星探査衛星	米国	2018-038A
214	スペクトルRG	X線·紫外線宇宙望遠鏡	ロシア·ドイツ	2019-040A
215	CHEOPS	トランジット系外惑星観測衛星	欧州·スイス	2019-092B
218	IXPE	X線宇宙望遠鏡	米国·イタリア	2021-121A
216	ジェイムズ·ウェッブ宇宙望遠鏡	赤外線宇宙望遠鏡	米·欧·カナダ	2021-130A
219	NASA サウンディング·ロケット·ミッション	X線観測用サウンディング·ロケット	米国	―
220	ユークリッド	近赤外線宇宙望遠鏡	欧州	―
221	XRISM	X線分光撮像衛星	日本	―
222	巡天	中国宇宙ステーション望遠鏡	中国	―
223	SPHEREx	近赤外線宇宙望遠鏡	米国	―
224	PLATO	トランジット系外惑星探査機	欧州	―
225	ナンシー·グレース·ローマン宇宙望遠鏡	広視野赤外線宇宙望遠鏡	米国	―
226	NEOサーベイヤー	赤外線宇宙望遠鏡	米国	―
―	アリエル	可視光線·赤外線宇宙望遠鏡	欧州	―
227	アテナ	高エネルギー宇宙望遠鏡	欧州	―
227	LISA	レーザー干渉計宇宙アンテナ	欧州	―
228	HWO	ハビタブル·ワールド宇宙天文台	米国	―

	打上日(UTC)	射場	打上時質量	軌道	軌道傾斜角
	運用停止(または再突入)	ロケット		軌道高度	
	2013年9月14日	内之浦宇宙空間観測所	348kg	地球周回軌道、楕円軌道	29.7
		イプシロン(試験機)		近947km、遠1,157km	
	2013年12月19日	ギアナ	1,630kg	太陽-地球ラグランジュ点L2、リサージュ	—
		ソユーズ 2.1b			
	2015年8月19日	種子島宇宙センター	—	地球周回軌道、円軌道(ISS軌道)	51.6
		H-IIB(5号機)		410km	
	2015年9月28日	サティシュ・ダワン	1,515kg	地球周回軌道、円軌道	6.0
		PSLV-C30		近641km、遠653km	
	2015年12月3日	ギアナ	1,100kg	太陽-地球ラグランジュ点L1、リサージュ	—
	2017年6月30日	ヴェガ		—	
	2015年12月17日	酒泉	1,400kg	地球周回軌道、円軌道、太陽同期軌道	97.4
		長征2D		近482km、遠500km	
	2016年2月17日	種子島宇宙センター	2,700kg	地球周回軌道、円軌道	31
	2016年4月28日	H-IIA(30号機)		575km	
	2016年4月25日	ギアナ	303kg	地球周回軌道、円軌道、太陽同期軌道	98.23
	2018年10月18日	ソユーズ2		近712km、遠714km	
	2017年6月3日	ケネディ	—	地球周回軌道、円軌道(ISS軌道)	51.6
		ファルコン9		410km	
	2017年6月15日	酒泉	2,800kg	地球周回軌道、円軌道	43
		長征4B		近535km、遠547km	
	2018年4月18日	ケープ・カナベラル	—	地球周回軌道、楕円軌道、月共鳴軌道P/2	37
		ファルコン9		—	
	2019年7月13日	バイコヌール	2267kg	太陽-地球ラグランジュ点L2、ハロー	—
		プロトンM		—	
	2019年12月18日	ギアナ	280kg	地球周回軌道、円軌道、太陽同期軌道	98
		ソユーズ2.1b・フレガート		700km	
	2021年12月9日	ケネディ	330kg	地球周回軌道、円軌道	0.2
	—	ファルコン9		540km	
	2021年12月25日	ギアナ	6,200kg	太陽-地球ラグランジュ点L2	—
		アリアン5 ECA		—	
	2022年6月26日	アーネム宇宙センター(ASC)	—	弾道飛行	—
	—	ブラックブラントIX		240-330km	
	2023年予定	ギアナ	2,160kg	太陽-地球ラグランジュ点L2、リサージュ	—
	—	ソユーズ2.1b		—	
	2023年度予定	種子島宇宙センター	2.3t	地球周回軌道、円軌道	31
	—	H-IIA		550km	
	2024年予定	文昌衛星発射センター	15,500kg	地球周回軌道(天宮の位相軌道)	41.6
	—	長征5B		390km	
	2025年予定	ヴァンデンバーグ	74.5 kg	地球周回軌道、円軌道、極軌道	97
	—	ファルコン9		700km	
	2026年予定	ギアナ	2,165kg	太陽-地球ラグランジュ点L2、リサージュ	—
	—	アリアン62		—	
	2026-2027年予定	ケネディ	4,166kg	太陽-地球ラグランジュ点L2、ハロー	—
	—	ファルコンヘビー		—	
	2028年予定	ギアナ	1,300kg	太陽-地球ラグランジュ点L1、ハロー	—
	—	未定		—	
	2029年予定	ギアナ	1,200kg	太陽-地球ラグランジュ点L2、リサージュ	—
	—	アリアン6など		—	
	2035年予定	ギアナ	—	太陽-地球ラグランジュ点L1、ハロー	—
	—	アリアン6など		—	
	2037年予定	ギアナ	—	太陽周回軌道、地球追随軌道	—
	—	アリアン6など		—	
	2040年代予定	ケネディ	—	太陽-地球ラグランジュ点L2	—
	—	SLS、スターシップなど		—	

After word

進化し続ける宇宙望遠鏡と天文学

本書で詳しく紹介されているように1960年代以降、人類による宇宙の探究が加速度的に進んでいます。その要因の一つはロケット等の人工飛翔体によって「大気の窓」の外側＝宇宙空間から天体観測が可能になった点にあります。人類は遠い昔数万年前から肉眼で宇宙を眺めてきましたが、17世紀より天体望遠鏡で観察することが可能となり、19世紀中ごろには天体写真術と天体分光学という画期的なツールを手にします。そして20世紀前半には、可視光のみならず電波でも地上から宇宙を観ることが出来るようになり、1957年のスプートニク1号成功以降は、大気の窓の外側からガンマ線、X線、紫外線、中間〜遠赤外線でも天体観測が可能となりました。こうして可視光による宇宙の探究は20世紀後半に「多波長天文学」として大きく発展しました。さらに、1980年代のニュートリノ天文学や2015年以降の重力波天文学の進展等によって、電磁波のみならず粒子や重力波でも宇宙を観ることが出来るようになりました。これを「マルチメッセンジャー天文学」と呼びます。こうして今、人類は天からの文を詳しく読み解く準備をようやく整えたのです。

一方、1995年以降、系外惑星の発見も飛躍的に増加し、すでに5千個を超えています。その中には地球のようなサイズと密度で、ハビタブルゾーンに存在する惑星も含まれます。残念ながら現在の科学力では、そのような星に地球外生命が存在するかを明確に判断することが出来ません。しかし、今、人類がコロナ禍や地球環境の破壊、侵略戦争の危機など国際的な課題を乗り越え、SDGｓを実現するとともに国際協調(「軍事的な安全保障」に変わる「グローバリズムとユニバーサリズムによる安全保障」のこと)と国際的な経済安定が確保されるのならば、近い将来、人びとの世界観は大きく変わることでしょう。

2030年代には地上に次世代超大型望遠鏡群が完成し、2040年代には生命探しに特化した宇宙望遠鏡等が稼働する時代を迎えるからです。確実な地球外生命の発見はもちろんダークマターやダークマターの謎解き、すなわち宇宙の進化と将来が分かるはずです。量子力学と相対性理論の統合も夢ではありません。

もし、地球外知的生命、すなわち宇宙人を発見し、系外惑星に住む宇宙人とのコミュニケーションが実現する時代を迎えるならば、私たち地球上の人類は皆、地球人であると同時にこの宇宙に住む「宇宙人」の一員であると自覚することでしょう。宇宙開発が進み、月や火星に人類が進出する時代とも重なって、こうして広大な宇宙に運よく生まれた地球上の生命の有難さ・貴重さに多くの人たちが気付くものと思われます。

本書は特に次世代を担う若者を読者対象と意識して記載されています。本書に登場した数々の宇宙望遠鏡に続く、新たな宇宙望遠鏡の開発やそれを用いた科学研究を読者の皆さん自身が参加して書き足していけたらなんと素敵なことでしょう。また、そのような夢を追う人類の営みを理解し、応援して下さる皆さんが読者の皆さんの周囲でも加速度的に増えていくことを願ってやみません。

2023年3月21日
桜花のたもと太平洋を望みながら　縣　秀彦

CHRONICLE of SPACE TELESCOPE &
AMAZING ASTRONOMY

天文学への目覚め

当書の執筆においては、極力簡素な言葉を選び、誤読を誘引しない文章を心掛けました。この書籍を機に、多くの方々に宇宙の醍醐味と深遠さを感じていただければ幸いです。アポロ世代である筆者は、昨今の宇宙科学の進化に改めて驚愕したひとりです。数式に不得手ながらこのような書籍を企画し、筆者する機会をいただいたことは、感謝の念に堪えません。

当書を上梓するに当たり、多くの方々の重力をお借りしました。製作進行を管理していただいた編集部の塩澤氏(X軸)。この企画を物質にしていただいた片桐部長、森編集長、ならびに販売部・広報の方々(Y軸)。当書のクオリティを大いに支えていただいたデザイナー山田洋一氏、山田陽子さん、イラストレーター中村壮平氏、校閲者の関根志野さん、伊藤剛平氏(Z軸)。そして、宇宙という深遠なる存在を包括的にご教示いただいた縣秀彦先生(W軸)に、心から感謝いたします。

鈴木喜生

●参考文献
『物理学者ブルーノ・ロッシ自伝』訳・小田稔(中公新書)
『宇宙は何でできているのか』著・村山斉(幻冬舎新書)
『面白くて眠れない天文学』著・縣秀彦(PHP文庫)
『ロケットを理解するための10のポイント』著・青木宏(森北出版)
『惑星探査機の軌道計算入門』著・半揚稔雄(日本評論社)
『宇宙で一番美しい深宇宙図鑑』著・ホヴァート・スヒリング(創元社)

●参考ウェブサイト・写真協力
CASC(中国航天科技集団) http://www.spacechina.com/n25/index.html
CNES(フランス国立宇宙研究センター) https://cnes.fr/fr/
DLR(ドイツ航空宇宙センター) https://www.dlr.de/EN/Home/home_node.html
ESA(欧州宇宙機関) http://www.esa.int
HEASARC(高エネルギー宇宙物理科学アーカイブ研究センター)
https://heasarc.gsfc.nasa.gov/
JAXA(宇宙航空研究開発機構) https://www.jaxa.jp
NAOJ(国立天文台) https://www.nao.ac.jp/
NASA(アメリカ航空宇宙局) https://www.nasa.gov
NASA/JPL(NASAジェット推進研究所) https://www.jpl.nasa.gov
NSF(国立光赤外線天文学研究所、NOIR Lab) https://noirlab.edu/public/about/
NSO(オランダ宇宙局) https://www.spaceoffice.nl/nl/
NSSDC(米国宇宙科学データセンター) https://nssdc.gsfc.nasa.gov
Smithsonian(スミソニアン博物館) https://www.si.edu/
STScI(宇宙望遠鏡科学研究所) https://www.stsci.edu/
Wikipedia(英語版) https://www.wikipedia.org/
天文学辞典(公益社団法人 日本天文学会) https://astro-dic.jp/
その他、宇宙開発関連メーカー HPなど

宇宙望遠鏡と驚異の大宇宙

CHRONICLE of SPACE TELESCOPE & AMAZING ASTRONOMY

STAFF

編集	ボイジャー・オービット
デザイン	山田洋一
DTP	山田陽子
イラスト	中村壮平
校正	関根志野
	伊藤剛平(初頭五餅校閲事務所)
協力	国立天文台(NAOJ)
	宇宙航空研究開発機構(JAXA)
企画	塩澤 巧(朝日新聞出版 生活・文化編集部)

2023年5月30日　第1刷発行

著者　鈴木喜生
発行者　片桐圭子
発行所　朝日新聞出版
〒104-8011 東京都中央区築地5-3-2
(お問い合わせ) infojitsuyo@asahi.com
印刷所 大日本印刷株式会社

Published in Japan by Asahi Shimbun Publications Inc.
ISBN 978-4-02-334116-6

本書は2023年2月末時点での情報を掲載しております。

監修者
縣 秀彦
Hidehiko Agata

1961年生まれ、長野県出身。東京学芸大学大学院修了(教育学博士)。 国際天文学連合(IAU)・国際普及室(OAO)スーパーバイザー、国立天文台・准教授 / 総合研究大学院大学・准教授、一般社団法人宙ツーリズム推進協議会・代表、信濃大町観光大使。
著者として、『面白くて眠れなくなる天文学』(PHP 研究所)、『星の王子さまの天文ノート』(河出書房新社)、『日本の星空ツーリズム』(緑書房)、『ヒトはなぜ宇宙に魅かれるのか』(経済法令研究所)など多数の著作物を発表。NHK ラジオ深夜便『ようこそ宇宙へ』、NHK 高校講座『地学基礎』に出演。

著者
鈴木喜生
Yoshio Suzuki

1968年生まれ、愛知県出身、明治大学商学部卒業。出版社の編集長を経て、著者兼フリー編集者へ。宇宙、科学技術、第二次大戦機、マクロ経済学などのムックや書籍を手がけつつ自らも執筆。 著書、『動画と図解でよくわかる 宇宙飛行士』(朝日新聞出版)、『宇宙プロジェクト開発史アーカイブ』(二見書房)、『宇宙の歩き方 太陽系トラベルブック』(G.B.)、『宇宙開発未来カレンダー 2022-2030's』(G.B.)など。編集作品に『紫電改取扱説明書 復刻版』(太田出版)、『栄発動機二〇型取扱説明書 完全復刻版』(枻出版社)など。